有色金属特种功能粉体材料制备技术及应用

朱晓云　郭忠诚　曹　梅　编著

北　京
冶金工业出版社
2011

内容简介

本书系统介绍了特种功能粉体的制备方法、表征、性能以及基础理论，并重点介绍了片状金属粉体和壳－核结构的复合粉体的应用。

片状金属粉体采用高能球磨方法制备，介绍了片状铜粉、片状锌粉和低松装密度片状银粉的制备和影响因素；壳－核结构的复合粉体采用化学镀方法制备，介绍了银包铜粉、银包铝粉、银包玻璃微珠等，研究了影响因素；应用实例介绍了银包铜粉导电屏蔽漆、非金属导电漆等的应用。

本书可供从事粉体材料、表面处理、化工、电子材料等相关领域的科研、生产技术人员以及高等院校师生阅读和参考。

图书在版编目（CIP）数据

有色金属特种功能粉体材料制备技术及应用／朱晓云，郭忠诚，曹梅编著．—北京：冶金工业出版社，2011.10
ISBN 978-7-5024-5715-0

Ⅰ.①有… Ⅱ.①朱… ②郭… ③曹… Ⅲ.①有色金属—金属粉末—制粉 Ⅳ.①TF123.2

中国版本图书馆 CIP 数据核字（2011）第 197235 号

出 版 人　曹胜利
地　　址　北京北河沿大街嵩祝院北巷 39 号，邮编 100009
电　　话　（010）64027926　电子信箱　yjcbs@cnmip.com.cn
责任编辑　李　梅　于昕蕾　美术编辑　彭子赫　版式设计　孙跃红
责任校对　卿文春　责任印制　张祺鑫
ISBN 978-7-5024-5715-0
北京百善印刷厂印刷；冶金工业出版社发行；各地新华书店经销
2011 年 10 月第 1 版，2011 年 10 月第 1 次印刷
850mm×1168mm　1/32；15 印张；401 千字；469 页
45.00 元

冶金工业出版社投稿电话：(010)64027932　投稿信箱：tougao@cnmip.com.cn
冶金工业出版社发行部　电话：(010)64044283　传真：(010)64027893
冶金书店　地址：北京东四西大街 46 号(100010)　电话：(010)65289081(兼传真)

前　言

随着科学技术的不断发展，功能粉体材料的制备技术已引起人们的极大关注，其重要性也日益显露，同时对功能粉体材料的多样化、功能化、精细化的要求日益提高。特种功能粉体材料是一门新兴的交叉学科，它是以粉状物料为研究对象，研究其性质、加工及处理的一门学科。特种功能粉体材料是指粗产品深加工后具有某些特殊功能的粉体，由于其具有特殊结构及性能，在颜料、涂料、橡胶以及电子工业等领域显示出优于其他粉体的性能，因此得到了广泛应用。

本书重点介绍片状金属粉体和壳-核结构的复合粉体这两类特种功能粉体材料。片状金属粉体主要介绍了片状铜粉、片状锌粉和低松装密度片状银粉等的制备、表征及应用；壳-核结构的复合粉体主要介绍了银包铜粉、银包铝粉、铜包铁粉、镍包铜粉、银包玻璃微珠、银包玻璃纤维等的制备、表征及应用。本书是作者在多年指导研究生研究成果和工业应用的基础上，参考国内外大量的文献资料，经过认真思考、编写而成的，以飨读者，希望对相关行业的科技工作者有一定的参考价值。

本书各章编写人员如下：第1章由曹梅编写；第2章第1节由朱晓云编写，第2章第2节、第4章由郭忠诚编写；第3章、第5章由朱晓云编写。本书的撰写工作得到了黄惠博士、樊爱民教授、龙晋明教授等的大力支持，特此感谢。

本书在编著过程中参阅了大量的文献，在此谨向文献作者表示衷心的感谢。

目前制备功能粉体材料的方法在不断完善，同时新的方法也在研究中，书中不妥之处，恳请读者批评指正。

作　者

2011 年 6 月于昆明

目　录

1 金属粉体的物理性能和制备方法

1.1 金属粉体的物理性能

1.1.1 粉体的形状

粉体形状是指一个粉体颗粒的轮廓边界或表面上各点所构成的图像。自然界中和工业生产中遇到粉体的颗粒并非理想的规则体，形状千差万别，如球形（spherical）、立方体（cubical）、片状（platy，discs）、柱状（prismoidal）、鳞状（flaky）、粒状（granular）、棒状（rodlike）、针状（needle-like，acicular）、纤维状（fibrous）、树枝状（dendritic）、海绵状（sponge）、块状（blocky）、尖角状（sharp）、圆角状（round）、多孔（porous）、聚集体（aglomelate）、中空（hollow）、粗糙（rough）、光滑（smooth）、毛绒（fluffy，nappy）等。由于颗粒形状千差万别，描述颗粒形状的方法可分为两类，即语言术语和数学语言。尽管某些术语并不能精确地描述颗粒的形状，但它们大致地反映了颗粒形状的某些特征，因此，这些术语至今在工程中仍然被广泛使用。

粉体颗粒形状直接影响粉体的许多其他特性，如比表面积、流动性、磁性、固着力、增强性、填充性、研磨特性和化学活性等，亦直接与颗粒在混合、贮存、运输、烧结等单元过程中的行为有关。根据不同的使用目的，对颗粒形状有不同的要求。例如，用作颜料的铝银粉，要求是片状，径厚比要大。表 1-1 列出了工业上对颗粒形状的要求实例。

表 1-1 一些工业产品对颗粒形状的要求

序号	产品种类	对性质的要求	对颗粒形状的要求
1	涂料、墨水、化妆品	固着力强，反光效果好	片状
2	橡胶填料	增强性和耐磨性	非长形
3	洗涤剂和食品工业	流动性	球形
4	塑料填料	高冲击强度	长形
5	磨料	研磨性	多角状
6	炸药引爆物	稳定性	光滑球形

反过来，颗粒形状因粉末生产方法不同而不同，例如，简单摆动式颚式破碎机会产生较多的片状产物；喷雾干燥制备的粉料则多为球形颗粒。因此，对各种颗粒形状需要定量加以描述，以示区别。表 1-2 描述了颗粒形状和生产方法之间的关系。

表 1-2 颗粒形状与粉末生产方法的关系

颗粒形状	粉末生产方法	颗粒形状	粉末生产方法
球形	气相沉积，液相沉积	树枝状	水溶液电解
近球形	气体雾化，置换（溶液）	多孔海绵状	金属氧化物还原
片状	塑性金属机械研磨，水雾化	碟状	金属旋涡研磨
多角形	机械粉碎	不规则形	水雾化，机械粉碎，化学沉淀

另外，在理论研究和工业实际中，往往将形状不规则的颗粒假定为球形，以方便计算粒径，实验结果也容易再现。因此，理论计算往往与实际情况出入很大，所以一般需将有关理论公式中的颗粒尺寸乘以表示外形影响的系数加以修正。

1.1.1.1 颗粒形状指标的分类

一般说来，准确地描述粉末颗粒的形状是很困难的。用数学语言描述颗粒的几何形状，除特殊场合需要三种数据以外，一般至少需要两种数据及其组合。通常使用的数据包括三轴方向颗粒大小的代表值、二维图像投影的轮廓曲线以及表面积和体积等立体几何各有关数据。描述和阐明颗粒形状及特性的参数有：形状指数（shape index）、形状系数（shape factor）和粗糙度系数（roughness factor）。习惯上将颗粒大小的各种无因次组合称为形状指数，立体几何各变量的关系则定义为形状系数。

表1-3给出颗粒形状指标的分类名称、基准几何形状、指标名称和所使用的数据种类。此表概括了使用数学语言描述颗粒几何形状的方法。

表1-3 颗粒形状指标的分类

名称	分类号	分类名称	基准几何形状	指标名称	数据种类
形状指数	Ⅰ		长方体	长短度、扁平度、指数、柱状比	三轴径
	Ⅱ	充满度	长方体、矩形	体积充满度、面积充满度、柱状比	三轴径、投影面积、体积
	Ⅲ	平面、立体几何指标	球体、圆形	球形度、圆形度、表面指数	体积、表面积、投影面积、周长、各种相当径
				圆角度	曲率半径
	Ⅳ	基于轮廓曲线的各种指数	无	各种代表径和平均径、统计量比、CAR指数、形状因子	投影轮廓曲线各参数及各种代表径
形状系数	Ⅴ		球体	体积、表面积、比表面形状系数、球形度	立体几何各量
	Ⅵ	其他指标	椭圆		
粗糙度系数			光滑表面	粗糙度系数	微观表面积、宏观表面积

1.1.1.2　形状指数

表示单一颗粒外形的几何量的各种无因次组合称为形状指数。根据不同的使用目的，先作出理想形状的图像，然后将理想形状与实际形状进行比较，找出两者之间的差异并指数化。常用的形状指数有：均齐度、充满度、面积、充满度、球形度和圆形度等。

(1) 单一颗粒的形状表示。当放置在水平面上的单一颗粒处于稳定状态时，可在相互正交的三轴方向测得其最大值 L、B、T，其中，T 为厚度（thickness），即上下两平面所夹颗粒的距离；B 为短径（breadth），即两竖直相平行的平面所夹颗粒的最小距离；L 为长径（length），即在与短径正交的方向上，两垂直平面所夹颗粒的距离。

将一个颗粒置于显微镜的载玻片上时，可以沿横向和纵向两个方向测得该颗粒的线性长度，其中较大的值就是长径 L，较小的值就是短径 B。若改变颗粒的方向，又能够测量一对线性值。长径中的最大值记为 L'，与其相垂直的短径记为 B'。

(2) 均齐度（proportion）。颗粒两个外形尺寸的比值称为均齐度，或称作比率。均齐度包括长短度（elongation）N 和扁平度（flakiness，flatness）M，具体的定义如下：

$$\text{长短度}\,N = \text{长径}/\text{短径} = L/B\ (\geqslant 1) \tag{1-1}$$

$$\text{扁平度}\,M = \text{短径}/\text{厚度} = B/T\ (\geqslant 1) \tag{1-2}$$

当 $L = B = T$ 时，即立方体的上述两指数均等于1。

此外，N 与 M 的比值称为 Zingg 指数：

$$F = N/M = LT/B^2 \tag{1-3}$$

M 和 N 可作为颗粒定性分类的基准参数。

若颗粒的平均厚度记为 $\overline{T}$，$\overline{T}$ 与 T 之比 P_r：

$$P_r = \overline{T}/T \tag{1-4}$$

P_r 称为柱状比（prismoidal ratio），它也是一种形状指数。

中心方向比（centroid aspect ratio）定义为颗粒投影的最大直径 D_{Rmax} 与垂直直径 $D_{垂直}$ 之比，记作 CAR：

$$CAR = D_{\text{Rmax}}/D_{\text{垂直}} \tag{1-5}$$

中心方向比 CAR 是颗粒长短度的一种量度。

（3）充满度（space filling factor）。体积充满度 F_v，又称容积系数，定义为颗粒的外接长方体的体积与该颗粒体积 V_p 之比：

$$F_V = \frac{LBT}{V_P}(\geqslant 1) \tag{1-6}$$

F_V 的倒数可看作颗粒接近直方体的程度，极限值为1。

面积充满度 F_A，又称外形放大系数，定义为颗粒投影面积 A 与最小外接矩形面积之比：

$$F_A = \frac{LB}{A} \tag{1-7}$$

F_A 的倒数 α_A：

$$\alpha_A = \frac{1}{F_A} = \frac{A}{LB} = \frac{(\pi/4)D_H^2}{LB} \tag{1-8}$$

称为面积比，又叫做容积系数（bulkiness factor）；上式中的 D_H 是 Heywood 径。

此外，类似的指数还有：

$$\text{Schulz 指数 } k = nL^2B - 100 \tag{1-9}$$

$$\text{Hager 指数 } F_H = (L/T)F_y \tag{1-10}$$

式中 n——100cm^3 中的颗粒数，$n = 100/V_p$。

（4）球形度（degree of sphericity）。球形度，或称真球度，表示颗粒接近球体的程度：

$$\varphi_0 = \frac{\text{与颗粒体积相等的球体的表面积}}{\text{颗粒的表面积}}(\leqslant 1) \tag{1-11}$$

$$\varphi_0 = \pi D_V{}^2/S(\leqslant 1) \tag{1-12}$$

$$D_V = (6V/\pi)^{1/3} \tag{1-13}$$

式中，D_V 表示颗粒的球体积相当径；S 为颗粒表面积；V 为颗粒的体积。

对于形状不规则的颗粒，当测定其表面积困难时，可采用实用球形度，即：

$$\varphi'_0 = \frac{\text{与颗粒投影面积相等的圆的直径}}{\text{颗粒投影的最小外接圆的直径}} (\leqslant 1) \quad (1\text{-}14)$$

球形度常常用于颗粒的流动性讨论中。

(5) 圆形度 (degree of circularity)。圆形度又称轮廓比，表示颗粒的投影与圆接近的程度：

$$\varphi_c = \frac{\text{与颗粒投影面积相等的圆的周长}}{\text{颗粒投影面积的周长}} (\leqslant 1) \quad (1\text{-}15)$$

$$\varphi_c = \pi D_H / L \quad (1\text{-}16)$$

式中 $D_H = (4A/\pi)^{1/2}$； (1-17)

L——颗粒投影的周长。

该指数除在粒度测定的显微镜法和图像分析中有着广泛的应用，还用于沉淀物的水力输送方面。

(6) 圆角度 (roundness)。表示颗粒棱角磨损的程度，其定义为：

$$\text{圆角度} = \sum R_i / NR \ (\leqslant 1) \quad (1\text{-}18)$$

式中 R_i——颗粒轮廓上的曲率半径；

R——最大内接圆半径；

N——角数。

1.1.1.3 形状系数

形状系数不同于形状指数。形状指数 (shape factor) 仅是对单一颗粒本身几何形状的指数化，而形状系数则是在表示颗粒群性质和具体物理现象、单元过程等函数关系时，把与颗粒形状有关的诸因素概括为一个修正系数加以考虑，该修正系数即称为形状系数。实际上，形状系数是用来衡量实际颗粒形状与球形颗粒不一致程度的比较尺度。将颗粒的粒径与其实际的体积、表面积和比表面积关联，可以定义出以下几种最常见的形状系数：表面积形状系数、体积形状系数、比表面积形状系数。

若以 Q 表示颗粒平面或立体的参数，D_p 为粒径，两者间的关系为：

$$Q = KD_p^n \quad (1\text{-}19)$$

式中　K——形状系数（shape factor）；

n——当求面积形状系数时，其值为2，求体积形状系数时，其值为3。

（1）表面积形状系数。

Φ_s = 颗粒的表面积/（平均粒径）$^2 = S/D_p^2$（>1）　(1-20)

（2）体积形状系数。

Φ_v = 颗粒的体积/（平均粒径）$^3 = V/D_p^3$（≤1）　(1-21)

（3）比表面积形状系数。

Φ = 表面积形状系数/体积形状系数 = Φ_s/Φ_v（>1）　(1-22)

对于球形颗粒，上述三个形状系数分别为：

$$\Phi_s = \pi D_p^2/D_p^2 = \pi \tag{1-23}$$

$$\Phi_v = \pi D_p^3/6D_p^3 = \pi/6 \tag{1-24}$$

$$\Phi = \Phi_s/\Phi_v = 6\pi/\pi = 6 \tag{1-25}$$

（4）粗糙度系数。前述的形状系数是个宏观量。如果微观地考察颗粒，会发现粒子表面往往是高低不平的，有许多微小裂纹和孔洞。其表面的粗糙程度用粗糙度系数 R 来表示：

R = 粒子微观的实际表面积 / 表观视为光滑粒子的宏观表面积(>1)　(1-26)

颗粒的粗糙程度直接关系到颗粒间和颗粒与固体壁面间的摩擦、黏附、吸附性、吸水性以及孔隙率等颗粒性质，也是影响造粒操作设备工件被磨损程度的主要因素之一。因此，粗糙度系数是一个不容忽视的参数。

必须指出的是，由于颗粒的粒径表示方法很多，因此采用不同的粒径表示方法可以定义出不同的形状系数。另外，粒径值又与粒径的测量方法有关，因此形状系数的数值亦随测量方法不同而异。所以，在使用形状系数时，一定要注意颗粒径的具体表达形式。

1.1.2　粉体的粒度

粒子的大小是决定粉体其他性质的最基本的性质。由于组成粉体的各粒子的形态不规则，各方向的长度不同，很难像球体、立方体等规则粒子以特征长度表示其大小，如球的直径、立方体的边长等。对于一个不规则粒子，其粒子径的测定方法不同则其物理意义不同，测定值也不同。

1.1.2.1 粒子径的表示方法

A 几何学粒子径

根据几何学尺寸定义的粒子径，如图 1-1 所示。一般用显微镜法、库尔特计数法、筛分法等测定。近年来计算机的发展为几何学粒子径的测定带来方便、快速、准确的效果。

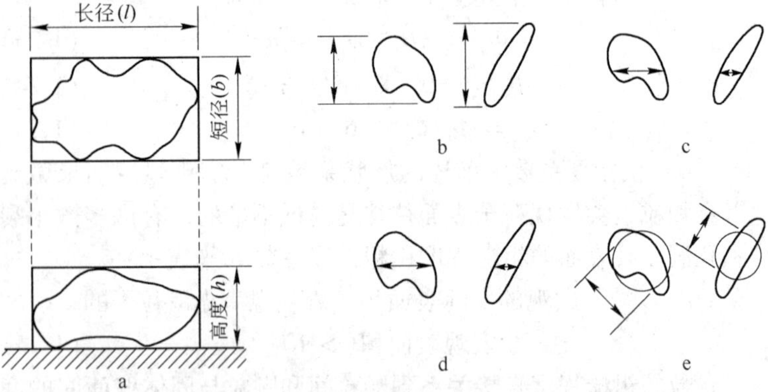

图 1-1 各种粒子径表示方法示意图

a—三轴径；b—Feret 径；c—Krummbein 径；d—Martin 径；e—Heywood 径

（1）三轴径。在粒子的平面投影图上测定长径 l 与短径 b，在投影平面的垂直方向测定粒子的厚度 h，以此来表示长轴径、短轴径、厚度。三轴径反映粒子的实际尺寸。

（2）定方向径（投影径）。常见的有以下几种：

1）Feret 径（或 Green 径）。定方向接线径，即一定方向的平行线将粒子的投影面外接时平行线间的距离。Feret 径的最小值 D_{Fmin} 为 B，与其正交的 $D_{\text{F}\pi/2}=L$，而 $D_{\text{Fmax}}=L'$，$D'_{\text{F}\pi/2}=B'$。由于 $L'>L$，一般 D_{Fmin} 与 D_{Fmax} 并不垂直。

2）Krummbein 径。定方向最大径，即在一定方向上分割粒子投影面的最大长度。

3）Martin 径。定方向等分径，即一定方向的线将粒子的投影面积等份分割时的长度。

（3）Heywood 径。投影面积圆相当径，即与粒子的投影面积相等的圆的直径，常用 D_H 表示。

（4）球相当径（体积等价径，equivalent volume diameter）。与粒子的体积相同的球体直径，用库尔特计数器测得，记作 D_V，粒子的体积 $V = \pi D_V^3/6$。

B 筛分径

筛分径（sieving diameter）又称为细孔通过相当径。当粒子通过粗筛网且被截留在细筛网时，粗细筛孔直径的算术或几何平均值称为筛分径，记作 D_A。

算术平均径 $$D_A = \frac{a+b}{2} \tag{1-27}$$

几何平均径 $$D_A = \sqrt{ab} \tag{1-28}$$

式中 a——粒子通过的粗筛网直径；

b——粒子被截留的细筛网直径。

也可以用（$-a+b$）表示粒径范围，即粒径小于 a，大于 b。如，将某粉体的粒度表示为（-1000 +900）μm 时，表明该群粒子小于 1000μm，大于 900μm，算术平均径为 950μm。

C 有效径

有效径（effect diameter）粒子在液相中具有相同沉降速度的球的直径（settling velocity diameter）。该粒径根据 Stock's 方程计算所得，因此又称 Stock's 径，记作 D_{Stk}：

$$D_{Stk} = \sqrt{\frac{18\eta}{(\rho_p - \rho_l)g} \times \frac{h}{t}} \tag{1-29}$$

式中 ρ_p，ρ_l——分别表示被测粒子与液相的密度；

η——液相的黏度；

h——等速沉降距离；

t——沉降时间。

D　比表面积等价径

比表面积等价径（equivalent specific surface diameter）与粒子等比表面积的球的直径，记作 D_{SV}，用透过法、吸附法测得比表面积后计算求得。这种方法求得的粒径为平均径，不能求粒度分布。

$$D_{SV} = \frac{\varphi}{S_W \rho} \tag{1-30}$$

式中　S_W——比表面积；

ρ——粒子的密度；

φ——粒子的形状系数，球体时 $\varphi = 6$；其他形状时一般情况下 $\varphi = 6.5 \sim 8$。

1.1.2.2　粒度分布

多数粉体由粒径不等的粒子群组成，存在粒度分布（particle size distribution）。粒度分布表示颗粒群粒度的分布状态，指将颗粒群以一定的粒度范围按大小顺序分为若干粒级，各粒级颗粒占颗粒群总量的百分数。粒子群的粒度分布可用简单的表格、绘图和函数等形式表示。

A　频率分布与累积分布

粒度分布常用频率分布（frequency size distribution）和累积分布（cumulative size distribution）表示。频率分布表示各个粒径相对应的粒子占全粒子群中的百分含量（微分型）；累积分布表示小于（或大于）某粒径的粒子占全粒子群中的百分含量（积分型）。百分含量基准可用个数基准（count basis）、质量基准（mass basis）、面积基准（surface basis）、体积基准（volume basis）、长度基准（length basis）等。测定基准不同粒度分布曲线大不一样，表示粒度分布时必须注明测定基准。不同基准的粒度分布理论上可以互相换算。在粉体处理过程中实际应用较多的是质量和个数基准分布。现代计算机的应用常用个数基准测定粒度分布后，利用软件程序直接转换成所需的基准，带来方便。表1-4中列出用个数基准及质量基准表示的某粒子群的频率粒度分布和累积粒度分布。

表 1-4 频率粒度分布和累积粒度分布表

粒径 /μm	频率分布		累积分布			
	质量分数 /%	个数百分比 /%	质量分数/%		个数百分比/%	
			>粒径	<粒径	>粒径	<粒径
<20	6.5	19.5	100.0	6.5	100.0	19.5
20~25	15.8	25.6	93.5	22.3	80.5	45.1
25~30	23.2	24.1	77.7	45.5	54.9	69.2
30~35	23.9	17.2	54.5	69.4	30.8	86.4
35~40	24.3	7.6	30.6	83.7	13.6	94.0
40~45	8.8	3.6	16.3	92.5	6.0	97.6
>45	7.5	2.4	7.5	100.0	2.4	100.0

频率分布与累积分布可用方块图或曲线表示，如图 1-2 所示。此种形式表示粒度分布比较直观。

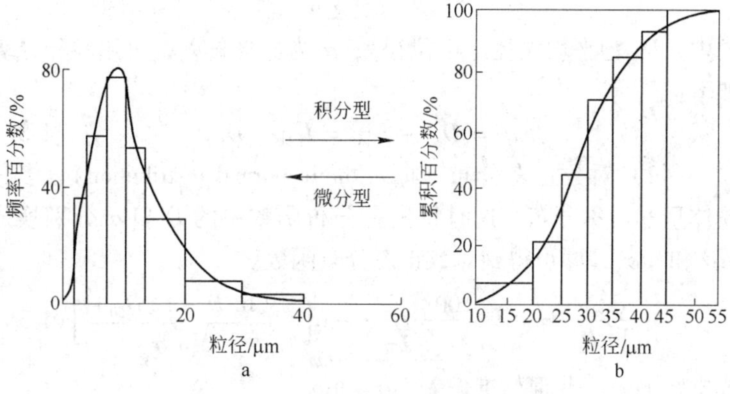

图 1-2 用图形表示的粒度分布示意图

a—频率分布；b—累积分布

用筛分法测定累积分布时，小于某筛孔直径的累积分布叫筛下分布（undersize distribution）；大于某筛孔直径的累积分布叫筛上分布（oversize distribution）。筛上累积分布函数 $F(x)$ 和筛下

累积分布函数 $R(x)$ 与频率分布函数 $f(x)$ 之间的关系式如下：

$$f(x) = \frac{dF(x)}{dx} = -\frac{dR(x)}{dx} \tag{1-31}$$

即

$$F(x) + R(x) = 1 \tag{1-32}$$

B 粒度分布函数

常用的粒度分布函数有正态分布与对数正态分布。

(1) 正态分布 (normal distribution)。标准正态分布是概率变量的平均值为 0、标准偏差为 1 的分布。对于以个数为基准的粒度分布，个数频率 (n,%) 与粒径 (D) 的函数关系符合正态分布时可写为：

$$\frac{dn}{dD} = \frac{100}{\sigma\sqrt{2\pi}}\exp\left[-\frac{1}{2}\left(\frac{D-D_{50}}{\sigma}\right)^2\right] \tag{1-33}$$

$$\sigma = \sqrt{\frac{\sum\left[n(D-D_{50})^2\right]}{\sum n}} \tag{1-34}$$

式中，D_{50} 为平均粒径（中位径）；σ 为标准偏差，可用粒径计算如下：

$$\sigma = D_{50} - D_{16} = D_{84} - D_{50} \tag{1-35}$$

(2) 对数正态分布 (logarithmic normal distribution)。多数粉体呈非对称分布，这时将正态分布函数中的 D 和 σ 分别换成 $\ln D$ 和 $\ln\sigma_g$，即可得到对数正态分布函数。

$$\frac{dn}{d(\ln D)} = \frac{100}{\ln\sigma_g\cdot\sqrt{2\pi}}\cdot\exp\left[-\frac{(\ln D-\ln D_{50})^2}{2\ln^2\sigma_g}\right] \tag{1-36}$$

式中 σ_g——几何标准偏差，$\sigma = \ln\sigma_g$。

$$\ln\sigma_g = \sqrt{\frac{\sum\left[n(\ln D-\ln D_{50})^2\right]}{\sum n}} \tag{1-37}$$

利用粒径计算几何偏差的简便式为：

$$\sigma_g = \frac{D_{84}}{D_{50}} = \frac{D_{50}}{D_{16}} \tag{1-38}$$

1.1.2.3 平均粒子径

粉末粒度组成的表示比较麻烦，应用也不太方便，许多情况下只需要知道粉末的平均粒度就行了。由符合统计规律的粒度组成计算的平均粒径称为统计平均粒径，是表征整个粉末体的一个参数。

为了求出由不同粒径组成的粒子群的平均粒径，首先求出前面所述具有代表性的粒径，然后求其平均值。求平均值的方法如表1-5所示。在制药行业中最常用的平均径为中位径（medium diameter），也叫中值径，在累积分布中累积值正好为50%所对应的粒子径，常用D_{50}表示，如图1-3所示。

表1-5 各种平均粒径与计算公式

名 称	公 式
算术平均径（arithmetic mean diameter）	$\sum nd/\sum n$
几何平均径（geometric mean diameter）	$(d_1^{n_1}\cdot d_2^{n_2}\cdots d_n^{n_n})^{1/n}$
调和平均径（harmonic mean diameter）	$\sum n/\sum(n/d)$
众数径（mode diameter）	频数最多的粒子直径
中位径（medium diameter）	累积中间值（D_{50}）
长度平均径（surface length mean diameter）	$\sum nd^2/\sum nd$
面积平均径（volume surface mean diameter）	$\sum nd^3/\sum nd^2$
重量平均径（weight mean diameter）	$\sum nd^4/\sum nd^3$
面积平均径（surface mean diameter）	$(\sum nd^2/\sum n)^{1/2}$
体积平均径（volume mean diameter）	$(\sum nd^3/\sum n)^{1/3}$
比表面积径（specific surface diameter）	$\phi/\rho S_w$

如果颗粒粒径遵循某种规律并可用函数表示，平均粒径可由函数表达式计算。

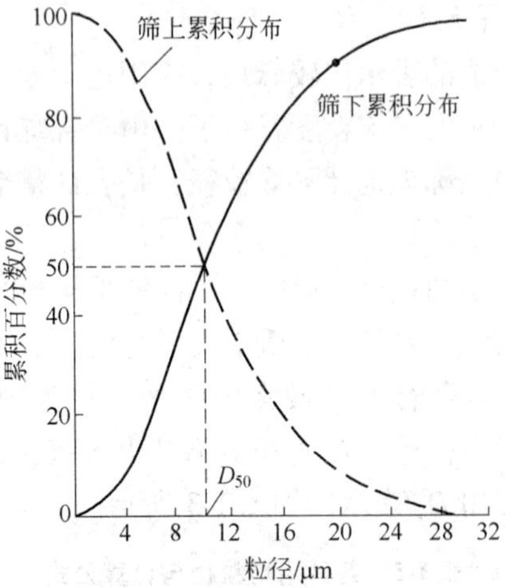

图 1-3　累计分布图上的 D_{50}

下面列举一些涉及平均粒径的表达式，其中 n 为颗粒数，d 为粒径，ρ_p 为密度。

假设颗粒为边长 d 的立方体，则：

（1）颗粒群的总长为 $\sum(n \cdot d)$；　(1-39)

（2）颗粒群的总表面积为 $\sum(n \cdot 6 \cdot d^2)$；　(1-40)

（3）颗粒群的总体积为 $\sum(n \cdot d^3)$，总质量为 $\rho_p \sum(n \cdot d^3)$；　(1-41)

（4）颗粒群的比表面积为 $\sum(n \cdot 6 \cdot d^2) / \sum(n \cdot d^3)$；　(1-42)

（5）平均比表面积为 $\sum(n \cdot 6/d) / \sum n$。　(1-43)

【实例 1】设颗粒群由粒径为 d_1，d_2，…，d_n 的颗粒组成，每种颗粒的个数分别为 n_1，n_2，…，n_n，试由颗粒总长这一特性推导其平均粒径。

【解】颗粒群的总长可表示成：

$$n_1 \cdot d_1 + n_2 \cdot d_2 + \cdots + n_n \cdot d_n = \sum(n \cdot d) = f(d) \quad (1\text{-}44)$$

将全部颗粒视为粒径为 D 的均一颗粒，上式中的 d 由 D

代替：

$$n_1 \cdot D + n_2 \cdot D + \cdots + n_n \cdot D = \sum (n \cdot D) = D\sum n = f(D) \tag{1-45}$$

解得：

$$D = \frac{\sum(nd)}{\sum n} \tag{1-46}$$

此粒径称为个数平均径。

设颗粒为每边为 d 的立方体，若测量颗粒群的总长度 l、总面积 S 和总质量 m，由下式可计算其个数：

$$n = \frac{l}{d}, n = \frac{S}{6d^2}, n = \frac{m}{\rho_p d^2} \tag{1-47}$$

【实例2】设颗粒群总质量为 m，试由比表面积的定义函数求平均粒径。

【解】由定义函数

$$f(d) = \frac{\sum(6nd^2)}{\sum(n \cdot \rho_p \cdot d^3)} \tag{1-48}$$

得到：

$$D = \frac{\sum m}{\sum \frac{m}{d}} \tag{1-49}$$

一般，个数基准和质量基准的平均粒径可由下式换算：

$$\left\{\frac{\sum(nd^p)}{\sum(nd^q)}\right\}^{1/(p-q)} = \left\{\frac{\sum(md^{p-3})}{\sum(md^{q-3})}\right\}^{1/(p-q)} \tag{1-50}$$

对应不同的粒度测定方法，均有最简便的平均粒径计算式。例如，用显微镜法测得颗粒百分含量，实际上以个数平均径计算平均粒度。筛分析、沉降分析等以体积分数或质量分数表示粒度组成，是按质量平均径计算平均粒度。吸附法和透过法以比表面平均粒径表示粒度。各种平均粒径的最大值与最小值可相差三倍以上。因此，采用何种平均粒径要根据粉末的性质、用途及粒度测试方法具体决定。

1.1.2.4 粉体粒度的测量方法

粒子径的测定原理不同有不同的测定方法，表 1-6 列出了粒径的不同测定方法与粒径的测定范围。

表 1-6 粒度测定方法与适用范围

测定方法	粒子径/μm	测定方法	粒子径/μm
光学显微镜	>0.5	库尔特计数法	1～600
电子显微镜	≥0.001	气体透过法	1～100
筛分法	>40	氮气吸附法	0.03～1
沉降法	0.5～200		

A 显微镜法

显微镜法（microscopic method）是将粒子放在显微镜下，根据投影像测得粒径的方法，本法主要测定几何学粒径。光学显微镜可以测定微米级粒径，电子显微镜可以测定纳米级粒径。测定时避免粒子间的重叠，以免产生测定的误差。主要测定以个数、面积为基准的粒度分布。显微镜法除了测定粒子径，同时还可以观察粒子的形态。显微镜法方便、可靠，可用于混悬剂、乳剂、混悬型乳膏剂、散剂和其他粉粒粒径的测定，可测粒径范围为 0.2～100μm。

例如，应用光学显微镜测得某粉体 261 个粒子的数据见表 1-7。

表 1-7 利用光学显微镜测得 261 个粒子的数据

粒径范围/μm	粒径均值/μm	各粒径组的粒数	nd	nd^2	nd^3
4～7.9	6	5	20	150	1080
8～11.9	10	15	150	1550	15000
12～15.9	14	46	644	9016	126224
16～19.9	18	68	1224	22032	396476
20～23.9	22	58	1276	28072	617584

续表 1-7

粒径范围/μm	粒径均值/μm	各粒径组的粒数	nd	nd^2	nd^3
24 ~ 27.9	26	32	832	21632	562432
28 ~ 31.9	30	22	660	19800	594000
32 ~ 35.9	34	10	340	11560	393000
36 ~ 39.9	38	2	76	2888	109714
40 ~ 43.9	42	2	84	3528	148176
44 ~ 47.9	46	0	0	0	0
48 ~ 51.9	50	1	50	2500	125000
合　计		261	5366	122708	3088756

用表 1-7 中的数据求得不同粒子径为：

算数平均径　$d_{ln}=\sum(nd)/\sum n=5366/261=20.6\mu m$　(1-51)

长度平均径　$d_{sl}=\sum(nd^2)/\sum(nd)=122708/5366=22.9\mu m$　(1-52)

面积平均径　$d_{vs}=\sum(nd^3)/\sum(nd^2)=3088756/122708=22.8\mu m$　(1-53)

平均面积径　$d_{sn}=[\sum(nd^2)/\sum n]^{1/2}=[122708/261]^{1/2}=21.7\mu m$　(1-54)

平均体积径　$d_{vn}=[\sum(nd^3)/\sum n]^{1/3}=[3088756/261]^{1/3}=22.8\mu m$　(1-55)

B　库尔特计数法

库尔特计数法（Coulter counter）指根据库尔特原理测定粒径及粒子数的方法，本法测得的粒径为等体积球相当径，可以求得以个数为基准的粒度分布或以体积为基准的粒度分布，通常可用于测定粉末、混悬液、乳剂等制剂。其基本原理是将粒子体积转变为电压脉冲信号的过程。感应元件是一个外形类似试管的小孔管，小孔管内、外各有一个电极，电极间有一定的电压，将小孔管浸没在样品混悬液中，打开小孔管上部活门，使与真空系统相连接。样品混悬液经小孔缓缓抽入小孔管内。当粒子通过小孔时，粒子体积引起电阻增大，产生了一个其大小与粒子体积成比例的电压脉冲。将此脉冲经电子器放大，并转变为粒子体积的大小，换算成粒子径，一套粒子个数和粒子大小分布数据被记录下来。由于粒子通过小孔的速度非常快（4000 个/s），所以测定可在短时间内完成。库尔特计数法适于混悬剂、乳剂、脂质体、粉末药物等制剂的测定（图 1-4）。

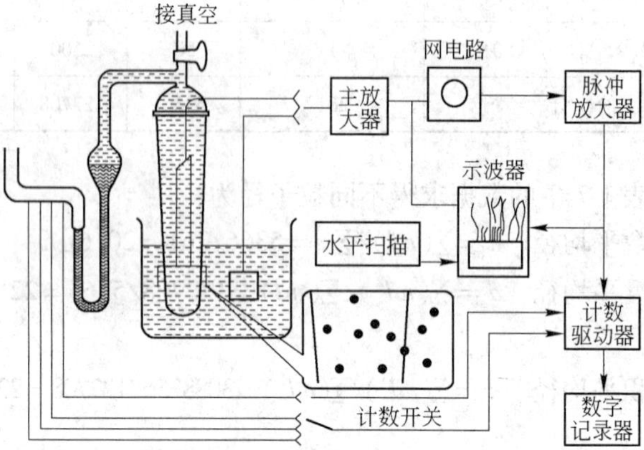

图 1-4　库尔特计数仪原理图

C　沉降法

沉降法（sedimentation method）通过监测液相中混悬粒子的沉降速度，利用粒子在液体介质中的沉降速度与粒子大小的关系，即 Stock's 方程，来测定粒子有效径。Stock's 方程适用于 100μm 以下的粒径的测定，常用 Andreasen 吸管法，Andreasen 吸管示意图如图 1-5 所示。这种装置固定一定沉降高度，将一定量的混悬液在一定时间间隔内取出，测得的粒子径与粒度分布为重量基准。有效径的测定法还有离心法、比浊法、沉降天平法、光扫描快速粒度测定法等。

根据 Stock's 定律，粒子在液体介质中的沉降速度与粒子大小密切相关，可用以下 Stock's 公式求算粒子径：

$$v = \frac{(\rho - \rho_0) d^2 g}{18\eta} \quad (1\text{-}56)$$

上式中沉降速度 $v = H/t$，则 Stock's 公式可变化为：

$$d = \sqrt{\frac{18\eta H}{g(\rho - \rho_0) t}} \quad (1\text{-}57)$$

式中，d 为粒子径；η 为液体介质黏度；ρ 为粒子的密度；ρ_0 为液体介质的密度；g 为重力加速度。试验中只要测定出时间 t 的粒子沉降高度 H，代入上式，可计算粒子半径 d。根据沉降速度测定原理，沉降法又可分为 Andreasen 吸管法、离心沉降法、沉降天平法、比浊法、光扫描快速粒度测定法等，其测试结果以沉降时间为横坐标，沉降量为纵坐标作沉降曲线分析。

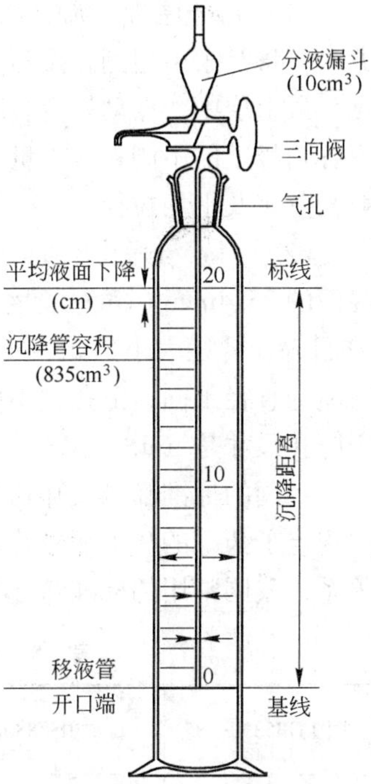

图 1-5 Andreasen 吸管示意图

D 比表面积法

比表面积法（specific surface area method）粉体的比表面积可用吸附法和透过法测定，参见本书比表面积测定法。粉体的比表面积随粒径的减少而迅速增加，因此通过粉体层中比表面积的信息与粒径的关系求得平均粒径，不能求得粒度分布。测定粒度范围为 100μm 以下。

E 筛分法

筛分法（sieving method）是粒径与粒径分布测量中使用最早、应用广、最简单和快速的方法。常用测定范围在 45μm 以上。

（1）筛分原理。筛分法是利用筛孔将粉体机械阻挡的分级方法。将筛子由粗到细按筛号顺序上下排列，将一定量粉体样品置于最上层中，振动一定时间，称量各个筛号上的粉体重量，求得各筛号上的不同粒级重量百分数，由此获得以重量基准的筛分粒径分布及平均粒径。

（2）筛号与筛孔尺寸。筛号常用“目”表示。“目”系指在筛面的25.4mm（1in）长度上开有的孔数。如开有30个孔，称30目筛，孔径大小是25.4mm/30再减去筛绳的直径。由于所用筛绳的直径不同，筛孔大小也不同，因此必须注明筛孔尺寸，常用筛孔尺寸是μm。

各国的标准筛号及筛孔尺寸有所不同，中国药典在R40/3系列规定了药筛的9个筛号。表1-8列出一些国家标准筛系的对照关系，我国常用的标准筛号与尺寸见表1-9。

表1-8　各国标准筛系比较

中国 GB5330—85		日本 JISZ8801		美国 A. S. T. M. -E-11-61		英国 B. S. 410	
筛孔尺寸/μm	中国药典筛号	筛孔尺寸/μm	目数	筛孔尺寸/μm	目数	筛孔尺寸/μm	目数
（上略）							
5600		5660	3.5	5660	3.5		
4750		4760	4.2	4760	4		
4000		4000	5	4000	5		
3350		3360	6	3360	6	3350	5
2800		2830	7	2830	7	2800	6
2360		2380	8	2380	8	2400	7
2000	一号筛	2000	9.2	2000	10	2000	8
1700		1680	10.5	1680	12	1680	10
1400		1410	12	1410	14	1400	12
1180		1190	14	1190	16	1200	14

续表 1-8

中国 GB5330—85		日本 JISZ8801		美国 A. S. T. M. -E-11-61		英国 B. S. 410	
筛孔尺寸 /μm	中国药典筛号	筛孔尺寸 /μm	目 数	筛孔尺寸 /μm	目 数	筛孔尺寸 /μm	目 数
1000		1000	16	1000	18	1000	16
850	二号筛	840	20	841	20	850	18
710		710	24	707	25	710	22
600		590	28	595	30	600	25
500		500	32	500	35	500	30
425		420	36	420	40	420	36
355	三号筛	350	42	354	45	355	44
300		297	48	297	50	300	52
250	四号筛	250	55	250	60	250	60
212		210	65	210	70	210	72
180	五号筛	177	80	177	80	180	85
150	六号筛	149	100	149	100	150	100
125	七号筛	125	120	125	120	125	120
106		105	145	105	140	105	150
90	八号筛	88	170	88	170	90	170
75	九号筛	74	200	74	200	75	200
63		63	250	63	230	63	240
53		53	280	53	270	53	300
45		44	325	44	325	45	350
38		—	—	37	400	—	—
（下略）							

表1-9 国内常用标准筛

目次	筛孔尺寸/mm	目次	筛孔尺寸/mm	目次	筛孔尺寸/mm
8	2.50	45	0.40	130	0.112
10	2.00	50	0.355	150	0.100
12	1.60	55	0.315	160	0.090
16	1.25	60	0.28	190	0.080
18	1.00	65	0.25	200	0.071
20	0.900	70	0.224	240	0.063
24	0.800	75	0.200	260	0.056
26	0.700	80	0.180	300	0.050
28	0.63	90	0.160	320	0.045
32	0.56	100	0.154	360	0.040
35	0.50	110	0.140		
40	0.45	120	0.15		

F 激光衍射粒度分析法

激光衍射测定粒度是运用粒子被光束照射时向各个方向散射和光发生衍射的特征，以及光散射强度和衍射强度与粒子大小的光学特征有关原理来测定粉粒的大小和分布，采用激光散射仪测试。本法具有操作简便、速度快、测定准确的优点。但由于光束照射许多粒子，对粒子大小分布较宽的样本，小粒子易被忽视而不能精确测试样品中的粒子数目。通常，激光散射仪可测试范围在0.001～1mm的粒子。

1.1.3 粉体的松装密度和振实密度

在粉末包装或使用过程中，常常要求单位容积的质量严格不变。但不同粉末单位容积的质量是不同的，因此规定用松装密度或振实密度来描述粉末的这种容积性质。

1.1.3.1 松装密度 ρ_b

松装密度（松比）是粉末自然地充满规定的容器时单位容积的粉末质量，单位为g/cm^3。该指标对存储容器和包装袋的设计很重要（金属粉等特殊粉体的松装密度按相应的标准执行）。它取决于颗粒间的黏附力、相对滑动的阻力以及粉末体空隙被小颗粒填充的程度。松装密度的倒数称松装质量体积。松装密度可以用漏斗法、斯柯特容量计法或振动漏斗法来测定。

A 漏斗法

漏斗法是用图1-6所示的标准漏斗来测定金属粉末松装密度。

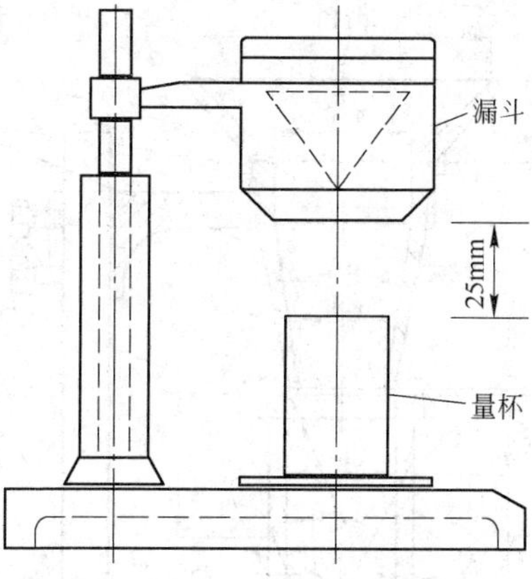

图1-6 漏斗法松装密度的测量装置

本法仅适用于能自由流过孔径为2.5mm或5mm标准漏斗的粉末。量杯容积为25cm^3。粉末自由通过漏斗的小孔流入到密度测量装置量杯中，直至粉末从量杯溢出为止。用不带磁性的直尺刮平粉末。严禁压缩粉末和振动量杯。如果粉末不能流出漏斗，可换用大孔径（5mm）的漏斗进行试验。如果此时粉末仍不能流出，允许用直径1mm的金属丝从漏斗上部捅一次，但不能伸入量杯中。粉末刮平后，轻敲量杯，使其振实一些，以免挪动过程中粉末从量杯中洒出。量杯外部不能粘有粉末。松装密度可按式1-58计算：

$$\rho = \frac{M - m}{V} = \frac{M - m}{25\text{cm}^3} \qquad (1\text{-}58)$$

式中 ρ——测量粉体的松装密度，g/cm^3；

M——量杯和粉体质量，g；

m——空量杯质量，g；

V——量杯容积，25cm^3。

B　斯柯特容量计法

斯柯特容量计法适用于不能自由流过漏斗法中孔为 5mm 的漏斗和用振动漏斗法易改变特性的金属粉末。斯柯特容量计如图 1-7 所示。

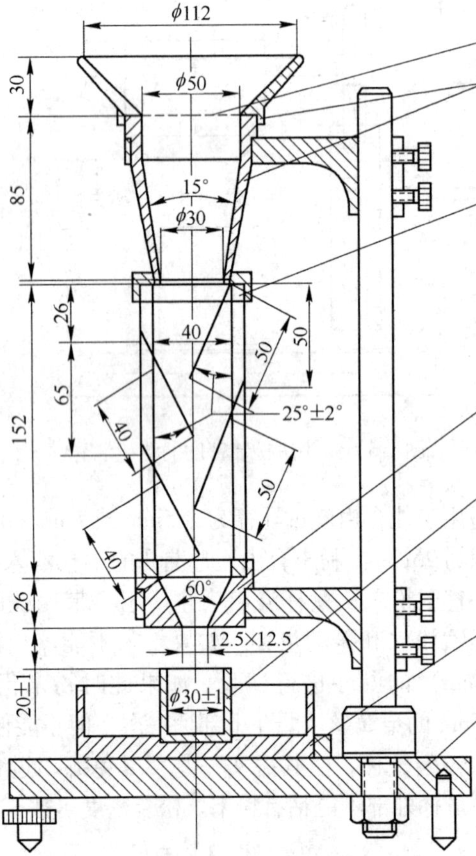

图 1-7　斯柯特容量计法松装密度测量装置

1—黄铜筛网；2—组合漏斗；3—布料箱；4—方形漏斗；5—量杯；6—溢料盘；7—支架

取足够量的金属粉末，用勺将金属粉末放在漏斗上部的筛网上，经过布料箱并交替地通过四块倾斜角为25°的玻璃板和方形漏斗，流入量杯中直到有粉末溢出为止。再用不锈钢板尺刮平。然后像漏斗法一样处理，并计算松装密度。如果粉末不能自由地通过筛网，可用软毛刷子刷一下，使金属粉末通过筛网。如果无效，表明该种金属粉末就不适于用斯柯特容量计来测定松装密度。

C 振动漏斗法

振动漏斗法适用于不能自由流过漏斗法中孔径为5mm漏斗的金属粉末。但不适用于在振动过程中易于破碎的金属粉末，如团聚颗粒、纤维状或针状的粉末。振动漏斗装置如图1-8所示。

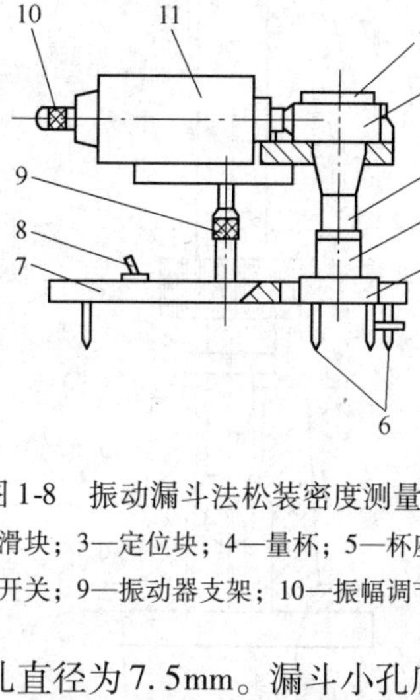

图1-8 振动漏斗法松装密度测量装置

1—漏斗；2—滑块；3—定位块；4—量杯；5—杯座；6—调节螺钉；7—底座；8—开关；9—振动器支架；10—振幅调节钮；11—振动器

振动漏斗小孔直径为7.5mm。漏斗小孔底部与量杯上端之间距离为25mm，而且量杯与漏斗应同心。漏斗以100Hz的频率水平振动，振幅为100μm。量杯的容积为25cm^3。杯座用来支撑量杯以免让振动装置上的振动传到量杯上。

测定时先调整量杯和漏斗之间的距离，并对准中心。然后堵住小孔，将粉末装入漏斗中。启动振动装置并松开小孔，使粉末流入量杯中直至溢出为止。用不锈钢尺刮平粉末，最后与漏斗法一样处理并计算松装密度。

1.1.3.2　振实密度 $\rho_{实}$

振实密度是指粉体装填在特定容器后，对容器进行振动，从而破坏粉体中的空隙，使粉体处于紧密填充状态后的密度。通过测量振实密度可以知道粉体的流动性和空隙率等数据（金属粉等特殊粉体的振实密度按相应的标准执行）。一般振实密度比松装密度高20%～50%。常用振实装置见图1-9。振实装置上的玻璃量筒有100cm^3 和25cm^3 两种规格。因此，应根据粉末的松装密度来选择量筒和粉末质量（见表1-10）。

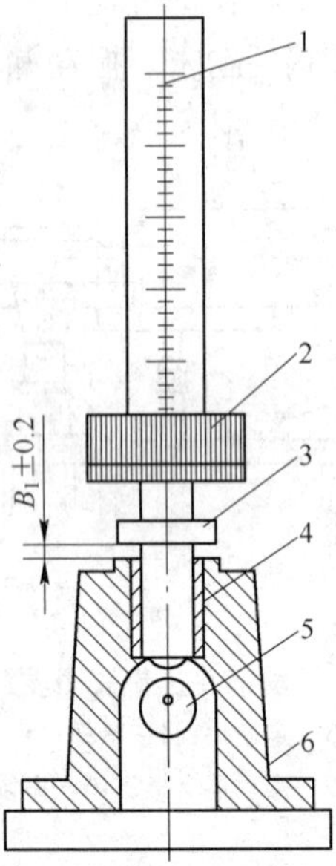

图1-9　振实密度测定装置示意图

1—量筒；2—量筒支座；3—定向滑杆；4—轴套；5—凸轮；6—砧座

表1-10　粉末松装密度与所选用量筒和粉末质量关系

量筒容积/cm^3	松装密度/g·cm^{-3}	试验粉末质量/g
100	≥1	100
	<1	50

续表 1-10

量筒容积/cm^3	松装密度/$g\cdot cm^{-3}$	试验粉末质量/g
25	>4	100
	2~4	50
	1~2	20

测量时，将一定粉末装入量筒内，使粉末表面基本处于水平状态，然后将量筒固定在支座上。当凸轮转动时，定向滑杆带着支座上下滑动，并撞击砧座，使量筒内的粉末逐渐被振实，直至粉末的体积不再继续减少。当粉末体积不再减小时的最小振实次数为 N 时，对同类粉末来说，实际振实次数应为 $2N$ 次。一般情况下，各种粒度的金属粉末，取 250 次/min 的振动频率，振动 12min 就能达到满意的结果。然后读出粉末振实后的质量 m 和体积值 V，按下式计算粉末的振实密度 $\rho_{实}$：

$$\rho_{实} = m/V \tag{1-59}$$

式中 $\rho_{实}$——测量粉体的振实密度，g/cm^3；

m——粉体的质量，g。

1.1.3.3 影响松装密度和振实密度的因素

松装密度是粉末自然堆积的密度，因而取决于颗粒间的黏附力、相对滑动的阻力以及粉体孔隙被小颗粒填充的程度、粉体的密度、颗粒形状、颗粒密度和表面状态、粉体粒度分布等因素。

(1) 粉末颗粒形状愈规则，其松装密度就愈大；颗粒表面愈光滑，松装密度也愈大，由于形状不同，表现出密度和孔隙度的差异。

(2) 粉末颗粒愈粗大，其松装密度就愈大。细粉末形成拱桥和互相黏附妨碍了颗粒相互移动，故粉末的松装密度减小。

(3) 粉末颗粒越致密，松装密度就越大。表面氧化物的生成可提高粉末松装密度。

(4) 粉末粒度范围窄的粗细粉末，松装密度都较低。当粗细粉末按一定比例混合均匀后，可获得最大松装密度。此时，粗颗粒之间的大孔隙可被一部分细颗粒所填充。

1.1.4　粒子的比表面积

比表面积是指每克物质中所有颗粒总外表面积之和，国际单位是：m^2/g，比表面积是衡量物质特性的重要参量，其大小与颗粒的粒径、形状、表面缺陷及孔结构密切相关；同时，比表面积大小对物质其他的许多物理及化学性能会产生很大影响，特别是随着颗粒粒径的变小，比表面积成为了衡量物质性能的一项非常重要的参量，如目前广泛应用的纳米材料。

比表面积是粉体材料，特别是超细粉和纳米粉体材料的重要特征之一，粉体的颗粒越细，其比表面积越大，其表面效应，如表面活性、表面吸附能力、催化能力等越强。比表面积大小性能检测在许多的行业应用中是必须的，如石墨、电池、稀土、陶瓷、氧化铝、化工等行业及高校粉体材料的研发、生产、分析、环境监测。

1.1.4.1　比表面积的表示方法

粒子的比表面积（specific surface area）的表示方法根据计算基准不同可分为体积比表面积 S_V 和重量比表面积 S_W。

A　体积比表面积

体积比表面积是单位体积粉体的表面积，单位为 cm^2/cm^3。

$$S_V = \frac{S}{V} = \frac{\pi d^2 n}{\frac{\pi d^3}{6} n} = \frac{6}{d} \tag{1-60}$$

B　重量比表面积

重量比表面积是单位重量粉体的表面积，单位为 cm^2/g。

$$S_W = \frac{S}{W} = \frac{\pi d^2 n}{\frac{\pi d^3 \rho n}{6}} = \frac{6}{d\rho} \tag{1-61}$$

比表面积是表征粉体中粒子粗细的一种量度，也是表示固体吸附能力的重要参数。可用于计算无孔粒子和高度分散粉末的平均粒径。比表面积不仅对粉体性质、而且对制剂性质和药理性质都有重要意义。

1.1.4.2 比表面积的测定方法

直接测定粉体比表面积的常用方法有气体吸附法和气体透过法。比表面积测定分析有专用的比表面积测试仪，国内比较成熟的是动态氮吸附法，比表面积研究和相关数据报告中，只有采用BET方法检测出来的结果才是真实可靠的，国内有很多仪器只能做直接对比法的检测，现在也被淘汰了。

目前国内外比表面积测试统一采用多点BET法，国内外制定出来的比表面积测定标准都是以BET测试方法为基础的，请参看我国国家标准GB/T 19587—2004《气体吸附BET原理测定固态物质比表面积的方法》。比表面积检测其实是比较耗费时间的工作，由于样品吸附能力的不同，有些样品的测试可能需要耗费一整天的时间，如果测试过程没有实现完全自动化，那测试人员就时刻都不能离开，并且精神要高度集中，仔细观察仪表盘，认真操控旋钮，稍不留神就会导致测试过程的失败，这会浪费测试人员很多的宝贵时间。

A 气体吸附法

气体吸附法（gas adsorption method）具有较大比表面积的粒子是气体或液体的良好吸附剂。在一定温度下1g粉体所吸附的气体体积（cm^3）对气体压力绘图可得吸附等温线。被吸附在粉体表面的气体在低压下形成单分子层，在高压下形成多分子层。如果已知一个气体分子的断面积A，形成单分子层的吸附量V_m，可用式1-62计算该粉体的比表面积S_W，常用吸附用气体为氮气。

$$S_W = A\frac{V_m}{22400} \times 6.02 \times 10^{23} \tag{1-62}$$

式中的V_m可通过BET（Brunauer，Emmett，Teller）公式计算：

$$\frac{p}{V(p_0 - p)} = \frac{1}{V_m C} + \frac{C-1}{V_m} \times \frac{p}{p_0} \tag{1-63}$$

式中 V——在压力p下粉体吸附气体的量，mol/g；

p_0——实验室温度下吸附气体饱和蒸汽压，Pa，为常数。

在一定实验温度下测定一系列 p 对 V 的数值，$p/V(p_0-p)$ 对 p/p_0 绘图，可得直线，由直线的斜率与截距求得 V_m。

B　气体透过法

气体透过法（gas permeability method）是气体通过粉体层时，由于气体透过粉体层的空隙而流动，所以气体的流动速度与阻力受粉体层的表面积大小（或粒子大小）的影响。粉体层的比表面积 S_W 与气体流量、阻力、黏度等关系可用 Kozeny-Carman 公式表示如下：

$$S_W = \frac{14}{\rho}\sqrt{\frac{A\Delta Pt}{\eta LQ} \times \frac{\varepsilon^2}{(1-\varepsilon)^2}} \tag{1-64}$$

式中　ρ——粒子密度；

η——气体的黏度；

ε——粉体层的孔隙率；

A——粉体层断面积；

ΔP——粉体层压力差（阻力）；

Q——t 时间内通过粉体层的气体流量。

气体透过法只能测粒子外部比表面积，粒子内部孔隙的比表面积不能测。

此外还有溶液吸附、浸润热、消光、热传导、阳极氧化原理等方法。

1.1.5　粉体的流动性

粉末流动性是指 50g 粉末从标准漏斗流出所需的时间，单位为 s/(50g)。其倒数是单位时间流出粉末的质量，称为流速。流速的测定方法可采用孔径为 2.5mm 的标准漏斗。粉末的流动性是一个非常重要的工艺性能，它综合体现了粉末的多种性能，对生产工艺的稳定、生产流程的设计以及产品质量都有重要影响。测量粉末流动性时，首先堵住漏斗底部小孔，把称量好的 50g 样品倒进漏斗中。记录漏斗中全部粉末流完的时间，测量三次取算术平均。

粉体的流动性（flowability）与粒子的形状、大小、表面状态、密度、孔隙率等有关，加上颗粒之间的内摩擦力和黏附力等的复杂关系，粉体的流动性无法用单一的物性值来表达。粉体的流动形式很多，如重力流动、振动流动、压缩流动、流态化流动等，相对应的流动性的评价方法也有所不同，当定量地测量粉体的流动性时最好采用与处理过程相对应的方法，表1-11列出了流动形式与相应流动性的评价方法。本节介绍常用的几种方法。

表1-11 流动形式与其相对应的流动性评价方法

种　类	现象或操作	流动性的评价方法
重力流动	瓶或加料斗中的流出旋转容器型混合器，充填	流出速度，壁面摩擦角休止角，流出界限孔径
振动流动	振动加料，振动筛充填，流出	休止角，流出速度，压缩度，表观密度
压缩流动	压缩成形（压片）	压缩度，壁面摩擦角，内部摩擦角
流态化流动	流化层干燥，流化层造粒颗粒或片剂的空气输送	休止角，最小流化速度

1.1.5.1 流动性的评价与测定方法

A 休止角

休止角（angle of repose）是粉体堆积层的自由斜面与水平面形成的最大角。常用的测定方法有注入法、排出法、容器倾斜法等，如图1-10所示。休止角不仅可以直接测定，而且可以通过测定粉体层的高度和圆盘半径后计算而得，即 $\tan\theta=$高度/半径。

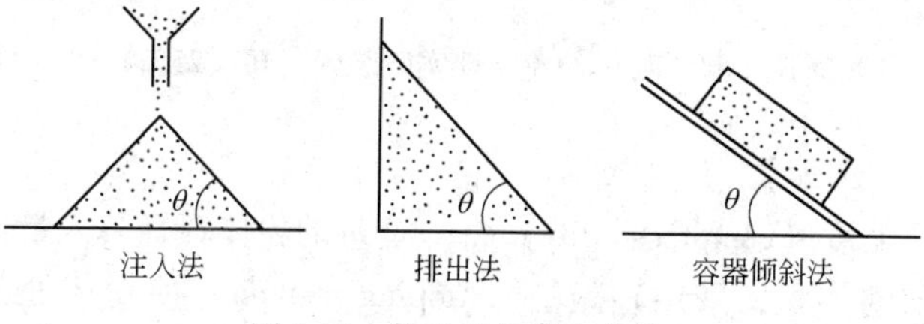

图1-10 休止角的测定方法

休止角是通过粒子在粉体堆积层的自由斜面上滑动时所受重力和粒子间摩擦力达到平衡而处于静止状态下测得，是检验粉体流动性好坏最简便的方法。休止角越小，摩擦力越小，流动性越好，一般认为$\theta \leqslant 40°$时可以满足生产流动性的需要。黏附性粉体（sticky powder）或粒子径小于100～200μm粉体的粒子间相互作用力较大而流动性差，相应地所测休止角较大。值得注意的是，测量方法不同，所得数据有所不同，重现性差，所以不能把它看作粉体的一个物理常数。

B　流出速度

流出速度（flow velocity）是通过将物料加入漏斗中测定全部物料流出所需的时间来描述，测定装置如图1-11所示。如果粉体的流动性很差而不能流出时加入100μm的玻璃球助流，测定自由流动所需玻璃球的量（w,%），以表示流动性。加入量越多流动性越差。

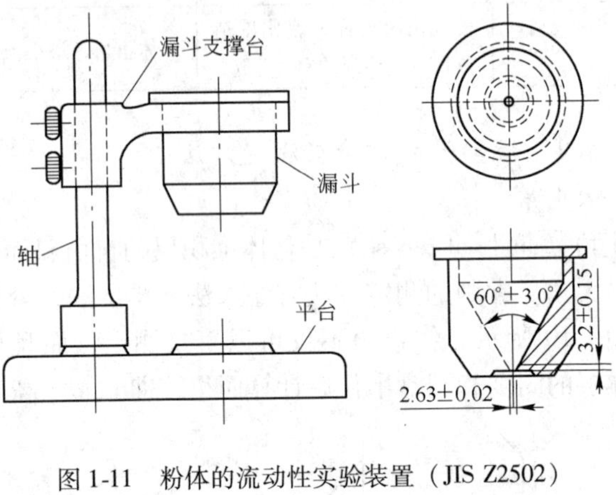

图1-11　粉体的流动性实验装置（JIS Z2502）

C　压缩度

压缩度（compressibility）将一定量的粉体轻轻装入量筒后测量最初的体积；采用轻敲法（tapping method）使粉体处于最紧状态，测量最终的体积；计算最松密度ρ_0与最紧密度ρ_f；根据公式 1-65 计算压缩度 c。

$$c = \frac{\rho_f - \rho_0}{\rho_f} \times 100\% \tag{1-65}$$

压缩度是粉体流动性的重要指标，其大小反映粉体的凝聚性、松软状态。压缩度 20% 以下时流动性较好，压缩度增大时流动性下降，当 c 值达到 40% ~50% 时粉体很难从容器中自动流出。

D 内部摩擦系数 μ

内部摩擦系数（coefficient of internal friction）测定装置如图 1-12 所示，对静止的粉体层施加垂直应力 σ（normal stress），在水平方向施加剪切应力 τ（shear stress），当 τ 值较小时粉体层处于静止状态，τ 值逐渐增大到某一值时粉体层开始滑动，这种刚刚使粉体层开始滑动的状态叫限界应力状态。在限界应力状态下垂直应力 σ 与剪切应力 τ 之间的关系如图 1-13 所示。

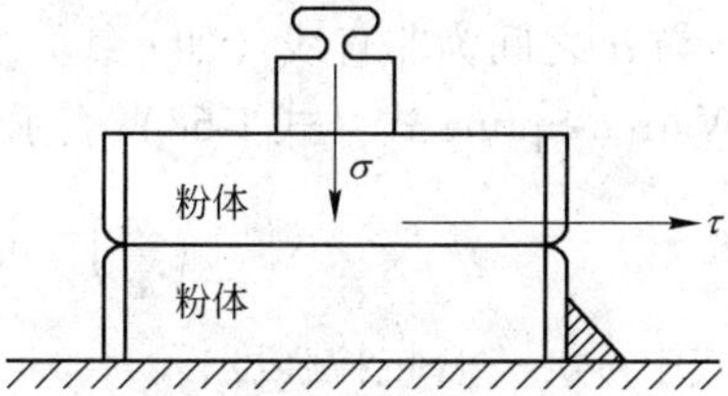

图 1-12 内部剪切应力测定装置

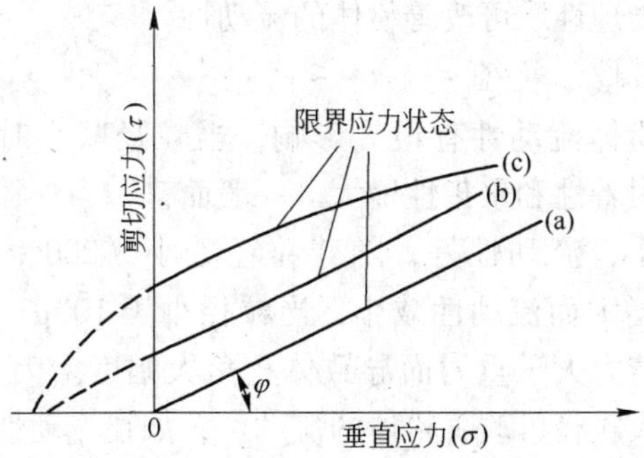

图 1-13 限界应力状态下垂直应力与剪切应力关系

粉体层的 τ 与 σ 之间的关系为经过原点的直线（如 a）时，叫自由流动粉体（free flowing powder），如式 1-66 所示：

$$\tau = \mu\sigma = \tan\varphi \cdot \sigma \tag{1-66}$$

式中，μ 表示内部摩擦系数；φ 为内部摩擦角。如果直线不经过原点（如 b 线）时，该粉体为黏附性粉体（cohesive powder），可用式 1-67 表示：

$$\tau = \mu\sigma + C \tag{1-67}$$

式中，C 为黏附力（cohesive force）。粉体层的 τ 与 σ 之间的关系为直线时，叫 Coulomb 粉体，根据 μ、φ 以及 C 的大小评价流动性，这些数字越小流动性越好。如果粉体层的黏附性较强时，τ 与 σ 之间为非直线（如 c 线）关系，此时粉体的剪切特性可用 Warren-Spring 式（式 1-68）表示：

$$\left(\frac{\tau}{c}\right)^n = \frac{\sigma + \sigma_\tau}{\sigma_\tau} \tag{1-68}$$

式中　σ_τ——抗拉强度；

n——剪切指数，n 值接近于 1 时，曲线近于直线。

1.1.5.2　流动性的影响因素与改善方法

粒子间的黏着力、摩擦力、范德华力、静电力等作用阻碍粒子的自由流动，影响粉体的流动性。粉体流动性与构成粉体的粒子大小、形态、表面结构、粉体的孔隙率、密度等性质有关。通过改变这些物理性质可改善粉体的流动性。

A　适当增加粒径

粒径对粉体流动性有很大影响，当粒径减小时，表面能增大，粉体的附着性和聚集性增大。一般而言，当粒径大于 200μm 时，休止角小，流动性好，随着粒径减小（200 ~ 100μm 之间时）休止角增大而流动性减小，当粒径小于 100μm 时，粒子发生聚集，附着力大于重力而导致休止角大幅度增大，流动性差。所以适当增大粒径可改善粉体的流动性，如在流动性不好的粉体中加入较粗的粉粒也可以克服聚合力，流动性增大。粉体性质不同，流动性各异，粒子内聚力大于自身重力所需的粒径称为临界粒径，控制粒径大小在临界粒子径以上，可保证粉体的自由流动。

B 控制粉粒湿度

粉粒通常吸附有小于12%的水分，水分的存在使粉粒表面张力及毛细管力增大，使粒子间的相互作用增强而产生黏性，使流动性减小，休止角增大。控制粉粒的湿度在某一定值（通常为5%左右）是保证粉体流动性的重要方法之一。当水分含量进一步增加时，固体粉粒表面吸附力减小，粉体休止角急剧降低，但此时的粉体已不能再应用。

C 加入润滑剂

在粉体中加入适量的润滑剂，如滑石粉、氧化镁、硬脂酸镁等，可提高粉体的流动性。通常，加入比粉粒还要细的物质会使粉体流动性变差，润滑剂虽然是细粉末，但润滑剂能降低固体粉粒表面的吸附力，改善其流动性。此外，润滑剂的加入量也很重要，当粉粒的表面刚好被润滑剂覆盖，则粉体的润滑性加强，如果加入过量的润滑剂不但不能起润滑作用，反而形成阻力，流动性变差。各种润滑剂的常用量为：氧化镁1%、滑石粉1%~2%、硬脂酸镁0.3%~1%、氢氧化铝1%~3%、微粉硅胶1%~3%。

D 粒子形态及表面粗糙度

球形粒子的光滑表面，减少接触点数，减少摩擦力。

1.1.6 粉体的漂浮性能

粉体的漂浮性能可以通过水面覆盖率和小刀漂浮法检测来表征。

片状粉体的径厚比（粒径与厚度之比）是评价片状粉体的主要指标之一。样品片状化程度通常以其平均片厚（T）或径厚比（D/T）表征。但准确地测量径厚比是一件困难的工作，目前还没有准确而有效的方法。径厚比的测量可利用高倍率电镜，测出其径度与厚度后，进而求出径厚比。还可以用下面方法[1]估算。

样品的平均片厚 T 通过如下公式求得：

$$T = 1/(\rho_m \cdot F_m) \tag{1-69}$$

式中　ρ_m——金属粉体密度；

F_m——水面覆盖力。

然后用平均直径 D 除方程两端，可得

$$D/T = D\rho_m F_m \tag{1-70}$$

上式具有明确的物理意义，即径厚比与液面遮盖率、粉体密度及其直径成正比。由于式 1-70 中 D 为平均粒径，若颗粒直径分布很宽，则径厚比的估算值与实际值偏差较大。

该法要求粉体在溶液表面单层分散且尽可能消除空隙，要做到这一点需要反复实验。通过多次实验并进行相对比较，该方法对于评价片状粉末的粒度特性，还是具有较大的意义。

水面遮盖力按照标准 HG/T 2456. 93 “铝粉浆中 5. 5 水面覆盖力的测定” 进行测定，其具体过程可简述为：称取 0. 02g 经分散后的片状粉体，调制成均匀稠度的浆料，然后将浆料分布于带有挡片的注满水的有机玻璃测试槽（650mm × 120mm × 13mm，自制）的水面上，使其形成致密、连续均匀的膜面，然后测量膜面的长度（l）及宽度（b）[2]。测量时必须使片状粉体能漂浮于水面之上，并以单层厚度铺展开。

由此得出水面遮盖力 F_m 的计算公式：

$$F_m = \frac{l \times b}{10^6 \times m} \tag{1-71}$$

式中　l——膜面长度，mm；

b——膜面宽度，mm；

m——试样质量，g。

还可采用小刀漂浮法检测粉末的漂浮性[3]，将专用金属小刀插入金属粉末和乙酸乙酯的混合物中并转动一定的时间，再将小刀抽出，静止悬挂，保持一段时间，测定小刀两边的浸入长度和完全漂浮长度，金属粉末的漂浮长度以亮膜连续出现处为准，并按下式计算其漂浮值：

$$\text{漂浮值} = (\text{完全漂浮的长度}/\text{浸润长度}) \times 100\% \tag{1-72}$$

1.1.7 片状金属粉体特征及性能

片状金属粉体是指具有鳞片状特殊形貌的金属粉体，其片径通常小于100μm；厚度通常在0.01～2μm。片状金属粉体的形状特征通常用径厚比表征，即片的直径和厚度之比。通常，片状金属粉体的径厚比一般在20～100之间变化，平均为50～80。

由于金属本身性质不同，片状金属粉体性能也会各有差异，但由于其片状的微观结构，其具有其他非片状金属粉体所不具备的特性[4]：

(1) 明亮的金属光泽和颜色。片状金属粉体由于其片状结构，能反射可见光，因而在使用过程中，其片层面平行于底材排列于涂膜中时，外观可有平光的高亮度。

(2) 遮盖性好。片状金属的鳞片状，使其具有分散到载体后与底材平行的特点，众多的片状金属粉体相互连接，大小粒子相互填补形成连续的金属膜，遮盖了底材，又反射涂膜外的光线，因而具有良好的遮盖力。

(3) 屏蔽性好。片状金属粉末调入成膜物并涂装成膜时，像落叶铺地一样与被涂物平行，形成连续的金属粉末层，而且这种粉末层在载体膜内多层平行排列，各层粉末之间也相互错开，形成屏障，阻断了成膜物的微细孔，阻止外界有害气体或有害液体在涂膜中的渗透，保护了涂膜及被涂装物品。

(4)“双色效应”特性。片状金属粉体由于具有金属光泽和平行于被涂物的特性，在含有透明颜料的载体中，粉末的光泽度和颜色深浅随入射光的入射角度和视角的变化发生光和色的变化，这种特性称为“双色效应”。

1.2 金属粉的制备方法概述

金属粉末在粉末冶金及其他粉末材料的生产中占有十分重要的地位，它是生产各种粉末冶金材料的基本原料，也是制造许多无机非金属材料，如金属陶瓷、硬质合金、超硬材料及制品等的重要原料。此外，在钢铁冶炼、化学工业、表面涂覆、印刷等行业也广泛采用金属及合金粉末。通常，应用于不同领域或制备不同性能的材料及制品往往需要不同种类或特性的金属粉末。从材质范围来看，不仅需要金属粉末，也需要合金粉末、金属化合物粉末等；从粉末外形来看，需要球状、片状、纤维状等各种形状的粉末；从粉末粒径来看，需要各种粒径的粉末，从粒径为500～1000μm的粗粉到粒径小于0.1μm的超细粉末。

制取金属粉末的方法很多，它的选择主要取决于该材料的特殊性能及制取方法的成本。粉末的形成是依靠能量传递到材料而制造新表面的过程。例如一块$1m^3$的金属可制成大约2×10^{18}个直径为1μm的球形颗粒，其表面积大约为$6\times10^6m^2$。要形成这么大的表面，所需能量是很大的。

若按照制粉过程中有无化学反应，可以将粉末的制取方法分为两大类，即机械法和物理化学法。机械法是将原料机械地粉碎，而化学成分基本不发生变化，机械法主要有机械粉碎和雾化法；物理化学法则是借助化学或物理的作用，改变原材料的化学成分或聚集状态而获得粉末的。若根据制备过程中的物料体系又可以分为气相法、液相法和固相法。

1.2.1　气相法

1.2.1.1　气相蒸发法

气相蒸发法是制备金属粉末最直接、最有效的方法，其原理是在真空或者低压氮、氩等惰性气体中加热金属使之蒸发，冷凝后形成超细金属粉。通过调节蒸发温度、气体种类和压力可以控制颗粒的大小。用气相蒸发法制备的超微粉具有如下特点：

（1）表面洁净；

（2）粒径分布较窄；

（3）粒度容易控制。

1984年，德国科学家Gleiter等首次用惰性气体凝聚法成功地制得30nm的镍粉[5]。此后，该法得到了不断的改进。采用电或石墨加热器，在充有几百帕的压力下可制备 10nm 左右的 Ni、Al、Mg 等金属纳米粉。采用能旋转的圆盘收集粉体，通过真空蒸馏浓缩产物，可得到粒径在 3 ~ 8nm 之间的 Ni、Ag、Cu 等金属粉体。Hayashi 等[6,7]用该法使饱和金属蒸气在惰性气体中冷凝得到纳米镍粉。

根据加热方式的不同，可将气相蒸发法分为：电阻加热法、等离子体法、高频感应加热法、电子束加热法以及激光加热法[8]。各种加热方法制备的纳米粉体特征如表 1-12 所示。

表 1-12　气相蒸发法制备纳米粉体的方法与特征

名　称	加热蒸发法	生成气氛	特　征
电阻加热	蒸发原料放在电阻加热器上加热蒸发	惰性气体或还原性气体，压力为 133 ~ 13332Pa	一次生成量较小，实验室规模一次为数十毫克
等离子束加热	用等离子束加热水冷铜坩埚中的金属材料	惰性气体，压力为 $2.6\times10^4 \sim 1\times10^5$ Pa	实验室规模产量每批 20 ~ 30g，几乎适用于所有金属
高频加热	高频感应加热耐火坩埚中的金属	惰性气体，压力为 133 ~ 6500Pa	粒径容易控制，可大功率长时间运转
电子束加热	高真空电子束发生室与压力为 133Pa 的蒸发室保持压力差	惰性气体，反应性气体，压力为 133Pa	可制取 Ta、W 等高熔点金属及 TiN、AlN 等高熔点化合物
激光束加热	用连续、高能激光束通过透镜聚焦照射原料	惰性气体，压力为 $1\times10^3 \sim 1\times10^4$ Pa	可蒸发矿物、化合物等，对 SiC 等金属化合物有效

A　电阻加热法

电阻加热法是将原料置于电阻加热器上蒸发来制备超微粒子的一种方法。电阻加热法装置的蒸发源通常采用真空中所使用的螺旋状纤维或者舟状的电阻发热体。所以，目前该方法仅适合于进行 Ag、Al、Cu、Au、Zn、Mg、Sn、Pb、Bi 等低熔点金属的蒸发。所得金属粉粒径在 5 ~ 100μm 范围。过程是将要蒸发的金属原料置于真空室电极处，先将系统抽成真空（约 1×10^{-4} Pa），然后注入少量载气（N_2、CH_4 等）和保护性气体（Ar、He 等），调节压力 10 ~ 10^4 Pa，通电加热原料使之蒸发、凝聚，金属蒸气形成金属烟粒子，实验装置如图 1-14 所示。

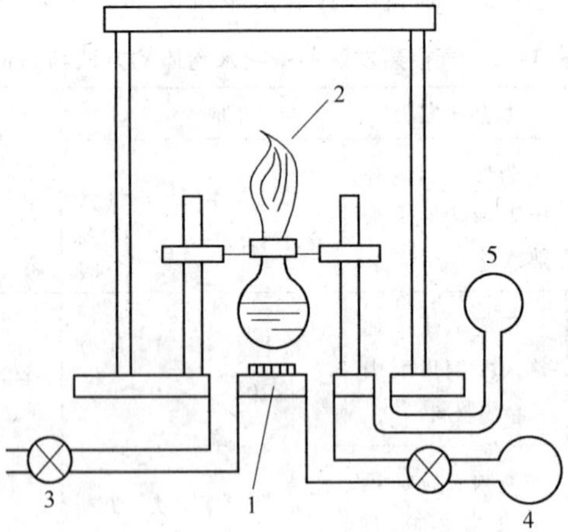

图 1-14　金属烟粒子蒸发装置图

1—加热电极；2—金属烟柱；3—排气口；4—惰性气体；5—真空表

因为电阻加热法装置的蒸发原料通常放在 W、Mo、Ta 等的螺旋状载样台上，所以有两种情况不能用这种方法进行加热和蒸发：

（1）两种材料（发热体与蒸发原料）在高温熔融后会形成合金；

（2）蒸发原料的蒸发温度高于发热体的软化温度。

电阻加热法设备和操作简单，但产率较低（一般只有几毫克），一般只适合应用于实验室的研究。

B　等离子体法

等离子体法是在惰性气氛或反应性气氛下通过直流放电使气

体电离产生高温等离子体，从而使原料熔化并蒸发，蒸气遇到周围的气体就会被冷却或发生反应形成超微粉。其机理是：等离子体中存在大量的高活性物质微粒，它们与反应物微粒迅速交换能量，使反应向正方向进行。此外，等离子体尾焰区的温度较高，远离尾焰区的温度急剧下降，使这些区域的微粒处于动态平衡的饱和状态，处于这种状态的反应物迅速离解并成核结晶而形成纳米微粒。等离子体温度高、反应速度快，可获得均匀、小颗粒的纳米粉体。易于实现批量生产，几乎可制备任何纳米材料。目前等离子体按其产生方式可分为：直流电弧等离子体法、混合等离子体法、氢电弧等离子体法等。

a 直流电弧等离子体法

该法是在惰性气氛或反应性气氛下，通过直流放电使气体电离产生高温等离子体，使原料熔化、蒸发，蒸气遇到周围的气体就会被冷却或发生反应形成超微粒子。表1-13为用直流电弧等离子体法制备的金属纳米粒子。

表1-13 直流电弧等离子体法制备的金属纳米粒子

种类	生成条件				生成速率 $/g\cdot min^{-1}$	平均粒径 $/\mu m$
	压力/MPa	电压/V	电流/A	功率/kW		
Ta	0.10	40	200	8	0.05	15
Ti	0.10	40	200	8	0.18	20
Ni	0.10	60	200	12	0.8	20
Co	0.10	50	200	10	0.65	20
Fe	0.10	50	200	10	0.8	30
Al	0.053	35	150	5.3	0.12	10

采用直流电弧等离子体法，通过金属 $Ga-NH_3-N_2$ 体系反应性气体蒸发法，可合成重要的高活性半导体 GaN 超微粉体，其粒径为20~200nm。

b 混合等离子体法

混合等离子体法是一种以应用于工业生产中的射频（RF）

等离子体为主要加热源，并将直流（DC）等离子体与射频等离子体组合，由此形成混合等离子体的加热方式，如图 1-15 所示。

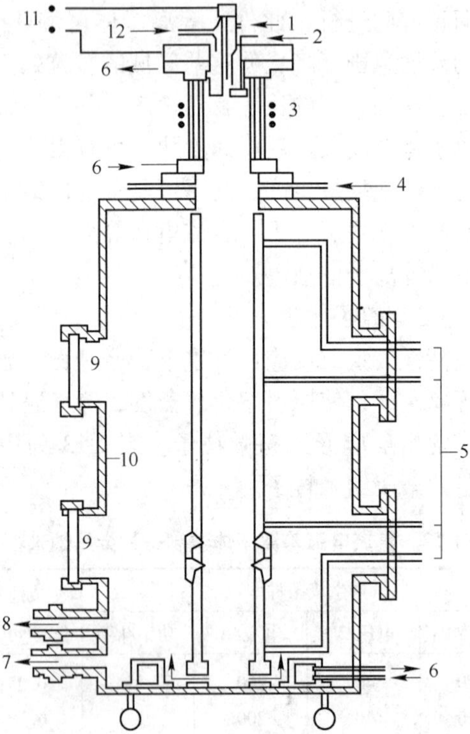

图 1-15 混合等离子体反应器结构示意图

1—氩；2—四氯化硅 + 氩；3—高频感应线圈；4—氦 + 氢；5—热电偶；
6—冷却水；7—出气口；8—连续真空泵；9—观察窗；
10—派莱克斯玻璃管；11—直流电源；12—氢 + 氩

使用混合等离子体作为加热源，可以输入金属和气体制备金属纳米颗粒，或者输入金属和气体的同时再输入反应性气体制备化合物纳米颗粒。混合等离子体法与直流等离子体法相比，由于产生电流电弧不需电极，可避免由于电极物质的熔化或蒸发而在反应产物中引入杂质。

胡志华等[9]采用氢、氩混合直流电弧等离子体法连续制备了纳米镍粉，产量最高可达38g/h，但是所制备的纳米镍粉粒径分布较宽，且有团聚现象。

c 氢电弧等离子体法

氢电弧等离子体法的原理是 M. uda 等提出的。之所以称为氢电弧等离子体法，原因在于制备工艺中使用氢气作为工作气体，其作用是可大幅度地提高产量，因为氢原子化合为氢分子时放出大量的热，从而产生强制性的蒸发，使产量大幅度增加。以纳米金属钯为例，该装置的产率一般可达300g/h。另外，氢的存在可以降低熔化金属的表面张力，从而增加了蒸发速率。

用这种方法制备的金属纳米粒子的平均粒径与制备条件和材料有关，一般为几十纳米，粒子的形状一般为多面体，磁性纳米粒子一般呈链状。目前，使用这种方法已经成功地制备出30多种纳米金属和合金，也有部分氧化物。其中有 Fe、Co、Ni、Cu、Zn、Al、Ag、Bi、Sn、Mo、Mn、In、Nd、Ce、La、Pd、Ti 等金属纳米粒子；合金和金属间化合物有 CuZn、PdNi、CeNi、CeCu、ThFe 以及纳米氧化物 Al_2O_3、Y_2O_3、TiO_2、ZrO_2 等。

在惰性气氛下，由于等离子体温度高，用这种方法几乎可以制备出任何金属的超微粉。在 N_2、NH_3 等气氛下可制得 AlN、TiN、Si_3N_4 等金属氮化物；在氧化气氛下可制得 WO_3、MoO_3、NiO 等金属氧化物，在原料中混入碳或在 CH_4、C_2H_6 气氛下可制得金属碳化物（如 WC、ZrC 等）。该技术已成为近年来的发展趋势，制备工艺与设备也在不断更新。这种方法的优点是：产率大，一次运转可制出几克至几十克的超微粉；缺点是：生成的超微粉的粒径分布较宽，而且难以制得较纯的氮化物或碳化物的超微粉。

采用等离子体加热法可以制备出金属、合金或金属化合物纳米粒子。其中，金属或合金可以直接蒸发、冷凝而形成纳米粒子，制备过程为纯粹的物理过程；而金属化合物的制备还需要化学反应这一步，才能最终形成金属化合物纳米粒子。

等离子体加热法的优点是产量大，特别适合于高熔点的各类超微粉的制备。但是，等离子体喷射的射流容易将金属熔融物质本身吹走。

左东华等[10]采用氢电弧等离子体法制备出纳米镍粉，平均粒径几十纳米，粒子多为球形和多面体形，用作催化剂在加氢反应中显示出良好的催化活性和选择性。孙维民等[11]以高熔点金属钨和制备纳米粉体用的金属镍的合金为原料，用直流电弧等离子体法连续制备高纯度的纳米镍粉。张志琨等[12]运用自行设计的多电极氢电弧等离子体法制备了纳米镍粉，并在加氢反应中显示出良好的催化活性和选择性。蒋渝等[13]采用自由弧熔融氢等离子射流法制备了平均粒径为36.6nm的纳米镍粉，产量为15～20g/h。

此外，吉林大学与长春市某研究所合作研制生产出镍、钛、钴等金属纳米粉末，并成功地应用于冶炼碳化钨硬质合金[14]。Dordal等[15]用混合等离子体法成功制备出了平均粒径为70nm、粒度分布均匀、分散性好的纳米铜粉。这些方法中，DC法使用设备简单、易操作，生产速度快，几乎可制备任何纯金属超细粉，但高温下电极易于熔化或蒸发而污染产物；RF法无电极污染、反应速度快、反应区大，广泛应用于生产超细粉，其缺点是能量利用率低、稳定性差；混合等离子体法将DC法和RF法结合，既有较大的等离子体空间、较高的生产效率和纯度，也有较好的稳定性。

C 高频感应加热法

高频感应加热法是以高频感应线圈做热源，在低压（1kPa～10kPa）惰性气体中使盛放在陶瓷坩埚内的金属物质在电流感应下靠自身发热而蒸发，蒸发后的金属原子与惰性气体原子相碰撞、冷却凝聚而形成超细粉。图1-16是高频感应加热法的实验装置示意图。在高频感应加热法中，金属处于交变磁场中，由于趋肤效应，金属表面产生感应电流，由于金属存在电阻，从而产生焦耳热使金属蒸发；而且，金属中感应磁场与外场相互作用，使得金属几乎不与坩埚接触。这种加热方式具有强烈的诱导搅拌作用，加热速度快，温度高。在蒸发过程中，惰性气体在温度梯度的作用下携带着粉末在粉末收集器中对流，粉末弥散于收集室内并沉淀在收集器内的各种表面。这一加热法的特点是规模越大（大坩埚），超微颗粒的粒度越趋向于均匀。因此，该方法具有很多优点，譬如生成粒子粒径比较均匀、产量大、无污染、便于工业化生产等。缺点是对 W、Mo、Ta 等高熔点、低蒸气压物质的超微粉制备困难，而且制备速度慢、产量低。

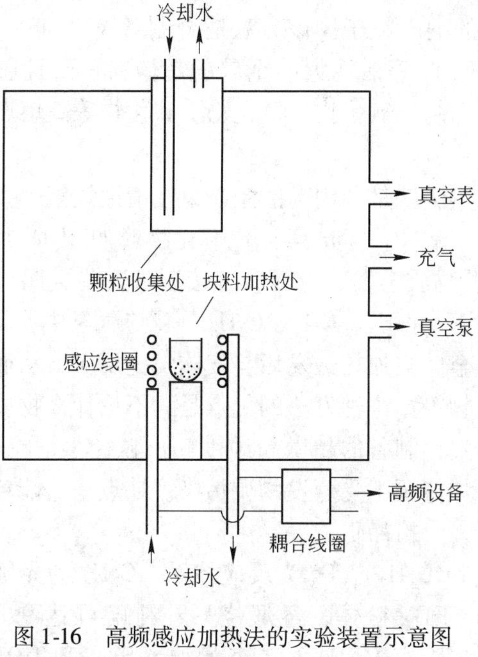

图 1-16 高频感应加热法的实验装置示意图

林主税[16]进行了用高频感应来制作超细铜粉的实验，所制备的超细铜粉的粒径可以通过调节蒸发空间的压力和熔体温度（加热源的功率）来进行控制。粉末粒度主要决定于从蒸发液面到这一温区内的生长过程，这一过程受蒸发温度、惰性气体的压力和种类、装置内的温度梯度和对流情况的影响，通过工艺参数的控制可以制备10～1000nm的金属超微粉末。

法国的Lairliquid公司采用感应加热法，用改进的气相蒸发法制粉技术制备了铜超微粉末，产率为0.5kg/h[17]。M. Kobiyama等[18]采用气相沉积法，制备出纳米级铜薄膜，铜粒径为8～80nm。

D 电子束加热法

电子束加热法不需要坩埚就可使原料熔融并蒸发，从而避免了由于坩埚反应而引起杂质的混入。电子束加热蒸发法的主要原理是：在加有高速电压的电子枪与蒸发室之间产生差压，使用电子透镜聚焦电子束于待蒸发物质表面，从而使物质被加热、蒸发、凝聚为细小的纳米粒子。该方法适合制备W、Mo、Ta等高熔点金属以及Zr、Ti等活性大的金属的超微粉，而且通过控制不同的气氛可分别制备氧化物、氮化物、碳化物等高熔点超微粉。

E 激光加热法

激光加热法就是利用高能激光束在惰性气氛中直接照射金属（如Fe、Ti、Ni、Zn、Mo等）或氧化物（如Al_2O_3、SiO_2、Fe_3O_4等），让这些物质蒸发、冷凝后直接制备这些金属或氧化物的超微粉，或在N_2、NH_3、CH_4、C_2H_6等反应气氛中，将激光束照射到金属上，金属被加热蒸发后与气体发生反应，从而制备出其氮化物、碳化物等。这种方法的优点是：不论什么物质都可用它进行熔融和蒸发；制备的超微粉纯度高、粒径小，粒度分布集中，球形性好；加热源不受蒸发物质污染。缺点是：能耗大，超微粉的回收率低，价格昂贵。

以$Ti(i\text{-}OC_3H_7)_4/O_2$为反应体系，$C_2H_4$为光敏剂，可制备球形的纳米$TiO_2$粉体，经煅烧后，纯度可达99.97%。用$Si(OC_2H_5)_4$和$Ti(i\text{-}OC_3H_7)$制备的纳米$SiO_2$和$TiO_2$粉，比表面可达400$m^2/g$。此外，用激光蒸发金属靶材的方法，通过调整温度梯度、总压、金属蒸气的分压及控制过饱和度可获得ZnO、TiO_2、ZrO_2、MgO等一系列纳米氧化物粉体。用激光法合成的纳米粉体列于表1-14中。

表 1-14 激光法制备的纳米粉体及其性能

粉体名称	合成原料	粒径/μm	比表面积/$m^2 \cdot g^{-1}$
SiC	SiH_4/C_2H_4	20~30	50~100
Si_3N_4	SiH_4/NH_3	10~25	117
Si-C-N	$HMDS/NH_3$	20	
Si	SiH_4/NH_3	10~100	51.5
Al_2O_3	Al/O_2	1~10	130~150
TiO_2	Ti $(i\text{-}OC_3H_7)_4/O_2$	6~200	
ZnO	Zn/O_2	100	
SiO_2	$SiCl_4/O_2$		
Ti-V-O	Ti $(i\text{-}OC_3H_7)_4$/VO $(OC_3H_7)_3$	5	200
CaO	$CaCO_3$	35~50	
Fe_2O_3	Fe $(CO)_5/O_2$	5~12	
Fe	Fe $(CO)_5$	20~40	
Fe/C	Fe $(CO)_5$	2~10	116
AlN	Al/N_2	6	

1.2.1.2 化学气相反应法（CVD）

化学气相反应法其原理是利用金属化合物的蒸气，在保护气体的环境下，通过化学反应生成所需要的物质，经快速冷凝，从而制备超细微粒的方法，也称为化学气相沉积法（CVD）。该方法化学反应活性高、工艺可控、过程连续，制备出的超细颗粒，粒度小、颗粒分布均匀、纯度高。该法适合于制备各类金属、金属化合物以及非金属化合物纳米粒子，如各种金属、氮化合物、碳化物、硼化物等。按体系反应类型可将气相化学反应法分为气相分解和气相合成两类方法。气相分解是对待分解的或经前期预先处理的中间化合物进行加热、蒸发、分解，得到目标物质的纳米粒子。气相合成法通常是利用两种以上物质之间的气相化学反应，在高温下合成出相应的化合物，再经过快速冷凝，从而制备各种物质的纳米粒子。加热的方法除了通常的电阻炉外还有等离子体、激光、化学火焰等。

A　等离子体气相化学反应法（PCVD）

等离子体加强气相化学反应法，等离子体是一种高温、高活性、离子化的导电气体，等离子体高温焰流中的活性原子、分子、离子或电子以高速射到各种金属或化合物原料表面时，就会大量溶入原料中，使原料瞬间熔融，并伴有原料蒸发。蒸发的原料与等离子体或反应性气体发生相应的化学反应，生成各类化合物的核粒子，核粒子脱离等离子体反应区后，就会形成相应化合物的纳米粒子。

激光法与其他方法相结合的新方法表现出了强大的生命力，因此，充分利用激光法的优点开发新的方法，是当前激光法的主要发展方向。

B　激光诱导化学气相沉积法（LICVD）

激光诱导气相化学合成技术于20世纪80年代初始创于美国麻省理工大学的能源实验室。该法是利用大功率激光器的激光束照射于反应气体，反应气体通过对入射激光光子的强吸收，气体分子或原子在瞬间得到加热、活化，在极短的时间内反应气体分子或原子获得的化学反应所需要的温度后，迅速完成反应、成核、凝聚、生长等过程，从而获得相应物质的纳米粒子，反应在100s内即可完成。具体工艺是将参加反应的各种反应物气体均匀混合后，经喷嘴喷入反应室形成高速、稳定的气体射流，为防止射流发散，通常在喷嘴外加设同轴保护气体（一般为氩气）管产生同轴氩气流。在喷嘴出口附近，气体射流与高能量的连续激光束垂直正交，反应气体分子与光子流发生交互作用。如果反应物的红外吸收带与激光振荡波波长相匹配，反应物分子将有效地吸收激光光子能量，产生能量共振，反应物气体立即由室温升高至反应温度，其加热速度可达10^6～10^8℃/s。于是，在激光作用区内形成高温、明亮的反应火焰，反应物在瞬间发生分解、化合反应，在气流中均匀形成许多生成物的超微粒的小核坯。这些小核坯在反应火焰区内继续随气体流动，因相互间碰撞、凝聚而不断长大。当它们在气流惯性和同轴氩气的带动下离开反应火焰区时，便被气体快速冷却并停止生长，作为成品微粉进入收集器。而反应的副产物气体以及未反应尽的气体则由真空泵抽走。

与其他制备方法相比，其主要优点是：产品纯度高；粉体的粒径均匀、粒径分布窄，并且形状规则；制备出的粉体表面清洁，粒子间无黏结，团聚弱，易于分散。不足之处主要是：反应原料必须是气体或具有挥发性的有机化合物，并且存在有与激光波长相对应的红外吸收带，这就限制了产品的种类；其次，对于大多数反应体系来说，气体射流与激光束只交叉一次，激光能量利用率低；反应区尺寸不易过大，使纳米粉的产率有限，这些直接导致生产成本偏高。

C　火焰燃烧化学气相沉积法（FACVD）

FACVD（Flame assisted CVD）过程包括将液态或气态的前驱体喷射或输送至火焰中燃烧，以达到分散或预混合的目的。液体前驱体在火焰中将分解或蒸发，并发生化学反应或燃烧，火焰和燃烧将提供蒸发、分解和化学反应所需要的热能，火焰同时还能加热基底、加强扩散和基底表面对原子的吸附[19]。由此可知，它与传统 CVD 最大的不同点在于：液体前驱体的蒸发方式不同，该方法中前驱体的蒸发、分解及燃烧几乎同时进行，大大缩短了化学反应时间。

FACVD 采用的燃料是氢气或碳氢化合物。使用碳氢化合物时常常会有烟灰生成，而使用氢气无杂质引入，且过程更快。火焰的温度通常高达 1727 ~ 2727℃，所以一般进行的是均相气相反应，进行粉末的沉积，因而此法常在工业上用于粉体的制备。在用于膜的制备时，需改变燃料与前驱体的比例以降低火焰的温度。控制晶型、表面形态、粒子尺寸的最主要的参量就是火焰的温度及分布、前驱体的选择和在火焰中的停留时间、燃料与前驱体的比例。在火焰中加入添加剂也可以改变产物的尺寸、结构和形态。

这种方法可以使用挥发性和非挥发性的前驱物，具有非线性沉积功能，可在立体的基底上进行沉积包覆。产物无需后续处理。反应物在分子尺度上快速混合，过程所耗时间显著缩短。与传统 CVD 相比，FACVD 在多组分膜的制备中可更好地进行化学计量控制，因为蒸发、分解与化学反应加快了。沉积速率也相应提高。在制备氧化物膜时，可在开放的大气环境中操作，无需任何精密反应器或真空系统，所以成本相对较低。

Ishihawa H. 等将铜化合物真空蒸发后用氢气还原，制备出粒径为 1 ~ 8nm 的铜粉[20]。

气相法制备超细粉体，具有产品纯度较高，表面清洁，分散性好，粒径分布窄且粒度易控制等优点；但该方法的原料气体比较昂贵，设备复杂，反应条件较高，产量比较小，制备成本较高。

1.2.1.3　溅射法

溅射法是在惰性气氛或活性气氛中，在阳极和阴极蒸发材料间加上几百伏的直流电压，使之产生辉光放电，放电中的离子撞击到阴极的蒸发材料靶上，靶材的原子就会由靶材表面溅射出来，溅射原子被惰性气体冷却而凝结或与活性气体反应而形成纳米微粒[21]。

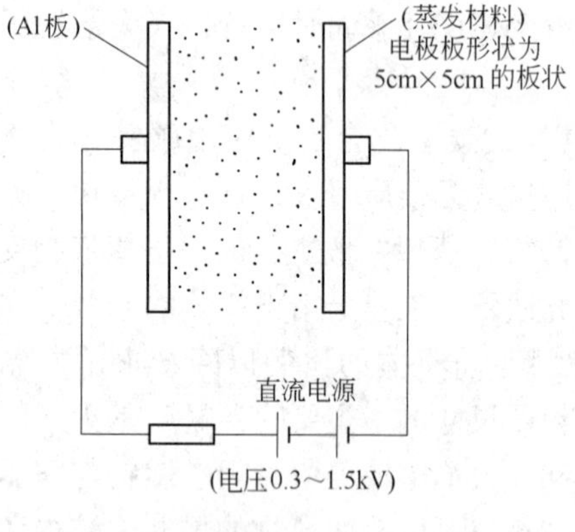

图 1-17　溅射法制备纳米微粒原理图

溅射法制备纳米微粒原理如图 1-17 所示，用两块金属板分别作为阳极和阴极，阴极为蒸发用的材料，在两极间充入氩气（40 ~ 250Pa），两极间施加的电压范围为 0.3 ~ 1.5kV。

粒子的大小及尺寸分布主要取决于两极间的电压、电流和气体压力。该法投资少，技术成熟，可制备出镍、铁、铜等多种金属与合金的纳米粉体。Teng 等[22]采用溅射法在高压氦气中制备出小于 10nm 的镍微粒。氦气速度为主要影响因素，当其为 20m/s 和 56m/s 时，可得粒径分别为 13nm 和 7nm 的镍微粒。

用溅射法制备纳米微粒有如下优点：不需要坩埚；蒸发材料（靶）放在什么地方都可以（向上、向下都行）；高熔点金属也可制成纳米微粒；可以具有很大的蒸发面；使用反应性气体的反应性溅射可以制备化合物纳米微粒，可形成纳米颗粒薄膜等。

Emmanuelle Mugnier 等[23]采用 RF 溅射法制备出纳米相铜-尖晶石型铁氧体薄膜，粒径小于 10nm。

1.2.1.4 电爆炸丝法

电爆炸丝法是制备金属和合金粉末的一种较新方法，用这种方法制备纳米粉体是在一定的气体介质环境下，通过对金属或合金原料丝沿轴线方向施加直流高电压，在原料丝内部形成很高的电流密度（$10^7 A/cm^2$），使之爆炸、蒸发形成金属蒸气，然后与周围惰性气体发生碰撞损失能量，冷凝获得超细金属粒子。

电爆炸丝法适用于工业上连续生产纳米金属、合金和金属氧化物纳米粉体[24]。这种方法的基本原理如图 1-18 所示[25]，是先将金属丝固定在一个充满惰性气体（5×10^6Pa）的卡头上，卡头为两个电极，它们与一个大电容相连接形成回路，加 15kV 的高电压，在高压和脉冲大电流的共同作用下，原料丝内瞬间产生强电流，迅速发生爆炸、汽化，并以强冲击波的形式向外辐射，在辐射过程中不断与低温的惰性气体碰撞损失能量而逐渐沉积，形成具有一定粒径分布的金属细颗粒，收集得到高纯度的超细金属粒子粉体，然后在惰性氛围下经过钝化处理即可。金属丝可以通过一个供丝系统自动进入两卡头之间，从而使上述过程重复进行。

电爆炸丝法制备超细金属及其合金粒子的方法最早是由俄罗斯发明并首先采用，此后美国、日本、韩国等相继进行相关产业的开发与应用[26]。它是一种物理制备金属超细粒子的新方法，利用导体的电爆炸方法控制生产高弥散超细金属、合金、类金属

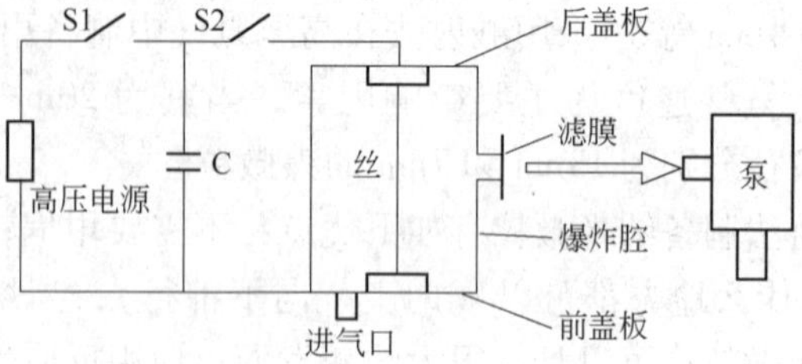

图 1-18 电爆炸丝法原理图

和化学化合物粒子，适合规模化生产。其特点是能量转化率高、工艺参数可调、适用性广，是一种高产量的制备方法[27]。用电爆炸技术可获得较高质量的金属纳米粉，如 Al、Mg、Ti 等超细金属粉体。

电爆炸丝法制备超细金属粒子过程中对产品粒径的影响参数较多，如电源频率、电压、整流电路、器件、电容、金属丝直径和长度、充电量和放电量、环境气体压强等都会对产品产生影响。因此在制备时，需对每一个细节充分考虑。

1996 年俄罗斯科学院的 Y. A. Kotov 和 L. V. Beketov 等人通过电爆炸丝法获得了尺寸小于 50nm 的 Al、Ti 和 Zr 球形氧化物粉体，所用装置的氧化物产量达到了 100g/h，耗电量约 2kW · h/kg。他们认为进一步减小粉末尺寸的主要障碍是：爆炸丝的圆柱形膨胀初始阶段是金属蒸气的高浓度阶段，要减小粉末尺寸须降低蒸气浓度，通常的做法是减小金属丝的直径，所得粉末平均尺寸最小可达 20nm。但这样会降低产量，而且使材料变得很贵[28]。

1997 年，Y. A. Kotov 等人又以氩气作为金属丝电爆炸的介质，制备出了纳米 Al 粉末；以空气作为介质，制备出了纳米 Al_2O_3 粉末，通过改变电容器电压、电容器容量、金属丝直径和长度研究了电爆炸丝方法产生的纳米 Al 粉末和纳米粉末的特性[29]。

日本长冈科技大学的 Jiang Weihua 博士和 Kiyoshi Yatsui 教授等人采用电爆炸丝法成功制备了 Al、Fe、Cu、Mo 和 Pb 等金属纳米粉末，以及各种金属氧化物纳米粉末[30]。其实验参数为电容10F，充电电压4kV，脉宽12s，金属丝直径0.2mm，长度25mm，环境气体根据需要分别为Ar、N_2，气压为53.33kPa。他们得出的结论是：改变环境气体的压强可以控制纳米粉末的平均粒度，压强越大粉末平均粒度就越大。同时，与其他方法相比电爆炸丝法的优点是可靠、稳定、可控制性强；依靠放电回路中金属丝的电阻很容易将电能转化为金属丝中的热能，能量转换效率高；脉冲放电能同时汽化整个金属丝，产生的蒸气比脉冲激光和粒子束从金属表面汽化得到的蒸气更均匀，因而产生的粉末粒度分布更均匀，且粒度大小容易控制。

国内吉林大学对电爆炸法制备超细金属粒子粉体的设备、电路及其各种参数进行了较全面的设计和改进，制备出了纯度高的超细金属粒子粉体[31]。现在设备的产能为单机产量可达2.0～2.4kg/d，平均粒度为20～50nm，纯度（质量分数）不小于99.9%。

中南大学用电爆炸法制备出了纯度高的Al、Cu、Ag、Ni、Mo、Al-B、Al-W等超细金属粉体，粉体尺寸不大于200nm[27]。在惰性气体保护下采用分散剂或包覆剂对金属粒子进行了分散钝化处理，得到了质量好的产品。可通过不同的生产条件制备应用于不同领域的金属超细及纳米粉体材料，如粒径分布30～140nm（平均粒径为80nm左右），形貌为球状的金属粉体；粒径分布30～50nm（平均粒径为40nm左右），形貌不规则的金属粉体等。目前已形成了单机稳定产量为3～5kg/d的生产能力。

Tepper[32]在氩气中对金属丝施加高能电脉冲产生爆炸，获得了活性高、颗粒内部有晶格缺陷、可自燃的球形纳米镍粉。每批次可生产数千克。目前，美国、日本、德国、俄罗斯等国家已开始大规模应用。

综上所述，电爆炸法生产超细金属粒子技术已日趋完善，采用此方法，可制备所有能拉成丝的金属及金属合金粉体，现在的改进工作主要是设法提高单位时间的产量。

1.2.2　液相法

液相法具有制备形式多样、操作简便和粒度可控等优点，可以进行产物组分含量控制，便于掺杂，能实现分子/原子尺度水平上的混合，制得的粉体材料表面活性高，是目前实验室和工业上广泛应用的制备金属氧化物纳米微粒材料的方法。近年来，超声、微波辐射、共沸蒸馏等物理技术的引入，使液相法制备氧化物纳米微粒技术得到了新的发展。

1.2.2.1　溶胶凝胶法

溶胶-凝胶工艺是20世纪60年代发展起来的，溶胶法是将金属醇盐或者无机盐经水解直接形成溶胶或经解凝形成溶胶，然后使溶质聚合胶化，再将凝胶干燥，焙烧去除有机成分，最后得到无机材料的方法。通过溶胶-凝胶法能制备出各种优良的线型、膜状及粉状材料。其工艺特点是：反应温度低（通常在常温下进行），设备简单，化学计量容易控制，产物颗粒小，粒度分布窄，组成精确，过程重复性好等。与沉淀法相比，溶胶-凝胶法不需过滤洗涤、不产生大量废液；同时，凝胶的生成，凝胶中颗粒间结构的固定化，还可有效抑制颗粒的生长和凝并过程，因而粉体粒度细且单分散性好。但是由于金属醇盐价格昂贵，成本高，对环境也有污染，因此对使用有限制。

溶胶-凝胶法合成纳米粉一般以金属醇盐为原料，其主要制备步骤是：金属醇盐溶于有机溶剂中，形成均相溶液以保证醇盐的水解反应在分子均匀的水平上进行；醇盐与水进行水解反应，反应式为：

$$M(OR)n + xH_2O \longrightarrow M(OH)_x(OR)_{n-x} + xROH$$

此反应可延续进行，直至生成 $M(OH)_n$，与此同时也发生金属醇盐的缩聚反应，分为两种：

$$—M—OH + HO—M- \longrightarrow -M—O—M— + H_2O \text{（失水缩聚）}$$

$$—M—OR + HO—M- \longrightarrow -M—O—M— + ROH \text{（失醇缩聚）}$$

在此过程中，生成物聚集成1nm左右的粒子并形成溶胶；

经陈化，溶胶形成三维网络而形成凝胶；将凝胶干燥以除去残余水分、有机基团和有机溶剂，得到干凝胶；干凝胶研磨后，煅烧，除去化学吸附的羟基和烷基团，以及物理吸附的有机溶剂和水，得到纳米粉体。

溶剂种类、水与醇盐的比例（即加水量）、水解温度、催化剂的种类和用量、陈化温度等参数都会影响所形成的溶胶的质量，进而影响超细粉体的性能。在制备过程中，可以通过调节这些参数获得最佳制备工艺条件。近年来，对制备纳米粉体的溶胶-凝胶工艺进行了大量的研究，根据水与醇盐比例的大小，即加入水量的多少，粉体的制备过程一般设计为两种工艺路线——粒子凝胶法和聚合凝胶法[33]。

在粒子凝胶法中，醇盐先在过量水中快速水解，形成胶状沉淀，然后加入酸或碱解胶，使沉淀胶溶解并分散成大小在胶体范围内的粒子，形成稳定的溶胶。通常，体系中的酸或碱催化剂同时也起胶溶剂的作用。Danijela 等[34]系统地考察了在制备纳米 TiO_2 粉体的体系中，钛醇盐的种类、水解温度、胶溶温度以及溶剂醇的种类等因素对溶胶粒子大小的影响。研究表明，醇盐的种类只影响一次粒子的大小，而溶胶粒子是一次粒子的聚集体，大小主要由胶溶过程控制，其中胶溶温度的影响最大；水解温度在 25～50℃时，对溶胶粒子影响不明显。此研究还得出，醇类的存在对胶溶过程不利，所以不需加入溶剂醇。

在聚合凝胶法中，严格控制金属醇盐的水解速度和水解程度，使醇盐部分水解，在 M 上引入—OH 基，这些带—OH 基的金属醇化物相互缩合，形成有机-无机聚合分子溶胶。

Chatterjee[35]等采用溶胶-凝胶法制备出 5～11nm 的纳米镍粒子。汪萍等人[36]以正硅酸乙酯为原料、草酸为催化剂，通过水解、缩聚反应制成了含镍的二氧化硅溶胶-凝胶，探讨了温度及草酸、水、乙醇的用量对正硅酸乙酯水解过程的影响，得出了制备含镍的 SiO_2 溶胶-凝胶的最佳工艺条件。

溶胶-凝胶法以金属醇盐为原料，避免了以无机盐为原料的阴离子污染问题，而且醇盐易于通过蒸馏法进行提纯，所以制得的纳米粉体纯度好，能适用于如电子陶瓷等对粉料纯度要求高的应用领域，但是也存在原料成本高的不足，而且为了除去化学吸附的羟基和烷基团，粉体煅烧工序必不可少。

1.2.2.2　水（溶剂）热法

许多化合物在高温和高压的溶液中表现出与在常温下不同的性质，如溶解度增大，离子活度增强，化合物晶体结构易转型及氢氧化物易脱水等。水（溶剂）热法正是利用了这些特殊性质。水（溶剂）热法是在特制的密闭反应容器（高压釜）内，采用水或特定的溶剂作为反应介质，通过将反应体系加热至临界温度（或接近至Ⅰ临界温度），在反应体系中产生高压环境（大于9.81MPa），使得通常难溶或不溶的物质（前驱物）溶解并且重结晶而形成具有一定粒度和结晶形态的晶粒。

水热合成法可以采取两种不同的实验环境：（1）密闭静态，即将金属盐溶液或其沉淀物置入高压反应釜内，密闭恒温，在静止状态下保温一定时间。（2）密闭动态，即在高压反应釜内放入磁性转子，密闭后将高压反应釜放置到电磁搅拌器上，在动态的环境下保温。高温高压下在水溶液或蒸汽等流体中合成，再经分离和热处理得纳米材料。用有机溶剂苯代替水，即是苯热合成。日本开发的水热合成法很具有特色；中国科技大学钱逸泰的苯热合成方法也独具特色。

水热反应包括水热氧化、水热分解、水热沉淀、水热合成、水热结晶、水热脱水等类型，是进行无机合成与材料制备的一种有效办法。水热法常采用固体粉末或新配制的凝胶作为前驱体。

水热氧化一般是采用金属单质为前驱物，在常温常压下溶液中不易被氧化的物质，通过高温高压条件下可以加速氧化反应的进行，得到相应的氧化物纳米微粒。典型水热沉淀是将均匀沉淀法置于水热体系中进行。水热合成可理解为以一元金属氧化物或盐在加热条件下反应合成二元甚至多元化合物。水热结晶以非晶态氢氧化物、氧化物或水凝胶为前驱体，在水热条件下结晶成新的氧化物晶粒。此法可以避免沉淀煅烧法和溶胶凝胶法中的无定型纳米粉体的团聚，也可以作为用后两种方法和其他方法制备的粉体解团聚的后续处理。水热分解是氢氧化物或含氧盐在酸或碱水热溶液中分解形成氧化物粉末，或者氧化物在酸或碱溶液中再分散为细粉的过程。

与其他方法相比，水热法具有不可替代的优点：

（1）水热晶体在相对较低的热应力条件下生长，其位错密度远低于高温中生长的晶体，物相均匀、晶型好；

（2）水热晶化在密闭的高压釜里进行，可以通过对反应温度、压力、处理时间、溶液成分、pH 值的调节和前驱物、矿化剂的选择，控制反应气氛而形成氧化或还原的反应条件，生成其他方法难以获得的某些物相；

（3）水热反应体系存在溶液的快速对流和十分有效的溶质扩散，因而水热晶具有较快的生长速率；

（4）所得纳米颗粒产率高、纯度高、分散性好且颗粒形貌、大小可控。

水热法还具有在制备无机材料中能耗相对较低、适用性广；所用原料较便宜、污染少、不需要高温灼烧，避免了在此过程中可能形成的粉体硬团聚，同时能耗少等特点。水热法正广泛应用于单晶生长、陶瓷粉体和纳米薄膜的制备、超导体材料的制备与处理和核废料的固定等研究领域。一些非水溶剂也可以代替水作为反应介质，如乙醇、苯、乙二胺、四氯化碳、甲酸等非水溶剂就曾成功地用于非水溶剂水热法中制备纳米粉[37]。

水热法中选择合适的原料配比尤为重要，对原料的纯度要求高。水热法毕竟是高温、高压下的反应，对设备要求高，操作复杂。而且，实现工业化连续生产较困难。

米远祝[38]等人以乙二胺作溶剂，在聚四氟乙烯内衬的不锈钢反应釜中，用 KBH_4 还原 $NiCl_2$ 制备镍纳米颗粒。反应温度为 160℃，反应时间 10h，得到尺寸均匀的球形颗粒，粒径在 30 ~ 50nm，颗粒分布均匀，表面光洁。

陶昌源用碱式碳酸镍及氢氧化镍水热还原工艺制备出最小粒径为 30nm 的镍粉。喻克宁[39]等用由 $NiSO_4$ 得到的 Ni（OH）$_2$ 水浆，以 $PdCl_2$ 为催化剂，经氢还原得平均粒径小于 20nm 的镍粉。近年来在该领域又发展起来了一些新技术，如微波水热法、超临界水热法等。Wada 等[40]用微波水热法，通过 Ni（OH）$_2$ 与 ethylene glycol 在微波辐射条件下反应，得到粒径为 5～8nm 的镍粉。全学军[41]等利用微波加热迅速、均匀以及不存在温度梯度的优点，采用微波水热法合成超细 TiO_2 粒子，结果表明，微波水热法能克服传统反应方法中因温度梯度和搅拌剪切力导致粒子尺寸分布不均匀和团聚严重的现象。

将微波技术引入水热制备技术中，可在很短的时间内制得优质的 CdS 和 Bi_2S_3 粉体[42]；采用超临界水热合成装置可连续制备纳米氧化物粉体；将反应电极埋弧技术应用到水热法制备技术中制备粉体等。

1.2.2.3 γ射线法

γ射线辐照制备金属超微粒子是近年来发展起来的一种新型制备方法，其原理是金属盐的水溶液在γ射线辐照下逐级还原成金属粒子，反应条件为常温常压。在一定量（Gy/min）的γ射线放射源如 ^{60}Co 中辐照经预处理的金属盐的溶液，产物经分离、洗涤、干燥即得金属纳米粉。用此法获得了 Ni、Ag、Au、Pt、Pd 等多种纳米粉体。陈祖耀等[43]采用γ射线辐射法制备了纳米镍粉，其粒径范围为 5～20nm。He Linfeng[44]等人利用电子束辐照 $NiSO_4 \cdot 6H_2O$ 溶液，以聚乙烯醇（PVA）作为表面活性剂，得到平均粒度 39.4nm 的球形镍粉。陈祖耀[45]采用剂量率约为 80Gy/min 的 Co 源的γ射线源，得到粒径在 5～30nm，平均粒径为 20nm 的纳米镍粉，并得出结论：γ射线辐照相应金属盐溶液可以从水溶液中制得金属镍纳米粉，在辐照初期，所得纳米粒子晶粒度随辐照剂量增加而增加，当达到一定饱和辐照剂量后，平均晶粒度保持定值。由此制得的金属镍超细粉的单畴和超顺磁性临界尺寸都有明显下降，矫顽力和比饱和磁化强度也较大。

但作为超细粉体的制备，当所用的金属盐溶液浓度很稀且辐照时间短时，γ 射线辐照产物处于离散的胶体状态，超细粉的收集相当困难。而水热处理是收集此纳米金属粉末的有效方法，因此常将 γ 射线辐照成核与水热结晶结合起来。陈祖耀、陈波等[46]将 γ 射线辐照与水热合成结合起来，制备了 Cu、Au 和 Cu-Au 合金超细粉体。实验采用一定浓度的 $CuSO_4$ 溶液，加入适量的异丙醇和聚乙烯醇，先后进行超声脱气处理，并通入氮气以尽可能降低溶液中的含氧量。γ 射线辐照时采用剂量率约为 1.5×10^3rad/min 的^{60}Co 源。研究结果表明：当 $CuSO_4$ 溶液浓度为 1.0×10^{-3}mol/L、γ 射线辐照剂量为 1.2×10^5Bq 时，得到粒径分布均匀的单分散球形铜粉，平均粒径在 50nm 左右。采用 γ 射线辐射-水热结晶联合法还可获得平均粒径 20nm 的纳米镍粉[46]。

用 γ 射线辐射一般制得球形纳米粒子，但是在引入外磁场的条件下可以控制所得粒子的形状。Wang 等[47]在水溶液中用 γ 射线辐射制备纳米镍粉时，引入外磁场得到了针状的纳米镍。

1.2.2.4 微乳液法或反胶团法

微乳液法是近年来刚开始被研究和应用的方法。将两种互不相溶的液体在表面活性剂作用下所形成的热力学稳定、各向同性、外观透明或半透明、粒径 1 ~ 100nm 的分散体系称为微乳液。相应的把制备微乳液的技术称为微乳化技术（MET）。微乳液是由表面活性剂、助表面活性剂（通常为醇类）、油（通常为碳氢化合物）和水（或电解质溶液）组成的透明的、各向同性的热力学稳定体系。它可分成 O/W 型微乳液和 W/O 型微乳液。W/O 型微乳液的微观结构由油连续相、水核及表面活性剂与助表面活性剂组成的界面三相组成，其中，水核可以看作一个“微型反应器”，其大小可控制在几纳米到几十纳米之间，彼此分离，是制备纳米粒子的理想反应介质。

1982 年 Boutonmt 首先报道了应用微乳液制备出了纳米颗粒：用水合肼或者氢气还原在 W/O 型微乳液水合中的贵金属盐，得到了分散的 Pt、Pd、Ru、Ir 金属颗粒（3 ~ 40nm）。从此以后，微乳液理论的研究获得了飞速发展，尤其是 20 世纪 90 年代以来，微乳液应用研究更快。微乳液法是一种简单易行而又具有智能化特点的新方法，是目前研究的热点。运用微乳液法制备纳米粉体是一个非常重要的领域。运用微乳液法制备的纳米颗粒主要有以下几类[48]：

（1）金属，如 Pt、Pd、Rh、Ir、Au、Ag、Cu 等；

（2）硫化物 CdS、PbS、CuS 等；

（3）Ni、Co、Fe 等与 B 的化合物；

（4）氯化物 AgCl、$AuCl_3$ 等；

（5）碱土金属碳酸盐，如 $CaCO_3$、$BaCO_3$、$SrCO_3$；

（6）氧化物 Eu_2O_3、Fe_2O_3、Bi_2O_3 及氢氧化物如 $Al(OH)_3$ 等。

A　微乳反应器原理

在微乳体系中，用来制备纳米粒子的一般都是 W/O 型体系，该体系一般由有机溶剂、水溶液、活性剂，助表面活性剂 4 个组分组成。常用的有机溶剂多为 C6 ~ C8 直链烃或环烷烃；表面活性剂一般为 AOT（2-乙基己基磺基琥珀酸钠）、SDS（十二烷基硫酸钠）阴离子表面活性剂、SDBS（十六烷基磺酸钠）阴离子表面活性剂、CTAB（十六烷基三甲基溴化铵）阳离子表面活性剂、TritonX（聚氧乙烯醚类）非离子表面活性剂等；助表面活性剂一般为中等碳链 C5 ~ C8 的脂肪酸。微乳液中，微小的“水池”为由表面活性剂和助表面活性剂所构成的单分子层包围成的微乳颗粒，其大小在几至几十个纳米间，这些微小的“水池”彼此分离，就是“微反应器”，它拥有很大的界面，有利于化学反应。与其他化学法相比，微乳液法制备的离子不易聚结，大小可控，分散性好[49]。

W/O 型微乳液中的水核可以看作微型反应器（microreactor）或称为纳米反应器，反应器的水核半径与体系中水和表面活性剂的浓度及种类有直接的关系，若令 W = [H_2O/表面活性剂]，则由微乳液制备的纳米粒子的尺寸将会受到 W 的影响[50]。

当微乳液体系确定后，超细粉的制备是通过混合两种含有不同反应物的微乳液实现的。其反应机理是，将两种反应物分别溶于组成完全相同的两份微乳液中，然后在一定条件下混合。由于胶团颗粒的碰撞，发生了水核内物质的相互交换和传递，这种交换速度非常快。化学反应就在水核内进行，当微乳液界面强度较大时，反应物的生长受到限制。因而粒子的大小可以控制。一旦水核内粒子长到一定尺寸，表面活性剂分子将附在粒子的表面，使粒子稳定并防止其进一步增长。如微乳液颗粒大小控制在几个纳米，则反应物以纳米颗粒的形式分散在不同的微乳液中。研究表明：微乳液中反应完成后，纳米颗粒可在微乳液中稳定存在，通过超速离心分离法或将水和丙酮的混合物加入反应后生成的微乳液中使纳米颗粒与微乳液分离，再用有机溶剂清洗以去除附着在微粒表面的油和表面活性剂，最后在一定温度下进行干燥，即可得到纳米颗粒[51]。

B 微乳液的形成和结构

与普通乳液相比，尽管在分散类型方面微乳液和普通乳液有相似之处，即有 O/W 和 W/O 型，其中 W/O 可以作为纳米粒子制备的反应器，但是微乳液是一种热力学稳定的体系，它的形成是自发的，不需要外界提供能量。正是由于微乳液的形成技术要求不高，并且液滴颗粒可控，实验装置简单且操作容易，所以微乳反应器作为一种新的超细颗粒的制备方法得到了更多的研究与应用[52]。

a 微乳液的形成机理

Schulman 和 Prince 等提出了瞬时负界面张力形成机理[53]，该机理认为：油/水界面张力在表面活性剂存在下将大大降低，一般为 1 ~ 10mN/m，但这只能形成普通乳状液。要想形成微乳液必须加入助表面活性剂，由于产生混合吸附，油/水表面张力迅速达到 $10^{-3} \sim 10^{-5}$mN/m，但是负界面张力是不存在的，所以体系将自发扩张到界面，表面活性剂和助表面活性剂吸附在油/水界面上，甚至界面张力恢复为零或微小的正值，这种瞬时产生的负界面张力使体系形成了微乳液。若是发生微乳液滴的聚结，那么总的界面面积将会缩小，又产生瞬时界面张力，从而对抗微乳液滴的聚结。对于多组分来讲，体系的 Gibbs 公式可表示为：

$$-d\gamma = \sum \Gamma_i du_i = \sum \Gamma_i RT d(\ln C_i) \quad (1\text{-}73)$$

式中，γ 为油/水界面张力；Γ_i 为 i 组分在界面的吸附量；u_i 为 i 组分的化学位；C_i 为 i 组分在体系中的浓度。

上式表明，如果向体系中加入一种能吸附于界面的组分（$\Gamma_i>0$），一般中等碳链的醇即具有这一性质，那么体系中液滴的表面张力将进一步下降，甚至出现负界面张力的现象，从而得到稳定的微乳液。不过在实际应用中，一些双链离子型表面活性剂（如 AOT）和非离子表面活性剂则除外，它们在无需加入助表面活性剂的情况下也能形成稳定的微乳体系，这和它们的特殊结构有关。

b　微乳液的结构

Robbins、Mitchell 和 Ninham 从双亲物聚集体的分子几何排列角度考虑，提出了界面膜中排列的几何排列理论模型，如图 1-19 所示。第一步两个反应物混合反应得到微乳体系；第二步向微乳液中加入还原剂，生成金属沉淀；第三步气体鼓入微乳液，生成（氢）氧化物沉淀。运用这个机理成功地解释了界面膜的优先弯曲和微乳液的结构问题。

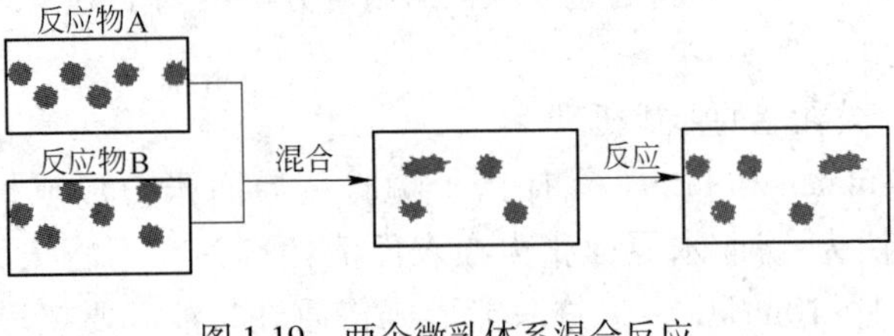

图 1-19　两个微乳体系混合反应

微乳液的结构从根本上限制了颗粒的生长，使超细粉末的制备变得容易实现。微乳液法具有不需加热、设备简单、操作容易、粒子可控等优点，这种方法有望制备单分散的纳米微粉；微乳液法的技术关键是制备微观尺寸均匀、可控、稳定的微乳液。

微乳液中含水量、表面活性剂、助表面活性剂含量、反应物浓度、反应温度以及对微乳液体系本身性质或沉淀的成核和生长过程等，都将影响所得粒子的大小。重要的是，反应所得粒子的大小也决定于反应初始时所形成的沉淀核的数目。

Arturo 等[54] 在 AOT-H_2O-*n*-Heptane 体系中，用 $NaBH_4$ 还原 $NiCl_2$，在 300℃惰性气体保护下结晶得纳米镍微粒，粒径在 5 ~ 50nm 内可调。Chen[55] 等在水/$CTAB_n$-己醇微乳液体系中用水合肼还原 Ni^{2+}，得到平均粒径为 4.2nm 具有超顺磁性的面心立方晶体镍粒子。

I. Lisiechi 等[56] 报道了在 AOT（二（2-乙基己基）磺基琥珀酸钠）/异辛烷/水的反胶团体系及凝胶化的微乳液体系中合成纳米铜粒子的研究。研究表明，以反胶团体系制备纳米铜粉，必须保证低温条件及 N_2 气氛，在 w（w = ［H_2O］/［AOT］）为 3 ~ 8 的范围内可制备出粒径 3 ~ 28nm 的铜粉，并且粒径随 w 的增加而降低。而在凝胶化的微乳液体系中，还原反应可以在空气环境及较高的 w（w = 70%）条件下进行，生成的铜粉粒径只有 2nm，能在较长时间内稳定存在。邱孙青等[57] 在十二烷基硫酸钠/异戊醇/环己烷/水微乳液体系中制备出铜纳米粒子，控制组成微乳液体系物质的加入量可制备出平均粒径约为 10nm 的单分散球形铜微粒。

但降低成本和减轻团聚还是微乳法需要解决的两大难题，且由于使用了大量的表面活性剂，很难从获得的最后粒子表面除去这些有机物。目前这种方法正处在研究热点时期，还需深入研究微乳液的结构和性质，寻求成本低、易回收的表面活性剂，建立适合工业化的生产体系，估计利用微乳法在工业上生产纳米级超细粉体还要经历相当的时间。

1.2.2.5　电解法

在一定的条件下，粉末可以在电解槽的阴极上沉积出来。在物理化学法生产的粉末数量中，电解法生产的粉末仅次于还原法生产的粉末。一般说来，电解法耗电量较多，生产的粉末成本较高，因此在粉末生产中所占的比重是较小的。电解粉末具有吸引力的原因是它的纯度高。电解法制取粉末主要采用水溶液电解和熔盐电解，此外还有有机电解质电解和液体金属阴极电解等。其中用得较多的是水溶液电解和熔盐电解，它可制取 Fe、Ni、Cu、Cr、Zn 等金属的粉末，在一定的条件下也可使几种元素同时沉积而制得 Fe-Ni、Fe-Cr 等合金粉末。电解制粉的原理与电解精炼金属相同，但电流密度、电解液的组成和浓度、阴极的大小与形状等电解条件必须适当。对于某些稀有难熔金属，如 Ta、Nb、Ti、Zr 等，可以通过电解其熔盐而制得粉末。电解制粉时，有时可以直接由溶液（熔液）中通过电结晶析出粉末状的金属，有时需将电解析出物进一步机械粉碎，以制成粉末。

A 水溶液电解法

溶液电解可以生产铜、铁、镍、银、锡、铅、铬、锰等金属粉末；在一定条件下也可以使几种元素同时沉积而制得铁-镍、铁-铬等合金粉末。从所得的粉末特性来看，电解法有提纯的过程，因而所得的粉末较纯；同时，由于结晶，粉末形状一般为树枝状，压制性较好。电解法还可以控制粉末粒度，因而可以生产超细粉末。

a 电化学原理

电解过程示意图如图 1-20 所示。当电解质溶液中通入直流电后，产生正负离子的定向迁移，正离子移向阴极，负离子移向阳极，并分别在阴极和阳极上发生反应，形成氧化产物和还原产物。因此电解过程是一个借电流作用而实现化学反应的过程，也是电能转变成化学能的过程。

以水溶液电解制取铜粉为例，其电解槽的电化学体系为：

（－）Cu（粉）/$CuSO_4$，H_2SO_4，H_2O/Cu（纯）（＋）

电解质在溶液中电离或部分电离成离子状态：

$$CuSO_4 = Cu^{2+} + SO_4^{2-}$$

$$H_2SO_4 = 2H^+ + SO_4^{2-}$$

$$H_2O = H^+ + OH^-$$

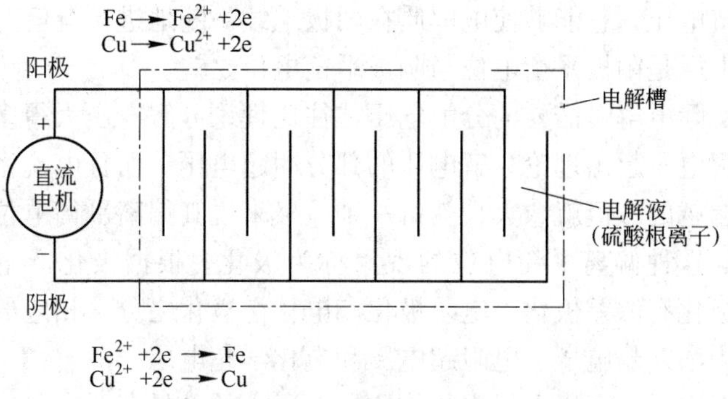

图 1-20 电解过程示意图

当施加外直流电压后，溶液中的离子担负起传导电流的作用，在电极上发生电化学反应，在阳极上主要是铜失去电子变成离子进入溶液：

$$Cu = Cu^{2+} + 2e$$

在阴极上主要是铜离子放电而析出金属：

$$Cu^{2+} + 2e = Cu$$

此外，在阴极和阳极上还发生一些副反应，如在阴极和阳极上分别放出少量的氢气和氧气。

铜电解时杂质金属的行为取决于它们自身的电位和电解液的组成。特别需要注意的是，阳极铜中的金属杂质，根据其电极电位的不同，在电解时表现出不同的行为。其中，电极电位比铜更负的金属（如铁等），在阳极优先转入溶液，在阴极则留在溶液中不还原或比铜后还原；电极电位比铜更正的金属（如银等），在阳极不溶解，脱落进入阳极泥，若少量以离子形态转入溶液中，则在阴极优先析出；至于那些标准电极电位与铜接近的金属（如铋等），则在阳极与铜一道转入溶液中，并有可能在阴极上析出，而使阴极产物中含有这些杂质。

电解过程实质上是一个原电池的逆过程，为了进行电解过程必须在两个电极上施加一个电位差，此电位差不得小于由电解反应逆反应所构成原电池的电动势，这样一个外加最小电位就是理论分解电压。它能够使电解质在两极继续不断地进行分解。理论分解电压是阳极平衡电位与阴极平衡电位之差。

实际电解时需要的分解电压往往比理论分解电压大得多，实际分解电压超出理论分解电压的部分叫超电压。而且电流密度愈高，超越的数值就愈大，就每一个电极来说其偏离平衡电位值也愈多，这种偏离平衡电位的现象称为极化。根据极化产生的原因，极化有浓差极化、电阻极化和电化学极化之分，相应的超电压称为浓差超电压、电阻超电压和电化学超电压。

电解时，电极上析出的物质量与通入的电量存在一定的定量关系。可以根据法拉第第一定律和第二定律对电解产物的量进行理论估算。

水溶液电解可以制取铜、镍、铁、银等，但要求阴极沉积物呈粉末状态，还必须掌握电解时的成粉规律。根据电解实验的结果，可以得到以下简单的关系式：

$$c = ait^{0.5} \tag{1-74}$$

式中 c——电解液中金属离子浓度；

i——电流密度；

t——自通电电解至在阴极有粉末析出的时间，s；

a——$a = (2k/nF)^{0.5}$，其中 k 为比例常数，n 为金属离子价数，F 为法拉第常数。

多次实验表明，无论怎样的电流密度，开始析出粉末的最长时间是有一定限度的。如果在 20 ~ 25s 内还未析出粉末，则在此种电流密度下便不能再析出粉末。以 $t = 25$s 代入式 1-74，则

$$c = 25^{0.5}ai \tag{1-75}$$

则

$$i = (1/5a)c = 0.2Kc \tag{1-76}$$

式中，$K = 1/a$。工业生产过程中，希望在 1s 的时间内，即在阴极上有粉末析出，以 $t = 1$s 代入式 1-74，则

$$i = (1/a)c = Kc \tag{1-77}$$

一些常用盐类的 a 值和 K 值如表 1-15 所示。K 值在 0.5 ~ 0.9 之间，硫酸盐的 K 值都一样。

表 1-15 一些常用盐类的 a 值和 K 值

盐类	Ag_2SO_4	$AgNO_3$	$CuSO_4$	$CuCl_2$	$Cu(NO_3)_2$	$ZnSO_4$
a	1.87	1.73	1.87	1.11	1.24	1.87
K	0.53	0.58	0.53	0.90	0.80	0.53

因此，电解时要得到致密沉积物，则选择 $i \geqslant Kc$；要得到松散粉末，则选择 $i \leqslant 0.2Kc$。以横坐标表示浓度 c，以纵坐标表示电流密度 i，则得到一个 i-c 关系图（如图 1-21 所示），图中，$i = Kc$ 和 $i = 0.2Kc$。两根直线把整个图面分成三个区域：Ⅰ为粉末区域；Ⅱ为过渡区域；Ⅲ为致密沉积物区域。

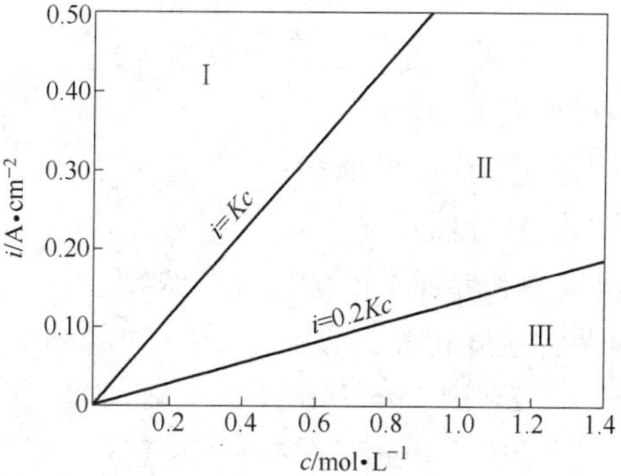

图 1-21 i-c 关系图

b 电极过程动力学

电极上发生的反应属于多相反应，但与其他的多相反应既有相似之处，也有不同之处。不同之处是有电流流过固-液相界面，金属的沉积与电流成正比；而相似的是在电极界面上也有附面层（扩散层）。由于扩散层的存在，扩散过程便叠加于电极过程中，结果使得电极过程也和其他多相反应一样，可能是扩散过程控制，也可能是化学过程和中间过程控制。

根据法拉第定律，电解产量为电化当量与电量之积：

$$M = qIt = [W/(nF)]It \tag{1-78}$$

若以 mol/s 表示金属的沉积速度，则有：

$$沉积速度 = (M/W)/t = I/nF \tag{1-79}$$

式中　M——电解产量；

I——通电电流；

q——电化当量；

n——金属原子价；

W——金属的相对原子质量。

所以根据法拉第定律，金属的沉积速度仅与通过的电流有关，而与温度、浓度无关。

由于阴极放电的结果，界面金属离子浓度降低，这种消耗被从溶液中扩散来的金属离子所补偿，可得：

$$扩散速度 = DA/[\delta(c - c_0)] \tag{1-80}$$

式中　D——扩散系数；

A——阴极在溶液中的面积；

δ——扩散层厚度；

c，c_0——溶液中和界面上的金属离子浓度。

在平衡时两种速度相等，有：

$$I/(nF) = DA/[\delta(c - c_0)] \tag{1-81}$$

$$I/A = nFD/[\delta(c - c_0)] \tag{1-82}$$

式 1-82 表明，随着电流密度（I/A）的增大，$c - c_0$ 值将增大，因为溶液中金属离子浓度可以近似地看成常数，所以 $c - c_0$ 值的增大意味着界面上金属离子的贫化。这就为电解成粉创造了先决条件。式 1-82 还表明，在恒定的电流密度下，搅拌电解液使扩散层厚度 δ 减小，$c - c_0$ 值也减小，即 c_0 值增大。

B　熔盐电解法

熔盐电解可以生产与氧亲和力大、不能从水溶液中电解析出的金属粉末，如钛、锆、钽、铌、铀、钍等。熔盐电解不仅可以制取纯金属，而且还可以制取合金（如 Ta-Nb 合金等）以及难溶金属化合物（如硼化物）。

熔盐电解与溶液电解的原理无原则区别，但由于使用熔盐作电解质，故电解体系比较复杂，电解温度较高（低于电解金属熔点），这就给熔盐电解带来了许多困难。与水溶液电解相比，熔盐电解有以下一些特点：操作困难；产物和盐类的挥发损失大，故要经常补加盐类；有副反应和二次反应（析出的金属发生氧化反应），故电流效率低；产物混有大量盐类，而熔盐的分离较困难。

熔盐电解时对电解质有下列要求：

（1）电解质中不含有电极电位比被电解的金属电极电位更正的金属杂质；

（2）电解质在熔融状态下对被电解的金属化合物溶解度要大，而对析出金属的溶解度要小；

（3）在电解温度下，电解质的黏度要小，流动性要好，这有利于阳极气体的排出及电解质成分的均匀；

（4）电解质熔点要低，以便降低电解温度；

（5）熔融电解质的导电性要高；

（6）在电解温度下，电解质的挥发量要小，对电解槽和电极的侵蚀性要小；

（7）电解质无论是固态还是液态，化学稳定性都要高；

（8）价格便宜，易得。

熔盐电解法按其被电解的金属化合物的种类分成三类：

（1）氧化物电解。如电解 Ta_2O_5 制钽粉是在高温下将 Ta_2O_5 溶解在 K_2TaF_7-NaCl-KCl 或 K_2TaF_7-NaF-KF 熔盐中，以石墨为阳极，钽棒为阴极进行电解。电解时在阴极析出钽，阳极析出氧，氧再与石墨作用生成 CO 或 CO_2，故总反应为：

$$Ta_2O_5 + 5C \longrightarrow 2Ta + 5CO\ （或\ CO_2）$$

电解过程中 Ta_2O_5 不断消耗，若不断补充 Ta_2O_5，保持电解质成分不变，则电解就可连续进行。

（2）氯化物电解。如电解 $TiCl_4$ 制钛粉，是将 $TiCl_4$ 溶于碱金属氯化物熔盐中（如 KCl-NaCl-LiCl、$CaCl_2$-NaCl 等）进行电解。但由于 $TiCl_4$ 在上述熔盐中溶解度较小，且难电离，故实际

上 $TiCl_4$ 先被阴极区已有的钛还原成 $TiCl_2$ 或 $TiCl_3$，它们再溶于电解质并电离。

（3）氟锆酸盐电解。如生产锆粉时，可将 K_2ZrF_6 溶于 KCl－NaCl 熔盐中电解，阴极析出锆，阳极析出氯气。

$$K_2ZrF_6 + 4NaCl = Zr + 2KF + 4NaF + 2Cl_2$$

电解过程中生成的 KF 和 NaF 留在电解质中，因而电解质的组成不断变化，则电解质不能连续使用，电解过程难以连续。

1.2.2.6 液相化学还原法

液相化学还原法是制备金属超细粉体的常用方法。该方法是利用了氧化-还原反应的原理，采用具有一定还原能力的还原剂，在液相或非常接近液相的状态下，将高价态金属离子还原至零价态，通过控制各种工艺参数来得到不同粒径、均匀的金属粉末。根据反应中还原剂所处的状态，又可分为气液还原法（以氢气为还原剂）和液相化学还原法。以氢气作还原剂，对设备的投资有所增加，但产品纯度可提高。液相化学还原法的过程为常压、常温（或温度稍高，但小于100℃）状态下，金属盐溶液在介质的保护下，直接被还原剂还原的制备金属超细材料的方法。

经还原后生成的金属超微粒子，均匀分散于保护介质中而形成金属胶体，经后处理得到金属超细粉。金属盐通常为氯化物、硫酸盐或硝酸盐等可溶性盐。或者这些盐类的配合物（例如氨的配合物）。还原剂的种类随着对液相化学还原法研究的深入而逐渐增多。常用的还原剂有甲醛、维生素 B2、葡萄糖、维生素 C、肼、乙二醇、米吐尔、硼氢化物、甲酸钠、过氧化氢、次亚磷酸钠、抗坏血酸、锌粒等 20 余种。

该方法的优点为：

（1）制粉成本很低。

（2）设备简单且要求不高。

（3）反应容易控制，可以通过反应过程中对温度、反应时间、还原剂余量等工艺参数来控制晶形及颗粒尺寸。

（4）工艺过程简单，通过控制其工艺过程，可以制造出合金超细材料，金属掺杂工艺易于实施，从而达到有目的掺杂。

（5）易于实现工业化大生产。

1.2.3 固相法

固相法是一种传统的粉化工业，该法具有成本低，产量大，制备工艺简单易行的优点，不足之处是粉体的细度、纯度及形态受设备和工艺本身的限制，往往得不到很细及高纯的粒子。实际生产上受到很大的局限。但由于近来的高能球磨、气流粉碎与分级联合方法的问世，因而在一些对粉体的纯度和粒度要求不高的地方仍然在使用。固相法制备粉体材料的特征是原料没有发生相的变化。其粉化机理可以分为尺寸降低过程和构筑过程，前者是将原料进行机械粉碎或化学处理，制备过程中没有发生化学反应；而后者涉及热分解、固相反应、火花放电等方法，伴随物质的化学变化[8]。固相法包括机械粉碎法和固相反应法两大类，此法主要用于制备脆性材料的超微粉。

1.2.3.1 机械粉碎法

机械粉碎就是在粉碎力的作用下，固体料块或粒子发生变形进而破裂，产生更微细的颗粒。物料的基本粉碎方式是压碎、剪碎、冲击粉碎和磨碎。粉碎极限取决于物料种类、机械应力施加方式、粉碎方法、粉碎工艺条件、粉碎环境等因素。比较典型的纳米粉碎技术有：球磨、振动磨、搅拌磨、气流磨和胶体磨等。球磨时，适当控制球磨机条件，可以制备出纳米级的纯元素、合金或复合材料。这种方法制备出的合金呈现出极高的强度，可以用于制备纳米陶瓷与金属基的复合体。日本研制的高效加压球磨机及前西德研制的环缝球磨机可制备亚微米级范围合格的超细金属粉体。1988 年，Shingu 首先报道了该方法制备出晶粒小于 10nm 的 Al-Fe 合金[58]。1991 年，Shingu 再一次报道了用球磨法制备 Ag-Cu 体系的非均相微晶。

气流磨是利用高速气流（300 ~ 500m/s）或热蒸汽（300 ~ 450℃）的能量使粒子相互产生冲击、碰撞、摩擦而被较快粉碎。

除了产品粒度微细以外，气流粉碎的产品还具有粒度分布窄、粒子表面光滑、形状规则、纯度高、活性大、分散性好等优点。

高能球磨法是利用球磨机的振动或转动，使硬质研磨球对原料进行强烈的撞击、研磨和搅拌，将机械能传递给原料，最终将金属或合金粉碎为纳米级微粒的方法，如图 1-22 所示。该法已成为制备金属材料的一种重要方法，其显著特点是产量高，工艺简单，能制备常规方法难以制备的高熔点金属纳米粉。缺点是晶粒尺寸不均匀，球磨过程中易引入杂质，降低产物的纯度。

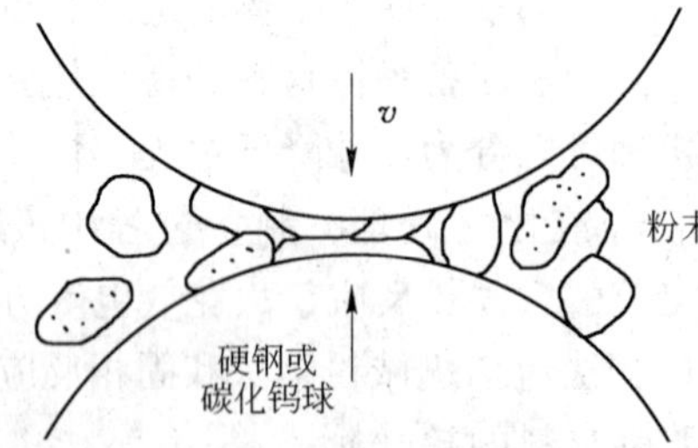

图 1-22　高能球磨法示意图

Eckert[59] 用该法制得平均粒径为 6 ~ 22nm 的镍粉。韦钦等[60] 在惰性气氛下用此法获得纯度很高、颗粒直径小于 30nm 的纳米 Ni 粉，惰性气氛避免了纳米镍粉的氧化。

刘维平[61] 采用经过改进的振动球磨机制备出粒度分布符合幂函数规律的超细铜粉。改进的振动球磨机在不锈钢磨筒中央增添了一个水平中心圆管，能有效消除磨筒中央出现的惰性区域，活化球磨介质的运动状态，提高球磨效率。在球磨过程中发生化学反应的称为机械化学法。

机械粉碎法也是制备金属粉体的最古老的方法。其优点在于工艺简单，能制备出常规方法难以获得的高熔点金属或合金超细材料。但它也有难以克服的缺点：在球磨过程中，由于涉及机械粉碎和分级，因而易代入杂质，粉料特性难以控制且制粉效率很低[62 ~ 64]。

1.2.3.2 固相反应法

固相反应法又称机械化学法，就是把金属盐或金属氧化物按配方充分混合，研磨后进行煅烧，直接得到超微粉或再研磨得到超微粉[65]。固相反应法包括固相热分解法、高温固相化学反应法、室温固相化学反应法等。固相热分解法制备超微粉比较简单，但生成的粉末易团聚，需要进行二次粉碎。高温固相化学反应法利用混合氧化物在高温下发生化学反应来制备复合氧化物纳米粉体。室温固相化学反应法是近几年发展起来的一种新型合成方法，该法在室温下对反应物直接进行研磨，合成一些中间化合物，再对化合物进行适当处理得到最终产物。由于它从根本上消除了溶剂化作用，使反应在一个全新的化学环境下进行，因而有可能获得在溶液中不能得到的物质。

Din J. 等[66]将氯化铜和钠粉混合进行机械粉碎，发生固态取代反应，生成铜及氯化钠的纳米晶混合物，通过清洗除去研磨混合物中的氯化钠，可制得粒径为 20 ~ 50nm 的超细铜粉。

1.3 有色金属复合粉体制备方法

粉体颗粒作为材料可以分为两类：一类是作为原料来制备块状固体材料；另一类则是作为材料直接使用。但是无论是作为原料还是材料，对粉体颗粒的要求随着技术的进步也越来越高。在许多领域对粉体颗粒有着独特的要求，往往这种独特的性能要求是一种成分或特性的粉体颗粒所无法达到的。由此，复合颗粒的制备就越来越为人们关注。因为两种以上的材料复合在一起，可以综合各自的特性而得到更好的、新颖的性能，从而满足新材料制备、新产品开发的要求。

颗粒包覆技术在近年来发展很快。早在 20 世纪 80 年代，日本学者 OKubo 提出“粒子设计”的新概念，开始是应用于设计具有核壳结构的聚合物粒子。这种思想逐渐在不同领域得到应用，根据所要制备的材料（结构材料或功能材料）的宏观物理力学性能或光磁声电等功能及这些功（性）能所对应的微观结构，对原始材料进行有目的的表面掺杂、表面包覆等处理，赋予粒子某种物理化学性能，即实现粒子初步多功能复合化，从而制备出相应功（性）能的新材料。利用这种方法来控制粉体的团聚状态，改善其分散特性；提高弥散相/烧结添加剂的均匀混合程度，促进烧结；改变材料中的异相结合状态，降低界面残余应力；改性粉体表面，调整粉体胶体特性等。复合粉体中不同种类粒子间的复合方式有混合式和包覆式两类，据此可将复合粉体分为混合式复合粉体和包覆式复合粉体。

混合式复合粉体多为物理混合物，它是借助于外力（重力或机械力等），经对流、扩散、剪切等作用，将一种粒子均匀掺杂于另一种粒子内部而形成的混合体。主要制备方法有气相渗透法、液相渗透法及溶胶-凝胶法等。混合式复合粉体制备工艺简单，但混合物的微观不均匀性、不同粒子间的结合力较弱等因素使其应用领域受到限制。

包覆式复合粉体具有核壳结构，由中心粒子和包覆层组成。包覆方式按包覆层的形态可分为层包覆、粒子沉积型包覆和粒子嵌入型包覆三种。由于对中心粒子进行包覆不但制备出了多功能复合粉体，而且也实现了对中心粒子的表面改性，因此，目前人们对包覆式复合粉体的制备研究较多。复合粉体的包覆主要有对复合处理后的粒子进行包覆和对包覆式复合粒子再进行包覆，形成双层或多层膜。目前对单组元粉体的包覆研究较多，方法多种多样，主要有物理吸附法、机械化学改性法、沉积法、超临界流体快速膨胀法以及液相化学法等，其中液相化学法又分为非均匀形核法、溶胶-凝胶法、异相凝聚法、微乳液法、醇盐水解法、化学镀法等。但对于复合粉体的包覆研究相对较少，方法一般限于机械化学改性、沉积法、溶胶-凝胶法、化学镀法等。

金属复合粉体作为一种非常重要的、应用非常广泛的复合材料，纳米金属包覆材料主要有：金属包覆纳米金属粉末；金属包覆纳米无机非金属粉末；有机物包覆纳米金属粉末；无机非金属包覆纳米金属粉末。从纳米金属包覆材料的包覆过程来分类，其制备方法主要包括：物理吸附法、电弧放电法、等离子体聚合法、激光化学气相沉积法、乳液聚合法、表面沉积法（化学镀法、非均相沉淀法）等。

1.3.1 机械改性法

机械化学改性是借助于强机械搅拌、冲击、剪切、研磨等机械力的作用激活粉体和用于表面包覆的改性剂，并使颗粒与改性剂发生化学作用从而将改性剂包覆在粉体颗粒外表面的一种方法。该方法的实质是将机械能转化为化学能，因而称之为机械化学改性。此法具有处理时间短（从几秒到几分钟），反应过程容易控制，可连续批量生产等优点，但是也存在着机械处理过程中无机粒子的晶型被破坏、包覆不均匀等缺点。且机械化学改性多用于微米级粉体的包覆。目前主要应用的有球石研磨法、搅拌研磨法和高速气流冲击法。

高速气流冲击法是利用高速气流的冲击力来完成颗粒的包覆。被处理粉体在高速气流作用及设备的各个部件的机械力作用下，被迅速分散，同时不断受到以冲击力为主的包括颗粒间相互作用的压缩、摩擦及剪切力等诸多力的作用，在短时间内就可以较为均匀地完成固定或成膜的包覆工艺。其中固定化处理是将颜料、流动性改善剂、阻燃材料、磁粉等各种带有某种特性的微粒子，利用粒子间形成的冲击力嵌入被包覆颗粒表面并固定。成膜处理是将各种树脂类或石蜡类物质作为包覆物质，在冲击力作用下将其变成软化熔融态，并呈膜状包覆在被包覆颗粒表面，即所谓干式涂层处理，可以达到包容、缓释的目的。

李凡等[67]以机械球磨法研磨 Fe 粉和 Si 粉，研磨 80h 后获得了平均尺寸为 20 ~ 40nm 的 Fe-Si 纳米合金。

1.3.2 沉积法

沉积法是利用过饱和体系中改性剂有在种子颗粒表面沉积析出的趋势或大小粒子的吸附作用，从而形成对粉体颗粒包覆的一类方法。沉积法可分为气相沉积法和液相沉积法。气相沉积法又可分为化学气相沉积（CVD）和物理气相沉积（PVD），液相沉积法也叫沉淀法。各种方法根据具体操作工艺的不同，名称会略有不同。

1.3.2.1　化学气相沉积

利用化学气相沉积（CVD）对粉体进行包覆，是通过气相中的化学反应生成改性杂质分子或微核，在颗粒表面沉积或与颗粒表面发生化学键合，从而形成均匀致密的薄膜包覆。CVD 在新材料的合成技术中因具有多功能性、所得产品的高纯性、工艺过程的精密及可调控性而日益获得广泛应用，但是 CVD 过程控制中也存在一个不容易解决的难题：在反应器中，膜与粒子通常是同时生成的，往往需要膜时产生粒子，而需要粒子时有膜生成。对于粉体包覆而言，为了强化成膜，可采取的措施有：降低气相反应温度和系统压力以抑制均相成核，控制粒子形成；降低反应器壁温度，减少壁上成膜；提高生长面的温度和成膜关键组分的浓度，促进生长面上发生的化学反应[68]。

李志强等人[69]采用流态化 CVD 包覆技术，在 500℃下，对 ZnS:Cu 电致发光粉表面包覆 SiO_2 薄膜进行了研究表明：沉积时间的延长可以提高膜层致密性，但考虑样品亮度因素，时间不宜无限延长。值得指出的是，由于传统的液相包覆法存在着能耗大，材料损耗大，在干燥过程中颗粒易出现凝聚长大等缺点，而流态化 CVD 法具有工艺简单，包覆均匀性好，可控制成核与成膜包覆的突出优点[70]，所以这种方法将成为粉体包覆的一种有效方法。

化学气相沉积（CVD）根据加热方式不同又分为：电弧放电、等离子体聚合、激光化学气相沉积法。

电弧放电法就是以钨丝作阴极，盛有金属的石墨坩埚或装有金属和石墨粉的电极作阳极，在氢、氩或氢、氦混合气氛中电弧形成等离子体，经气体冷却后得到碳包覆的纳米金属粉末；或者在含有一定量甲烷的惰性气体中直接电弧单质金属，也可以形成碳包覆的纳米金属粉末。利用电弧放电法已成功制备了 Fe（C）、Fe-Co（C）及 Fe-Ni（C）等纳米胶囊，这种碳包覆的金属纳米胶囊，能防止金属表面的粗化和氧化，还能隔离易团聚的粒子[71,72]。

等离子体聚合法[73,74]是在利用等离子体法制备纳米金属粉末的同时，向反应室通入甲烷、聚苯乙烯等有机气体和氢气的混合物，形成由有机小分子片段组成的有机等离子体。最后在纳米金属表面聚合，对纳米金属粉末进行原位包覆。得到非晶碳氢有机聚合物包覆的纳米金属粉末材料。当然，也可以将已制备好的纳米金属粉末通过一定长度的有机等离子体区域。在粉末表面形成一定厚度的包覆层。

激光化学气相沉积法[75]就是将惰性气体和金属有机化合物的蒸气连续不断地注入真空室内，通过准分子激光器产生的激光辅助光分解金属有机化合物。产生碳包覆的纳米金属粉末，如用二茂铁制备碳包覆铁纳米粉末等。该方法与电弧放电法制备的碳包覆铁纳米粉末相比，其碳包覆层质量和均匀性优于后者。

1.3.2.2 沉淀法

沉淀法包覆改性是利用化学反应并将生成物沉积在颗粒表面形成单层或多层膜，从而实现对颗粒包覆的一种方法。此过程的实质是控制溶液中溶质浓度，使体系既有一定的过饱和度，又不超过临界饱和浓度（均相成核的界限），从而使溶质以被包覆颗粒为核沉淀析出，形成包覆层。可以通过调节体系温度、蒸发溶剂等方法来增大体系的过饱和度，也可以加入反应剂与溶液中已有离子生成沉淀，还可以直接加入能与溶剂生成沉淀的物质（如水解法等）。沉淀法依据沉淀方式的不同，可以分为直接沉淀法、共沉淀法、均相沉淀法、水解沉淀法、非均匀形核法等。沉淀法由于过程的可控性好，包覆均匀而获得广泛应用，特别适合对超细粉体进行无机包覆。其不足之处是要求加入的被包覆粒子的浓度很低，否则易导致团聚。

直接沉淀法就是使溶液中的某一种金属阳离子发生化学反应而形成沉淀物；共沉淀法是指在溶液中含有两种或多种阳离子，它们以均相存在于溶液中，加入沉淀剂，经沉淀反应后，可得到各种成分的均一的沉淀，它是制备含有两种或两种以上金属元素的复合氧化物超细粉体的重要方法[76]。在沉淀法中，为避免直接加入沉淀剂时产生的局部浓度不均匀现象，可在溶液中加入缓释剂，通过改变反应环境，使之发生化学反应，缓慢地放出沉淀剂，只要控制好沉淀剂释放的速度，就可以避免局部浓度不均匀现象，且可控制粒子的生长速度，以获得纯度较高的超细粉体，这就是均相沉淀法[77]。缓释剂的代表物为尿素，尿素的水溶液逐渐升温到70℃左右时发生分解反应：

$$CO(NH)_2 + 3H_2O = 2NH_4OH + CO_2$$

新生成的沉淀剂 NH_4OH 在溶液中分布均匀，从而避免了局部过浓现象。水解法是通过调节金属盐溶液的 pH 值或加热等方式，使金属盐类水解产生沉淀，再经加热分解得到氧化物超细粉，当水解生成的是多种沉淀时，则得到复合粉体[78,79]。

醇盐水解法是最常见的一种水解沉淀法，是利用包覆层物质的金属醇盐遇水分解为醇和氧化物和其化合物的性质，将包覆层物质的金属醇盐加入到被包覆颗粒的水悬浮液中，或向含有包覆层物质金属醇盐的被包覆颗粒非水悬浮液中滴加蒸馏水。通过控制金属醇盐的水解速度，使包覆层物质在被包覆颗粒表面生长，从而制备得包覆颗粒。

非均匀形核法实际上是沉淀法中一种特殊的方法，因其理论的特殊性和实用性而得到广泛关注。它是依据 LaMer 的结晶过程理论，以被包覆颗粒为形核基体，控制溶液中包覆层物质反应浓度不能超过极限结晶浓度（critical nucleation concentration），即控制在非均匀形核所需的临界值和均匀形核所需的临界值之间。在此条件下系统满足非均匀形核、成长的条件，从而实现颗粒的包覆过程。虽然合成环境的要求很独特，但它可以精确控制包覆粒子的厚度及它的化学组分。该法的不足之处是要求加入的微粒子浓度很低和较长的处理时间，如果加入的微粒子浓度过高或反应速率偏高，那么得到的粒子的包覆层的均一性和致密性将不会太理想，并且得到的将不再是单个均匀的粒子而会出现团聚的粒族。该技术由于能在粒子设计过程中实现过程的精确控制而得到广泛运用[80]。

Zhang 等[81]利用非均匀形核的方法制备了核-壳型 Cu 包覆纳米 SiC 颗粒。在由纳米 SiC 颗粒和 $CuSO_4$ 饱和溶液组成的悬浊液中，按质量比（Cu + SiC）∶Zn = 53∶47，缓慢加入 Zn 粉，控制 pH 值为 2，在 30℃水浴中反应 30min 后，得到的复合粉体平均粒径为 270nm，纳米 SiC 颗粒表面覆层为物理吸附，Cu 粒径约为 50nm。Zhang 还研究了反应温度[82]和粒度分布[83]对包覆效果的影响。在各个温度下都能实现对 SiC 颗粒的包覆，但是在 32℃左右反应能得到较小的 Cu 晶粒，易于实现包覆，并且包覆质量更好，但表面仍然有一层 Cu_2O 氧化层。在研究粒度分布对包覆效果的影响时，Zhang 利用 Cu 歧化反应生成 Cu 的原理对亚微米级的 SiC 颗粒进行包覆。结果表明，SiC 颗粒粒度分布范围过宽时，Cu 倾向于包覆在大颗粒表面形成偏聚，而无法分布在小颗粒表面。

沉淀法具有如下优点[84]：

（1）工艺与设备都较为简单，沉淀期间可将合成和细化一道完成，有利于业化生产；

（2）可以精确控制各组分的含量，使不同组分之间实现分子/原子水平上的均匀混合；

（3）在沉淀过程中，可以通过控制沉淀条件及沉淀物的煅烧制度来控制所得粉体的纯度、颗粒大小、晶粒大小、分散性和相组成；

（4）样品烧结温度低、致密、性能稳定且重现性好。

沉淀法由于过程的可控性好，包覆均匀而获得广泛应用，特别适合对超细粉体进行无机包覆。其不足之处是要求加入的被包覆粒子的浓度很低，否则易导致团聚。

1.3.3 超临界流体快速膨胀法

超临界流体（supercritical fluid，SCF）是指处在临界温度（T_c）和临界压力（p_c）以上状态的流体，它兼有气体、液体的双重特性。超临界流体具有气相的高扩散系数和液相的强溶解能力的特点，溶质在SCF中的溶解度可较常压下溶质在相同温度同种气体中的溶解度大许多。在超临界条件下，降低压力可以导致过饱和，且可以达到高的过饱和度，压力在流体中的传递几乎在瞬间完成，整个流体均匀成核，固体溶质从超临界流体中沉淀出来，形成平均粒径很小的均匀粒子。在SCF中，溶质的溶解度可随温度和压力在较大范围内调节，由此可控制过饱和度以及粒子的尺寸。超临界溶液快速膨胀过程（rapid expansion of supercritical solution，RESS）和超临界反溶剂过程（supercritical antisolvent，SAS）是近几年来超临界流体技术用于制备粒径均一的纳米粒子的常用方法。RESS法是将溶质溶于SCF中，当超临界流体溶液通过喷嘴迅速膨胀到低压、低温的气体状态时，溶质的溶解度迅速降低，形成过饱和溶液，溶质迅速成核和生长为微粒，沉淀下来[85~87]。流体快速膨胀后的溶剂与溶质颗粒易于快速彻底分离，无溶剂在颗粒中残留。利用超临界流体快速膨胀过程中，从超临界相中向气相的快速转变，引发溶质在超临界溶剂中溶解度的急剧变化，瞬间析出溶质微核，膨胀气流载带大量微核与流化床中颗粒碰撞接触，从而在颗粒表面包覆一层均匀薄膜，形成包覆颗粒。超临界流体快速膨胀过程中所产生的均匀微核和流化床中气固及颗粒之间均匀接触，膨胀射流在流化床中可实现微核在颗粒表面的均匀包覆，通过控制膨胀前温度、包覆时间来控制包覆致密度与包覆厚度[89]。

1999年Sun[89]夫妇等报道了利用RESS法合成AgS/PVP、CdS/Gelation，PbS/PVP，Ag/PVP，Ni/PVP纳米微粒，粒径分别为7.3nm、5.0nm、6.6nm、5.6nm及5.8nm，分散性好，粒度均匀。SAS法由于可用于能溶于液相有机溶剂而不溶于SCF的任何固体，因此在工业研究上受到越来越多的关注。

1.3.4 微乳液法

微乳液法可以制备超细粒子，也可以对超细粒子进行改性得到复合粒子。微乳液中水核内改性超细粒子的形成一般有两种情况[90]：

(1) 一种反应物增溶在反胶团或微乳液的水核内，另一种反应物为气体。将气体通入液相中，充分混合，使二者发生反应，分离后可得到改性的超细粒子。

(2) 还有一种情况是：一种反应物为固体，另一种反应物增溶于微乳液中，将两者混合，发生反应，也可以制备出改性超细颗粒，且均匀分散。

用微乳液法制备改性超细粒子的技术关键有以下几点[91]：

(1) 选择一个适当的微乳液体系。首先选定用来制备超细粒子的化学反应及试剂，然后选择一个可以增溶有关试剂的微乳液体系，要求构成微乳液体系的组分不能同化学试剂发生化学反应或是抑制选定的化学反应的进行。

(2) 控制反应条件以获得分散、粒度均匀的超细粒子。这些条件包括：水和表面活性剂的浓度、相对量、试剂的浓度以及微乳中水核的界面膜的性质等。其中，水和表面活性剂的相对比例决定了微水核的大小，进而决定了超细粒子的尺寸。

(3) 选择适当的后处理条件以保证超细粒子聚集体的均匀性。

有报道称：应用 W/O 型微乳液法制备了表面活性剂包覆的超细铁-镍复合微粒，其粒径小于 30nm[92]。

乳液聚合法作为微乳液中的一种，是在纳米金属粉末的悬浮液中加入一定量的乳化剂。用超声波分散均匀稳定，然后在搅拌下依次加入引发剂和有机物单体进行聚合，形成复合胶乳。最后用盐类物质破乳，得到聚合物包覆的纳米金属粉末。通过乳液聚合法制备的纳米银/聚苯乙烯核-壳复合粒子，可以实现组元材料的优势互补或加强，使高表面能纳米银粒子更稳定。该方法与物理吸附法相比，其有机物包覆层材料的选择范围更宽，包覆型纳米粉末的用途更广。

1.3.5　溶胶-凝胶法

溶胶-凝胶法（sol-gel）[93]是指金属有机物或无机化合物经过溶液、溶胶、凝胶过程而固化，再经过热处理形成氧化物或其他固体化合物的方法。该方法是制备超细粒子及超细复合粒子最早的方法之一[94]，是化学和材料领域中的重要制备过程，除用于薄膜、粉体的制备外，还可以对粉体进行包覆。溶胶-凝胶法包覆的工艺过程是：首先将改性剂前驱物（常见的有酯类化合物或金属醇盐）溶于水或有机溶剂形成均匀溶液，溶质与溶剂经水解或醇解反应得到改性剂（或其前驱物）溶胶；再将经过预处理的被包覆颗粒与溶胶均匀混合，使颗粒均匀分散于溶胶中，溶胶经处理转变为凝胶，最后经干燥、高温煅烧凝胶得到外表面包覆有改性剂的粉体，从而实现了粉体的包覆改性[95]。

sol-gel 制备复合粒子的步骤[96]：

(1) 母粒子的制备。所用母粒子可根据需要选择球形、多孔或其他形状的粒子，其可以是化学法制备的，也可以是天然矿物研磨制得的粉体材料。

(2) 子粒子的制备。子粒子的制备可以用所希望得到的产物的金属盐溶液加入适当碱形成氢氧化物沉淀，其初级粒径在 5～500nm 之间，沉淀经过洗涤、除杂，再加入适当的酸即可得到溶胶，或者用金属醇盐按比例混合于非水溶剂（如乙酸等）中，再进行水解可以制得均匀的超细颗粒物，还可根据需要控制其粒径大小及分布，这些溶胶的初级颗粒也将是最终子粒子的基本组成。

(3) 子、母粒子的复合。先将母粒子分散于可形成凝胶的有机分散剂中，如聚乙烯醇等，然后再加入一定量的子粒子溶胶，再在适当的反应条件下加入碱性反应剂，控制在一定温度和时间内完成凝胶反应，即可在母粒子表面形成子粒子的包覆层，其中，sol-gel 过程的浓度、温度、酸度对于复合的效果影响很大。

溶胶-凝胶（sol-gel）法制备超细粒子的特点是其纯度高、化学均匀性好、颗粒细小、粒径分布窄、合成温度低等[97]，再加上其过程容易控制，所以它被许多科研工作者作为研究对象。

文献[98]列举了将溶胶-凝胶法应用于 Sb-SnO_2、$BaTiO_3$ 等材料的包覆改性实例。具体工艺步骤如下：将 Sb-SnO_2、$BaTiO_3$ 与相应的改性剂溶胶球磨混合得到分散均匀的悬浮液，再在一定温度下蒸发并不断地搅拌，以避免不溶组分的偏析，最后得到干凝胶包覆的粉体，经烧结后形成改性元素对颗粒的均匀包覆，从而获得良好的改性效果。王建江[99]等人将反应原料以适当比例在球磨机中混合，制成粒度一定的 Ti-B-C-Al 团聚粉，采用溶胶-凝胶工艺对团聚粉体进行胶囊化改性制成 TiO_2 包覆 Ti-B-C-Al 团聚粉反应体系用于自蔓延反应火焰喷涂。结果发现，具有包覆结构的胶囊化粉体是 SHS 火焰喷涂飞行过程中充分进行自蔓延反应的必要条件；胶囊化效果越好，自蔓延反应越充分，反应产物转化率越高；胶囊化可有效防止喷涂过程中钛的氧化，并对涂层组织与分布产生一定影响。

1.3.6 化学镀法

化学镀法实质上是镀液中的金属离子在催化剂作用下被镀液中的还原剂还原成金属元素沉积在颗粒上。这是一个液-固复相的催化氧化-还原反应。其工艺过程是：首先配制镀液，而后将被包覆的粉料加入到镀液中，并不断搅拌，镀液中的金属离子在催化作用下被还原剂还原成金属粒子沉积在粉体表面上形成覆层，最后将粉料与镀液分离，再干燥处理。该法是一种自动催化氧化-还原反应过程，由于反应是一个自动催化的反应，因此可获得均匀的所需厚度的金属镀层。化学镀中镀液的配制，镀液中稳定剂、配合物与金属离子浓度的配比对镀液的镀覆能力影响较大。另外，溶液 pH 值通过影响金属离子的还原速度和镀液的稳定性从而对化学镀反应速度产生影响[100]，温度对金属离子的沉积速度也会产生影响[101]。为了防止纳米微粒对镀液的分解作用，稳定剂与配合剂的选择在化学镀中非常关键。

由于该技术深镀和均镀能力较强，所形成的镀层厚度均匀，孔隙率低，因此得到了较为广泛的应用。目前，已获得金、银、铜、铁、镍、铬、钴、钯、锡等十余种化学镀层。若在不导电的颗粒表面镀上金属层，则可以得到导电的颗粒，从而改变颗粒的性能，获得功能性的复合颗粒。若在陶瓷颗粒表面镀上金属层，可以实现陶瓷和金属的很大限度的均匀混合，为制备金属陶瓷复合材料奠定基础。

以化学镀镍为例，它是利用适宜的还原剂使镍离子有选择地在经催化的表面上镀镍层的一种化学处理方法。化学镀镍液由镍盐、配合剂、稳定剂和还原剂等组分构成，再配以适当的温度、pH 值、搅拌等工艺条件，使粉体在镀液中被包覆一层金属镍。

田彦文等[102]用化学镀法制备了 Ni 包覆 ZrO_2 微粉，能谱分析表明 Ni 包覆在 ZrO_2 粉体上，通过控制反应时间，可得 Ni 含量不同的 Ni 包覆 ZrO_2 粉体。在化学镀法制备包覆颗粒中，镀液的配制起到非常关键的作用，稳定剂、配合物及金属粒子等的浓度都需要选取合理的配比，以达到了稳定镀液的目的，同时又保证了镀液的镀覆能力。

另外，还有镍包金刚石、镍包石墨、镍包硅藻土、镍包二硫化钼、镍包碳化硅等包覆颗粒制备报道。

化学镀法制备镍包覆型复合粉末具有操作容易、设备简单、生产规模灵活、成本较低等优点，但存在过程较慢、镀液易分解、易产生游离金属离子等缺点。

1.3.7　非均相凝固法

非均相凝固法是根据表面带有相反电荷的颗粒相互吸引、凝聚原理提出的。非均相凝固法一般用于制备以有机粒子为中心的有机-无机、有机-有机复合粒子。当两种大小不同、电荷各异的粒子相互混合时，小粒子就会通过静电力吸附在大粒子的表面形成复合粒子[103]。如果一种微粒子的粒径比另一种带异种电荷的粒径小很多，那么在这两种微粒子的凝聚过程中小粒子将会在大粒子的外围形成一层包覆层[103,104]。整个粒子的设计过程非常简单并且能够适应于各种微粒子之间的组合。其中的关键是对两种粒子的电荷进行控制，它可以通过调节溶液的 pH 值或使用本身就带电荷的材料，也可以用化学或吸附的方法预先对粒子表面进行处理，使之带上不同的电荷。此方法的不足之处是要求两种粒子的粒径要相配，包覆过程对溶液 pH 值要求较严，而且在通常情况下表层粒子在核粒子上的吸附并不是很紧密。W. H. Shih 等[105]用 Y_2O_3 包覆 Si_3N_4 时，仅在 pH 值为 7.0 左右实现；而用 SiO_2 包覆 Al_2O_3 时只能在 pH 值为 3.0 左右实现。在异相凝集过程中，大粒子与小粒子凝集的同时，也会各自相互团聚，很难生成表面均匀的复合粒子。因此产生了逐步异相凝集法，其有以下三步[104]：

（1）母粒子与子粒子在稳定乳化态下混合，不发生异相凝集反应。通过调节介质的 pH 值，使粒子的电性相同，并加入非离子乳化剂来实现粒子的分散稳定性。

（2）调节 pH 值，引发异相凝集反应。非离子乳化剂在母粒子与子粒子之间以阻止其直接接触。

（3）升高温度使其高于子粒子的玻璃化温度并接近非离子乳化剂的浊点，从而实现子粒子在母粒子表面的软化成膜，形成核-壳式复合粒子。

该法是靠电荷的吸引使子、母粒子结合在一起的，所以大、小粒子间的结合不稳定，需要经过包埋等后续处理才能得到稳定的复合粒子。

Ottewill 等人用该法制备了聚丙烯酸酯包覆聚苯乙烯的复合粒子[106]。

1.3.8 电镀法

电镀法制备镍包覆型复合粉末不同于一般的电镀，它的电极是由颗粒组成的，所以该方法只适用于金属粉末，对非金属粉末需要在其表面先用其他方法涂覆一层镍膜方可采用。电镀法根据设备不同主要有两种方法：一种是滚镀法，镀槽用有机玻璃做成多角形，槽底有一固定的金属板作阴极，使镀槽与垂直方向成一定的倾角旋转，利用镀槽的旋转使颗粒在槽内翻滚，颗粒作为阴极在其表面包覆镍层；另一种是流化床法，流化床电极是一种三维电极体系，当电解质溶液流过导电颗粒组成的床层时，使颗粒呈流化状态，构成导电颗粒流化床，插入馈电极和对电极，通电后由全部导电颗粒连同馈电极构成流化床电极，电化学反应便在导电颗粒上进行。电镀法具有包覆量可控、镀层化学稳定性好等特点。

颗粒包覆的制备方法多种多样，每种方法都有自己的优缺点。根据包覆层物质和被包覆颗粒物质的具体特点，以及包覆后的复合颗粒的应用，来选用适宜的方法来实现自己的目的。

当然，颗粒包覆制备方法远不止上述方法，诸多制备超细颗粒的物理或化学方法均有可能用来制备包覆颗粒。包覆后的复合颗粒所具有的独特性质使其在材料制备技术中越来越为人们所关注，相关的研究及文献报道也越来越丰富。但是，许多研究只是刚起步，只是能制备出程度不一的包覆颗粒，关于颗粒包覆的机制、包覆工艺的优化等方面的研究还有待进一步开展。精密地控制包覆层及被包覆颗粒的有序排列，以实现定量控制复合颗粒的结构和成分，也将是未来研究的方向。

参考文献

[1] 叶红齐，苏州．片状金属粉体在颜料及电子浆料中的应用［J］．中国粉体技术，2004（1）：34~37，43.

[2] 肖骁．有机介质环境机械化学球磨作用下金属粉末结构演变与反应行为［D］．

长沙：中南大学，2008.

[3] 冯拉俊，徐大鹏，雷阿利．表面改性剂对铜锌粉末表面润湿性和漂浮性的影响［J］．中国有色金属学报，2008，18（8）：1566～1570.

[4] 朱骥良，吴申年．颜料工艺学．2版．北京：化学工业出版社，2002：376，377.

[5] H. Gleiter. Progress in Mater Sci，1989（33）：233.

[6] Hayashi C，Nagayama T. J Chem Soc Jpn，1984（6）：1050.

[7] Hayashi C. Physis Today，1987（12）：44.

[8] 王世敏，许祖勋，傅晶．纳米材料制备技术［M］．北京：化学工业出版社，2002：7.

[9] 胡志华，栾道成．纳米镍粉的制备工艺研究［J］．西华大学学报（自然科学版），2006，25（2）：84～87.

[10] 左东华，张志琨，崔作林．纳米镍在硝基苯加氢中催化性能的研究［J］．分子催化，1995，9（4）：298.

[11] 孙维民，金寿日，李志杰．提高 Ni、Cu 超微粉生产率的方法研究［J］．应用科学学报，2000，18（2）：164.

[12] 张志琨，崔作林．纳米技术与纳米材料［M］．北京：国防工业出版社，2001：113～118.

[13] 蒋渝，赖庆贵，杨彦明，等．自由弧熔融氢方法制备 MLC 用纳米金属镍粉［J］．电子元件与材料，2003，22（12）：13～15.

[14] 张燕红，邱向东，等．超细颗粒材料的制备（一）［J］．稀有金属，1997，21（6）：451.

[15] Dordal，Feliks A. Method of obtaining ultra-dispersive copper powder by supplying copper nitrate solution into nitrogen plasma［P］. Russ. Ru2064369C. 1996-07-27.

[16] 林主税．［P］．特许公报 793472：197.

[17] Lei Tian. Sic-nanopartic-reinforced Si_3N_4 martixcomposite［J］. Journal of Material Science，1998：797～802.

[18] Kobiyama M，Inami T，Okuda S. Mechanical behavior and thermal stability of nano-crystalline copper film prepared by gas deposition method［J］. Scr Mater，2001，44：1547.

[19] 李凤生，崔平，杨毅，等．微纳米粉体后处理技术及应用［M］．北京：国防工业出版社，2005.

[20] Ishihawa H，et al. Kawasaki Steel Tech Report，1990：23.

[21] 徐滨士．纳米表面工程［M］．北京：化学工业出版社，2004.

[22] Teng M H，Host J J，et al. J Mater Res，1995，10（2）：233.

[23] Emmanuelle Mugnier，Isabelle Pasquet，et al. Nanocomposites of metallic copper and spinel ferrite films：growth and self-assembly of copper particles［J］. Thin Solid

Films, 2005, 493: 49.

[24] Jiang W, Yatsui K. Pulsed wire discharge for nanosize powder synthesis [J]. IEEE Trans Plasma Sci, 1998, 26: 1849.

[25] 伍友成. 电爆金属丝产生纳米金属氧化物粉末的研究 [D]. 绵阳: 中国工程物理研究院, 2005.

[26] 谈玲华, 李凤生, 刘磊力, 等. 纳米镍粉制备的研究进展 [J]. 材料导报, 2003, 17 (z1): 42, 43.

[27] 樊志良. 高品质金属纳米粉体的电爆炸法制备与处理工艺研究 [D]. 湖南长沙: 中南大学, 2006.

[28] Kotov Y A, Beketov L V. Synthesis of Al_2O_3, TiO_2 nanopowders by electrical explosion of wires [J]. Materials Science Forum, 1996, 225 (72): 913~916.

[29] Kotov Y A, Azarkevich E I. Producing Al and Al_2O_3 nanopowders by electrical explosion of wires [J]. Key Engineering Materials, 1997, 132 (1): 173~176.

[30] Jiang Weihua, Kiyoshi Yatsui. Pulsed wired discharge for nanosize powder synthesis [J]. IEEE Trans on Plasma Sci, 1998, 26: 1498~1501.

[31] 陈宾. 金属纳米粉制备工艺及设备研究 [D]. 吉林: 吉林大学, 2006.

[32] Tepper F. Nanosize powders produced by electro-explosion of wire and their potential applications [J]. Power Metall, 2000, 43 (4): 320~322.

[33] 奚红霞. 溶胶-凝胶法制备新型有机/无机复合非线性光学材料 [R]. 广州: 中山大学, 1998. 5.

[34] Danijela Vorkapic. Themis Matsoukas. Effect of temperature and alcohols in the preparation of titania nanoparticles from alkoxides [J]. J Am Ceram Soc, 1998, 81 (11): 2815~2820.

[35] Chatterjee A, Chakravorty D. Electrical conductivity of sol-gel derived metal nano-particles [J]. J Mater Sci, 1992 (27): 4115.

[36] 汪萍, 王军, 高四. 含镍的 SiO_2 溶胶-凝胶的制备 [J]. 有机硅材料, 2004, 18 (5): 5~8.

[37] Chengyun Wang, Weiya Zhang, Yitai Qian. Preparation of nanocrystalline ceria in CCl_4 [J]. Materials Science Engineer B, 2002, 94 (2~3): 170~175.

[38] 米远祝, 但悠梦, 桑秋章. 溶剂热还原法制备的镍纳米颗粒 [J]. J Magn Mater Devices, 2005, 37 (4): 32~34.

[39] 喻克宁, 胡嗣强, 等. 材料研究学报, 1995, 9 (3): 224.

[40] Wada Yuji, Kurumoto Hiromistsu, et al. Chem Lett, 1999, (7): 607.

[41] 全学军, 李太戚, 谢扩军. 等微波能在制备超细 TiO_2 中的应用 [J]. 电子元件与材料, 1998, 17 (2): 38~40.

[42] 吴华强, 邵名望, 顾家山, 等. 微波辐照方式对 CdS 和 Bi_2S_3 纳米粒子结晶度

的影响［J］．无机化学学报，2003，19（1），107～110.
［43］陈祖耀，朱英杰，陈敏，等．化学通报，1996，（1）：44.
［44］何林锋，周瑞敏，辛立辉，等．电子束辐照制备纳米镍［J］．辐射研究与辐射工艺学报，2005，23（1）：6～10.
［45］陈祖耀，陈日文，朱英杰．γ射线辐照从水溶液环境中制得金属镍超细粉的晶粒度和磁学性质［J］．化学物理学报，1997，10（1）：26～30.
［46］陈祖耀，陈波，钱逸泰，等．γ射线辐照-水热结晶联合法制备金属超微粒子［J］．金属学报，1992，28（4）：B169.
［47］Wang Feng，Zhang Zhicheng，Chang Zhengqi. Effects of magnetic field on the morphology of nickel nanocrystals prepared by gamma-irradiation in aqueous solutions［J］. Mater Lett，2002，55：27.
［48］吴其晔，方鲲．两步连续反相微乳液法原位合成铁钴镍/聚苯胺核-壳型纳米复合颗粒［J］．青岛科技大学学报，2003，24（1）：37～41.
［49］李珍．李正浩．微乳液合成多孔纳米碳酸钙实验研究［J］．中国粉体技术，2002，8（6）：34～36.
［50］颜肖慈，余林颇．纳米氧化锌微乳液法的研制和表征［J］．十堰职业技术学院学报，2002，15（2）：67～68.
［51］张鹏，高濂．水热乳化液合成硫化镉纳米晶棒［J］．无机材料学报，2003，18（4）：772～776.
［52］王玉琨，钟浩波．微乳液法合成纳米二氧化硅粒子［J］．西安石油学院（自然科学版），2003，18（3）：61～69.
［53］L. M. Prince. Microemulsions：Theory and Practice. New York：Academic Press，1977.
［54］M. Arturo López-Quintela，José Rivas. Chemical Reactions in Microemulsions：A Powerful Method to Obtain Ultrafine Particles［J］. Journal of Colloid and Interface Science，1993，158（2）：446～451.
［55］Chen Donghwang，Wu Szuhan. Chem Mater［J］，2000（12）：1354.
［56］Lisiechi I，Billoudet F，Pilemi M P. Synteses of copper nanoparticles in gelified microemulsion and in reverse micelles［J］. J Mol Liq，1997（72）：251.
［57］邱孙青，董浚修，陈国需．分散介质对铜纳米粒子润滑油添加剂摩擦学性能的影响［J］．润滑与密封，1999，（3）：1.
［58］Shingu P H，Huang B，Nishtam S R. Suppl Trans Jpn Iust Met［J］，1988（29）：3.
［59］Eckert J，Holzer J C，et al. Synthesis and characterization of ball-milled nanocrystalline fcc metals. Mater Res Soc Symp Proc，1992，238（structure and properties of inter-faces in materials）：745.
［60］韦钦，刘雄飞，曹建，等．纳米Ni的制备与微观结构［J］．中南矿冶学院学报，1994，25（1）：137～139.

[61] 刘维平．采用改进型振动球磨机制备超细铜粉的研究［J］．江西科学，2000，18（1）：24.

[62] Fecht H J，Hell Stern E，Fu Z. Nanocrystalline metals prepared by high-energy ball milling［J］. Metal Trans，1990（21）：2333～2337.

[63] Ochring M，Bormann R. Mater Sic Eng.［J］. 1991（A134）：1330.

[64] Ogasawar Ipoue A，Masumoto T. Mater Sci Eng［J］. 1991（A134）：1338.

[65] Feng Li，Xianghua Yu，Hongjun Pan，et al. Syntheses of MO_2（M = Si，Ce，Sn）nanoparticles by solid—state reactions at ambient temperature［J］. Solid State Sciences，2000，2（8）：767～772.

[66] Din J，et al. J. Alloys Comp［J］，1996，234（L1～L3）：11.

[67] 李凡，吴炳尧，戴挺，等．机械合金化法制备 Fe-Si 纳米晶合金［J］．特种铸造及有色合金，2001，(4)：24.

[68] 卢寿慈．粉体加工技术［M］．北京：中国轻工业出版社，1999.

[69] 李志强，李娟，田少华，等．CVD 法在电致发光粉表面包覆 SiO_2 膜［J］．表面技术，2004，33（2）：32～35.

[70] 贾瑞宝，余大书，王锐，等．ZnS：Cu 发光粉的包覆研究进展［J］．哈尔滨工业大学学报，2004，36（3）：401～405.

[71] DONG X L，ZHANG Z D，Jin S R，et al. Carbon-coated Fe-Co（C）nanocapsules prepared by arc discharge in methane［J］. J Appl Phys.［J］，1999，86（12）：6701.

[72] 董星龙，金寿日，张志东．碳包覆磁性金属纳米胶囊的制备及表征［J］．粉末冶金工业，1999，9（2）：31.

[73] Srikanth H，Hajadl R，CHIRINOS C，et al. Magnetic studies of polymer-coated Fe nanoparticles synthesized by microwave plasma polym erization［J］. Appl Phys Lett，2001，79（21）：3503.

[74] Li C M，Lei H，Tang Y J，et al. Production of copper nanoparticles by the flow－levitation method［J］Nanotechnology，2004，15：1866.

[75] Karlne Elihn. Synthesis of carbon——covered iron nanoparticles by photolysis of ferrocene［D］. Dissertation. Uppsala University，2002.

[76] Ko E I. Chen J P，Weissman J G. A study of titania/silica mixed oxides and their use as supports for nickel catalysts［J］. Catal，1987，105：511～520.

[77] 张岩峰，魏雨，武瑞涛．纳米 TiO_2 粉体的制备及应用进展［J］．功能材料，2000，31（4）：354.

[78] 喻志刚，袁莽龙，应圣康．SiO_2-TiO_2 复合微粒的研究［J］．复合材料导报，2000，17（4）：71.

[79] 李群艳，董鹏，刘忍肖．单分散 SiO_2-TiO_2-SiO_2 多层复合微球的制备［J］．无

机材料学报，2001，16（5）：896.

[80] 谢凤宽，陈晓磊，庄书娟，等. 液相沉积法表面包覆改性纳米陶瓷微粒及机理研究进展［J］. 材料导报，2006，20（5）：153～155，158.

[81] Zhang Rui，Gao Lian，Guo Jingkun. Preparation and characterization of coated nanoscale Cu/SiCp composite particles［J］. Ceram Int，2004，（30）：401.

[82] Zhang Rui，Gao Lian，Guo Jingkun. Temperature-sensitivity of coating copper on submicron silicon carbide particles by electroless deposition in a rotation flask［J］. Surf Coat Techn，2003（166）：67.

[83] 张锐，高濂，虞玲，等. 粒度分布对 Cu 包覆 SiC 颗粒相分布均匀性的影响［J］. 无机材料学报，2002（11）：1311.

[84] 田玉明，黄平，冷叔炎. 沉淀法的研究及其应用现状［J］. 材料导报，2000，14（2）：48.

[85] Lele A K，Shine A D. Effect of RESS Dynamics on Polymer Morphology［J］，Ind. Eng. Chem. Res.，1994，33：1476～1485.

[86] Mawson S，Johnston K P，Combes J R. Formation of Poly（1，1，2，2-tetrahydroperfluorodecyl acrylate）Submicron Fibers and Particles from Supercritical Carbon Dioxide Solutions［J］. Macromolecules，1995：3182～3191.

[87] Turk M，Hils P，Helfgen B，et al. Micronization of pharmaceutical substances by the rapid expansion of supercritical solutions（RESS）：a promising method to improve bioavailability of poorly soluble pharmaeeutical agents［J］. J Supercritical Fluids，2002，22（1）：75～84.

[88] 王亭杰，堤敦司，金涌. 用石蜡-CO_2 超临界流体快速膨胀在流化床中进行细颗粒包覆［J］. 化工学报，2001，52（1）：51，52.

[89] Sun Y P，Riggs J E，Rollins H W，et al. J Phys Chem B［J］，1999，103（1）：77～82.

[90] 李风生. 超细粉体技术［M］. 北京：国防工业出版社，2000.

[91] 崔正刚，殷福珊. 微乳化技术及应用［M］. 北京：中国轻工业出版社，1999.

[92] 张朝平，邓伟，胡林，等. 微乳液法制备超细 Ni-Fe 复合微粒［J］. 无机材料学报，2001，16（3）：481.

[93] 赵敬哲，杨少风，沙晓祥，等. 制备高比表面多孔 Ti-Si 复合氧化物材料的新方法［J］. 高等学校化学学报，2000，21（2）：292.

[94] 丁子上，翁文剑. 溶胶-凝胶技术制备材料的进展［J］. 硅酸盐学报，1993，21（5）.

[95] 孙继红，范文浩，吴东，等. 溶胶-凝胶（sol-gel）化学及其应用［J］. 材料导报，2000，14（4）：25.

[96] 李青莲. 溶胶-凝胶技术在制备超细颗粒中的应用［J］. 火工品，1998，

(3)：45.

[97] 李文翠，郭树才．溶胶-凝胶技术在新型纳米气凝胶合成中的应用［J］．化工进展，2001，(2)；34.

[98] 孙继红，范文浩，吴东，等．溶胶-凝胶（sol-gel）化学及其应用［J］．材料导报，2000，14（4）：25.

[99] 王建江，刘宏伟，胡文斌，等．自反应喷射成型复相结构陶瓷的组织与性能［J］．稀有金属材料与工程，2009，38（2）：90～93.

[100] 王海龙，张锐，乔祝云．化学镀法制备 SiC/Cu 金属陶瓷复合粉体工艺的研究［J］．佛山陶瓷，2003，13（11）：14～16.

[101] 蔡克峰，李成红，袁润章．在陶瓷粉末表面化学镀包覆金属［J］．电镀与环保，1994，14（2）：11，12.

[102] 田彦文，邵忠财，翟玉春．化学镀法制备 Ni 包覆 ZrO_2 微粉［J］．腐蚀科学与防护技术，1998，(11)：355.

[103] Herbert G. Preparation and application of coated powders in ceramics and related fields［J］. dispersion Sci& Techn，1998，19（2～3）：249～265.

[104] Okubo M，lchikawa K，He Y. Analysis of "step wise" heterocoagulation process of small cationic polymer onto large anionic polymer particle using dynamic scattering［J］. Colloid Polym Sci，1991（269）：125～130.

[105] Shih W H，Pwu L L，Tseng A A. Boehmite coating as a consolidation and forming aid in aqueous silicon nitride processing［J］. J. Am. Ceram. Soc. 1995，78：1252～1260.

[106] Ottewill R H，Schofield A B，Waters J A. Preparation of composite latex particles by engulfment［J］. Colloid Polym Sci，1996（274）：763～771.

2 粉体制备基础理论

2.1 金属片状粉体制备基础理论

2.1.1 高能球磨基础理论

2.1.1.1 高能球磨技术简介

高能球磨技术是利用球磨机的转动或振动，通过磨球与罐壁和磨球与磨球之间进行强烈的撞击，将单一组元物料或两种及以上组元物料进行撞击、研磨和搅拌，把物料粉碎为微细颗粒的方法。它与传统形式低能球磨不同，传统的球磨工艺只对物料起粉碎和均匀混合的作用，而在高能球磨工艺中，由于球磨的运动速度较大，粉末将产生塑性变形、固相相变，从而达到合成新材料的目的。高能球磨包括机械力化学（mechanochemical process，MCP）、机械合金化（mechanical alloying，MA）和机械球磨（mechanical milling or grinding，MM or MG）。高能球磨技术是制备纳米晶粉体、纳米复合材料、弥散强化合金、合成新相、片状粉体、金属颜料的一种重要的方法。

高能球磨过程中，物料粉末所受机械力的作用可以归纳为如图2-1所示[1]。物料粉末在这一过程中随自由能升高、活性增加，从而诱发各种固态物理变化、化学反应以及诱发许多常温下难以进行的化学反应。根据物料粉末的组元和高能球磨目的，可以将球磨过程控制为机械力化学、机械合金化和机械研磨。

机械合金化和机械球磨广义上是机械力化学的分支，但三者有相同点和不同点。

三者都是利用球磨机的转动或振动，通过磨球与罐壁和磨球与磨球之间进行强烈的撞击，将单一组元物料或两种及以上组元物料进行撞击、研磨和搅拌，整个宏观过程是相同的。

- 机械力作用
  - 物理效应
    - 颗粒和晶粒细化
    - 产生裂纹
    - 表观密度和真密度变化，比表面积增大
  - 结晶状态
    - 产生晶格缺陷
    - 晶格发生畸变
    - 结晶程度降低，甚至无定形化
    - 晶型转变
  - 化学变化
    - 含结晶水 OH 羟基物的脱水
    - 降低体系反应活化能，形成新化合物的晶核或细晶
    - 形成合金或固溶体
    - 化学键的断裂，体系发生化学变化

图 2-1　粉末所受机械力的作用

机械力化学是利用机械能来诱发化学反应和诱导材料组织、结构和性能的变化，以此来制备新材料或对材料进行改性处理[2]。机械力化学的反应机制是[3]：机械力化学使球磨组元产生大量的晶格缺陷（如位错、空位），并改变其化学活性，进而使组元之间发生化学反应，且可以通过机械力作用最终诱发普通条件下无法进行的化学反应，反应的类型可分为逐步反应和自蔓延反应。球磨筒中的磨球、物料、液体和气体均可作为化学反应的组元。

机械合金化是将不同的粉末在高能球磨机中球磨，粉末经磨球的碰撞、挤压，重复地发生变形、断裂、焊合，原子间相互扩散或进行固态反应而形成合金粉末。反应机制是：金属或合金粉末在高能球磨机中通过粉末颗粒与磨粒之间长时间激烈冲击、碰撞，使粉末颗粒反复产生晶格崩溃，通过组元之间的相互扩散或置换，引起合金化或合金化同时细化，并不一定要发生化学反应[3]。球磨粉末原料为两种或两种以上组元物料。

机械球磨是将单一组元的金属（或合金）粉末在高能球磨机中球磨，由于磨球的反复碰撞、挤压，使粉末不断地受到塑性变形而重复地发生变形、断裂、焊合、粉碎。反应机制与机械合

金化相似，只是不发生合金化和化学反应。球磨粉末原料是单一组元物料，本书中高能球磨是指高能机械球磨。

2.1.1.2 高能球磨的基本理论

高能机械球磨本质是通过球磨机及球磨介质对原料粉末体系施加作用，将机械能（功）转变为粉末材料内能，使粉末材料发生严重塑性变形，促使粉末物理化学能发生变化。促进晶粒纳米化，并诱发相变和化学反应。高能机械球磨基本理论是基于机械力化学/机械合金化基本理论。

球磨的过程比较复杂，对其机理的研究包括粉末、球、罐的变形、能量转化、热效应、热力学、动力学研究。科学家们对球磨过程的理论模型进行了大量的研究，以期建立球磨条件与球磨最终产物的对应关系，为工艺过程控制及结果预测提供理论依据。概括起来，球磨过程的理论模型可分为四类：运动学模型、碰撞过程模型、能量传输模型与球磨图、温升效应模型[4]。

A 运动学模型

高能球磨过程的运动学模型是研究在特定球磨设备条件下球磨介质的运动规律，包括球磨介质在球磨罐中的分布、球介质的碰撞速度和频率以及碰撞角度。用于高能球磨的基本球磨设备类型大致有搅拌球磨、振动式球磨、滚筒式球磨和行星球磨等几种[5,6]。不同类型的球磨设备运动学模型不同。

Davis 和 Koch[7] 对 SPEX8000 振动球磨机的球磨过程动力学进行了研究。他们采用高速摄影技术记录碰撞过程，并用计算机模拟分析球磨介质运动状态。研究表明，球磨介质碰撞能大多分布在 $10^{-3}\sim10^{-2}$J 之间，碰撞速度不大于 6m/s，并且以斜碰为主。Maurice 和 Courtney[8] 将 SPEX8000 振动球磨机球磨介质复杂的三维运动简化为一维运动，计算出球磨介质运动速度为 3.9m/s。Basset 等[9] 通过测量固定在 SPEX8000 振动球磨机球磨罐端面上铜片的撞痕深度，估算了碰撞速度，为 1.8 ~ 3.3m/s；他们还发现碰撞速度随球磨介质直径增大而减小。Maurice 和 Courtney[10] 对碰撞入射角的分布频率进行了计算，并与 Davis 试验所测结果作了比较，表明SPEX系列球磨机中球磨介质只有极少量碰撞属于正碰。Maurice[10]和Courtney[11]假设在一维运动条件下，通过对球磨过程动力学进行模拟，进一步证明只有4%～7%的碰撞产生可观能量转换，其余大多数碰撞仅产生少量能量转换。

Rydin、Courtney等[12]用透明球磨罐，并采用高速摄影技术（摄影速度为0.002s）对搅拌球磨原理进行了深入研究，结果表明球磨介质仅在搅拌轴回转中心区域存在较高正碰速度，其他区域以滑动摩擦为主；且粉末主要分布在球磨介质滑动摩擦区域，很少分布在中心区域，并趋于沉积到球磨罐底部（称为死区）。因此，搅拌球磨能量传输效率很低。Rydin[12]，Courtney等[13]认为增大搅拌轴转速和采用直径大小不同的混合球磨介质，可使球磨介质在搅拌轴外区域的紧密堆垛排列变得紊乱，改善球磨罐中球磨介质的速度分布，减少“死区”的危害，并增加球磨介质作用能量。Maurice和Courtney[14]还对搅拌球磨和SPEX振动球磨合金化过程的动力学进行了对比，搅拌球磨球磨介质的碰撞速度和频率分别约为0.5m/s和$0.88s^{-1}$，而SPEX振动球磨则分别为4m/s和$7s^{-1}$。

相对于其他球磨方法，滚筒式球磨的球磨介质运动规律较简单，因此，其运动学模型最成熟，J. Schilz[15]基于经典力学原理对滚筒式球磨的球磨介质运动规律进行了研究。为了便于数学处理，假设：（1）球磨介质之间不相互作用；（2）球磨介质与筒体之间不出现相对滑动；（3）球磨介质抛落后重新附在筒体上随筒体旋转。计算表明，存在一临界转速$\omega_{cnt}=\sqrt{g/r}$；当$\omega<\omega_{cnt}$时，球磨介质的运动方式为抛落式；当$\omega\geqslant\omega_{cnt}$时，球磨介质处于离心式运动状态。令$\overline{\omega}=\omega/\omega_{cnt}$，称为临界转速率，为无量纲的参数。当$\overline{\omega}_{cnt}=0.783$时，碰撞速度出现极大值。通常工业用滚筒式球磨机的滚筒直径为1～2m，则碰撞速度为4.4～6.3m/s。

行星球磨的球磨介质运动状态比滚筒式球磨复杂，但又比振动球磨和搅拌球磨简单得多，因此建立行星球磨的运动学模型是一项难度较大但又可行的工作，近年有关的研究论文较多，其中有代表性的研究者有 Burgio 等[16]、Brin[17]、Abdellaoui[18]、J. Schilz[15]和 P. P. Chattopadhyay[19]等人。为了便于数学处理，建立行星球磨运动学模型一般基于以下假设条件：（1）球磨介质在运动时互不干扰；（2）球磨介质与球磨罐之间不出现相对滑动；（3）球磨介质被认为是一质点。

Burgio 等[16]为了找到球磨工艺条件与球磨过程物相之间的对应关系，研究了球磨能量与转盘公转角速度 Ω 和球磨罐自转角速度 ω 之间的关系。表明球磨介质的碰撞速度 $v_b = K_d \Omega R$，式中，K_d 为系数，R 为转盘中心到球磨罐中心的距离；碰撞频率 $f = K_f | \omega - \Omega |$，式中，$K_f$ 为系数，从而建立了行星球磨的第一个运动学模型。

Brin[17]通过分析行星球磨机中球磨介质的运动规律，得出：随 ω/Ω 比值不同，球磨介质的运动规律依次为无序型、碰撞＋摩擦型、摩擦型。实际运行中，由于球磨介质和球磨罐之间总会出现相对滑动，使球磨介质的实际运行轨迹和理论计算结果不一致，Brin 用高速摄影技术记录了 Retsch 公司的 PM4 型行星球磨机（$\omega/\Omega = 2$）球磨介质的运行轨迹，证实了这一事实。

P . P. Chattopadhyay[19]根据以上假设条件，经过严格的数学推导，研究行星球磨时磨球运动规律表明，磨球可以脱离罐壁向空中飞行的条件为：

$$0 \leqslant \frac{r}{R}(1 - K)^2 \leqslant 1 \tag{2-1}$$

式中，$K = \omega/\Omega$；r 为球磨罐半径。磨球脱离罐壁向空中飞行的速度可表示为

$$v^2 = \Omega^2 R^2 + (\Omega - \omega)^2 r^2 + 2\Omega(\Omega - \omega) R r \cos\phi_1 \tag{2-2}$$

当 $\omega/\Omega < 1$ 时，磨球的入射方向与球磨罐的旋转方向相反，不利于球磨介质捕捉粉体，且导致球磨罐壁严重磨损和粉料被严重污染；而当 $\omega/\Omega > 1$ 时，磨球入射方向与球磨罐旋转方向相同，有利于球磨介质捕捉粉体；切向力随 ω/Ω 增大而增大，较大的切向力有利于被捕捉粉体的塑性变形与破碎。

J. Schilz[15]在相同的假设条件下，研究了碰撞功率与球磨参数 ω、Ω、r、R 之间的关系。表明碰撞功率随 Ω 增大而增大，但在 Ω 确定的情况下，随 ω/Ω 的变化成正态分布，且最大碰撞功率出现的位置与 r/R 值有关。

B　碰撞过程模型

碰撞过程模型是在球磨设备类型、球磨介质碰撞速度和频率、球磨介质大小、球料比、粉末特性（如硬度、断裂韧性等）都确定的条件下，讨论碰撞过程中被球磨粉末颗粒变形程度、冷焊与断裂频率等问题。由于碰撞过程中粉末的形状尺寸、硬度的变化是动态的，因此必须使用计算机程序对碰撞过程进行模拟。

Maurice 和 Courtney[8]首先尝试用理论模型来描述球磨介质碰撞过程中被捕获粉体的变形问题。他们认为球磨介质之间及它与球磨罐之间的碰撞过程为赫兹弹性碰撞，并由此提出三个主要假设：（1）MA 过程中球与球、球与壁间的碰撞主要为弹性正碰，忽略斜碰的作用；（2）忽略粉末对弹性正碰的影响；（3）正碰时，被捕获粉末构成一致密体，其变形为镦粗变形。在此条件下计算出碰撞赫兹圆半径、碰撞持续时间、赫兹圆半径内最大平均压应力分别与 $v^{-0.2}$、$v^{0.4}$、$v^{0.4}$ 成正比，且分别为 10^5 m、10^{-5} s、10^{-5} N/m 数量级，v 为球磨介质碰撞速度。

但以上模型仅讨论了粉末在碰撞过程中的变形问题，并没有讨论碰撞过程中粉末的焊合与断裂频率。随后，Maurice 和 Courtney[20]对以上模型进行了两点改进：（1）用碰撞过程中的粉末塑性变形区半径替代赫兹半径计算被捕获粉体体积，同时碰撞时间考虑了碰撞过程中粉末加工硬化的影响；（2）建立了碰撞过程中粉末发生焊合还是断裂的判断标准，如果两新鲜原子面之间的键合力大于因碰撞产生的分开力则发生焊合，发生断裂的判据则是基于 J 积分原理。在此基础上，用计算机程序模拟了粉末颗粒形状尺寸、硬度及微观结构与球磨时间之间的关系[21]。

C　能量传输模型与球磨图

以上模型并未涉及碰撞过程中球磨能量从球磨介质向粉末传

递的途径、效率以及球磨能量与球磨结果（如过饱和固溶体的固溶度、非晶化程度、纳米晶粒大小、固态反应程度）的关系问题，能量传输模型和球磨图正是用于解决这些问题的。所有这些研究中都建立了能量的计算值和球磨结果之间的关系，同时研究了球磨介质半径、质量、数量对最终球磨粉体物相的影响。由于滚筒式球磨和行星球磨中球磨介质的运动规律比振动球磨和搅拌球磨简单，球磨能量易于计算，能量传输模型和球磨图大多基于行星球磨。

Gaffet[22] 采用公转和自转速度分别可调的行星球磨机研究 Ni-Zr 系合金的非晶化，认为碰撞能与 Ω^2 成正比，而碰撞频率与 ω 成正比，建立了物相在 Ω-ω 二维图中的分布球磨图。Gaffet 早期的研究并没有对球磨过程进行数学处理，Abdellaoui 和 Gaffet[18] 基于已建立的运动学模型，研究了不同球磨方式下 $Ni_{10}Zr_7$ 的非晶化行为，计算了碰撞能和碰撞频率及碰撞功率，研究表明碰撞功率是控制相转变的唯一物理参数，对于预先合金化的 $Ni_{10}Zr_7$ 金属间化合物，当碰撞功率为 0.4 ~ 0.8W/g 时可获得均匀的非晶相，而小于 0.4W/g 或大于 0.8W/g 时只能获得非晶相和晶体的混合物。

Magini[23] 研究小组一直致力于行星式球磨机能量传输模型及能量与相变关系的研究。认为能量传输途径主要有两种：碰撞和研磨。在球磨过程中，两种能量传递方式总是会同时存在，为了便于分析，必须控制球磨条件，使其中一种占主导地位。Magini[23] 借助自由落体试验分析了球磨介质表面包覆粉末前后在碰撞过程中的能量损失。结果表明，球磨介质表面包覆一层粉末后的碰撞近似于完全非弹性碰撞，球磨介质的动能全部传输给参与碰撞的粉末。球磨初期的碰撞过程与此类似。借此非弹性碰撞模型，Magini 建立了行星式球磨机转速 Ω、球磨介质大小 d_b 与传输给粉末的能量的关系模型，表明传输能量与 Ω^3 及 $d_b{}^2$ 成正比。Magini[23] 还研究了球磨介质填充系数对能量传输效率的影响。当填充系数 n_v 小于 0.3 时，能量传输效率基本可达到 100%；当 n_v

大于0.3后，能量传输效率直线下降，当 $n_v = 1$ 时，能量传输效率为零。

Magini[24]研究了 Pd-Si 系合金相变与球磨介质碰撞能之间的关系，并建立了物相在碰撞能-球磨机公转速度二维图中的分布球磨图，表明当碰撞能高于门槛值时形成金属间化合物，低于门槛值时仅形成非晶。Magini[25]研究 $Ni + CuO \longrightarrow NiO + Cu$ 的 MA 反应表明，无论球磨参数如何（如 n_v、Ω、W_b），只要输入的总有效能量一定，则反应产物相同。因此，Magini 得出结论：MA 反应相变产物除与球磨介质碰撞能有关外，还与体系进行反应所需激活能有关。当反应所需激活能低于球磨介质碰撞能时，反应进行程度只和能量的积累值有关；当反应所需激活能较高时，根据球磨参数不同，球磨介质碰撞能可能小于也可能大于反应所需激活能，这时反应所需激活能为反应能否进行的门槛值，只有当碰撞能大于门槛值时，反应才能进行。

以上研究表明：球磨图可给出高能球磨过程中物相变化与球磨条件之间的关系。然而不同研究者的研究结论还是存在相互矛盾之处，如 Abdellaoui 和 Gaffet 的研究表明碰撞功率是控制相转变的唯一物理参数，而 Magini 的研究表明碰撞能决定物相反应路径。因此，为了更清楚地了解高能球磨过程，必须进一步搞清楚传输能量对物相变化的影响。

D　温升效应

以上模型大多只讨论了传输能量引起粉末组织结构变化，并未讨论球磨过程中粉末温升问题。粉末的球磨温度影响粉末原子的扩散性能和位错浓度，因而影响高能球磨过程中的相转变。在较高温度下球磨易形成金属间化合物，在较低温度球磨易形成非晶相，低温球磨还会促进纳米晶相的形成。因此，研究高能球磨过程中的温升效应对研究高能球磨机理具有重要意义。

球磨过程中粉末的温升主要来自两个方面：球磨过程中的碰撞能转化成热量和球磨过程中放热反应产生的热量。这里讨论的球磨过程中温升效应仅限于球磨过程中碰撞能产生的热效应。

Davis[7]用热电偶测量了 SPEX8000 球磨机球磨过程中包括粉末和球磨罐的温升，表明最大温升为 50℃，且温升主要是由于马达和轴承摩擦发热引起的；另外一些研究者报道的温升则高得多，通常为 100 ~ 120℃，最高可达 215℃，如席生岐[26]采用 EWY-103 型电子电位差计测量球磨罐壁温升最大为 125℃。

碰撞过程中被捕获粉末的局部温升相对较高。由于局部温升的测量非常困难，通常可用两种方法对其进行估算：一种是通过建立适当的模型进行计算；另一种是根据球磨过程中粉末结构和组织的变化来推断。

Maurice 和 Courtney[8]假设球磨过程中球与球、球与壁之间的碰撞主要为弹性正碰，忽略斜碰的作用，推导出球磨时粉体的温升公式为：

$$\Delta T = C_{\mathrm{P}}^{-1}\left|\frac{K\xi_{\max}^{n=1}}{n+1}+\sigma_0\xi_{\max}\right| \tag{2-3}$$

计算表明根据球磨设备类型，球磨介质大小、球料比不同，ΔT 为 0.1 ~ 45.8K。

杨君友等[25]直接从斜碰入手引入碰撞因子，建立了粉末温升与球磨工艺参数及碰撞因子之间的理论关系。假设碰撞过程中粉末塑性变性能完全转变为热能，则温升可表示为：

$$\Delta T = C_{\mathrm{P}}^{-1}\left[\frac{fp_{\max}\tau}{2h_0}v\sin\theta+\sigma_0\xi_{\max}+K\xi_{\max}^{n+1}/(n+1)\right] \tag{2-4}$$

由此计算出的温升比 Maurice 和 Courtney 的结果高得多，最大可达 102.84℃，与实际结果更接近。

由于不同研究者通过建立不同的模型计算出的温升差别较大，反映出建立模型计算温升的局限性。因此一些研究者试图根据球磨过程中粉末组织结构的变化来推断温升。Davis[7]通过研究 SPEX8000 球磨过程中 $Fe_{1.2}C$ 钢粉末回火马氏体的组织，表明最大温升约为 275℃；通过球磨 Bi 粉，表明温升小于 Bi 的熔点 271℃。

尽管对高能球磨过程模拟进行了一些尝试性工作，取得了一定成功，并把球磨工艺参数和球磨结果联系起来建立了球磨图，但由于高能球磨过程本质上的随机性，因此对高能球磨过程进行精确模拟是困难的。实际上，我们也不可能对球磨过程和结果进行精确预测。正如 Courtney 所指出的[27]，绝对的预测是不现实的，因此对高能球磨过程模拟，更现实的目标是在一个数量级范围内预测球磨结果，或者预测球磨过程和结果的一般趋势。

2.1.1.3 高能球磨中金属粉末形变行为

A 球磨作用下金属粉形变唯象模型

高能球磨将单一组元的金属（或合金）粉末在高能球磨机中球磨，由于磨球的反复碰撞、挤压，使粉末不断地受到塑性形变而重复地发生形变、断裂、冷焊、粉碎。球磨的工艺过程大致可分为三个阶段：

（1）微观的锻造阶段。粒子成扁平结构，但尚未发生冷态锻焊；

（2）加工硬化的粒子被破断和剥离，破断片之间产生冷态锻焊；

（3）粉体之间向层片状结构发展。粒子非常细小，再进一步形成随机化的细小片状粒子。

上述过程发生从本质上可以归结为机械力的作用，根据 Benjamin 提出的两种延性金属机械合金化过程中的形变唯象模型，两种延性金属的机械合金化，经历了微锻（micro-forge）、冷焊（cold-welding）过程，最终形成加工硬化组织。金属粉末的具体变化则要根据加工粉末的塑性强弱和球磨条件不同而不同，但球磨作用下金属粉形变符合唯象模型。

B 脆性粉末形变行为

对于脆性粉末，球磨的结果是使粉末的尺寸不断减小，并达到粉碎极限。齐宝森[28]等采用行星式球磨机对脆性铬粉进行高能球磨，高能球磨初期（5h）虽还具有初始铬粉末的特征，但同时也有较大铬粉末颗粒出现，它是由于铬粉末在磨球的撞击及摩擦的反复作用下经碾压变形、又相互焊合而成（见图 2-2）。当高能机械球磨 24h 后，铬粉末已发生了明显的碎化，铬粉末破碎的速率明显大于冷焊的速率，因而使铬粉末的平均粒度急剧减小。当继续球磨达 96h 后，可观察到铬粉末已微细化而呈团聚状分布（见图 2-2）。总的变化趋势是：随高能球磨时间的延续，铬粉末的平均粒度不断减小。

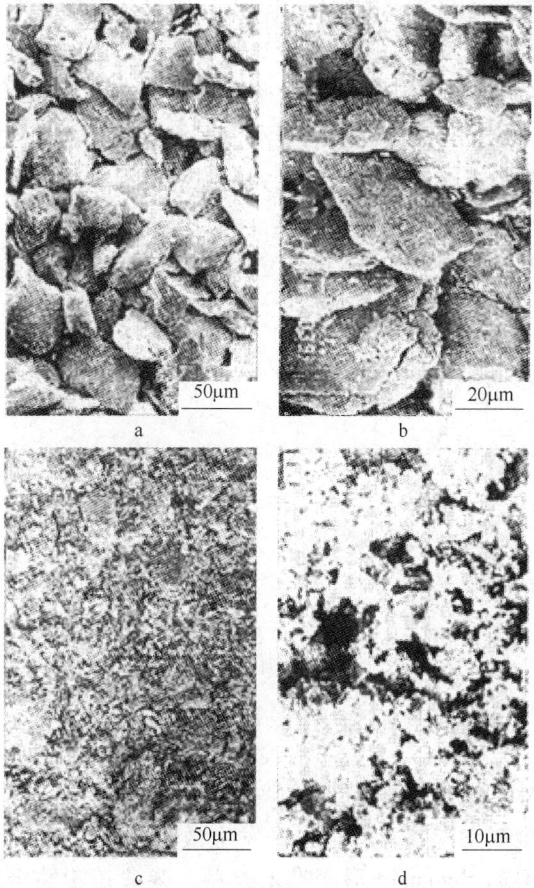

图 2-2 高能机械球磨不同时间铬粉的微观形貌图像[28]

a—初始粉末；b—高能球磨 5h；c—高能球磨 24h；d—高能球磨 96h

高能机械球磨过程是使铬粉末冷焊与破碎相互作用的过程。在球磨初期，位于碰撞两球之间的粉末粒子处于三向压应力状态，由于原始铬粉末的位错密度较小，因而铬粉末仍具有一定的塑性，在此阶段粉末以塑性形变为主。而塑性形变后的铬粉末由于产生大量新增外表面，造成表面自由能增大，其形状也趋于扁平化；同时，强烈的塑性形变造成了形变粉末中位错的大量增殖，从而提高了铬粉末的强度和硬度，降低了其塑性与韧性，因而使粉末难以继续发生塑性形变。随着高能球磨的继续进行，当局域切变带中缺陷密度达到某一临界值时，在铬粉末内部将萌生大量裂纹，使粒子的破碎过程逐渐占据优势，铬粉末粒度不断减小。由于铬粉末在室温下呈现较大的脆性，那么冷焊后的铬粉末在钢球的撞击下会很快重新破碎，因而出现铬粉末的平均粒度逐渐减小的变化趋势，如图 2-3 所示。

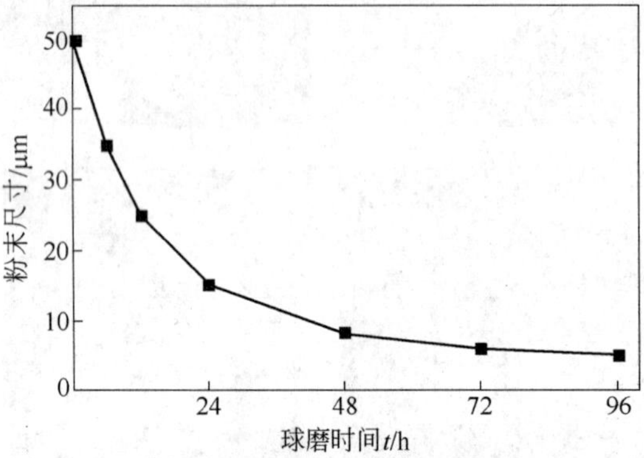

图 2-3 铬粉末粒度随球磨时间的变化曲线

C 塑性粉末形变行为[29]

塑性金属粉末在球磨过程中发生微锻、破碎、冷焊等过程，过程行为遵循 Benjamin 形变唯象模型，微锻是塑性金属粉末形成片状的关键，要想获得片状化程度好的粉体，更应强化球磨过程中的微锻作用。

球磨过程中，塑性粉体在微锻作用下首先被碾平，其碾平过程如图2-4所示。

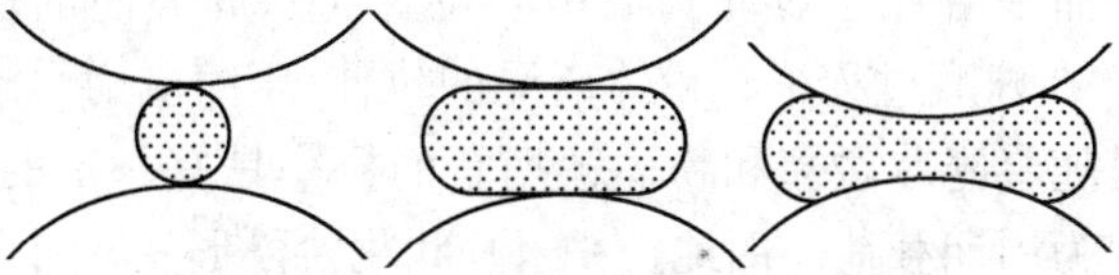

图2-4　磨球撞击下柔性金属粉末的形变

微锻过程中，磨球运动呈现多向性。根据磨球与粉体的相对运动方向，将粉体与磨球之间作用力（v_b）分解为正向碰撞的碰撞力（v_1）及切向运动的剪切力（v_2）。在磨球的正向碰撞力作用下，粉体片层面受到正向压力，使粉体沿片厚方向发生压缩形变。在磨球的切向剪切力作用下，粉体的形变表现为片层方向的拉伸形变。其具体形变方式见图2-5。

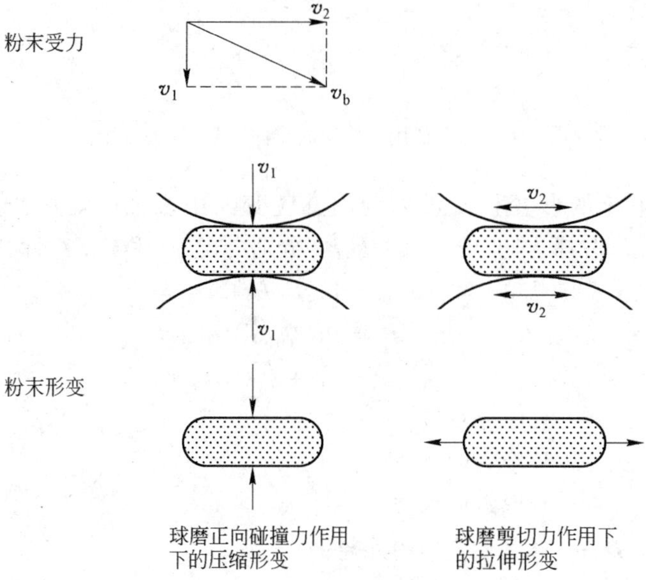

图2-5　磨球作用下粉末的形变方式示意图

与普通拉伸/压缩形变不同，粉末片层表面因受力点和受力方向不同，其在切应力作用下的拉伸形变过程并非单一方向的拉伸形变，而是由片层表面圆周中心位置向圆周方向的任意方向（图 2-6）在球磨过程中，粉体所受的拉伸/压缩应力呈现非连续性，而是随着磨球碰撞和粉体被捕获的概率具有一定的周期性，因而可视为周期载荷。因此，粉末片状化阶段形变，可归结于周期载荷下粉末沿片厚方向的压缩及片径方向的拉伸形变。

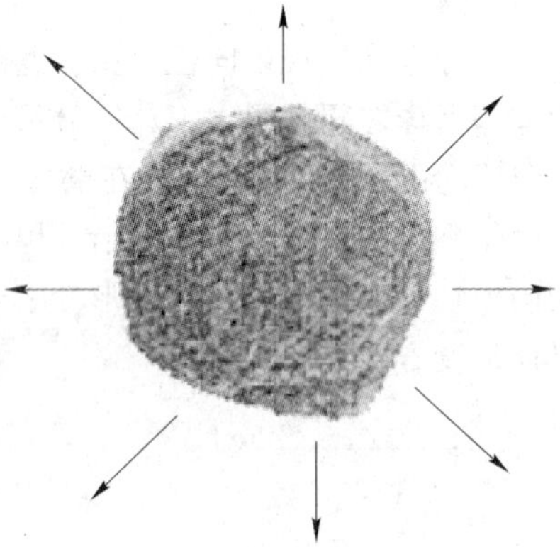

图 2-6 球磨作用下片层面拉伸形变方式示意图

粉末的形变程度可以利用真应变大小表征，则片径方向（ε_D）和片厚方向（ε_T）的真应变分别由式 2-5 和式 2-6 计算。

$$\varepsilon_D = \ln(D/D_0) \tag{2-5}$$

$$\varepsilon_T = \ln(D_0/T) \tag{2-6}$$

$$\varepsilon = \varepsilon_D + \varepsilon_T \tag{2-7}$$

式中 ε——真应变总量；

ε_D——片径方向真应变；

ε_T——片厚方向真应变；

D——球磨后金属粉片径；

D_0——原料金属粉粒径（$D_0 = 24.9\mu m$）；

T——球磨后金属粉片厚。

球磨不同时间铜粉形变量计算结果见表 2-1。

表 2-1 球磨不同时间铜粉形变量

球磨时间	片径/μm	片厚/μm	ε_D	ε_T	ε
10min	10	50	0.69	0.92	1.61
30min	5.26	78	1.14	1.56	2.70
1h	1.08	90	1.28	3.14	4.42
2h	0.58	129.92	1.65	3.76	5.41
5h	0.37	159.84	1.86	4.21	6.07

根据 Benjamin 机械合金化形变唯象模型，机械球磨过程中，微锻后的粉末将由于不同方向的周期载荷引入的内应力超过粉体的屈服应力，从而产生疲劳断裂，出现粉末碎裂及冷焊。在该阶段，粉末的形变成为周期载荷下的疲劳形变。

对于疲劳形变，塑性应力和疲劳寿命以 Manson-Coffin 等式表示[31]：

$$\Delta\varepsilon_P/2 = \varepsilon_f(2N_f)^c \tag{2-8}$$

式中 $\Delta\varepsilon_P/2$——塑性应力幅；

ε_f——疲劳延性系数；

c——疲劳延性指数；

$2N_f$——发生破坏时的载荷反向次数。

关于疲劳裂纹扩展速度，Paris 提出如下计算公式：

$$da/dN = C(\Delta K)^n \tag{2-9}$$

式中 ΔK——应力强度因子幅值；

a——裂纹特征长度；

N——交变载荷循环次数；

da/dN——疲劳裂纹扩展速度；

C，n——与材料有关的常数。

在双对数坐标中，da/dN 与 ΔK 的关系近似于一条直线。

ΔK 与塑性应力之间则存在如下关系：

$$\Delta K = \Delta\sigma\sqrt{Ma} \tag{2-10}$$

式中　$\Delta\sigma$——塑性应力幅值；

　　M——与材料和裂纹有关的系数；

　　a——裂纹特征长度。

式 2-5 ~ 式 2-7 说明了球磨过程中应力疲劳能够引起粉体破碎的事实，且粉体的破碎与球磨过程中粉体的应力/应变幅值有关。

实际上，球磨 2 ~ 7h 期间，铜粉都不同程度地发生碎裂（图 2-7）。球磨 2h 时，极少数粉体颗粒中存在裂纹（图 2-7a），球磨 5h 则大部分颗粒已经产生裂纹，球磨 7h 则相当部分颗粒已经发生碎裂。而从粉末片状化程度考虑，球磨 5h 铜粉片状化程度高于球磨 2h 铜粉，但其平均片径则与球磨 2h 制粉大致相近：球磨 7h 后铜粉平均片径也远小于球磨 2h 铜粉。

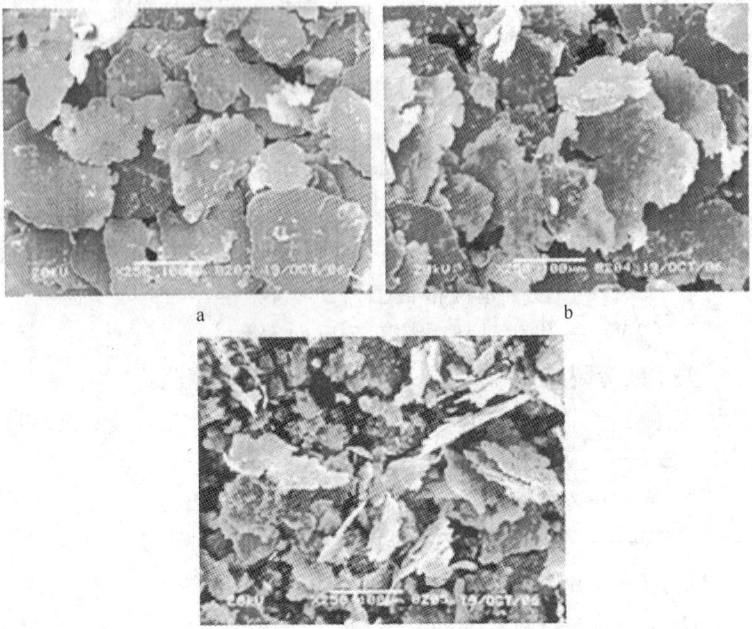

a　b　c

图 2-7　球磨 2 ~ 7h 铜粉 SEM 图

a—2h；b—5h；c—7h

球磨5h时铜粉形变量大于球磨2h铜粉形变量，这说明该时段铜粉的形变速度大于破碎速率，铜粉形变以发生拉伸/压缩塑性形变为主。而后铜粉破碎速率大于形变速率，铜粉形变以疲劳断裂为主。

与常规球磨粉体发生团聚/冷焊不同，铜粉的片状化行为发生在非水液相环境中，且有助剂抑制其冷焊，因此，片状化过程可以不用考虑冷焊。

D 粉体片状化过程的形变行为[29]

球磨作用下，粉体片状化过程中的形变行为可从粉体片状化成形、球磨对粉体作用机制及球磨作用下粉体的形变模式三个方面进行探讨。球磨作用行为是粉体片状化及形变的基础，粉体片状化过程是在球磨作用下粉体的外形（微观形貌）的变化过程，而粉体形变方式体现了球磨作用下粉体所受应力方式及其引入的微观结构的变化。综合以上三个方面，粉体形变行为如图2-8所示，在球磨2h时段内，粉末在磨球的微锻作用下，其形貌由球形变成片状（厚片），该时段为粉体的成片时间，而此时粉体的形变过程为片径方向的拉伸形变和片厚方向的压缩形变；球磨时间2~5h时段内，粉体的形变速率大于破碎速率，球磨对粉体的作用主要表现为微锻，为片状粉体的薄化时段，粉体微观形貌为薄片状，粉体发生局部碎化，该时段粉体的形变模式为疲劳形变；

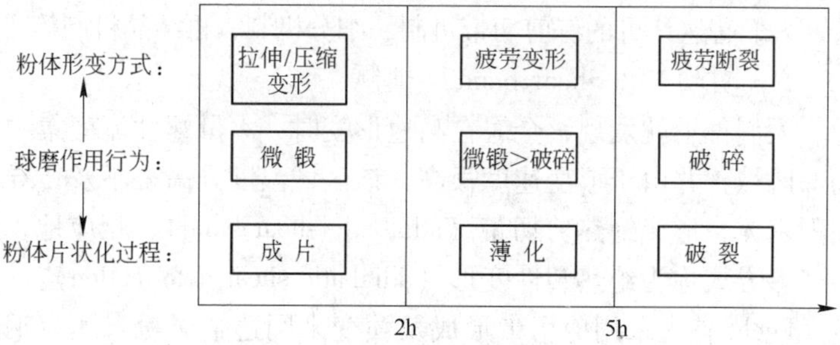

图2-8 粉体片状化过程的形变行为示意图

5h 后，破碎速率大于微锻速率，球磨对粉体的作用主要表现为破碎，片状粉体碎裂成碎片，此时粉体的形变过程为疲劳断裂。

为防止球磨过程中粉末的团聚，人们通常通过添加适量过程控制剂的方式来抑制团聚的发生，关于过程控制剂的种类和用量，对球磨后粉体的性能影响，已有一系列研究报道。在球磨系统中加入一定量的液相介质，通过液相介质隔离和润滑作用，可更为有效地抑制金属粉末间的冷焊/团聚作用，从而强化微锻作用，使粉末的形变以微锻为主，球磨法制备片状金属粉就是利用球磨过程金属粉末的这一特性，从而得到高径厚比片状金属粉。

2.1.1.4　塑性变形机理

1989 年 Hellstem 首先提出用“位错积聚模型”和“晶粒转动和晶界滑移”两模型来阐述球磨过程中粉末微观结构变化[30]。其中位错积聚模型，即晶内形变模型为：首先形成片层状位错边界结构；其组织演化为包含大量织构组分的形变织构；片层边界存在取向差，从而在单个晶粒内形成不同织构组分[31,32]。晶粒转动和晶界滑移，即晶间形变模型，可以概述为：多晶体受力时，沿晶界处产生剪应力，当剪应力足以克服晶粒彼此间相对滑动的阻力时，便发生相对滑动。另外，由于各晶粒所处位向不同，其变形情况亦不相同，因此在相邻晶粒间必然引起力的相互作用而产生一对力偶，造成晶粒间的相互转动[33]。

高能球磨作用下，金属粉末晶粒细化机制可谓众说纷纭，目前，人们普遍认可的有剪切带机制、细分机制、再结晶机制等[34]。

A　剪切带（Shear band）机制

人们很早就发现，金属在高速形变时，大量塑性流变集中在局部区域，并由于形变速度很高，该区域温度升高来不及传导到周围基体，形成绝热剪切带（adiabatic shear band），相应地，这种变形方式称为绝热塑性变形（adiabatic shear deformation）。

Fecht 首先采用剪切带形成及演变来阐述金属粉末颗粒纳米化过程，将球磨过程中面心立方、密排六方金属和金属间化合物的晶粒细化归结为剪切带内晶粒细化行为，具体为：

(1) 最初的形变集中于由一系列高密度位错组成的剪切带，应变量为3%左右；

(2) 当应变达到一定范围时，高密度位错发生淹灭、重组并形成小角度晶界，形成纳米级的亚晶粒结构。随着进一步球磨，纳米晶粒逐渐扩展至整个样品；

(3) 晶粒取向随机任意化，即通过晶界滑移或旋转使小角度晶界转变成大角度晶界，最终形成无位错纳米晶粒。

B 晶粒细化（grain subdivision）机制

该机制系基于球磨过程中粉体内部出现大量片层结构及长条形晶粒，并参照冷变形过程中相似的微观结构及其晶粒细化机制而提出。根据该机制，球磨过程中粗晶材料经过球磨后，产生大量位错，位错先是纷乱地纠缠在一起，形成“位错缠结”；随着球磨强度的增加，粉末形变量增加，缠结的位错移动形成位错胞。高密度的位错主要集中在胞的周围区域，形成胞壁；随着位错增多，胞与胞之间取向差增大，胞壁随后形成亚晶界，最终演变成大角晶界，晶粒得到细化。

C 动态再结晶（dynamic recrystallization）机理

Zhang 等提出了晶粒纳米化的动态再结晶方式：晶粒尺寸大于50nm 的晶粒在球磨期间经历了很大的应变硬化，当这些晶粒内的位错密度达到临界值（约 $10^{16}/m^2$）时，很小的能量起伏就可诱发动态再结晶的产生，导致大量细小纳米晶粒形成。

2.1.1.5 影响高能球磨过程的主要因素[35]

A 球磨机的类型

球磨设备不同，球磨罐和球磨介质的运转方式不同，使磨球-粉末-球磨罐之间存在不一样的作用规律，极大地影响球磨粉末的反应过程，使反应的效率不同，或者改变最终产物的形貌或者生成不同的产物。

B 球磨容器和球磨介质

首先，球磨容器和球磨介质的材料对球磨结果有重要影响，常用的球磨容器的材料为淬火钢、工具钢、不锈钢、玛瑙、WC-Co 或 WC 内衬淬火钢等，球磨介质通常为玛瑙球、不锈钢球、

WC球等。因为所用材料不同，在碰撞过程中产生不一样的能量，如玛瑙材料因为质量轻，玛瑙球产生的动能要比采用不锈钢材料的球小得多，对粉末的作用效果要差一些。其次，在球磨过程中，球磨介质对球磨容器内壁的撞击和摩擦作用会使研磨容器内壁的部分材料及其介质本身脱落而进入研磨物料中造成污染。所以有时为了特殊的目的而选用特殊的材料，以便不造成污染，提高材料的性能。磨球尺寸也是一个比较重要的因素。

一般来说，球磨介质要由直径不同的大小球组成，因为大小球的适当搭配则球磨原料充分分布于磨球与磨球、磨球与球磨罐之间，提高球磨的效率。

C 球磨速度

球磨机的转速越高，就会有越多的能量传递给球磨物料，在大多数情况下可以提高球磨的效率。球磨速度的不同经常会导致球磨反应产物的形貌不同，甚至按照不同的机制进行反应。而且球磨速度并不是转速越高越好，这是因为，一方面球磨机转速提高的同时，球磨介质的转速也会提高，当高到一定程度时球磨介质就紧贴于研磨容器内壁，而不能对研磨物料产生任何冲击作用；另一方面，转速过高会使研磨系统温升过快，温度过高，有时是不利的，例如，较高的温度可能会导致在球磨过程中需要形成的过饱和固溶体、非晶相或其他亚稳态相的分解。速度提高，也使来自于球磨介质和球磨罐的污染增加，改变了粉末的原始组成，甚至改变反应机制。

D 球磨时间

球磨时间是影响球磨结果的最重要因素之一。在一定的条件下，随着球磨的进程，颗粒尺寸会逐渐减小并最终形成一个稳定的平衡态，即颗粒的冷焊和破碎达到一个动态平衡，此时颗粒尺寸不再发生变化。但是，研磨时间越长造成的污染也就越严重。因此，最佳研磨时间要根据所需的结果通过试验综合确定。

E 球料比

在球磨过程中，球料比是决定反应速率的关键因素，因为它决定了碰撞时所捕获的粉末量和单位时间内有效碰撞的次数。球磨过程中的动力学也依赖于球料比，而不是球罐中球的绝对数量与粉末的绝对质量。球料比影响粉末粒子的碰撞频率，球料比越高，速率越快，碰撞频率越高。球料比的选择范围比较大，可以为10∶1～100∶1。

F 充填率

球磨介质充填率指的是球磨介质的总体积占球磨容器容积的百分率；球磨物料的充填率指的是研磨物料的松散容积占研磨介质之间空隙的百分率。若充填率过小，则会使生产率低下；若过高，则没有足够的空间使研磨介质和物料充分运动，以至于产生的冲击较小，不利于球磨进程。

G 过程控制剂

球磨过程中粉末存在着严重的团聚、结块和粘壁现象，大大阻碍了球磨的进程。为此，常在球磨过程中添加过程控制剂，如硬脂酸、固体石蜡、液体酒精和四氯化碳等，因为吸附于粉末颗粒和磨球体表面未饱和的断键上，降低了表面能和粉末颗粒于球磨体之间的界面能，从而降低粉末的团聚、粘球、粘壁以及研磨介质与研磨容器内壁的磨损，可以较好地控制粉末的成分和提高出粉率。但往往加入过程控制剂后，会大大降低球磨效果，改变球磨过程中的反应机制，甚至参加反应，对产物造成影响。

H 球磨温度

无论高能球磨的最终产物是片状金属粉、固溶体、金属间化合物、纳米晶体，还是非晶相，都涉及扩散问题，而扩散又受到球磨温度的影响，故温度也是球磨的一个重要影响因素，但通常条件下球磨一般都在室温下进行。

2.1.2 有色金属片状粉体制备技术

2.1.2.1 前言

有色金属片状粉体制备方法可以分为机械法和化学法两大类。

机械法就是将原料粉体利用机械加工方法，使金属粉体受力发生变形，加工制备成片状粉体，例如，轧制、机械球磨等属于机械法。

化学法是通过化学还原反应，控制反应条件，直接一步制备得到片状的金属粉体，例如，光诱导法、异质晶核法、模板法等。

目前应用较广泛的金属片状粉主要有：铜粉、锌粉、银粉、铝粉、铅粉以及它们的合金粉等。片状金属粉体易于工业化生产，其制备技术已引起人们的广泛兴趣[36]。

2.1.2.2 片状铜粉

A 机械球磨法

片状铜粉一般是通过球磨法制得的。据报道，通过球磨粒径为0.1μm的超细铜粉，可制得粒径为十几微米至几十微米的单分散片状铜粉[37]。使用球磨法制备片状铜粉成本低、设备简单、产量大，但球磨过程中易带入杂质，制得的铜粉粒度分布不均、表面凹凸不平。

B 液相还原法

据文献报道，在氨基乙酸和分散剂CTAB存在的情况下，以柠檬酸-水合肼溶液还原前驱体氧化亚铜，可制得表面平整、呈三角、六边形薄片状铜粉[38]。也有以抗坏血酸为还原剂，氨水为配合剂制取片状铜粉的报道[39,40]。研究发现，氨水的用量是影响片状铜粉制备的关键因素。它通过与Cu^{2+}形成配合物，从而减少溶液中游离Cu^{2+}的浓度来控制铜的生成速度，并影响铜的成核和生长，最终形成片状铜粉。但在该方法制备的片状铜粉中含有较大比例的类球形颗粒，颗粒尺寸分布也较宽。

C 模板法

陈明伟等提出一种制备外形规则、表面平整的片状铜粉的新方法[41]。该方法是在模板剂PEG600存在的情况下，使用NaH_2PO_2还原$CuSO_4 \cdot 5H_2O$水溶液，可制得粒径为10～40μm、厚为1.5～2.5μm、表面光滑的片状铜粉。研究表明，模板剂PEG600的加入，对晶体的定向生长起到一定的诱导作用，对(111)面生长起到很大的促进作用，对其他方向生长有严重的抑制作用。该方法工艺简单，环境污染较水合肼、甲醛等工艺少，较大程度地满足了片状铜粉制备的工艺要求。

2.1.2.3 片状锌粉

片状锌粉的生产通常采用机械粉碎和物理挤压的方法，如干式球磨法、湿式球磨法和振动球磨法等。湿式球磨法设备简单，研磨效果好，产品合格率较高，但其工艺较复杂；干式球磨法的生产工艺流程短，成本低，在目前的经济技术条件下，当要求产品粒度 D_{90} 大于 5μm 时，应优先选择干式球磨生产工艺。

A 干式球磨法

干式球磨法是将球形或类球形锌粉、助剂加入球磨机中，在水冷和惰性气体的保护下，将前驱体金属粉末研磨成片状。黄世弘[42]等采用干式球磨法制备片状锌粉，试验表明，磨球球径、球料比、转速和球磨时间等 4 个主要参数对球磨结果影响最大。他们在正交试验得到的最优条件下，制得了松装密度为 1.06g/mL，过 0.074mm（200 目）筛的过筛率为 91.8%，D_{50} 为 22.48μm 的片状锌粉。

B 湿式球磨法

湿式球磨法是将球形或类球形锌粉、研磨介质、助剂及溶剂加入球磨机中，将前驱体金属粉挤压成片状。采用该法进行金属粉碎和使之扁平化时，球磨机转速、不同直径磨球配比和助剂的性质起主要作用。有研究者[43]采用湿式球磨法将不规则颗粒状锌粉加工成鳞片状锌粉，确定的生产工艺最佳参数为：球磨机转速 45r/min；液体助剂的加入量为锌粉重量的 1.3 ~ 2.3 倍；添加剂的加入量为锌粉重量的 3%；产品干燥温度为 55 ~ 65℃。在此条件下，制备出了最大对角线不大于 15μm、片厚不大于 1μm 的片状锌粉。

C 振动球磨法

振动球磨是 20 世纪 90 年代出现的一种新型超细粉碎设备。该设备利用研磨介质在振动磨筒内作高频振动，产生冲击、摩擦、剪切等作用，将物料磨细，同时将物料混合均匀、分散。振动球磨法研磨介质不靠自由落体做功，高浓度入料不仅不会影响其正常运动轨迹，还会增加介质与研磨物料的碰撞机会，从而提高研磨效率。

王树林[44]开发了一种新型振动磨机，使用该设备振动加工锌粉1h后，150g中值粒度为10μm的球状雾化锌粉基本上都变成了薄片状，颗粒的厚度在5～10nm，直径/厚度比基本上在5∶1～15∶1。

2.1.2.4　片状银粉

传统片状银粉的制备采用还原-球磨法。即首先通过化学还原得到球状或树枝状银粉，然后经过机械干法球磨，使银粉形成不规则的片状银片。该方法虽简单，但是球磨时间长，耗能高。该方法生产片状银粉松装密度大，适合制备中、低温银导体浆料。低松比片状银粉是采用湿法球磨，该方法生产的低松比片状银粉松装密度为0.45g/cm^3（日本301片状银粉为0.80g/cm^3），电阻率为$1.2\times10^{-4}\Omega\cdot cm$（日本为$1.3\times10^{-4}\Omega\cdot cm$），比表面积为1.711m^2/g（日本为1.866m^2/g），是目前国内外公认片状银粉松装密度最小，球磨时间最短的[45]。低松比片状银粉适合制备导电涂料，解决了金属粉在导电漆中易沉淀、结块等问题。

A　湿法球磨法

金炳界等[46]研究了化学还原-机械球磨制备电磁屏蔽用低松比片状银粉的生产工艺。研究发现，当PVP为银粉质量的0.8%左右、装填系数为0.4～0.6、磨球的直径为3～5mm、球料质量比为3∶1、球磨时间为2～5h以及球磨机转速为250～600r/min时，所制的片状银粉平均粒径为13.5μm，松装密度为0.49/cm^3，比表面积为1.8m^2/g。用所制银粉生产的电磁屏蔽漆具有电阻小、屏蔽效能高等优点。

B　光诱导法

将银溶胶用适当的保护剂保护后，置于一定波长的可见光下进行辐照，使银溶胶粒子在生长过程中发生变形，通过改变光强度和分散剂种类等参数，可制得具有片状外形的纳米级银粉[47]。

C 异质晶核法

异质晶核法是通过在反应溶液中引入其他贵金属催化剂。如梁焕珍等[48]以氯铂酸为催化剂，在银粉还原前使氯铂酸先被还原出来，形成外来晶核，由它提供一个平面，促进银（111）面的形成与生长，所形成的（111）面堆积密度最大，能量最小，在被有机保护剂（如 PVP）分子吸附覆盖后，阻碍 Ag^+ 在该面上的扩散、还原与沉积，使银不能长成立方晶体，只能在侧面继续生长，形成保留着（111）面的片状银粉。

D 液相还原法

选用适当的还原剂和保护剂，通过化学还原制备片状银粉。张文阁等[49]以 $HCOONH_4 + NH_4OH$ 为还原体系，AS-360 为保护剂，制得高分散、均匀、光滑的片状超细银粉。还有研究者以 PVP 为保护剂，以乌洛托品为还原剂还原硝酸银溶液，在不同的阶段分别得到了圆形和多边形的片状银粉[50]。研究发现，PVP 对纳米片状银粉的各向异性生长有重要的影响作用。在不加入 PVP 的情况下，主要产物为不规则的球状银粉。

目前制备片状金属粉体制备方法在不断完善，同时新的方法也在研究中。传统的制备技术所制备的片状金属粉末还存在许多不足，这些不足严重制约着粉末的应用发展。寻找新颖先进的制备金属片状粉末的技术，已成为国际上这一研究领域的重要方向之一。

本书的片状金属粉体制备方法以球磨法为主，主要介绍片状铜粉、片状锌粉、片状银粉的制备及其应用。

2.1.2.5 有色金属片状粉体制备工艺流程

高能球磨法制备金属片状粉体工艺可以分为干法和湿法两种类型。

干法球磨工艺简单，生产流程较短，在生产干粉时无需设置后续过滤、干燥等脱水工艺设备，具有操作简便的特点。

与干法球磨比较，由于液体介质（水）具有一定的助磨作用，加之湿法球磨时粉体容易分散，所以湿法球磨效率高、产品粒度细、分布窄等优点。但生产干粉时须后续脱水设备（过滤和干燥），工艺流程复杂，配套设备多。

工艺流程及设备选择一般遵循以下原则：

（1）满足设计产品技术指标及产能要求。

（2）节省投资，可操作性强。

（3）减少磨耗，降低能耗。

（4）满足环保法规。

（5）满足劳动安全和卫生法规要求。

图 2-9 是生产片状金属粉体的典型工艺流程。在干法球磨中，经常会在球磨罐中充入惰性气体，保护金属粉不被氧化；湿法球磨中，液体介质可以是水、油等。片状金属粉体生产工艺流程应根据原料状态、产品要求等结合生产实际情况具体选择。

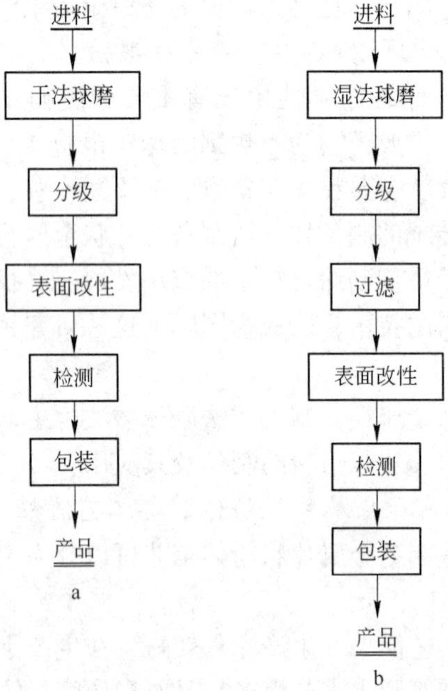

图 2-9　片状金属粉体生产工艺流程

a—干法制备片状金属粉；b—湿法制备片状金属粉

2.2 复合功能粉体材料制备的基础理论

化学镀法是目前应用较多的用于粉体材料表面包覆金属的方法之一。具有工艺简单、制备成本低等特点，被认为是目前适合制备复合粉体材料的方法之一。

2.2.1 化学镀的基本原理

化学镀是不外加电流，在金属表面的自催化作用下通过控制化学还原法而进行的金属沉积过程[51]。这一工艺无外电源提供金属离子还原所需要的电子，而是靠溶液中的化学反应来提供。化学镀过程实质是化学氧化还原反应，有电子转移、无外电源的化学沉积过程。将这类湿法沉积过程分为：化学镀（还原法）、置换镀或浸镀（置换法）和接触镀（contact process)。其反应过程可以简单的表示为：

$$M^{z+}_{溶液} + ze \xrightarrow{电极} M_{点阵} \tag{2-11}$$

化学镀过程中，还原剂贡献出 z 个电子给催化表面；置换镀过程中 z 个电子由还原剂提供；接触镀时，z 个电子由辅助金属提供。

2.2.1.1 化学镀

在溶液中添加还原剂，由它被氧化后提供的电子还原沉积出金属镀层。该法若不加控制在整个溶液中进行沉积是没有应用价值的。一般讨论的是在有催化活性的表面沉积出金属。金属化学镀的总反应式可以表示如下：

$$M^{z+}_{溶液} + Red_{溶液} \xrightarrow{催化表面} M_{点阵} + OX_{溶液} \tag{2-12}$$

其中 OX 为还原剂（Red）的氧化产物。催化表面可以是基体本身，或者是分散在非催化表面上金属（M）构成的催化中心。反应均匀进行且控制溶液本体中 M^{z+} 与 Red 之间的反应。

按照化学镀混合电位理论，上面给定的总反应可分解为还原反应，即阴极反应：

$$M_{溶液}^{z+} + ze \xrightarrow{催化表面} M_{点阵} \tag{2-13}$$

和氧化反应，即阳极反应：

$$Red_{溶液} \xrightarrow{催化表面} OX_{溶液} + me \tag{2-14}$$

为使化学镀总反应式 2-12 能进行，还原剂平衡（静态）电位 $E_{eq.\,Red}$（2-14）必须比金属电极的平衡电位 $E_{eq.\,M}$（2-13）更负，还原剂 Red 和 M^{z+} 才能各自充当电子施主和电子受主。

2.2.1.2　置换镀

置换镀过程中参与沉积反应的 z 个电子由基体提供，溶液中氧化性强的金属盐吸收电子后在金属基体表面沉积出镀层，因此称为浸镀（immersion plating）。由于置换镀过程中需要裸露的基体表面才能进行，金属镀层具有自限制特征。而且反应是基于基体金属的腐蚀才得以进行，因此镀层与基体结合力不佳。

2.2.1.3　接触镀

将待镀的金属工件与另一种辅助金属接触后浸入沉积金属盐的溶液中，辅助金属的电位低于沉积出的金属。金属工件与辅助金属浸入溶液后构成原电池，后者活性强是阳极，被溶解放出电子，阴极（工件）上就会沉积出溶液中金属离子还原出的金属层。接触镀类似于电镀，只是前者的电流靠化学反应提供，后者靠外电源。

2.2.2　镀层的形成过程和结构

在对基体表面进行化学镀时，将镀液（成分为主盐和络合剂）加入含有基体、还原剂、表面活性剂等组分的溶液中后，主盐离子在机械搅拌的作用下和基体表面发生碰撞，部分被反射，部分吸附在基体表面发生还原反应，经过形成核、合并、长大，进而形成膜状镀层。在反应温度、操作方式等因素一定的情况下，镀层的形成过程主要由基体的表面特征、化学镀中镀层的生长机制、还原反应催化能力的相对大小以及原电池反应等因素决定。

基体的表面特征会影响镀层的形貌。一方面，化学镀镀层具有复制基体材料表面的特点。在进行化学镀时，首先是镀液中浸渍的基体材料起催化作用，促进其表面的金属还原过程，还原的金属原子吸附或化学键合在基体表面形成金属镀层。在镀层很薄的情况下，基体表面的缺陷即使是细小的裂痕、凹凸都会反应在镀层上。另一方面，基体的表面特征也决定着它的表面能分布，一般粉体的边缘或突出的尖端表面能较高。在化学镀过程中，还原剂、主盐等优先在基体表面形成初始吸附粒子，而后在表面能的作用下在基体表面发生扩散并进行重新分布，边缘或者尖端的分布密度较大，因此导致边缘和尖端的镀层较厚。

Tohru Watanabe[52]在论述化学镀中镀层的生长机制时认为，在催化基体表面上形成的起始金属呈岛状平面的为首层。金属小岛的边缘与其上表面方位不同，受反应所放的热量和溶液扰动而具有高活性，于是，边缘地带优先生长，以二维方式沿基体表面逐层扩张。当小岛长大到高度达某一临界厚度 t_1 时，与电镀中产生金属离子匮乏层（MIDL）的道理一样，溶液-小岛界面上产生的一个金属离子的低浓度层，取代来自本体电解液中的高浓度金属离子（HMIC）的新鲜溶液，否则在临界厚度之后镀层不能生长。当 HMIC 镀液与首层直接接触时，第二层就有可能形成。第二层在首层上面将长大到临界厚度 t_1。第三层、第四层……如此重复着相似的生长过程（见图 2-10b、c）。具有 t_1 厚度的膜层是构筑化学镀层微观层状结构的基本单元。

从化学镀的形核和长大机制[53,54]可知，当反应溶液与固相界面在微观上是粗糙时，界面上所有位置对于向固相转移的原子来说都是等效的，长大过程通过液相原子向所有的位置普遍添加的方式进行，使整个界面沿法线方向生长。因此，在铜粉表面形成初始“小岛”后，剩余的银离子将主要在“小岛”的周围进行吸附还原，“小岛”逐渐长大变成“小丘”。当含银量大时，在镀层变厚的同时表面粗糙度也相应增大。

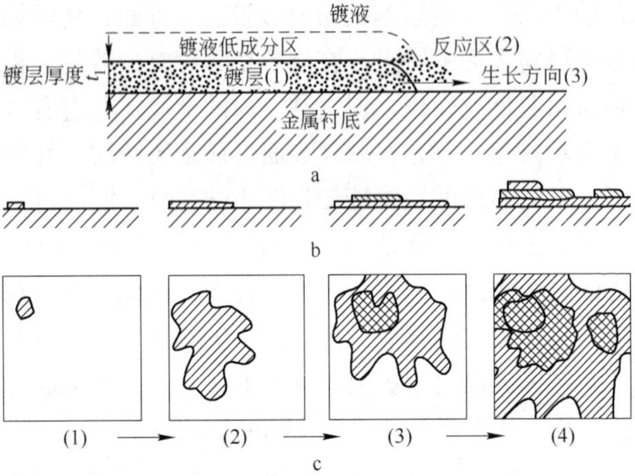

图 2-10 化学镀层的生长过程

a—首层的形成；b—同方向多层的形成；c—不同方向多层的形成

2.2.3 化学镀银的原理

根据催化体系的不同，镀银可以分为两类：一类是电镀银(电催化法)；一类是化学镀银。根据使用配合剂种类的不同，镀银可分为有氰镀银和无氰镀银。根据反应类型不同，镀银可分为置换法和化学还原法。

化学镀银在印刷电路、电子工业、光学（镀镜子）及装饰领域中用途广泛，几乎可以在任何金属及非金属材料上施镀。银镀层的可焊性良好，能用来为其他难焊接材料提供可焊性。近年来在电子工业领域中，大量使用银的微细粉末作为导电胶或者电磁波屏蔽涂料的导电填料。尽管 Ag 价格昂贵，但与 Ni、Fe、Cu 相比，Ag 具有优良的耐气候性和导电性。此外，银还常用作催化剂、抗菌剂等材料。

2.2.3.1 反应机理

目前，Ag^+在化学镀反应过程中的反应原理仍有争议。一种解释是银的沉积与化学镀镍、铜不同，它是非自催化过程，银的沉积发生在溶液本体中，是通过生成的胶体银粒子凝聚而成的。该说法的依据是在没有活化的物体表面上也能沉积银，而且有时能观察到诱导期。另一种说法是银的沉积过程仍然有自催化作用，只是其催化的能力不强。其依据是在活化的工件表面能立即沉积上银，镀浴只在10～30min内稳定。化学镀银溶液的不稳定的原因正是由于它的自催化作用的结果，银从溶液的本体中还原，稳定的配合物体系有利于减缓本体反应。常用的方法有以下几种：

A 置换反应法

银离子易被氨（胺）配合；铜离子也具有该特性，且很稳定。在银氨（胺）配离子体系中，银的氧化-还原标准电位为：

$$Ag[(NH_3)_2]^+ + e = Ag\downarrow + 2NH_3\uparrow, E^{\ominus} = +0.373V$$

在铜氨配离子体系中，铜的氧化-还原标准电位为：

$$Cu + 4NH_3 = [Cu(NH_3)_4]^{2+} + 2e, E^{\ominus} = -0.05V$$

从上述的化学反应可知，银离子可以与铜发生置换反应，生成的银沉积在铜表面。因此，铜置换银的反应方程式为：

$$Cu + 2Ag[(NH_3)_2]^+ = [Cu(NH_3)_4]^{2+} + Ag\downarrow, E^{\ominus} = +0.423V$$

B 化学还原法

常用的还原剂有甲醛、葡萄糖、肼、酒石酸盐、硼氢化物等。

（1）用甲醛作还原剂：

$$2OH^- + 2[Ag(NH_3)_2]^+ + HCHO = NH_4COOH + 2Ag\downarrow + 3NH_3\uparrow + H_2O$$

（2）用葡萄糖作还原剂：

$$Ag(NH_3)_2OH + H(\text{还原剂}) \longrightarrow Ag\downarrow + 2NH_3\uparrow + H_2O$$

（3）用肼作还原剂：

$$4[Ag(NH_3)_2]NO_3 + N_2H_4 \longrightarrow 4Ag\downarrow + 4NH_3NO_3 + 4NH_3 + N_2\uparrow$$

（4）用硼氢化物作还原剂：

$$4Ag^+ + (BH_4)^- + 4OH^- \longrightarrow 4Ag\downarrow + 2H_2\uparrow + B(OH)_4^-$$

（5）用酒石酸钾钠作还原剂：

$$2[Ag(NH_3)_2]^+ + 2OH^- \longrightarrow Ag_2O + 4NH_3 + H_2O$$

$$3Ag_2O + C_4O_6H_4^{2-} + 2OH^- \longrightarrow 6Ag + 2C_2O_4^{2-} + 3H_2O$$

或 $$2Ag[(NH_3)_2]NH_3 + KNaC_4O_6H_4 + H_2O \longrightarrow Ag_2O + KNO_3 + NaNO_3 + (NH_4)_2C_4O_6H_4$$

$$4Ag_2O + (NH_4)_2C_4O_6H_4 \longrightarrow 8Ag + (NH_4)_2C_2O_4 + CO_2\uparrow + 2H_2O$$

2.2.3.2 银包铜粉的沉积机理

同多数液相沉积过程一样，化学镀本身是液相本体与固体工件表面相互作用，在固体工件表面生成沉积覆盖层的过程。现对银离子的还原过程、镀银层的生长过程及结构、配合剂在酸性化学镀银中的作用等作一些初步的探讨。

A 银离子的还原过程

关于化学镀的沉积机理，一种观点认为，化学镀过程可看作基体上发生的一个表面反应现象，镀液中浸渍的基体表面必须具有催化活性，才能导致金属沉积的自发进行；化学镀中还原剂的氧化需要活性基体的催化才易于发生[55]。一种观点认为，化学镀反应一旦发生就能连续进行下去，是沉积金属对化学镀反应具有催化活性（自催化）的必然结果[56]。关于 Ag^+ 在化学镀反应过程中的反应原理仍有争议[57]，即为非自催化过程还是自催化过程。这两种过程其实与化学镀的两种机理的争论是一致的。

在铜粉表面酸性化学镀银过程中发现，只是将 $AgNO_3$、配合剂和还原剂混合，短时间内并不会发生银离子在溶液中的还原沉积，而将混合的溶液与经过表面前处理的铜粉混合后，铜粉表面很快会生长出含银的镀层，而且铜粉表面越清洁，该反应越迅速。因此，银在初期的还原必须有铜粉表面的催化作用才能被诱发，铜粉表面的清洁程度决定了其催化性的大小。镀银时先将铜粉置于含有还原剂的溶液中搅拌分散一定时间，还原剂先在铜粉表面的活性点发生吸附。由于铜粉表面对还原剂可起催化作用，还原剂在基体催化表面发生氧化，产生电子。所产生的电子与迁移过来的金属银离子结合，形成中性的金属银原子。中性银原子在铜粉表面经历一个化学或物理吸附后，变成吸附原子，随之形成化学镀层。

目前，关于酸性体系中在铜粉表面沉积金属银的研究，尤其是对反应过程的研究还很少。G. D. Sulka[58,59]等研究了在硫酸体系中以金属铜置换银的过程。他认为在酸性并且含氧的硫酸溶液中，银离子与金属铜最可能发生也是最重要的化学反应可以简单地表示为：

第一阶段 $$Cu^0 + Ag^+ \longrightarrow Ag^0 + Cu_{ad}^+$$

第二阶段 $$Cu_{ad}^+ + Ag^+ \longrightarrow Cu^{2+} + Ag^0$$

$$Cu_{ad}^+ + H^+ + \frac{1}{4}O_2 \longrightarrow Cu^{2+} + \frac{1}{2}H_2O$$

式中，Cu_{ad}^+表示吸附在铜表面的亚铜离子。第一阶段生成的Cu_{ad}^+在铜粉表面很快与溶液中的Ag^+或氧气发生氧化-还原反应。由于反应是在铜粉表面进行的，所以生成的银层比较致密。

在酸性并且无氧的硫酸溶液中的化学反应可以简单地表示为：

第一阶段 $$Cu^0 + Ag^+ \longrightarrow Ag^0 + Cu_{ad}^+$$

第二阶段 $$Cu_{ad}^+ + Ag^+ \longrightarrow Cu^{2+} + Ag^0$$

$$Cu_{ad}^+ \xrightarrow{\text{diffusion}} Cu_{sol}^+ + Ag^+ \longrightarrow Cu^{2+} + Ag_{colloid}^0$$

在第一阶段，银离子与金属铜在铜的表面发生置换反应生成Cu_{ad}^+。第二阶段Cu_{ad}^+很快会与Ag^+发生反应，同时会扩散到溶液中形成Cu_{sol}^+，这些Cu_{sol}^+会与溶液中Ag^+发生反应，从而生成胶状的$Ag_{colloid}^0$，导致生成的银疏松呈树枝状。因此在无氧条件下反应得到的银层的致密性要差于有氧条件时的。

在铜粉表面的酸性化学镀银过程中发现，将主盐中的上层清液加入铜粉中的瞬间，铜粉表面会骤然变成紫色生成Cu_2O，这一点与用铜粉直接置换硝酸银溶液镀银时铜粉表面的变化现象相同。继续加入含有配合剂的主盐溶液，紫色逐渐消失，铜粉表面变亮。增加配合剂的加入量，出现上述现象的几率大大减小。加入配合剂可以降低银离子的还原电位，上清液中的配合剂含量较少而银离子的浓度相对较高，此时银离子的氧化能力很强，因此在瞬间即生成大量 Cu_{ad}^{+}，部分 Cu_{ad}^{+} 发生水解生成紫色的 Cu_2O，其中的反应可能是：

第一阶段

$$Cu^0 + Ag^+ \longrightarrow Cu_{ad}^{+} + Ag^0$$

$$4Cu^0 + 4H^+ + O_2 \longrightarrow 4Cu_{ad}^{+} + 2H_2O$$

$$2Cu_{ad}^{+} + H_2O \longrightarrow Cu_2O + 2H^+$$

$$nCu_{ad}^{+} + L^{n-} \longrightarrow Cu_nL$$

第二阶段

$$\frac{n}{2}Cu_2O + Ag_nL + nH^+ + L^{n-} \longrightarrow nAg^0 + 2Cu_{n/2}L + \frac{n}{2}H_2O$$

$$Cu_nL + Ag_nL \longrightarrow 2Cu_{n/2}L + nAg^0$$

$$Cu_nL + nH^+ + \frac{n}{4}O_2 \longrightarrow Cu_{n/2}L + \frac{n}{2}H_2O + \frac{n}{2}Cu^{2+}$$

式中，L^{n-} 表示配合剂离子。由于本研究的镀液呈酸性，pH 值为 2～3，随着溶液中 L^{n-} 增多，其现象是紫色氧化亚铜逐渐消失。即 Cu_2O 作为中间产物在生成后很短的时间内就消失了，不同于碱性条件下的镀银过程（在碱性体条件下镀银时，由于体系 pH 值较高，铜粉表面往往会吸附一层铜或者银的氧化物或水化物）。所以在镀银时为了避免副反应的发生，镀银反应前必须将主盐与配合剂搅拌均匀才缓慢加入到铜粉中，这时反应将主要按照上述进行。

事实上，在铜粉表面进行酸性镀银过程中，还原镀和置换镀同时存在。这是由于在加入还原剂之后，体系溶液中的 Cu^{2+} 少于不加入还原剂之前的量。还原剂是在主盐和配合剂加入之前就已经加入到铜粉以及水溶液中的，因此，首先发生还原剂（以 M、N 分别表示还原剂和还原剂的氧化产物）向铜粉表面扩散并吸附在铜粉表面的活性点上，而后向其中加入含有配合剂的主盐溶液 Ag_nL，这时还原剂在铜粉表面的催化作用下与 Ag_nL 发生反应，同时铜粉表面活性较强的金属铜原子也会与 Ag_nL 发生放电反应，以上过程可以表示为：

第一阶段 $$Cu^0 + Ag^+ \longrightarrow Cu_{ad}^+ + Ag^0$$

$$4Cu^0 + 4H^+ + O_2 \longrightarrow 4Cu_{ad}^+ + 2H_2O$$

$$Ag^+ \text{（配合物）} + M \longrightarrow Ag^0 + N$$

$$nCu^0 + Ag_nL \longrightarrow Cu_nL + nAg^0$$

$$nCu_{ad}^+ + L^{n-} \longrightarrow Cu_nL$$

第二阶段 $$Cu_nL + Ag_nL \longrightarrow 2Cu_{n/2}L + nAg^0$$

$$Cu_nL + nH^+ + \frac{n}{4}O_2 \longrightarrow Cu_{n/2}L + \frac{n}{2}H_2O + \frac{n}{2}Cu^{2+}$$

以上反应的不同阶段只是为了论述方便，实际中各个反应可能是同时或者交叉进行的。

B 配合剂在酸性化学镀银中的作用探讨

由于实验条件和手段的限制，以下只是根据试验结果及反应现象，从定性角度对配合剂在铜粉表面酸性镀银中的作用做一些探讨。

（1）银配合剂。

银离子与配合剂形成的配合物稳定性不高（$\lg K^{\ominus} < 10$）。随着配合剂（C）浓度的升高，溶液中银离子的浓度会减少，与常用的碱性胺（氨）类配合剂镀银不同，此时银的还原沉积并没有受到明显的抑制而减慢，甚至还加快了沉积。这一点发现不同于某些文献的研究结果。从质量作用定律看，降低反应物浓度反而提高了反应速度是不可能的，因此这个问题只能从动力学的角度来解释。事实上，配合剂如乳酸、丁二酸、三乙醇胺、三异丙醇胺等对化学沉积确实会有加速作用。配合剂对酸性化学镀银的加速作用是基于以下可能：

1）配合剂影响了银离子在铜粉表面的吸附，配合剂一端与铜粉表面接触另一端与银离子结合，配合剂在铜粉表面的吸附未达到饱和时将随着溶液中浓度的增大而增加吸附量。Kondo[60]在研究镀铜时曾从配合剂影响铜离子的吸附角度解释了添加剂浓度增大浓度会提高沉积速率的现象。

2）铜粉表面吸附的还原剂量随配合剂的加入而增加。两物种相互作用导致其中一种表面吸附量增加的一种典型情况是电荷符号相反的粒子间存在静电作用，它可增大带电粒子的紧密堆积。由于还原剂（B）是阴离子型的，与配合离子带电相同，因此配合剂（C）吸附在铜粉表面可能增加了还原剂（A）的吸附量。

3）配合剂能与还原剂形成中间态化合物，从而加速还原剂的氧化过程，这种作用也相当于提高了还原剂的吸附量。

4）配合剂 C 能提高铜粉的反应活性，为催化还原剂放出原子提供了更多的激活能，从而增加了沉积反应的速度。

5）从成核-生长角度讲，配合剂（C）浓度低时，可以同时促进一次成核量和二次核的生长；随着浓度增大，它对二次核的生长速度的促进作用要强于一次核量的增加，晶体沿着纵向呈不规则生长，因此镀层的致密性显著下降。

(2) 铜配合剂。由于配合剂（C）可以与铜离子形成更加稳定的螯合物，在酸性条件下它可以避免深色铜的氧化生成。将表面被轻微氧化的铜粉置于配合剂（C）之中，溶液会缓慢变蓝色，而将其置于纯净的水溶液中基本不会出现这种现象。基于此，使得采用配合剂（C）镀银时能够一次性获得表面光亮无氧化物的银包铜粉。

2.2.3.3 银包铝粉的沉积机理

在碱性镀铜环境下，铝粉表面的 Al_2O_3 首先与镀液中的 NaOH 发生反应，使得氧化膜被除去，这时暴露于镀铜液的 Al 则与 Cu^{2+} 发生置换反应，从而在 Al 粉表面获得 Cu 层。后 Al 粉表面的 Cu 与 Ag^{+} 发生置换反应，在置换过程中，消耗了大量 Cu，因此最终获得的 Ag-Al 复合粉实际上是由 Al 为核心，Cu 为内层，Ag 为外层构成的核壳结构的复合粉体。但是从 XRD 图谱可以反映出来，Cu 层是非常薄的，银镀层的均匀性和致密性都较好，因此，整个粉体显示出来的性能极大程度上都是 Ag 和 Al 起的作用，制备过程示意图如图 2-11 所示。

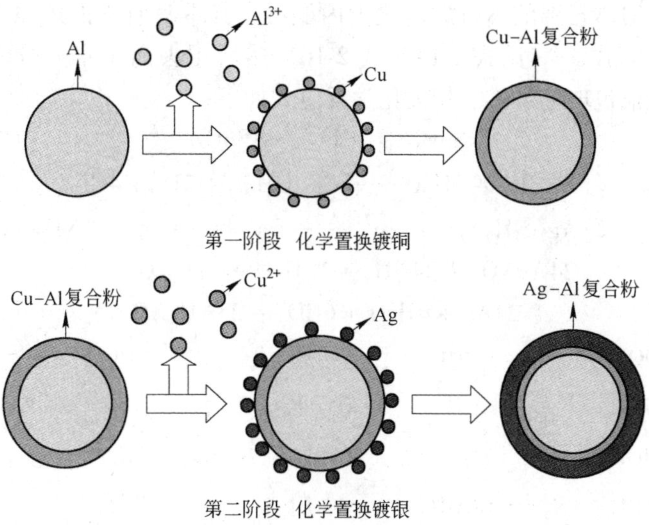

图 2-11 Al-Ag 复合粉体制备过程的示意图

2.2.3.4 银包玻璃纤维的沉积机理

化学镀银的反应过程的示意图如图 2-12 所示（灰色阴影部分代表玻璃纤维），氯化亚锡在浓盐酸中形成 $SnCl_4^{2-}$，具体过程如下：

（1）粗化后的玻璃纤维上敏化吸附 $SnCl_4^{2-}$ 离子，其反应式见式 2-15。

（2）将玻璃纤维转入抽滤漏斗中通过去离子水充分洗涤，$SnCl_4^{2-}$ 水解生成 $Sn(OH)_{3.6}$其反应式见式 2-16。在玻璃纤维上得到均匀的一层 $Sn(OH)_2$ 膜，加入银氨溶液后，$[Ag(NH_3)_2]^{2+}$ 离子被吸附在含有 $Sn(OH)_2$ 膜玻璃纤维上。

（3）$[Ag(NH_3)_2]^{2+}$ 离子立即被还原为 Ag 粒子，因为在银氨配合离子体系中，银的氧化还原标准电位 $\varphi^{\ominus} = +0.373V$；而 $\varphi^{\ominus}(Sn^{4+}/Sn^{2+}) = +0.154V$；则有 $E^{\ominus} = 0.373 \times 2 - 0.154 = +0.592V > 0$，所以反应（式 2-17）能向右进行。

（4）通过充分水洗后化学镀银，Sn^{2+} 或 Sn^{4+} 被溶解在镀液中，加热煮沸的酒石酸转化为丙酮酸，其本身有强的还原作用，其反应式[57,61]见式 2-14 ~ 式 2-16，然后用去离子水充分洗涤，得到银包玻璃纤维。相关化学反应式如下：

$$SnCl_2 + 2Cl^- \longrightarrow SnCl_4^{2-} \quad (2\text{-}15)$$

$$SnCl_4^{2-} + 2H_2O \longrightarrow Sn(OH)_2 + 2H^+ + 4Cl^- \quad (2\text{-}16)$$

$$2[Ag(NH_3)_2]^+ + Sn^{2+} \longrightarrow Sn^{4+} + 2Ag\downarrow + 4NH_3 \quad (2\text{-}17)$$

$$24AgNO_3 + 24NH_3 + 12H_2O + C_6H_{12}O_6 \longrightarrow 24Ag + 6H_2O + 6CO_2 + 24NH_4NO_3 \quad (2\text{-}18)$$

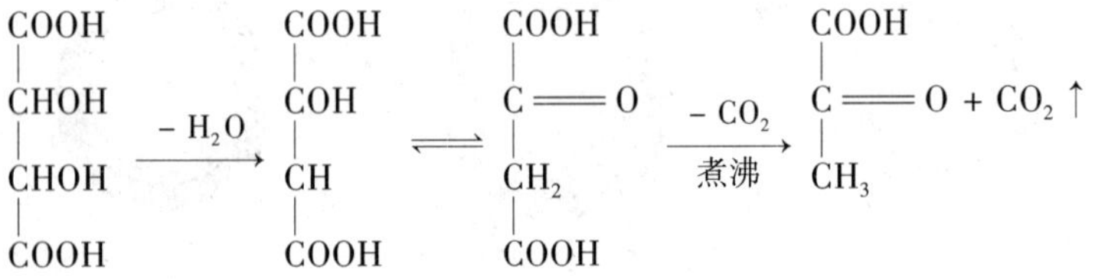

(2-19)

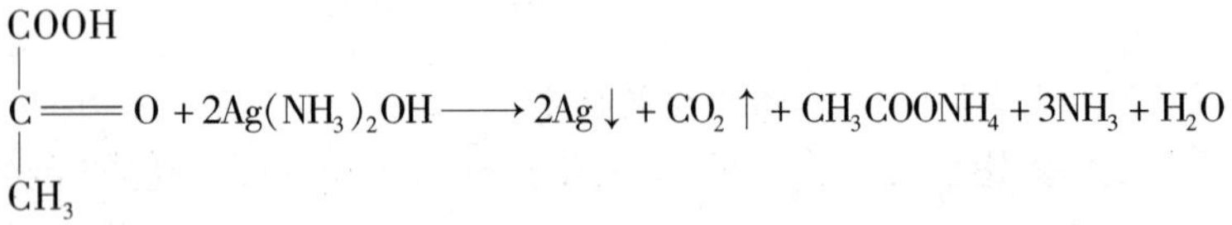

(2-20)

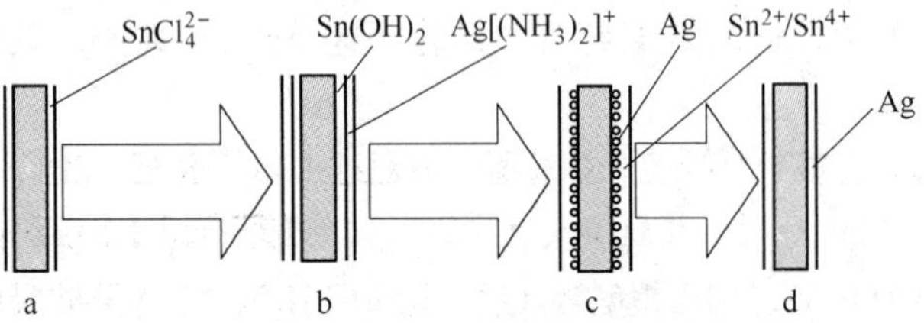

图 2-12　玻璃纤维用硝酸银活化化学镀银的反应机理

（a ~ d 表示过程）

2.2.4　化学镀铜的原理

2.2.4.1　化学镀铜的热力学原理

根据化学镀铜过程都有氢气析出的现象，提出了原子氢理论、氢化物理论、金属氢氧化物机理和纯电化学机理等四种不同的反应机理，但是至今还没有得到统一。将电化学理论与混合电位理论结合起来，就形成现在较普遍接受的电化学混合电位理论。根据电化学混合电位理论，化学镀铜发生在水溶液与具有催化活性的固体界面，由还原剂将铜离子还原成金属铜层。其氧化还原反应得失电子过程为：

还原反应： $Cu^{2+} + 2e^- \longrightarrow Cu$

氧化反应： $R \longrightarrow O + 2e^-$

当选用甲醛为还原剂时，根据热力学，$\Delta G < 0$ 时，反应才能自发进行。

还原反应：$Cu^{2+} + 2e^- \longrightarrow Cu \quad E^{\ominus}_{(Cu^{2+}/Cu)} = 0.334V$

氧化反应：

在中性或酸性介质中：

$$HCHO + H_2O \longrightarrow HCOOH + 2H^+ + 2e^- \quad E^{\ominus} = -0.056 \sim 0.06V$$

在 pH = 11 的介质中：

$$2HCHO + 4OH^- \longrightarrow 2HCOO^- + H_2\uparrow + 2H_2O + 2e^- \quad E^{\ominus} = -0.32 \sim 0.12V$$

可见，甲醛必须在 $pH > 11$ 的碱性介质中才具有还原作用，其总反应为：

$$Cu^{2+} + HCHO + 4OH^- \longrightarrow Cu\downarrow + 2HCOO^- + 2H_2O + H_2\uparrow$$

除上述反应外，还发生甲醛的歧化、Cu 的生成及 Cu 的歧化等副反应。

当选用次亚磷酸钠作为还原剂时，镀液中的主要氧化还原反应是铜离子还原成金属铜和次磷酸根离子氧化成亚磷酸根离子。由于反应只能在催化表面上发生，故第一步反应是还原剂的去氧反应：

$$H_2PO_2^- \longrightarrow HPO_2^- + H$$

生成的 HPO_2^- 和 OH^- 反应生成 $H_2PO_3^-$ 并释放电子：

$$HPO_2^- + OH^- \longrightarrow H_2PO_3^- + e^-$$

Cu^{2+} 和 Ni^{2+} 得到电子还原成金属。

水与 Cu^{2+} 和 Ni^{2+} 争夺电子发生反应：

$$H_2O + e^- \longrightarrow OH^- + H$$

其中，生成的氢原子结合成氢气：

$$H + H \longrightarrow H_2\uparrow$$

在实际体系中，为了提高镀液稳定性，在镀液中还要加入配合剂等，因此，化学镀铜反应能否发生，除与 pH 值有关外，还与使用的配合剂和添加剂等有关。

2.2.4.2 化学镀铜的动力学原理

化学镀铜同其他催化反应一样需要热能才能使反应进行，这是化学镀液必须达到一定温度时才有镀速的原因。理论上化学镀铜的速率可以用反应产物浓度的增加或反应物浓度的减小的速率来表达。实际使用的化学镀铜溶液中含有配合剂和添加剂，以便稳定镀液和提高镀层性能。这些添加剂的存在使得影响反应速率的因素过多，情况变得太过复杂，因此大多数化学镀铜反应动力学的研究，开始时均限于镀液中最基本的成分。研究结果以经验动力学等式表达：

$$2R = K[Cu^{2+}]^a[OH^-]^b[R]^c[L]^d \tag{2-21}$$

式中 R——还原剂；

L——配合剂；

a，b，c，d——分别为四种主要成分的反应级数。

尽管采用经过简化的动力学经验式，不同的研究者所获得的实验数据彼此之间仍相差甚远。产生不一致的原因有三个方面：

（1）研究对象的基体材质不同。有的采用金属基体，有的则采用经过催化处理过的非导体。显然，对于催化活性的电导体，起表面催化活性中心的数目要比非导体表面的多，这是由于经过催化活性处理后（如采用 $SnCl_2$-$PdCl_2$ 处理）的非导体表面的催化中心为弥散型的合金微粒。

（2）测量时间不同。化学镀铜反应速率随着时间有所变化。初始镀速通常大于稳态镀速。这主要是由于初始经过活化后的基体催化活性中心较多，且随着化学镀反应的进行，溶液中的反应物浓度不断下降，pH 值降低导致反应速率减慢。

(3) 传质因素的影响。反应物的界面浓度与溶液本体浓度不同。界面浓度受溶液搅拌方式、扩散层厚度、反应物扩散系数等因素的影响。为了获得接近真实的动力学数据，近年来采用了许多先进的测试技术且用阴极增重法校正，如采用石英微天平技术，可测得纳克级重量变化并且可用于原位实时测试。

因此化学镀反应速率的快慢不仅取决于化学镀液自身，还取决于温度、基体材质、搅拌速度以及鼓气速率等诸多外界因素，其动力学过程仍然有待于进一步的研究。

2.2.4.3 化学镀铜的作用机理

在对化学镀铜机理研究的过程中，对不同的还原剂有不同的反应机理。由于化学镀过程都有氢气析出，为此研究人员先后提出了几种不同的机理，主要的理论有以下四种：

(1) 原子氢理论：

$$RH + OH^- \longrightarrow ROH + H + e$$

$$M^{n+} + ne^- \longrightarrow M\downarrow$$

$$H + H \longrightarrow H_2\uparrow$$

(2) 氢化物传输理论：

$$2RH + 2OH^- \longrightarrow 2ROH + 2H^-$$

$$M^{2+} + 2H^- \longrightarrow [M + 2H] \longrightarrow M\downarrow + H_2\uparrow$$

$$2H_2O + 2H^- \longrightarrow 2H_2\uparrow + 2OH^-$$

(3) 金属氢氧化物机理：

$$M(OH)_2 + RH \longrightarrow MOH_{ad} + ROH + H$$

$$MOH_{ad} + RH \longrightarrow M\downarrow + ROH + H$$

$$MOH_{ad} + H_2O \longrightarrow M(OH)_2 + H$$

$$H + H \longrightarrow H_2\uparrow$$

(4) 纯电化学机理：

阳极： $$RH + H_2O \longrightarrow ROH + 2H^+ + 2e$$

阴极： $$M^{n+} + ne \longrightarrow M\downarrow$$

$$2H^+ + 2e \longrightarrow H_2\uparrow$$

以上理论都能说明一些实验事实，但都有其局限性，即原子氢理论不能解释还原剂利用率低于 50% 等现象，氢化物理论中的中间体 H^- 缺少实验证据。

值得一提的是电化学机理，该机理认为，化学镀过程是在混合电位控制下的电化学过程，阴、阳极过程可以分开讨论，化学镀铜过程被视为与腐蚀金属电极相似的多电极反应偶合系统，因此可以用电化学方法来研究这一过程的机理。

因为在催化表面上同时进行阴、阳极反应，总电流可表示为阴、阳极电流的叠加：

$$I_n = I_a + I_c \tag{2-22}$$

在混合电位处 $I_n = 0$，则 $I_{p1} = I_a = I_c$，其中 I_{p1} 则是金属沉积电流。在该理论基础上，电化学技术成为化学镀研究中普遍采用的手段，所用方法有极化法、伏安法、旋转电极法、交流阻抗法和石英微天平法等。

2.2.5　化学镀镍的原理

曾有初生态氢理论、氢负离子理论、电化学理论和氢氧化镍被还原理论用于描述次亚磷酸钠体系化学镀镍的沉积机理。这些理论强调沉积发生的热力学条件；其中，Gutzeit G 的初生态氢理论[62]认为：次亚磷酸根被氧化时产生初生态氢，镍离子被初生态氢还原为金属镍，部分次亚磷酸根被初生态氢还原为单质磷，磷与镍共沉积形成化学镀镍层。用化学反应方程式将初生态氢理论表示如下：

$$H_2PO_2^- + H_2O_{吸附} \longrightarrow HPO_3^- + H^+ + 2H_{吸附} + e \tag{2-23}$$

$$Ni^{2+} + 2H_{吸附} \longrightarrow Ni + 2H^+ \tag{2-24}$$

$$2H \longrightarrow H_2 \uparrow \tag{2-25}$$

$$H_2PO_2^- + H_{吸附} \longrightarrow P + H_2O + OH^- \tag{2-26}$$

总反应：

$$Ni^{2+} + 2H_2PO_2^- + 2H_2O \longrightarrow Ni + 2HPO_3^- + 2H^+ + H_2 \uparrow \tag{2-27}$$

反应发生在催化活性表面上，酸性条件下需要外界提供能量。反应生成金属镍、亚磷酸根、氢离子和氢气，氢离子使镀液pH值逐渐下降，抑制镍的还原（式2-24）、促进磷的共沉积（式2-26）。

Wagner和Trand等人提出的混合电位理论认为化学镀镍沉积过程中镍离子的沉积受法拉第传质——电子转移过程控制。陈立佳等人对化学镀镍溶液中次亚磷酸根、镍离子、氢离子的活度和镀镍反应的温度、pH值与镀层沉积速度所做的拟合研究表明：镀层沉积速度与化学镀镍溶液中次亚磷酸根、镍离子、氢离子的活度和镀镍反应的温度、pH值存在一定的函数关系，化学镀镍溶液中次亚磷酸根、镍离子、氢离子的活度与配合体系有关。

上述化学镀镍的热力学和动力学理论均有所侧重，能够解释化学镀镍过程中某一或某几个方面的现象，但存在下列不足：

（1）对磷的共沉积和反应副产物氢气的产生未予以充分考虑；

（2）不能解释配合配位效应对镀层磷含量和致密度（孔隙率）及镀层生长形貌的影响；

（3）未说明化学镀镍形核和生长方式对镀层孔隙率和耐蚀性的影响。

由于从次亚磷酸钠溶液中沉积出的中高磷镀层的耐蚀性超过从硼氰化钠溶液中沉积出的镍硼镀层；化学镀镍反应过程本身是一系列反应链相互作用的结果，反应过程中许多中间态离子寿命多且难以检测，所以至今化学镀镍的整个反应机理还不十分明了。

2.2.5.1 次亚磷酸盐对镍离子的还原机理

硫酸镍－次亚磷酸钠体系化学镀镍的沉积至少包括次亚磷酸根的氧化和镍离子的还原两个相互作用的过程（式2-26～式2-27）。镍离子的还原强烈依赖于电极电位，其本身的沉积速度受传质即法拉第过程的电化学步骤限制，其氧化速度几乎与电位无关。这两个分步反应之间不仅存在着强烈的相互作用，而且这些相互作用不是反应离子的直接结合，即电子转移过程不是直接发生在吸附离子之间，而是发生在离子和电极之间。镍离子还原之前次亚磷酸根氧化，次亚磷酸根氧化时 P—H 键均断裂，产生初生态氢。初生态氢的生成是整个反应的控制步骤[63]。

A 初生态氢的生成

P—H 键均裂时产生初生态氢和 HPO_2^- 中间态离子（后这已为实验所证实）。但是，P—H 键的均裂是有条件的，只有次亚磷酸根的［H］吸附在镍表面的活性点上时，在镍的催化作用下被吸附的 P—H 键才可能发生均裂；如果是次亚磷酸根的 H—H 边被吸附在镍表面的活性点上，只会造成亚磷酸盐缓慢生成。用化学反应方程式可分别表示为式 2-28 和式 2-29（以酸性镀液为例）：

$$H_2PO^-_{2吸附} \longrightarrow HPO_2^- + [H] \tag{2-28}$$

H—H 边被吸附：

$$H_2PO_2^- + H_2O_{吸附} \longrightarrow H_2PO_3^- + 2H^+ + 2e \tag{2-29}$$

中间态的 $HPO^-_{2吸附}$不稳定，在随后的反应中将被氧化成 $H_2PO_3^-$

$$HPO_2^- + H_2O_{吸附} \longrightarrow H_2PO_3^- + H^+ + e \tag{2-30}$$

$$2H^+ + 2e \longrightarrow H_2\uparrow \tag{2-31}$$

由式 2-29 可知，P—H 键的均裂关键在于次亚磷酸根在镍催化表面的吸附模式。假定次亚磷酸根离子比其他 P—O 阴离子更牢固地吸附在镍的催化表面，镍表面本身具有相对于溶液为负的电荷，反应之前，镍原子被吸附的厚层 H_2O、OH^-、镍离子的各种螯合物或水合物等物质所覆盖；那么次亚磷酸根的 H—键被两个镍原子吸附的概率只有 H—H 键被两个镍原子吸附概率的一半，所以，最终只有约三分之一的次亚磷酸根以 H—键的模式吸附在镍表面上，这就是生产实践中总结出的“只有 33 %左右的次亚磷酸根用于沉积镍磷合金层，其余消耗于所产生的氢气”的原因。

次亚磷酸根在镍原子表面的化学吸附需要吸附活化能，即需要外界提供能量（如加热、超声波搅拌等）；此吸附活化能的大小主要取决于催化表面的催化活性。

P—H 键的均裂也需要能量。次亚磷酸根的空间结构是以磷为中心的空间四面体，空间四面体的 4 个顶角分别被氧原子和氢原子占据，两个氢原子直接与磷相连，不容易被其他原子取代。如果镀液中添加能强烈与氢键合的离子或官能团，那么 P—H 键中氢的“注意力”将有一部分被这些离子或官能团吸引，P—H 键的键能相对有所减弱，就容易在镍的强烈吸附下均裂。这类能强烈地与氢键合的离子或官能团，实际上绝大多数是反应的促进剂。

B 镍离子的还原

镍离子的还原受传质法拉第过程的控制，它需要催化剂或其他载体运输初生态氢给它。当镍离子从催化剂表面上获得初生态氢后，便发生式 2-24 所示的反应。但是，镍离子不是直接与初生态氢发生反应的，而是在镍螯合物逐级解离后被还原的。镍螯合物逐级解离过程中，初生态氢释放出的电子经由配合物中的孤对电子传输给中心镍离子，镍离子得到初生态氢释放的电子后还原成金属镍；此反应仅在镍原子表面还原剂的氧化点低于 -0.25 时，才可能进行式 2-24 反应。次亚磷酸根对镍离子有着强烈的还原趋势，两者之间的电位差即是以次亚磷酸盐为还原剂的化学镀镍反应的推动力：

$$Ni^{2+} + 2e \longrightarrow Ni \qquad (2\text{-}32)$$

C 磷与镍的共沉积

磷是次亚磷酸根被初生态氢还原所得到的产物。但是，次亚磷酸根不是直接被初生态氢还原的，而是被镍催化剂吸附的初生态氢释放出的自由电子还原的。次亚磷酸根以 H—H 键吸附在镍催化表面上，当 P—H 键尚未断开时，被镍表面吸附的次亚磷酸根接受电子载体传输过来的初生态氢释放的自由电子，还原生成单质磷（式 2-33）。由于初生态氢只能在镍催化下产生，所以单质磷只能在表面生成。于是，磷与镍实现了共沉积。

$$H_2PO^-_{2吸附} + 2e \longrightarrow P + 2OH^- \qquad (2\text{-}33)$$

在化学镀镍的沉积过程中，上述反应（式 2-28 ~ 式 2-33）是互相竞争着进行的，正常情况下，式 2-33 的反应速率比式 2-27 慢，其连续进行构成的反应链即是化学镀镍沉积的全过程。式 2-23 是反应式 2-31 的控制步骤，式 2-24 和式 2-26 的反应速度除了与镍离子的浓度和次亚磷酸根浓度及溶液的温度、pH 值相关外，还与自由电子传递速度密切相关。

2.2.5.2　催化活性与镍的形核和生长

A　催化活性

催化剂的催化活性对 P—H 键的均裂起着举足轻重的作用。化学镀镍时，本身具有催化活性的金属是有限的，仅有 Ni、Pd、Co（碱性溶液）、Pt 等十几种金属；这些金属的催化性质主要与其原子结构中活泼的 *d* 电子起到的脱氢作用有关。对于那些本身无催化活性的材料，需在表面沉积有催化活性的金属核；催化核的形成可通过与溶液中的镍离子发生置换反应获得，如 Fe、Al、Be、Ti 等。还有一些金属，如 Cu、Ag、Au 等，可以通过与一些比镍活泼的金属接触来获得金属催化核。对于塑料等非金属，则通过四氯化锡、氯化钯等敏化、活化来获得催化活性点。非活性的表面（如钢铁镀件酸性除锈时误加入吸附性很强的缓蚀剂）无法镀覆。

对应于某种具有本征自催化作用的基体，存在一个“催化电位区”，仅在这个催化电位区内，基体才有催化活性。对于具有催化活性的镀件表面，自催化性能的强弱，是随镀液的组成和施镀条件的变化而变化的。例如，经过钝化的不锈钢挂具、塑料或搪瓷槽体、固体杂质，被认为不具备催化活性；但是当槽液局部温度或 pH 值过高、镀液中还原剂补加过多或镀液成分配比严重失调时，在局部温度或 pH 值过高处，或者在挂具与镀件反复摩擦处、镀件与槽体反复摩擦处，那些原先被认为不具备催化活性的表面也沉积上了镍；甚至当镀液中固体颗粒杂质过多时，镍会以固体杂质颗粒（即使是陶瓷等惰性颗粒）为核心成核，造成镀液灾难性的分解。由此可见，镀件表面的催化性质的强弱对镀液的成分、pH 值、温度具有选择性，而且镀液局部或催化表面附近的成分、pH 值、温度对催化活性的强弱有着更为重要的影响。因此，镀件的催化活性及其强弱与基体金属、镀液成分和施镀条件（温度、pH 值、流速）密切相关，即催化活性与施镀工艺相关。

在成分和施镀条件一定的情况下，镀件表面催化活性的强弱与镀件表面催化活性点的数量成正比。例如，将活化后的钢铁制件浸入组成和施镀条件一定的镀液中，通过置换反应镀件表面生成一薄层镍浸镀层，镀件表面于是具备了自催化活性，随后镍核将在镍浸镀层的活性点处连续不断地生成。这些活性点就是那些捕获了初生态氢的镍原子。催化表面的活性点越多，镍形核数目就越多，就越容易得到致密的镀层。

B 镍核的三位生长模式

镍核形成后，将沿着基体表面三维生长，这时需要大量的镍离子补充到自催化活性表面来。如果溶液中镍离子的活度很高(即自由镍离子很多)，镍离子将迅速补充到平行于基体的二维沉积表面邻域，镍核将更倾向于沿着垂直基体表面的方向以柱状或球胞状方式生长；如果溶液中镍离子形成了稳定的螯合物，有效活度较低，那么，镍离子将不能迅速地到达沉积表面邻域，沉积表面邻域的镍离子的浓度达不到反应所需求的浓度，而沿基体或沉积表面的一维镀层由于其表面积小，其邻域单位体积内的镍离子浓度容易达到反应所要求的浓度，镍核将更倾向于沿着平行于基体表面的方向以层片状方式生长。

沉积过程中单质磷、氢及其他杂质被“夹带”进镀层镍原子的间隙中。以各个镍核为核心的沉积层最终会相遇，其交界内的镀层形成一个个晶胞，晶胞边界处沉积时镍离子的有效浓度略高，造成晶胞边界处的磷含量比晶胞内略低。

可见，生长时二维沉积表面和一维镀层锋线邻域内单位体积镍离子浓度影响镀层的微观形貌和成分均匀性。镀层表面粗糙、孔隙率多的一个重要原因是镀液中促进剂、润湿剂等添加过量；

镍稳定常数大的配合剂含量过低，导致镀液中镍的活度过高，镀层主要以柱状或球胞状的方式生长。

参考文献

[1] 杨南如．机械力化学过程及效应［J］．建筑材料学报，2000，3（1）：19～25.

[2] 张颂阳．机械力化学与机械合金化［J］．云南冶金，2006，35（4）：46～49.

[3] 李英芝．金属粉末球磨生成相研究［D］．长沙：湖南大学，2008：25～30.

[4] 余立新，李晨辉．机械合金化过程理论模型研究进展［J］．材料导报，2002，16（8）：11～14.

[5] Suryanaryana C. Mechanical alloying and milling. Progress in Materials Science，2001（46）：1.

[6] Murty B S，Ranganathan S. Novel materials synthesis by mechanical alloying/milling［J］. Inter Mater Rev，1998（43）：101.

[7] Davis R M，Mcdermott B，Koch C C. Mechanical alloying of brittle materials［J］. Metall Trans. 1988（19A）：2867.

[8] Maurice D，Courtney T H. The physics of mechanical alloying：A first report［J］. Metall Trans. 1990（21A）：289.

[9] Basset D，Matteazzi P，Miani M. Measuring the impact velocities of balls in high energy mills. Mater Sci Eng A，1994（174）：71.

[10] Maurice D，Courtney T H. Milling dynamics：Part I. Dynamics of a SPEX mill and a one-dimensional mill［J］. Metall Mater Trans，1996（27A）：1973.

[11] Courtney T H. Process modeling of Mechanical Alloying［J］. Mater Trans JIM，1995（36）：110.

[12] Rydin R M，Maurice D，Courtney T H. Milling dynamics：part I，Attritor dynamics；results of a cinematographic study［J］. Metal Trans，1993（24A）：175.

[13] Cook T M，Courtney T H. The effects of ball size distribution on attritor efficiency［J］. Merall Mater Trans. 1995（26A）：2389.

[14] Maurice D，Courtney T H. Milling dynamics：Part II. Integration of local and global modeling of mechanical alloying device［J］. Metall Mater Trans. 1996（27A）：198.

[15] Schilz J. Internal kinematics of tumbler and planetary ball Mills：A mathematical model for the parameter setting［J］. Mater Trans JIM. 1998（39）：1152.

[16] Burgio N，IasonnaA，Magini M，et al. Mechanically alloying of the Fe-Zr system Correlation between input cnergy and the products［J］. II Nuovo Cimento，1991（13）：459.

[17] Le Brin P，Froyen L，Delaey L. The modeling of the mechanical alloying process in a

planetary ball mill: comparison between theory and in situ observations [J]. Mater Sci Eng A, 1993 (161): 75.

[18] Abdellaoui M, Gaffet E. The physics of mechanical alloying in a planetary ball mill: mathematical treatment [J]. Acta Metal Mater, 1995 (43): 1087.

[19] Chattopadhyay P P, Manna I, Talapatra S, et al. A mathematical analysis of milling mechanics in a planetary ball mill [J]. Mater Chem Phys, 2011 (68): 85.

[20] Maurice D, Courtney T H. Modeling of Mechanical Alloying: Part II. Development of computational modeling programs [J]. Metall Mater Trans. 1995 (26A): 2431.

[21] Maurice D, Courtney T H. Modeling of Mechanical alloying: Part Ⅲ. Applications of computational programs. Metall Matr Trans. 1995 (26A): 2437.

[22] Gaffet E. Planetary ball-milling: An experimental parameter phase diagram [J]. Mater Sci Eng A. 1991 (132): 181.

[23] Magini M, Iasonna A. Energy transfer in mechanical alloying [J]. Mater Trans JIM. 1995 (36): 219.

[24] Asonna A, Magini M. Power measurements during mechanical milling: An experimental way to investigate the energy transfer phenomena. Acta Mater, 1996 (44): 1109.

[25] Magini M, Colella C, Iasonna A, et al. Power measurements during mechanical milling II. The case of "single path cumulative" solid state reaction Acta Mater, 1998 (46): 2841.

[26] 席生岐，屈晓燕，郑修麟，等．高能球磨过程中的温度效应研究．材料科学与工艺，1997，5 (4): 45.

[27] Courtney T H, Maurice D. Process modeling of the mechanics of mechanical alloying [J]. Scr Metall Mater, 1996 (34): 5.

[28] 齐宝森，王成国，姚新，等．高能球磨金属铬、铝粉末的特征 [J]．稀有金属，2000，24 (5): 325 ~ 328.

[29] 肖骁．有机介质环境机械化学球磨作用下金属粉末结构演变与反应行为 [D]．中南大学：博士学位论文，2008: 76 ~ 81.

[30] Hellstern E, Fecht H J, Zhou F. Structural and thermodynamic properties of heavily mechanically deformed Ru and Alru. Journal of Applied Physics, 1989, 65 (1).

[31] Hannsen N. Cold deformation microstructure [J]. Materials Science and Technology, 1990 (6): 1039 ~ 1047.

[32] Hughes D A, Hansen N. High angle boundaries formed by grain subdivision mechanisms [J]. Acta Mater, 1997, 45 (7): 3871 ~ 3886.

[33] Ke M, Hackney S A, Milligan W W. Observation and measurement of grain rotation and plastic strain in nanostructured metal thin films [J]. Nanostructured Materials, 1995, 5 (6): 689 ~ 697.

[34] 肖骁．有机介质环境机械化学球磨作用下金属粉末结构演变与反应行为［D］．中南大学：博士学位论文，2008：11～15.
[35] 吕春菊．高能球磨法制备含硼、碳、氮陶瓷的研究［D］．浙江大学：博士学位论文，2006：25～27.
[36] 吕超军，谈定生，刘书祯．片状金属粉末的制备及研究进展［J］．上海有色金属，2009，30（2）：89～93.
[37] 钟莲云，吴伯麟，贺立勇．化学法合成防辐射导电涂料用超细铜粉［J］．桂林工学院学报，2004，24（1）：76～79.
[38] 黄丹萍，符小艺，凌志远．液相化学还原法制备片状铜粉的研究［J］．中国材料科技与设备，2006，（6）：30～32.
[39] 曹晓国，吴伯麟，钟莲云．直接还原法制备片状超细铜粉［J］．涂料工业，2004，34（2）：17～19.
[40] 曹晓国，吴伯麟．化学还原法制备导电涂料用片状超细铜粉的研究［J］．涂料工业，2004，34（6）：10～13.
[41] 陈明伟，朱永平，张伟刚．以PEG600为模板液相还原法制备片状铜粉［J］．过程工程学报，2008，8（5）：1003～1007.
[42] 黄世弘，蔡晓兰．干式搅拌球磨法制备片状锌粉［J］．昆明理工大学学报（理工版），2006，31（1）：26～28.
[43] 单国华．超细鳞片状锌粉的制备［J］．有色矿冶，2000，16（6）：40～42.
[44] 王树林．一种制备纳米片状锌粉的新方法［J］．矿山机械，2003，（10）：42，43.
[45] 低松比片状银粉的制备方法．专利ZL200510011011.0.
[46] 金炳界，朱晓云，郭忠诚．电磁屏蔽用低松比片状银粉的制备［J］．电子元件与材料，2006，25（10）：62～64.
[47] 周全法，李锋，朱雯．光诱导法制备纳米级片状银粉的研究［J］．贵金属，2003，24（1）：35～38.
[48] 梁焕珍，Kim Dongjin，Chung Hun S. 乙二醇中化学还原合成片状银粉［J］．物理化学学报，2003，19（2）：150～153.
[49] 张文阁，郭靖洪．超细金属银粉的研制［J］．有色金属，1994，（3）：11～14.
[50] Wang Debao，Song Caixia，Hu Zhengshui，et al. Synthesis of Silver Nanoparticles with Flake-like Shapes［J］. Materials Letters，2005（59）：1760～1763.
[51] 曾华梁，吴仲达，秦月文，等．电镀工艺手册［M］．北京：机械工业出版社，1989.
[52] Tohru Watanabe. 纳米电镀．1版［M］．北京：化学工业出版社，2007.
[53] 黄少强．非金属粉体材料表面化学镀银研究［D］．北京：北京工业大学硕士学位论文，2004.
[54] 黄磊．陶瓷粉体化学镀银的研究［D］．杭州：浙江大学硕士学位论文，2003.

[55] 胡光辉，吴辉煌，杨防祖，等．添加剂对化学沉积速率的影响［J］．物理化学学报，2004，20（3）：327.

[56] 张朝阳，魏锡文．化学镀镀液体系中镍铜活性的理论研究［J］．电镀与涂饰，2003，22（4）：19.

[57] 姜晓霞，沈伟．化学镀理论及实践［M］．北京：国防工业出版社，2000.

[58] G D Sulka，M Jaskula. Study of the mechanism of silver ions cementation onto copper from acidic sulphate solutions and the morphology of the silver deposit［J］. Hydrometal lurgy. 2004，（72）：94.

[59] G D Sulka，M Jaskula. Study of the kinetics of silver ions cementation onto copper from sulphuric acid solution［J］. Hydrometallurgy. 2003（70）：185.

[60] Kondo K，Ishikawa J，Takenaka O，et al. Acceleration of electroless copper deposition in the prsence of excess triethanolamine［J］. Electrochem. Soc.，1991，138（12）：3629.

[61] 邓龙江．磁性材料在 RAM 的应用及其进展［J］．功能材料，1998，30（2）：118.

[62] 赵雯，张秋禹，王结良，等．无机粉体化学镀镍的研究进展［J］．电镀与涂饰，2004，3：33.

[63] 刘永健，王印培．次亚磷酸钠体系化学镀镍沉积机理探讨［J］．华东理工大学学报，2001，27（3）：302.

3 有色金属片状粉体制备技术

3.1 片状铜粉

3.1.1 前言

金属铜，元素符号 Cu，相对原子质量 63.54，密度 8.92g/cm^3，熔点 1083℃。铜具有面心立方晶格，无同素异构转变，因而具有很高的塑性，非常易于加工成形。铜的三种氧化态 0、+1和 +2 的相对稳定性受介质的影响很大[1]，在水溶液中 Cu（Ⅱ）的稳定性大于 Cu（Ⅰ），但其稳定性在气相时与之相反。

铜粉在温度较高时，最初的氧化作用是形成氧化铜（Ⅰ）核，从边缘部分开始，直至覆盖整个表面。当氧化铜（Ⅰ）厚度超过 400nm 时开始生成氧化铜（Ⅰ）。在强热下氧化铜（Ⅱ）则生成氧化铜（Ⅰ）。

片状铜粉可以作为导电填料制备导电涂料、低温聚合物导体浆料、导电橡胶等，同时也是片状银包铜粉的原料。在片状铜粉上包覆一层银，制备成具有核－壳结构的银包铜粉，大大扩展了片状铜粉的应用领域，提高了片状铜粉的性能。

3.1.2 生产工艺及设备

3.1.2.1 铜粉原料

铜粉的生产方法很多，主要有雾化法、电解法和液相化学还原法。利用不同的生产方法得到的铜粉有不同的特征，球磨后片状铜粉也有不同特征和用途。

雾化铜粉形状一般呈微球状或不规则状，粒度范围宽，致密，松装密度一般大于 2g/cm^3。以雾化铜粉为原料的片状铜粉光泽度好，较亮，呈鳞片状，见图 3-1b，主要用于装饰涂料。电解铜粉为树枝状，疏松，松装密度在0.5～2.0g/cm^3。球磨后片状铜粉边缘是锯齿状，光泽度较差，但边缘锯齿状增大了片状铜粉间接触面积，故电解铜粉制备片状铜粉做导电涂料较好，见图3-1d。液相化学还原法制备铜粉呈球状或团聚状，粒度范围窄，粒度小，纯度高，松装密度在1.5～2.5g/cm^3。球磨后片状铜粉呈鳞片状，有金属光泽，适合制备导电油墨、导体浆料。

图3-1 球磨前后铜粉SEM

a—雾化铜粉球磨前；b—雾化铜粉球磨后；c—电解铜粉球磨前；d—电解铜粉球磨后

3.1.2.2 片状铜粉的生产工艺与设备

目前片状铜粉生产一般采用机械球磨法，球磨有干法和湿法两种。片状铜粉一般采用湿法球磨生产，因为干法球磨过程会产生大量热量，使铜粉氧化、变色。工艺流程见图3-2。

3.1.2.3　球磨设备

不同型号搅拌球磨机主要参数见表3-1，根据试验要求，本文选择JM-180B搅拌球磨机。图3-3是搅拌球磨机外观照片。

表3-1　球磨机主要参数

型　号	JM-180B	BJM-180	QM-180
筒体内径 ϕ/mm	180	180	180
筒体容积/L	9	9	9
最大浆体容积/L	5	4	3 ~ 4
一次加料量/kg	2 ~ 4	2 ~ 4	2 ~ 3
电机功率/kW	1.5	1.5	1.1

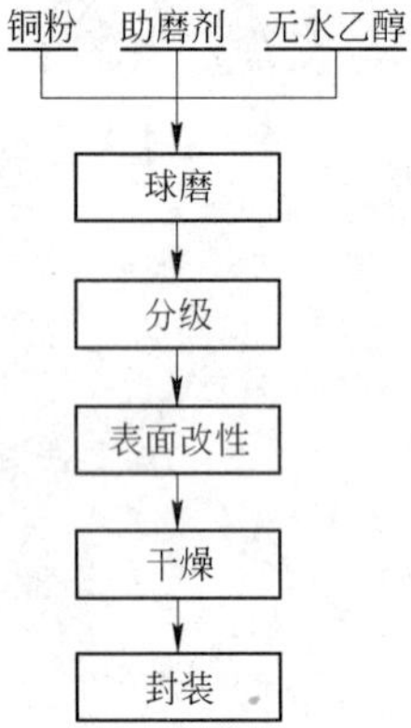

图3-2　片状铜粉工艺流程

图3-3　搅拌球磨机

3.1.3　片状铜粉的制备

3.1.3.1　球磨参数的选择

A　磨球

磨球的选择包括磨球的材质、形状和大小。

一般地，选择搅拌球磨机中磨球基本原则是：

（1）选择比待磨物料颗粒相对密度较大的磨球；

（2）湿磨时选择相对密度较大的磨球，以避免漂流现象发生；

（3）在研磨较软的颗粒时，可采用相对密度小、硬度低的磨球；而在研磨较硬的颗粒时，要用相对密度大、较硬磨球；

（4）最小程度地避免带入污染物。

以电解铜粉为原料，在相同的球磨参数下，不同材质磨球球磨后铜粉的松装密度/磨球损耗见表3-2。

表3-2 不同材质磨球球磨后铜粉的松装密度/磨球损耗

磨球种类	磨球直径 /μm	每千克颗粒数（近似）	粉末松装密度 /g·cm^{-3}	磨 损
紫 铜	10	284	1.98	变形
不锈钢	10	245	1.78	较少
硬质合金	10	225	1.76	较少

从表3-2中可见，紫铜球较软，球磨过程中有变形发生，不宜采用。不锈钢球和硬质合金磨球的效果和磨损相近，考虑不引入杂质，选择与球磨机筒壁材料相同的不锈钢球。

磨球的形状影响搅拌球磨的研磨效率。常用于搅拌球磨的磨球除了常规的球形磨球外，还可采用短圆柱形磨球。文献［2］曾采用在一种瑞典产的立式SAM型搅拌球磨中分别填充直径为4mm的圆形介质和短圆柱棒介质作为磨球时，短圆柱形磨球比球形磨介的研磨效果好。Santowshy曾分析指出，短圆柱形磨球之所以优于球形磨球主要是因为短圆柱磨介之间是线接触，而球形磨介之间为点接触。在相同质量情况下，短圆柱形磨球比球形磨球的比表面积大14.5%。因此，在其他条件相同的情况下，短圆柱形磨介所具有的接触和破碎颗粒的概率明显高。在片状铜粉生产中采用球形磨球。

磨球尺寸大小对搅拌球磨所产出的产品细度以及所需能耗的

影响至关重要。对不同球磨方式，磨球大小选择不同。

超细搅拌磨机的粉碎过程是通过研磨介质之间的挤压力和剪切力来实现的。任一物料颗粒只有在颗粒有效粉碎区域内才能得到粉碎。图 3-4 是以纯几何状为着眼点的粉碎有效区域[3]。

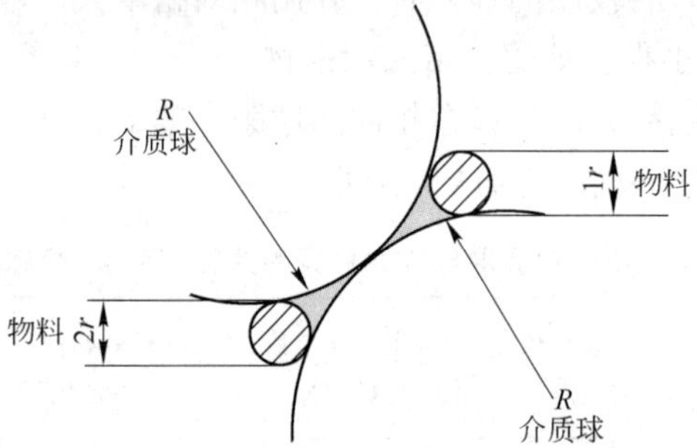

图 3-4　两个研磨介质间的有效粉碎区域

两研磨介质间距小于 $2r$ 的接触范围。一个颗粒直径 $2r$ 的物料在两个半径 R 的研磨介质之间，只有在这个接触范围之间才能进行粉碎。两研磨介质之间的有效粉碎区域为：

$$V_\alpha = 2\pi r^2 \left(R + \frac{1}{3}r\right) \tag{3-1}$$

实践证明，搅拌球磨中，磨机的有效粉碎区域为两个研磨介质之间的有效粉碎区域与接触位数量之乘积。

搅拌研磨机中研磨介质除了平移运动外，还做旋转运动，因此在旋转的研磨介质周围还存在一个极限层，如图 3-5 所示[4]。

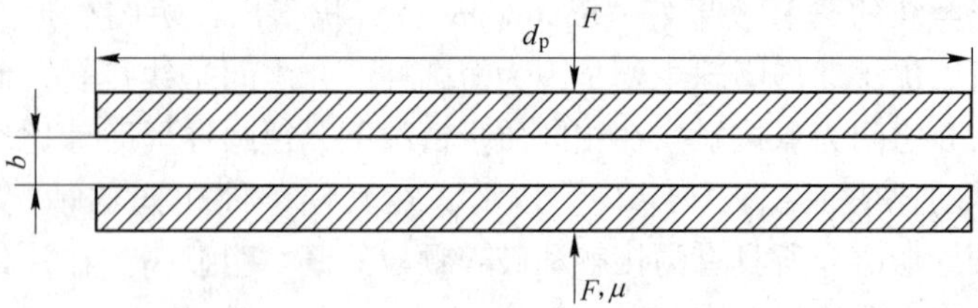

图 3-5　两个研磨介质挤压流动的力

当两个研磨介质接近时处于中间的流体受到一个挤压的流动作用，研磨介质间的流体受到挤压所需的力 F 与研磨介质直径 d_p，流体黏度 η，研磨介质的速度 μ 和研磨介质的间距 h 的关系如下[4]：

$$F \approx \frac{\eta \mu d_p^4}{h^3} \tag{3-2}$$

搅拌球磨机粉磨过程中，应力强度的提高可提高超细颗粒的比例。提高应力强度提高研磨效果，应力强度是衡量搅拌球磨机的一个重要指标。

单位体积介质球的动能 E_{VB} 为[4]：

$$E_{VB} = \xi(2D/D_R)\mu^2\rho_B \tag{3-3}$$

式中 E_{VB}——单位体积介质球的动能，J/m^3；

D——搅拌磨机筒体直径，m；

D_R——搅拌器直径，m；

ξ——$\xi = 0.01D/D_R$；

μ——搅拌器圆周速度，m/s；

ρ_B——介质球的密度，kg/m^3。

有效区域内物料颗粒吸收能 E_M 为：

$$E_M = \frac{E_{VB} \times V_B}{V_A[\rho_M(1 - \varepsilon_M)]} \tag{3-4}$$

式中 E_M——有效区域物料颗粒吸收能，J/kg；

V_B——介质球体积，m^3；

V_A——有效区域体积，m^3；

ρ_M——物料颗粒密度，kg/m^3；

ε_M——物料颗粒床中颗粒层孔隙率。

搅拌球磨机可以提供较大的输入能，即可利用小介质球来增加有效区域，提高研磨效果。以雾化铜粉（粒度 10 ~ 15μm）为原料，在相同的球磨参数下，不同球径不锈钢磨球球磨效果见表 3-3。不同球磨时间所得片状铜粉的 SEM 见图 3-6。

表 3-3　不同直径磨球的球磨效果

磨球直径/mm	球磨时间/h					
	粉末粒度 D_{50}/μm			松装密度/g · cm^{-3}		
	1	2	3	1	2	3
4 ~ 6	55	30	35	1.58	1.47	1.43
8 ~ 10	47	33	30	1.50	1.42	1.40
15	40	38	31	1.47	1.45	1.41

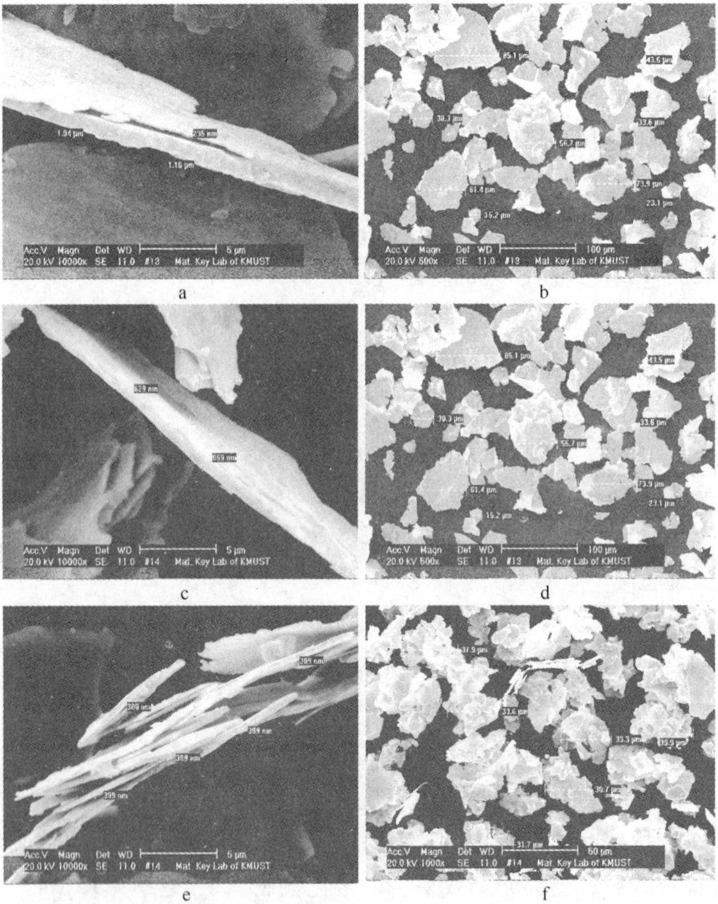

图 3-6　不同球磨时间片状铜粉 SEM

a，b—球磨 1h；c，d—球磨 2h；e，f—球磨 3h

从表 3-3 和图 3-6 可见，磨球直径宜选择 8 ~ 10mm，磨球直径偏大或偏小，球磨效率不高。试验结果与搅拌球磨机宜采用小介质球增加有效研磨区域，与提高球磨效率相吻合。

在湿法搅拌球磨过程中，电机传来的动力一部分消耗在研磨介质球的运动和对物料的粉碎上，另一部分消耗在浆料的流动漩涡之中，如果能适当降低矿浆的黏度，可有效地提高磨机的研磨效果和降低电机电流。

B 球磨机体积填充量

试验证明，磨球充填率大小直接影响研磨效率。研磨产品细度和所需能耗均随磨球充填率增加而增加。显然，磨球充填率与在磨机内磨球数量和所占研磨空间呈正比。磨球充填率一般采用体积分数（%）来表示，即全部磨球所占的体积量与磨机容量之比，其应用范围在 53% ~ 90%。为了减小磨球和其他机械部件（如筒体壁和搅拌器等）的磨损并避免过热现象的发生，磨球的体积填充率应小于 90%。

在立式搅拌机球磨中，介质球充填率达到 75% ~ 80%，在径向位置，不同半径上的介质球的线速度是不相等的，从搅拌轴至搅拌器顶端，线速度线性增加，在搅拌器顶端达到最大，然后在搅拌器顶端至筒壁环形粉碎区域，线速度逐渐衰减。在轴向位置，由于介质球受力不等，在层与层之间介质球运动的线速度也不相同，存在一个速度梯度，因此摩擦力、剪切力处处存在[3]。

C 料浆浓度

为了确定铜粉与液体介质（无水乙醇）的比例，在固定装球量 20kg，介质球为不锈钢球，尺寸为 10mm，磨机转速 150r/min 和铜粉加入量 3.0kg 的条件下，分别进行了料浆浓度 55%、60%、65%、70% 的球磨试验，试验结果见图 3-7。

从图 3-7 中可知，当料浆浓度为 70% 时，虽然片状铜粉平均粒度 D_{50} 下降稍快，处理能力也高，但料浆黏度偏高，排浆不畅，球和筒壁上黏附量大。当料浆浓度为 65% 时，球磨 2h，铜粉平

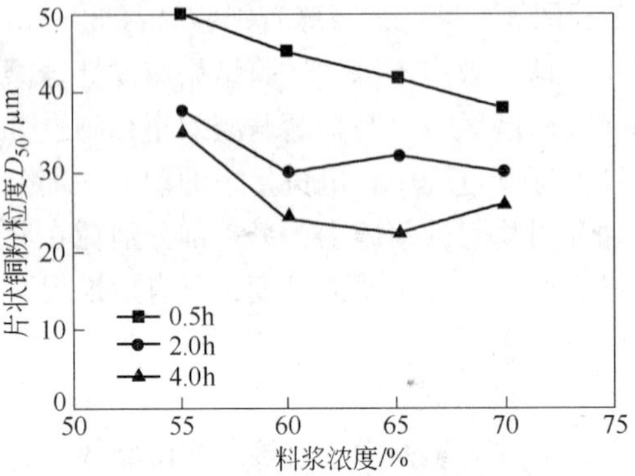

图 3-7　料浆浓度与片状铜粉粒度的关系

均粒度 D_{50} 达到 30μm，球磨 4h 平均粒度 D_{50} 达到 24μm，排浆顺畅。综合考虑铜粉和无水乙醇密度、片状化程度和粒度，选择料浆浓度为 60% ~65%，本次试验选用料浆浓度为 65%。

D　球磨转速

球磨机转速是一个很重要的工作参数，在固定加球量 20kg，介质球为不锈钢球，尺寸为 10mm，铜粉加入量为 3.0kg，料浆浓度为 65% 的条件下，分别进行了球磨转速 100r/min、150r/min 和 200r/min 的对比试验，试验结果见图 3-8。

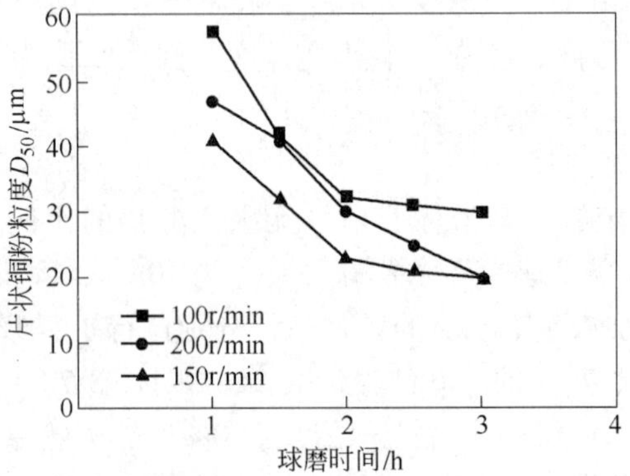

图 3-8　球磨转速与片状铜粉粒度的关系

从图3-8中可见，在相同的球磨时间，磨机转速在200r/min时，片状铜粉平均粒度下降略快，球磨1h平均粒度D_{50}达到38μm，球磨2h平均粒度D_{50}达到25μm，球磨3h产品平均粒度D_{50}达到20μm。因此选择球磨转速为200r/min。

E 优化球磨参数

以雾化铜粉（粒度10~15μm）为原料，优化后的球磨参数是：球磨机体积填充量为70%，介质球为不锈钢球，尺寸为10mm，球磨转速150r/min，无水乙醇为液体介质，配制料浆浓度为65%铜粉料浆，进行球磨片状铜粉试验，结果见表3-4和图3-9。

表3-4 片状铜粉性能

性 能	形 状	粒度分布范围/μm	松装密度/g·cm^{-3}
铜粉	片状	15~40	0.58~0.85

从表3-4中可见，球磨后的片状铜粉粒度分布范围较宽，必须进行分级，片状铜粉才有实际应用价值。

图3-9 片状铜粉SEM

3.1.3.2 分级

A 分级方法的选择

湿法分级是粉体制备的一项关键技术，分级技术的分类一般按分级力场的性质来划分。表 3-5 对分级类型进行了详细的划分[5]。

表 3-5　分级类型划分

力场类型	流场特点	典型设备	适应分级范围 /μm	特　点
重力场	静态重力分级	淘洗分级机	1 ~ 100	高精确度、小处理能力
	逆流式重力分级	上升流水力分级机	19 ~ 200	分级精度中等、较大处理能力
		云锡式水力分级箱	19 ~ 200	得到多产品、分级精度中等、较大处理能力
		多室水力分级机	40 ~ 400	得到多产品、分级精度中等、较大处理能力
	错流式重力分级	螺旋分级机	74 ~ 500	低分级精确度、大处理能力
	叶片旋转式	叶片式离心分级机	1 ~ 40	分级下线小、处理能力中等
离心力场	惯性式	水力旋流器	5 ~ 200	中等精确度、大处理能力

筛分可分为干法和湿法两种。干法筛分是在筛面上不加水，进行吸尘或不吸尘；湿法是在筛分时往筛面上加水。在既定的条件下，物料颗粒的形状对筛分也有重要影响[6]。物料的形状多种多样，而筛孔的形状也多种多样，一般情况下，球形颗粒容易通过圆形、方形、长方形和条缝形筛孔，粒状和多角状等类球形颗粒也较容易通过圆形、长方形、方形等形状的筛孔，但长方形、片状颗粒在通过圆形、长形筛孔时将受到较大的阻碍，而通过长方形、条缝形筛孔受到的阻碍小些，所以球形、类球形的物料易于筛分；条状、片状物料难筛分，这已得到生产实践

的证明。

重力沉降分级装置，其分级粒径主要是通过在分级区内料浆的停留时间不同而调节的。由于细颗粒沉降速度较慢，所以效率很低，目前较少采用这类方法进行超细粉分级[7]。

水力旋流器的工作原理是利用离心力场分离不同粒度（密度）的混合物料系。混合液在一定压力作用下进入水力旋流器腔体内，产生强烈的旋转运动，由于物料系中颗粒之间粒度差异或密度差异，颗粒所受到的离心力、阻力、浮力等各不一致，因此受离心沉降的颗粒产生分离或分级现象，大部分粗颗粒（或重相）沉降至旋流器边壁由底流口排出，大部分细颗粒（或轻相）在内旋流作用下经溢流口排出。旋流器直径越小，分级效果越好。

水力旋流器对云母薄片分级效果好，且结构简单、体积小，是一种较好的超细云母薄片分级设备[8]。

片状铜粉是薄片状粉体，在液体中悬浮性好、不易沉淀，综合考虑片状铜粉的特点及各种湿法分级设备的特点，选择水力旋流器为片状铜粉分级设备。为了得到窄粒径的分级粉，采用两种直径的旋流器，组成水力旋流器组除去两头（粗粉、细粉）的方法，对球磨后片状铜粉进行分级。

B 分级工艺流程

将球磨后的片状铜粉在1号搅拌筒内按分级溶液浓度配制并搅拌，由泵泵入一次旋流器分级，分级底流进入1号沉淀筒自然沉淀后，粗粉返回球磨机再磨；一次旋流分级除去大于产品要求的粗粉。一次分级溢流进入2号搅拌筒内，充分搅拌后的料浆由泵泵入二次旋流器分级，二次分级底流进入3号沉淀筒，成为合格产品；二次分级溢流进入2号沉淀筒，成为小于产品要求的细粉。两次旋流分级，采用除去两头（粗粉、细粉）的方法，对片状铜粉分级。一次旋流分级选用ϕ25mm旋流器，二次旋流分级选用ϕ10mm旋流器。分级工艺流程见图3-10。

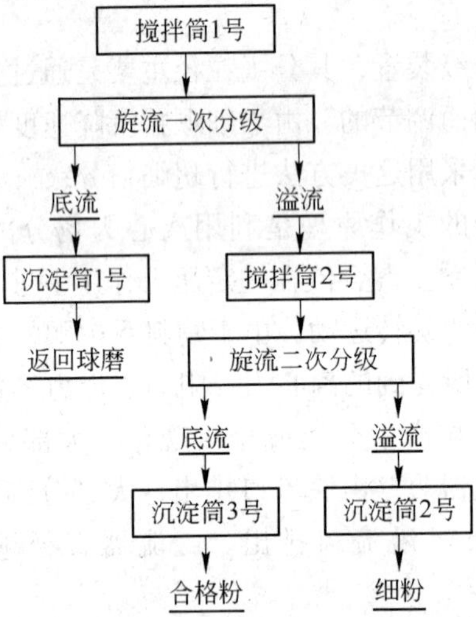

图 3-10　分级工艺流程图

以分级后片状铜粉粒度范围在 25 ~ 30μm 占 80% 为合格标准，一次旋流分级选用 ϕ25mm 旋流器，二次旋流分级选用 ϕ10mm 旋流器，对影响分级效率因素进行研究，确定较佳分级参数。试验用设备连接图见图 3-11。

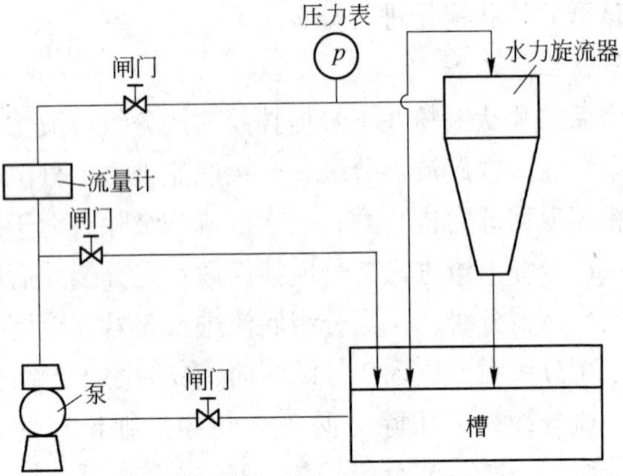

图 3-11　试验用设备连接图

C 进浆浓度

水力旋流器进浆浓度对分级粒度、分离效率有着重要的影响。实验考察了最佳分散条件下，ϕ25mm 旋流器的进浆浓度变化对溢流产品的细度、产率的影响，见表 3-6。

表 3-6 进浆浓度对分级的影响

进浆浓度/%	溢流中 25～30μm 产品含量/%	产率/%
5.0	62	43.6
7.0	64	44.1
9.0	70	45.3
10.0	68	45.7
11.0	66	44.6
14.0	68	44.7

从表 3-6 可知，随着进浆浓度的增加，分级粒度和分离效率会有不同程度的提高，但是变化幅度不是很大。为了保证分级铜粉的良好分散性、流动性，进浆溶液应搅拌均匀，适当使用分散剂等，保证分级粒度。

综合考虑分级粒度、产率、生产能力以及工艺等诸多因素，ϕ25mm 旋流器的进浆浓度应选择在 15% 左右为宜。

ϕ10mm 旋流器的进浆浓度变化对溢流产品的细度、产率的影响，见表 3-7。

表 3-7 进浆浓度对分级的影响

进浆浓度/%	溢流中 25～30μm 含量/%	产率/%
5.0	86	43.6
7.0	86	44.1
9.0	88	45.3
10.0	88	45.7
11.0	87	44.6
14.0	87	44.7

从表 3-7 可知，随着进浆浓度的增加，分级粒度和分离效率会有不同程度的提高，但是变化幅度不是很大。为了方便生产，ϕ10mm 旋流器的进浆浓度选择在 15% 左右。

D　进浆压力

进浆压力影响到水力旋流器的工作指标及产品质量指标。ϕ25mm 旋流器水力旋流器的进浆压力变化对溢流产品细度的影响，见表 3-8。

表 3-8　进浆压力对分级的影响

进浆压力/MPa	溢流中 25 ~ 30μm 含量/%
0.45	54
0.55	56
0.65	58
0.70	61
0.75	65
0.8	64
0.9	64
1.0	54

由表 3-8 可知，随着进浆压力的升高，溢流产品中 25 ~ 30μm 含量增大；当进浆压力提高到 0.7MPa 后，溢流产品的细度基本维持稳定。进浆压力的增大会加快旋流器磨损的速率，减少其使用寿命。综合考虑，10mm 水力旋流器组的最佳进浆压力选择在 0.7 ~ 0.75MPa 为宜。

ϕ10mm 旋流器水力旋流器的进浆压力变化对溢流产品细度的影响，见表 3-9。

由表 3-9 可知，随着进浆压力的升高，溢流产品中 25 ~ 30μm 含量增大；当进浆压力提高到 0.7MPa 后，溢流产品的细度基本维持稳定。综合考虑，ϕ10mm 旋流器的进浆压力选择在 0.7 ~ 0.75MPa 为宜。

表 3-9 进浆压力对分级的影响

进浆压力/MPa	溢流中 25～30μm 含量/%
0.45	70
0.55	72
0.65	75
0.70	80
0.75	82
0.8	83
0.9	82
1.0	82

E 优化分级参数

以分级后片状铜粉粒度范围在 25～30μm 占 80% 为合格标准，一次旋流分级选用 ϕ25mm 旋流器，二次旋流分级选用 ϕ10mm 旋流器组成旋流分级组，优化后的分级参数为：进浆浓度：15%；进料压力：一次旋流为 0.6～0.65MPa；二次旋流为 0.75～0.8MPa。

分级前后片状铜粉表面形貌见图 3-12 和图 3-13。

a b

图 3-12 一次旋流分级（除粗粉）后 SEM

a—分级前；b—分级后

a b

图 3-13 二次旋流分级（除细粉）后 SEM

a—分级前；b—分级后

3.1.3.3 表面改性

表面改性的工艺很多，本文采用有机物表面包覆改性法对片状铜粉进行改性，以提高其抗氧化能力和保持高的导电性。

A 改性剂选择

实验在以下几种改性剂中进行选择：OP 乳化剂、苯并三氮唑、油酸及丙酮混合试剂、聚乙二醇、改性剂 C。

将待处理的片状铜粉与蒸馏水配成混浊液，然后向其中加入一定量的表面改性剂，快速搅拌，反应 10 ~ 20min 后，静置澄清倒出上清液，将得到的片状铜粉在 50℃烘箱进行烘干。

将经不同改性剂改性处理的片状铜粉样品分别装塑料袋不封口，同时敞放于通风良好的房间内，以经历各种室温、湿度的自然环境考验，放置一段时间后取样分析铜粉氧含量及压实电阻，以验证铜粉抗氧化性，时间最长达一年。实验结果见表 3-10。

表 3-10 不同类型改性剂对铜粉的氧化量及压实电阻的影响

改性剂类型	粉体光泽度	氧化量/mg · g^{-1}	压实电阻/Ω
OP-乳化剂	变暗，光泽度差	17.813	13.8
油酸及丙酮混合试剂	变黑，无光泽	35.637	24.5
聚乙二醇 400	变暗，光泽度差	25.894	15.7
改性剂 C	有金属光泽	8.458	8.9

由表3-10可见，经改性剂C改性的片状铜粉的氧含量及压实电阻最低，即其抗氧化性和导电性均较好，且仍保持原有的金属光泽，而油酸及丙酮混合试剂的抗氧化能力最差，氧化量及压实电阻均较大，铜粉表面很明显呈黑色，表明已被氧化，所以选择用改性剂C对片状铜粉进行改性。

B 表面改性剂加入量的选择

按上述实验步骤，将处理好的铜粉与蒸馏水配成混浊液，分别加入浓度为0.1g/L、0.5g/L、1.0g/L、1.5g/L、2.0g/L的改性剂，浸泡30min，取出，烘干后，进行检测。结果见图3-14、图3-15。

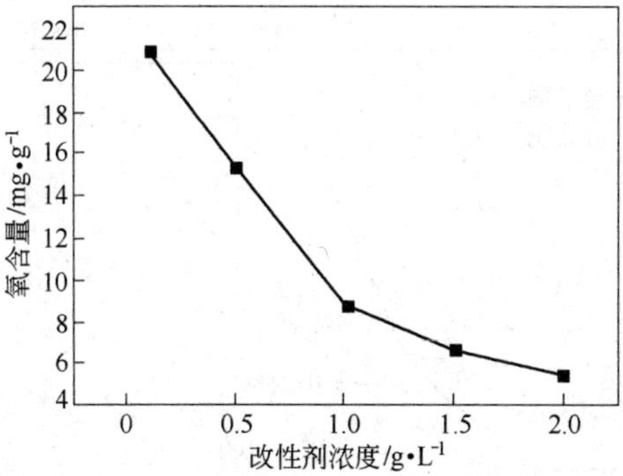

图3-14 不同浓度的改性剂C对铜粉氧含量的影响

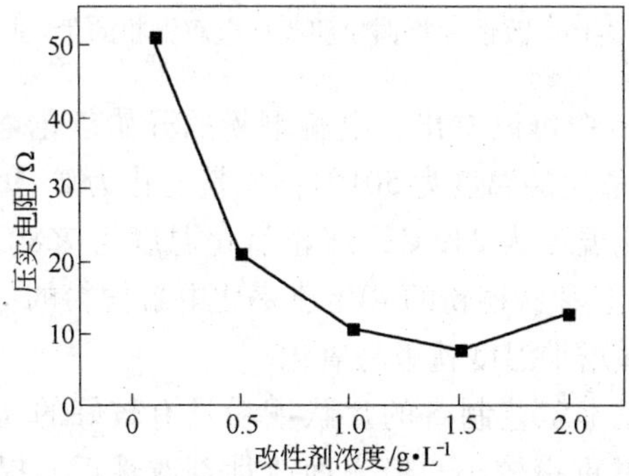

图3-15 不同浓度的改性剂C对铜粉的压实电阻的影响

由图 3-14 可见，随着改性剂浓度的增加，铜粉的氧含量逐渐减少，表明随着改性剂浓度的增加，片状铜粉的抗氧化能力逐渐提高，但当浓度增加到一定程度，氧含量的变化不太明显。由图 3-15 可见，随着改性剂浓度的增加压实电阻逐渐减小，但当浓度达到一定程度后，压实电阻反而增加，这是因为，达到一定程度后，铜粉表面包覆的改性剂层变厚，对导电性有一定的影响，所以导致电阻下降。所以应适当控制改性剂的浓度，本文将改性剂的浓度控制在 1.0～1.5g/L 的范围内。

图 3-16 是在空气条件下，温度变化区间为 25～800℃，升温速率为 20℃/min 时改性铜粉的 TG 曲线。

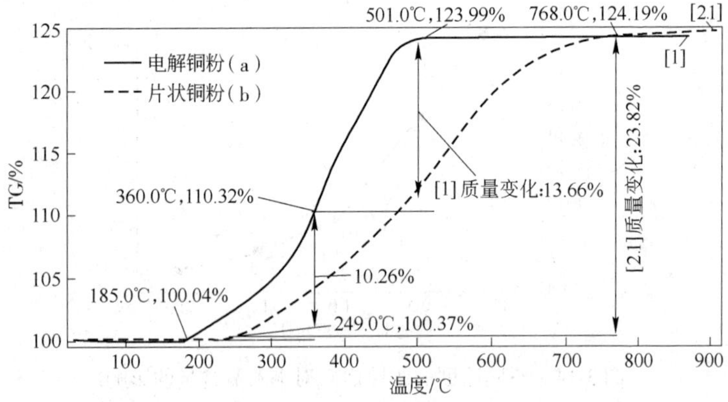

图 3-16　改性片状铜粉和改性电解铜粉的 TG 曲线

从图 3-16 中可以看出，电解铜粉的开始氧化增重温度约为 185℃，终止氧化的温度为 501℃，质量变化为 23.95%；片状铜粉的开始氧化温度为 249℃，终止氧化温度为 768℃，质量变化为 23.82%。且片状铜粉的氧化速率比电解铜粉的低。而未经改性的铜粉稍微增加温度就极易氧化。

由此可见本工艺制备的片状铜粉具有较好的高温抗氧化性能，且氧化增重率较小，经表面改性剂改性后，提高了其抗氧化性。

3.1.3.4 片状铜粉性能

采用优化工艺生产片状铜粉解决氧化的关键技术问题，产品纯度高、导电性好、电阻率低，可制备铜浆、低温聚合物导体、导电胶等，也可制成导电、电磁屏蔽、防静电制品，是以贱代贵的理想选择。片状铜粉的性能见表3-11。

表3-11 片状铜粉产品性能

牌号	形状	粒度分布/μm			松装密度/g·cm^{-3}
		D_{10}	D_{50}	D_{90}	
PC-2	片状	≥6	22±2.0	≤45	0.70~0.80
PC-3	片状	≥8	32±2.0	≤55	0.70~0.80
PC-4	片状	≥15	42±2.0	≤70	0.60~0.70
PC-5	片状	≥20	52±2.0	≤80	0.60~0.70

3.2 片状锌粉

3.2.1 前言

锌是银灰色的金属，断面呈现金属光泽，在常温下表面生成致密的碳酸锌薄膜，有保护的作用。锌的熔点为419.8℃，密度为7.14g/cm^3，在常温下较脆，100~150℃变软，超过200℃又变脆。锌有α、β、γ三种晶态，其转化温度为170℃和330℃。

锌的导电性为银的27.8%，导热性为银的24.3%。

金属锌在常温下和干燥的空气中稳定，在潮湿的空气中，其表面逐渐氧化，生成一层灰白色的致密的碱性碳酸锌$ZnCO_3(OH)_2$的薄膜，阻止了锌的进一步氧化。利用锌的这一特性，锌元素在保护钢铁防止腐蚀中起着举足轻重的作用。从热镀锌、热浸锌、富锌底漆到目前热门的达克罗涂料（国外称Dacrometal），从采用颗粒状锌粉到目前推出的鳞片状锌粉，都是利用锌的防腐性能。

片状锌基涂料具有以下优点[9]：

（1）涂层具有优良的耐腐蚀性和良好的屏蔽作用。球状锌粉的粒径在 5 ~ 10μm，而片状锌粉的厚度在 0.1μm 左右，只是普通球状锌粉的 1%。这就使得相同厚度的涂层，普通球状锌粉只有几层锌粒，而片状锌粉可以在涂层中形成平行搭接、交叠排列的落叶状的叠层，减少了涂层的孔隙度，提高了涂层的耐腐蚀性和屏蔽性能。

（2）涂层的电化学保护性更好。涂层中平行搭接的片状锌粉之间是面接触，而球状锌粉之间是点接触，面接触方式保持有良好的导通性，保证了涂层的电化学保护性能。

（3）涂料的施工性能更为优异。片状锌粉的松装密度小，仅为球状锌粉的 1/3，在料浆中悬浮性好、不易沉淀，加上加入量大幅度降低，使涂料密度减小，有利于涂料施工性能的改善，同时可作富锌防腐底漆。

（4）降低了涂料成本。与普通球状锌粉富锌底漆相比，它在锌粉含量、涂层厚度和涂层的质量上减少了很多，采用同样的树脂作黏结剂生产富锌涂料，所必需的片状锌粉只占球状锌粉使用量的 1/3 即可达到富锌涂料的使用要求，提高了单位质量涂料的涂覆量，降低了成本。

3.2.2 片状锌粉制备方法

片状锌粉生产一般有 3 种方法[10]：（1）蒸馏法。蒸馏法生产出的锌粉细，活泼金属含量高。（2）爆炸法。所得粉末纯度高，但生产效率低、能耗大、成本高，适用于制作实验室用的化学试剂。（3）球磨法。按磨制方式可将球磨法分为搅拌磨、转筒球磨、振动球磨、高能球磨等；按加入配料方式不同又可将其分为湿式和干式球磨。其中以湿式球磨法应用较为普遍，该方法是将颗粒状锌粉、研磨媒质（钢球）及媒液加入球磨机中，将颗粒状锌粉粉碎，挤压成片状。湿式球磨法设备比较简单，研磨效果好，产品合格率较高，但工艺复杂。

除上述方法外，陆必志[11]等在 4A 电流和 2cm 沉积高度的条件下，用蒸发—冷凝法沉积锌膜，并用无机底膜和有机底膜的方法来收集锌膜，用超声波对锌膜进行粉碎，得到超细鳞片状锌粉，锌粉粒度在1μm以下，粒度分布较均匀，结果比较理想。徐金富[12]等选用200目（0.074mm）市售锌粉，加入自配的包覆剂混匀，先在三辊轧制机上轧制，再在QM系列行星式球磨机上球磨。按最佳工艺成形后的锌粉呈鳞片状，中位径为23.72μm，90%集中在10~40μm之间，厚度在0.1~0.6μm之间，氧化度为6.02%，能满足达克罗涂层对粉体的尺寸和性能要求。

在国外，作为达克罗涂料最主要成分的鳞片状锌粉的制备方法主要是冷轧微小锌片法，但由于技术保密，目前，国内尚无能力使用这种方法生产，国际上也只有少数几个国家能生产。例如，日本NDS公司专有鳞片状锌粉的生产技术，其规格为平均粒径为4~5μm，厚度为0.1~0.3μm。传统的球磨法不可能生产出平均片径为3.2~6.0μm，厚度在0.1~0.4μm的锌粉，因此也就无法满足作为达克罗涂料的技术要求。

3.2.3　湿法球磨制备片状锌粉

湿式球磨法生产片状锌粉是将原料锌粉放置在球磨机内，同时放入溶剂油和助磨剂进行研磨。在这个过程中锌粉被研磨成片状，助磨剂可以增加研磨物料的黏度，保护锌粉表面不致磨伤，同时防止锌粉互相锻结。助磨剂一般使用脂肪酸、蓖麻油酸以及硬脂酸的盐类。溶剂油可以起到分散锌粉、提高球磨效率、同时保护锌粉在球磨过程中不氧化的作用。球磨机为搅拌球磨机，球磨筒体由不锈钢制成，机身外有冷却水套。在研磨细度达到要求后，锌粉浆排除球磨机并真空抽滤脱去溶剂油，根据下游产品的具体要求，进行表面改性后即得到锌粉浆。若产品要求干粉，表面改性后还需干燥和分散即可得到片状锌粉。

本课题组申请的发明专利“鳞片状锌粉生产方法”（专利授权号：ZL 03 1 34670.7）具体说明了湿式球磨法生产片状锌粉的方法。

3.2.3.1 原料及设备

A 锌粉

锌粉采用 10 ~ 15μm 球状锌粉，其化学成分如表 3-12 所示，表面形貌见图 3-17。

表 3-12 锌粉的化学成分 (%)

全 锌	金属锌	Pb	Cd	Fe
99.00	95.58	0.05	0.016	0.001

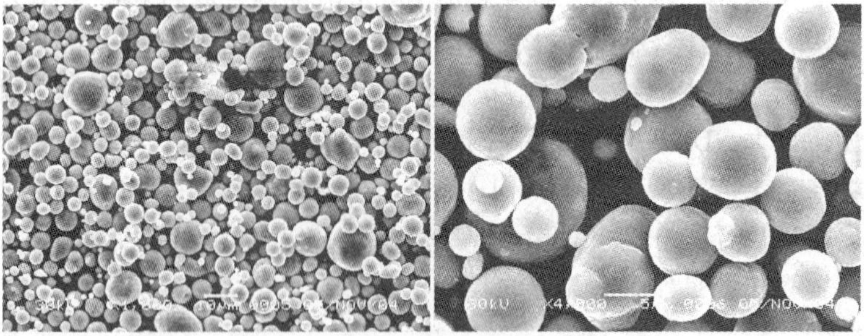

a b

图 3-17 球状锌粉的表面形貌

a—1000 ×；b—4000 ×

B 化学试剂

实验的主要实验试剂如表 3-13 所示。

表 3-13 主要实验试剂

试剂名称	标 准	生产厂家
溶剂油	200 号	燕山石化
硬脂酸	AR	天津市化学试剂三厂
苯并三氮唑	AR	天津市化学试剂三厂
表面活性剂 A	AR	自制
丙三醇	AR	天津市化学试剂三厂
复合改性剂 1		自制
复合改性剂 2		自制

C 主要设备

主要设备包括：搅拌球磨机、旋流器分级机、过滤设备、鼓风干燥箱、滚筒球磨机。

3.2.3.2 工艺流程

湿法制备片状锌粉工艺流程见图3-18。生产工序由选料、搅拌球磨、旋流器分级、第一次和第二次表面改性五部分组成。

（1）选料工序采用粒度小于200目，且金属锌含量大于99%的球状金属粉作为原料。

（2）湿法搅拌球磨。分以下几步完成：1）在球磨机内加入钢球、研磨介质、原料金属粉、球磨助剂和液体润滑剂；2）打开球磨机外套循环水；3）在选定的转速下开球磨机；4）球磨过程；5）完毕后关机，关球磨机外套循环水，从球磨机下端放出料浆。搅拌球磨使用的研磨介质为200号溶剂油，球磨助剂为硬脂酸锌，按原料重量的5%～15%加入，液体润滑剂为丙三醇，加入钢球为单一直径，钢球直径介于4～8mm之间，钢球加入量根据球磨机的容量来确定。可按下述的比例确定：如球磨机容量为5L，加入直径4mm的钢球15～20kg，原料金属粉1～2kg，200号溶剂油2～4kg，硬脂酸锌8～20g，丙三醇12～20mL。开机球磨，转速为100～500r/min，球磨5～8h。出料时，先从球磨机下端放出料浆，用200号溶剂油清洗干净钢球和球磨机内壁附着的粉。搅拌球磨得到的粉进入旋流器分级工序。

（3）旋流器分级按以下几步完成：1）将从球磨机下端放出的料浆入1号储液桶，并混合均匀；2）将混合均匀的料浆泵送入1号旋流器中，粒度范围在1～8μm的细粉从溢流口分离，放入细粉池，底流口分离出大于8μm的粉，进入2号储液桶；3）将2号储液桶内料浆混合均匀；4）将2号储液桶中料浆泵入2号旋流器中，粒度范围在8～12μm的粉从溢流口分离进入成品池，底流口分离出大于12μm的粉，进入粗粉池。粗粉经沉淀后返回搅拌球磨工序重新处理。

旋流器分级过程是本发明工艺中的特殊组合，采用两台旋流

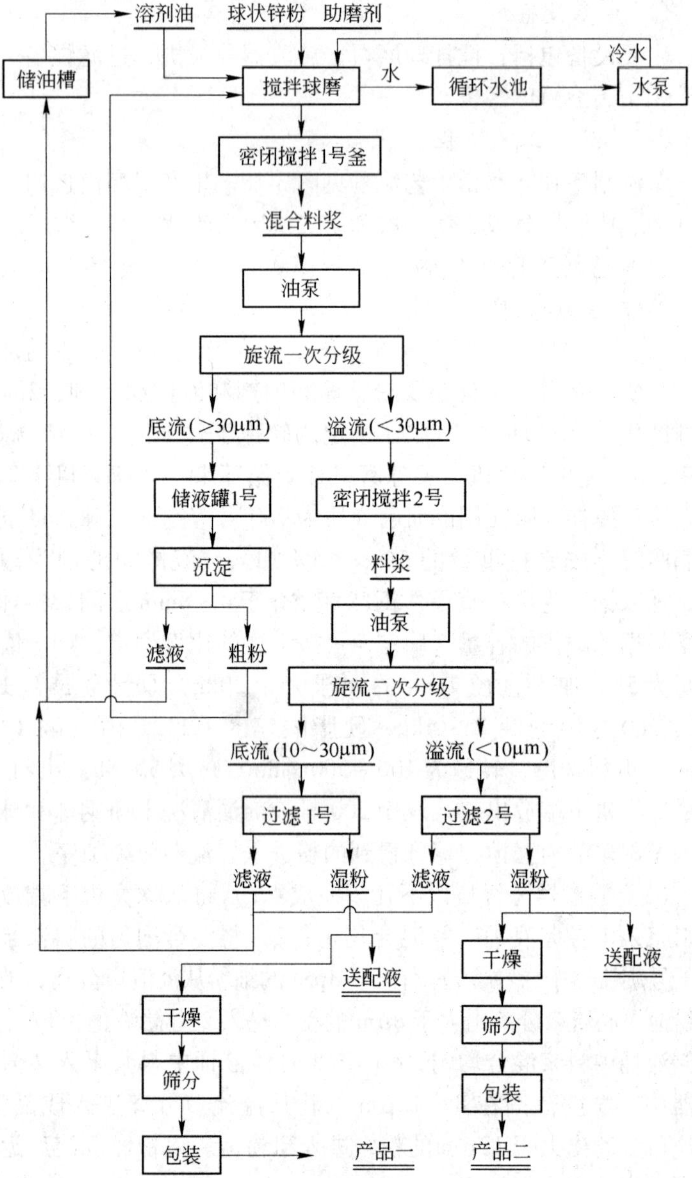

图3-18　片状锌粉湿法工艺流程图

器分级，1 号旋流器除去小于 8μm 的细粉，2 号旋流器除去大于 12μm 的粗粉，通过两级分级，保证成品的粒度分布范围稳定，8～12μm 的片状金属粉的粒度分布率大于 80%。

（4）第一次表面改性（表面涂覆抗氧化膜）工序，按以下几步完成：1）配制复合抗氧化剂溶液；2）将成品池中上清液抽去，将抗氧化剂溶液注入成品池，混合均匀，保证粉在抗氧化剂溶液中的停留时间不少于 30min；3）表面改性后的粉用工业滤布过滤，送入鼓风干燥箱烘干，烘干温度 60℃。

（5）第二次表面改性，即涂覆有机定向漂浮膜，按以下几步完成：1）将第一次表面改性后的粉送入滚筒式球磨机；2）加入玻璃球介质和表面改性剂球磨。

第二次表面改性球磨方式采用干法球磨，加入质量较轻的玻璃球为研磨介质，球径范围在 ϕ2～6mm 之间，表面改性剂加入量为改性粉总质量的 0.5%～1.5%。球磨时转速为 20～50r/min，时间 2～10h。如加入直径 2mm 的玻璃球 2kg，加入待处理粉体 1kg，表面改性剂 10g，球磨转速 20r/min，时间 5h。

经过质量检验，合格产品用塑料袋真空包装入库。

3.2.3.3 片状锌粉性能

片状锌粉性能指标见表 3-14。片状锌粉的表面形貌见图 3-19。

表 3-14 片状锌粉技术指标

性能 / 种类	粉末形状	平均粒径 /μm	比表面积 /$m^2 \cdot g^{-1}$	水面遮盖力 /$m^2 \cdot g^{-1}$	应用范围
漂浮性	片状	7～10	2.5	7000	喷涂达克罗涂料、富锌涂料
漂浮性	片状	10～15	2.0	6000	达克罗涂料、富锌涂料
非漂浮性	片状	15～20	1.5～1.8	—	金属涂料、富锌涂料

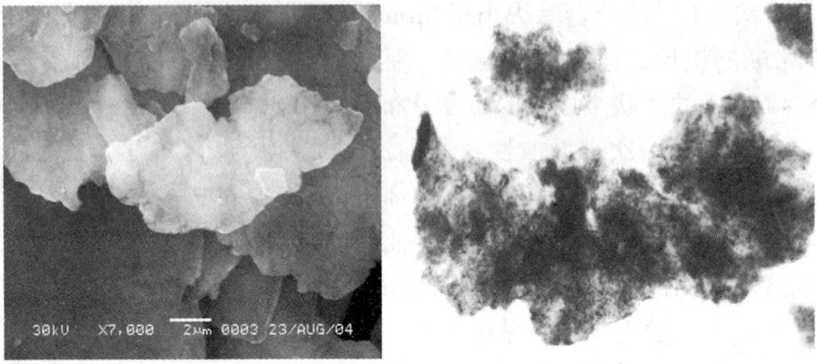

a　　　　　　　　b

图 3-19　片状锌粉 SEM 图(7000×)(a)和片状锌粉 TEM 图(7000×)(b)

3.2.4　干法球磨制备片状锌粉

干式搅拌球磨制备片状锌粉，具有效率高、流程短、成本低等特点。在干法球磨过程中，除对球磨机的转速、球料比、助磨剂等要优选条件、严格控制外，球磨温度和保护气氛也是重要工艺参数。干式搅拌球磨制备片状锌粉实例如下[13]。

3.2.4.1　原料及设备

A　锌粉

锌粉原料采用韶光冶炼厂球状锌，其性能指标见表 3-15。

表 3-15　韶光冶炼厂球状锌性能指标

锌　粉	全锌/%	金属锌/%	平均粒径/μm
T0	≥99	≥95	4.14~5.99
T3	≥99	≥96	8.24~8.75

B　主要设备

图 3-20 为高能卧式转子研磨机的外形图，所示设备带有一个研磨仓，一水平式转子及适量研磨球，可适用于各式研磨，研磨仓的容量为 2L。此设备的主要特征是备有空气密封系统，可调式预密封元件，可抽真空仓及旋转密封；由于整机为水平放

置，研磨球因受重力影响而造成的非均匀分布状态得以避免，从而使得由磨球产生的碰撞动能均匀分布在空间每个角落，加上转子的高强度设计，可使转子的转速比传统的立式转子球磨机高出2~3倍，产生了高能研磨效应。

图3-20 高能卧式转子研磨机的外形图

C 片状锌粉工艺流程

片状锌粉的工艺流程见图3-21。

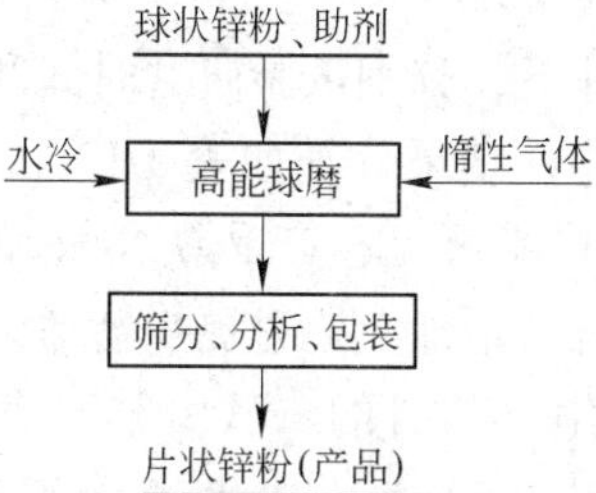

图3-21 片状锌粉干法高能球磨工艺流程图

3.2.4.2 工艺条件选择

A 球磨机转速

球磨机的转速分别采用固定一种转速和交替变化转速两种方法进行试验（球磨时间为30min，原料为T3，循环为高速48s，低速12s，1min循环1次），分别试验速度对片粉性能的影响，结果见表3-16。由表3-16可见球磨机的转速对锌粉性能有一定的影响，采用交替变化的速度可减少焊合情况，综合各项指标，转速为 1300r/min 和 1100r/min 交替变化的指标较好。

表 3-16　球磨机转速对产品性能的影响

转速/$r \cdot min^{-1}$	松装密度/$g \cdot cm^{-3}$	平均片径/μm	片状化程度①/%
900	1.88	18.9	96
1100	1.71	22.6	95
1300	1.55	24.3	98
1300、900	1.44	25.4	97
1300、1100	1.29	27.35	99
1300、700	1.48	23.60	98
1200、700	1.62	20.74	96
1200、1000	1.41	26.33	98
1100、700	1.65	18.85	97
1000、800	1.70	18.21	97
1000、700	1.73	17.37	95

①片状化程度是通过扫描电镜图来判断的。

B　球磨时间和温度

在相同转速条件下，分别试验研磨时间和温度对片状粉径厚比和杂质含量的影响，结果分别如表 3-17 和图 3-22 ~ 图 3-24 所示，由图 3-22 ~ 图 3-24 可见：产品铁含量和氧化率随温度的升高和时间的增长而有所增加，通过更换磨球、增设气体保护可达到降低铁含量和氧化率的目的。试验结果表明，把温度控制在 42℃，研磨时间控制在 50min，片状锌粉的径厚比、铁含量、氧化率指标较好。

表 3-17　球磨时间和温度对产品性能的影响

时间/min	片状化程度/%	松装密度/$g \cdot cm^{-3}$	径厚比
20	88	1.65	39.15
25	95	1.58	43.20
30	97	1.49	46.25
40	98	1.40	50.90

续表 3-17

时间/min	片状化程度/%	松装密度/g · cm^{-3}	径厚比
50	98	1.35	68.74
60	98	1.26	73.30
球磨温度/℃	片状化程度/%	松装密度/g · cm^{-3}	径厚比
13.5	95	1.68	35.50
25	96	1.56	47.10
36	98	1.45	49.50
42	98	1.28	51.22

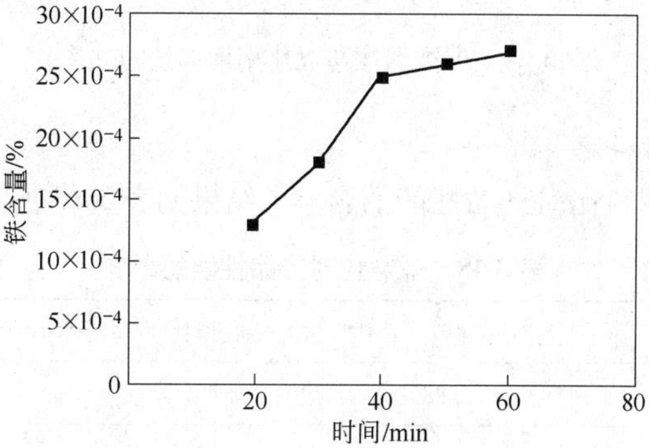

图 3-22　球磨时间与铁含量的关系

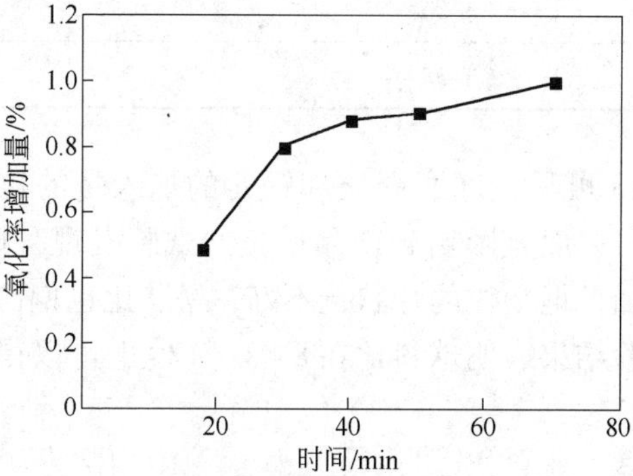

图 3-23　球磨时间与氧化率增加量的关系

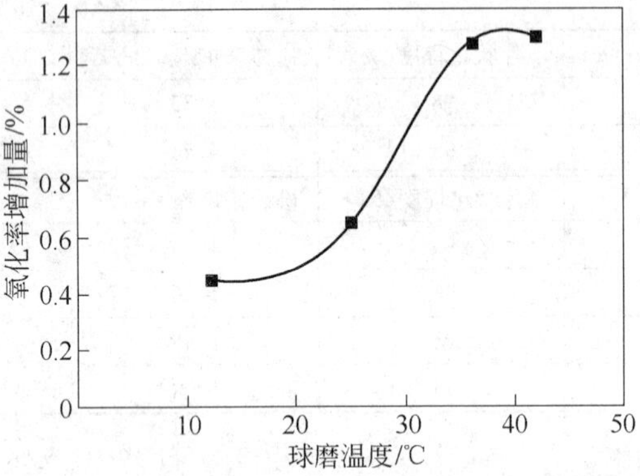

图 3-24　球磨温度与氧化率增加量的关系

C　球料比

考察球料比对产品性能的影响，结果如表 3-18 所示。

表 3-18　球料比对产品性能的影响

球料比	松装密度/g · cm^{-3}	径厚比	片状化程度/%
5 : 1	1.88	23	92
6 : 1	1.80	28	94
8 : 1	1.65	42	98
10 : 1	1.54	56	98
12 : 1	1.38	59	98

由表 3-18 可见，球磨介质和锌粉的加入量的比例不同，不仅影响到产量，而且影响到产品质量，试验发现，球料比偏小，虽然产量增加，但粉体的片状化不好，松装比也偏高，粉的颜色也偏黑，试验结果表明球料比在 8 : 1 ~ 12 : 1 可以得到质量较好的产品。

D　球径

考察球径对产品性能的影响，结果如表 3-19 所示。

表 3-19 球径对产品性能的影响

球径/mm	松装密度/$g \cdot cm^{-3}$	径厚比	片状化程度/%	锌粒平均厚度/μm
3	1.33	68	98	0.43
4	1.45	59	98	0.66
5	1.57	49	98	0.71

由表 3-19 可见：磨球的大小也影响产品的质量，根据理论分析：球越小，粉越细。试验结果表明：球的大小不仅影响粉体的粒径，而且影响到锌粉的片厚，通过试验最终选择 3mm 的球为球磨介质。

E 球磨气氛

分别试验了在惰性气体和空气中球磨的情况，结果见表 3-20。结果表明在空气中氧化较严重，不能得到我们要求的粉体，因此我们采用在全密闭的填充惰性气体保护条件下进行试验。

表 3-20 球磨气氛的影响

气 氛	锌粉氧化率增加率/%
惰性气体	0.85
空气	4.6

F 球磨工艺条件确定

通过上述试验确定最好的球磨工艺条件，如表 3-21 所示。

表 3-21 优化的球磨工艺

球径/mm	3
转速/$r \cdot min^{-1}$	1300~1100，循环
球料比	8∶1~12∶1
球磨时间/min	50
气 氛	惰性气体

3.2.4.3　表面改性

A　表面改性剂用量对性能的影响

考察了表面改性剂用量对产品性能的影响，结果分别如表 3-22 和图 3-25 所示。

表 3-22　表面改性剂用量对产品性能的影响

三元复合助剂/%	径厚比	片状化程度/%	活化指数/%	颜　色
0.5	35	92	96	光　亮
1.0	47	95	98	光　亮
1.5	55	96	99	有金属光泽
2.0	53	98	99	偏　黑
3.0	50	98	99	偏　黑

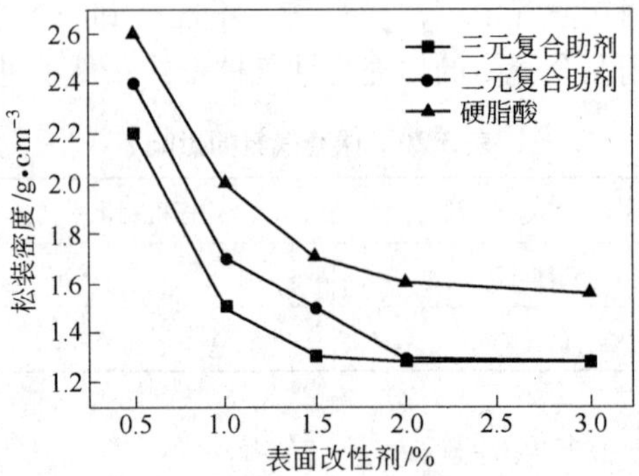

图 3-25　表面改性剂与松装密度的关系

由表 3-22 可见，表面改性剂的添加量对粉体的影响较大，表面改性剂加入量越大，粉体分散性和片状化都越好，但锌粉的颜色变黑，而且锌粉的助剂残留大于 3%（这也是湿法研磨工艺助剂残留的极限）时就会影响达克罗涂料的性能。图 3-25 表明，表面改性剂的添加量大，粉末的松装密度变小。通过试验确定表面改性剂添加量为 1.0% ~2.0%。

B 表面改性剂种类对性能的影响

分别试验了单一和复合表面改性剂对研磨效果的影响，结果如表 3-23（原料平均粒径为 7 ~ 10μm）所示。

表 3-23 不同表面改性剂对锌粉性能的影响

表面改性剂种类（添加量为 1.5%）	松装密度 /g · cm^{-3}	径厚比	活化指数 /%	颜色	片状化程度
硬脂酸	1.45	38	96	偏黑	一般
硬脂酸锌	1.38	49	96	较亮	较亮
硬质酸钙	1.61	46	95	偏黑	较好
聚乙烯醇	1.54	21	95	光亮	片太大（粗化）
硫化钼	1.78	25	95	光亮	片太大（粗化）
硬脂酸锌、硬脂酸	1.50	45	98	偏黑	较亮
硬脂酸锌、Al_2O_3	1.48	46	98	较亮	较亮
硬脂酸锌、聚乙二醇	1.36	56	98	较亮	较亮
硬脂酸锌、甘油醇	1.60	42	98	较亮	较亮
二元复合助剂	1.29	69	99	光亮	粉细、片状化好
三元复合助剂 2	1.11	78	99	较亮	粉细、片状化好

由表 3-23 可见，采用不同的表面改性剂对片状粉的影响较大，不同的表面改性剂效果是完全不同的。这是因为超细粉体的表面改性，主要依靠改性剂在超细粉体表面的吸附或反应包覆或成膜来实现的，因此，表面改性剂的种类及性质对粉体表面改性或表面处理的效果具有决定性作用。采用表面活性剂作为制备片状锌粉的表面改性剂，单一表面活性剂没有复合表面活性剂效果好，最终选用复合表面活性剂为改性剂。

改性后片状锌粉与德国爱卡锌粉进行性能对比，结果见表 3-24。

表 3-24　爱卡锌粉和经过表面改性锌粉性能对比

指标锌粉	进口锌粉	实验锌粉
全锌/%	≥95	≥97
金属锌/%	≥93	≥94
平均片径/μm	18	10 ~ 20
片厚/μm	0.2 ~ 1.0	0.30 ~ 1.0
径厚比	≥50	≥50
颜色	光亮	光亮
松装密度/$g \cdot cm^{-3}$	1.1	1.0 ~ 1.3
片状化程度/%	99	99
活化指数/%	99	99
涂料盐雾试验时间/h	≥1000	≥1200

从表 3-24 可以看出，从粒径大小来看，德国爱卡的片状锌粉和经表面改性后的锌粉相差无几。但是，德国爱卡公司的片状锌粉大多成狭长的片状，平均粒径约为 18μm，片径相对很薄，径厚比大约大于 50 ~ 100；而经表面改性的锌粉呈鳞片状，平均粒径约为 20μm，径厚比大约大于 50。

3.2.5　片状锌粉生产中存在的问题

由于球磨法生产工艺还存在粉体制备、分级、表面改性、粉末微观形状控制等方面关键技术难点，片状锌粉生产中存在以下问题。

（1）片状粉末径厚比小，表面凹凸不平。球磨技术的极限和分级技术上存在的困难，限制了片状粉末径厚比，难以得到径厚比达到 100 : 1 的片状粉。加之球磨成片造成粉末表面凹凸不平，严重影响了粉末的亮度、色泽和金属质感。

（2）粉末的精细化。片状锌粉主要应用于配制各种水溶性无机盐涂料、有机防腐涂料以及富锌底漆。不同产品对片状锌粉的粒度分布、松装密度、漂浮性和表面改性要求不同，有必要根据下游产品具体要求对粉末进行精细化处理，形成不同系列片状锌粉产品。

（3）降低能耗，提高生产效率，进一步优化工艺流程。

3.3 片状银粉

3.3.1 前言

银粉是一种重要的贵金属粉末，广泛应用于催化剂、抗菌材料、医药材料、电子浆料等领域。银粉是乙烯环氧化催化剂的主要成分[14]；把银纳米微粒掺入物中可以消除异味，医用纱布中渗入纳米银粒子具有消毒杀菌作用[15]；由于金属银具有良好的导电性，银粉还是制作电子浆料、导电涂层等的主要原料。

微电子工业用银粉的形态大致有球形、絮状、树枝状及片状，片状银粉的比表面积相对较大，性质稳定，颗粒间是面接触或线接触，所以电阻相对较低，导电性较好。片状银粉是电子元件的重要材料之一，片状银粉被广泛应用于滤波器、碳膜电位器、钽电容器、薄膜开关、半导体芯片黏结等电子元器件中，片状银粉也是新型表面贴装元件电极浆料的原材料，是各种片式元件端电极专用电子浆料的重要组成部分，因此片状银粉具有重要的应用前景。

近几十年来，随着微电子工业突飞猛进的发展，对贵金属粉尤其是在微电子中应用最广的银粉的制备和工艺学研究方面取得了很大进展。我国银粉的研究和开发起于20世纪60年代初，八九十年代进入快速发展阶段，在这段时期政府投入较大，有许多单位参与了银粉制备技术的研究，并生产出许多系列的银粉，填补了国内空白。表3-25为我国生产银粉的主要厂家和银粉牌号[16]。

表 3-25 我国生产银粉的主要厂家和银粉牌号

牌号	技术标准	用途	生产厂家
纯银粉 Ag-3	XQB522—80	原料	北京有色金属研究总院，昆明贵金属研究所，西北铜加工厂
纯银粉 Ag-35（Ⅰ）	BY117—70	原料	北京有色金属研究总院，昆明贵金属研究所，太原、天津电解铜厂
纯银粉 Ag-35（Ⅱ）	Q85Y6—75	原料	北京有色金属研究总院，沈阳、常州、重庆冶炼厂，白银有色公司
纯银粉 Ag-35（Ⅲ）	GB4135—84	原料	北京有色金属研究总院，芜湖冶炼厂
纯银粉 Ag-4	BY117—70	原料	北京有色金属研究总院，昆明贵金属研究所，太原电解铜厂
纯银粉 Ag-5（Ⅰ）	XQB522—80	原料	北京有色金属研究总院，西北铜加工厂
纯银粉 Ag-5（Ⅱ）	Q/SH112—80	原料	北京有色金属研究总院，沈阳黄金专科学校
超细银粉 FAgC-1	GB1774—79	厚膜线路	北京有色金属研究总院，昆明贵金属研究所
超细银粉 FAgC-2	GB1774—79	厚膜线路	北京有色金属研究总院，昆明贵金属研究所
超细银粉 FAgC-3	GB1774—79	厚膜线路	北京有色金属研究总院，昆明贵金属研究所
光亮银粉 FAgC-1	GB1774—79	厚膜线路	北京有色金属研究总院，昆明贵金属研究所

传统片状银粉的制备采用还原—球磨法。即首先通过化学还原得到球状或树枝状银粉，然后经过机械干法球磨，使银粉形成

不规则的片状银片。目前，片状银粉的制备主要还是以还原—球磨法为主。

化学法是通过化学还原反应，控制反应条件，直接一步制备得到片状银粉。例如：光诱导法、异质晶核法、模板法等。化学还原法制备的片状银粉具有纯度高、片状均匀、亮度好的优点，而且，化学还原法直接制备片状银粉在很大程度上可以克服球磨工艺的一些不足，利用该法直接制备片状银粉一直是科研人员的目标。但就目前而言，化学还原法直接制备片状银粉还存在粉末力学性能差，当银粉与树脂匹配轧制成浆料后，在加热固化时随着固化温度升高，存在银片收缩，形成颗粒并变粗，失去银粉光泽而呈银灰导致零位电阻增加等一些缺点[17]。该方法还在进一步完善之中。

金属粉末松装密度是粉末冶金重要技术指标，对用作电子材料的片状银粉，松装密度也是极其重要的技术指标[18]。松装密度大的片状银粉适合制备中、低温银导体浆料；松装密度小的片状银粉适合制备导电涂料，解决了金属粉在导电漆中易沉淀、结块等问题。本书将制备银导体浆料用的片状银粉称作片状银粉；将制备导电涂料用的片状银粉称作低松装密度片状银粉。

3.3.2 片状银粉的特点

在电子浆料的制备技术中，导电相金属粉末的制备是关键，没有优良的金属粉末就没有优良的电子浆料，金属粉末与电子浆料一直是相互促进和相互制约的。对于导体浆料而言，导电相大多以铂、钯、金和银等贵金属粉末为主，其中以银导体浆料应用最为广泛，用量也最大。

导体浆料是厚膜工艺技术中用途最广、用量最大的一种浆料。导体浆料的基本成分有导电相、黏结相及有机载体，是多种固体粉末分散在有机载体中形成的复杂多级分散体系，研究内容涉及电子元件技术、贵金属冶金学、粉体制备、无机化学、有机化学、非牛顿流变体工艺学、硅酸盐及陶瓷工艺学等多个学科。

导体浆料中，导电相的主要作用是传导电流，它决定了浆料的电性能，并影响膜的物理和机械性能。一般说来，导电相是导电性能良好的粉体，导电性粉体的性能决定了浆料的性能，没有性能优良的导电相粉体，就没有好的导体浆料，所以制备高导电性能、一致性好的粉体一直是浆料制造者所追求的。作为导电相粉体一般要具备以下性能：

（1）有合适的熔点；

（2）烧结后有优良的导电性；

（3）有合适的粒径、形貌和分散性；

（4）一致性、重现性好。

常用导体浆料对片状银粉要求技术指标见表 3-26。

表 3-26 片状银粉技术指标

序号	形状	平均粒径范围 /μm	松装密度 /$g \cdot cm^{-3}$	比表面积 /$m^2 \cdot g^{-1}$	应用推荐
1	片状	8.0～10	1.0～1.4	1.0～1.5	导电涂料、聚合物导体浆料
2	片状	6.0～10	1.6～2.4	0.8～1.5	导电胶、屏蔽银浆
3	片状	5.0～8.0	1.6～2.4	0.8～1.4	碳膜电位器
4	片状	3.0～6.0	0.8～1.4	1.5～2.5	膜片开关银浆、屏蔽银浆
5	片状	2.0～4.0	0.8～1.4	0.6	导电胶、压敏电阻浆料、太阳能银浆

3.3.3 常规片状银粉制备

常规片状银粉的制备常用干法球磨，将超细银粉、助磨剂和磨球在滚筒式球磨机内研磨得到。该法制备的片状银粉的粒径一般小于 10μm，松装密度大，比表面积大，力学性能好，适合制备导体浆料。该法不足之处是球磨时间较长，容易产生硬化现象，但该方法仍是目前生产银粉的主要方法。

3.3.3.1 超细银粉

采用液相化学还原法制备超细银粉是用还原剂把银从它的盐或配合物水溶液或有机体系中以粉末形式沉积出来。常用的还原剂有甲醛、抗坏血酸、甘油、有机胺、不饱和醇、柠檬酸钠、肼及肼的化合物等，一般多采用水合肼。在银氨水溶液中，加入一定量硝酸盐添加剂，在还原剂水合肼的作用下，调整添加剂的量，可以得到不同粒度的银粉。所用的硝酸盐添加剂可以是1种或2种，添加量根据要求而定。使用水合肼还原制备的银粉的粒度分布和SEM照片见图3-26和图3-27。

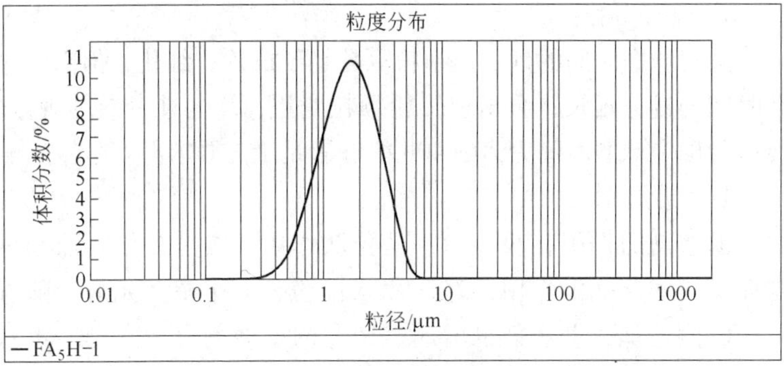

图3-26 水合肼还原制备的银粉粒度分布

图3-27 水合肼还原制备的超细银粉SEM照片

3.3.3.2 球磨工艺

A 球料比

球料比过大，磨球磨损增加，造成银粉污染严重；球料比过小，球磨效率低，研磨不均匀，银粉粒径分散。经试验选用5:1质量比的球料比，可以满足工艺要求。

B 磨球的种类和大小

因为金属球对银粉的污染严重，不适合做银粉的磨球。刚玉球和玻璃球都是较好的磨球，玻璃球的价格相对低廉。球径大小经试验确定为2.5～4mm，磨制的银粉粒度分布集中，形貌均匀。

C 球磨时间

随着球磨时间的延长，银粉颗粒趋于成片、细化；但随着球磨时间的过分延长，会出现银粉颗粒变粗，均匀性变差的现象。经试验确定球磨时间为20～40h能够满足工艺要求。

D 助磨剂

助磨剂的作用有两个，一是分散作用；二是在粉、球和球磨筒壁之间起润滑作用，保证片状银粉表面平整、光滑。随着球磨时间增加，助磨剂也增加，选用的助磨剂有十六醇、十八醇、油酸、硬脂酸及其盐类、PVP等，助磨剂加入量一般为0.1%～3%。

E 球磨机

传统筒式球磨机，当其旋转速度达一定速度时，磨球受离心力的作用，紧贴在筒壁上，不能跌落，物料就不能被球磨。球磨机转速以磨球滚动和自由落体的方式落下较佳。

F 球、粉分离

采用筛分进行球、粉分离。筛分作用有两个，一是进行球、粉分离；二是分散球磨后片状银粉。一般使用筛子孔径大于粉体粒径的筛子。

3.3.3.3 片状银粉性能

片状银粉表面形貌和粒度分布见图3-28和图3-29。

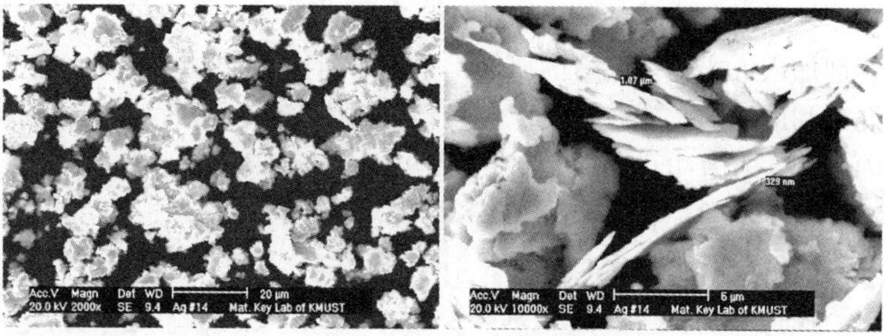

图 3-28　片状银粉表面形貌

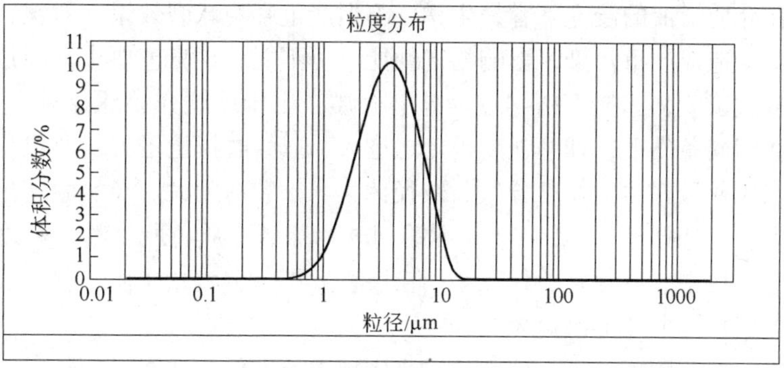

图 3-29　片状银粉粒度分布曲线

表 3-27 是常规片状银粉性能。

表 3-27　常规片状银粉性能

性　能	形状	平均粒径范围 /μm	松装密度 /$g \cdot cm^{-3}$	比表面积 /$m^2 \cdot g^{-1}$
常规片状银粉	片状	2.0 ~ 12	0.8 ~ 2.4	1.0 ~ 2.5

3.3.4　低松装密度片状银粉制备

用液相化学还原法制备超细银粉（性能同上），在搅拌球磨机中，采用湿法球磨制备低松装密度片状银粉。通过对球磨介质种类、粒径尺寸、球料比、转速、球磨时间等的系统研究；对助磨剂加入方式和加入量的研究；采用专利技术的分散剂、表面活性剂和助磨剂，有效解决了银粉颗粒的团聚问题，通过各种条件的优化，有效防止了聚集体的二次形成，获得了片状化程度好、松装密度小的片状银粉。

3.3.4.1 球磨工艺

A 球磨介质种类的选择

由于玻璃球、陶瓷球柔韧性差，不能满足高强度撞击，因此不适合本球磨工艺，而普通铁球，由于采用湿法球磨，一般钢球在介质溶液的浸泡下容易生锈，不但严重影响球磨效果，对银粉也会造成严重污染，影响粉末性能，也不能满足工艺要求。经过多次试验，选择不锈钢球为球磨介质。由于球磨介质球径过大，在相同条件下，球磨强度也随之增大，球磨磨损也增大，所得粉末成片虽好，但粒度分散、粒径偏大、松装密度大。经实验结果表明，选择球径 $\phi 2 \sim 3$mm 不锈钢球为球磨介质，所得粉末粒度分布集中、成片好、粒径小、松装密度小、金属光泽强。

B 球料比的确定

在相同条件下，球料比过小则球磨效率低，球磨时间长；而球料比过大，则球磨强度也随之增大，球磨磨损增大，能耗高。粉末粒度分散，出现二次聚集，形貌不规则，松装密度大，粒径大，严重影响粉末性能，如表 3-28 所示，所以选择球料比 20∶1（质量比）。

表 3-28 不同球料比对片状银粉松装密度的影响

不锈钢球/kg	超细银粉/kg	片状银粉粒径/μm	松装密度/g · cm^{-3}
10	1	5	1.3
15	1	8	0.8
20	1	10	0.5
25	1	15	0.85
30	1	21	1

C 球磨时间

在相同条件下，在球磨开始后，银粉在机械力、化学力的作用下，形貌很快发生变化，由球状，微晶状向片状开始变化。松装密度开始由大到小变化，随着球磨时间的延长，粉末粒度、成片、松装密度的变化开始逐渐缓慢。但随着球磨时间的进一步延长，由于银有较好的延展性，粉末开始二次团聚，粒径增大，松装密度增大，如表3-29所示。所以本研究确定球磨时间为3～4h最佳。

表3-29 球磨时间与片状银粉性能的关系

球磨时间/h	平均粒径/μm	松装密度/$g \cdot cm^{-3}$
1	3.5	0.75
2	5.5	0.62
3	8.0	0.43
4	10.0	0.46
5	14.5	0.52
6	22.0	0.61

D 球磨机转速

在相同条件下，球磨开始后，球磨机转速过慢则球磨效率低、粉末成片差、松装密度大、金属光泽差，随着球磨机转速的增快，粉末形貌、性能变化开始增快，而转速过快，随着球磨强度增强，粉末粒径开始增大、粒度分散、形貌不规则、松装密度大，如表3-30所示。所以本选择球磨机转速为120r/min。

表3-30 球磨转速与片状银粉性能的关系

球磨机转速/$r \cdot min^{-1}$	平均粒径/μm	松装密度/$g \cdot cm^{-3}$
60	6.0	1.45
80	7.5	1.10
100	8.5	0.80
120	10.0	0.48

续表 3-30

球磨机转速/r·min⁻¹	平均粒径/μm	松装密度/g·cm⁻³
140	15.0	0.85
160	21.5	12.50

E 片状银粉的松装密度与球磨时间的关系

片状银粉的松装密度随球磨时间的增加，其变化见表 3-31 及图 3-30。

表 3-31 片状银粉的松装密度随球磨时间的变化

编号	松装密度 /g·cm⁻³	球磨时间/h					
		1	2	3	4	5	6
1	1.52	0.75	0.62	0.43	0.48	0.54	0.58
2	1.83	1.04	0.72	0.48	0.20	0.50	0.57
3	2.05	1.25	0.79	0.52	0.50	0.50	0.54

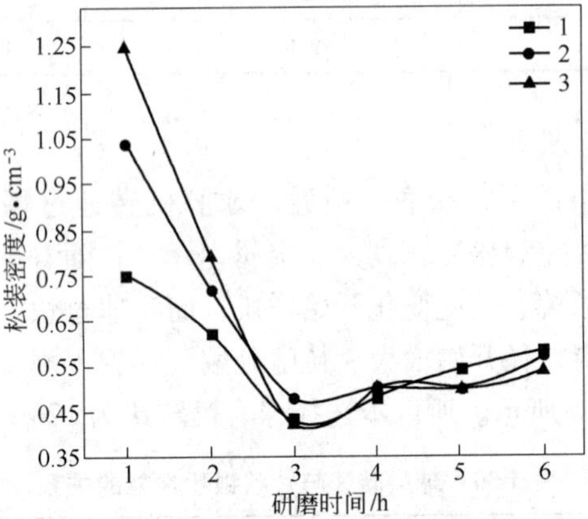

图 3-30 片状银粉松装密度与球磨时间的关系

1—140r/min；2—120r/min；3—100r/min

由图 3-30 可以看出，银粉的松装密度随球磨时间的增加而减小，3h 左右将会达到最低值，继续研磨，松装密度就增大，所以必须严格控制球磨时间。球磨较佳工艺时间为3~4h。

F 球磨液体介质加入量的研究

采用湿法球磨时需加入液体作球磨助剂，本文选择水与无水乙醇的混合溶液作为球磨介质，球磨介质温度控制在60~70℃之间。在相同条件下，由于球磨介质用量小，球磨浆液浓度大，银粉在球磨过程中得不到充分分散，活动空间小，球磨不均匀。所以球磨所得银粉形貌不规则，成片差，松装密度大，粒度分散。随着球磨介质用量的增加，球磨混合体浓度降低，球磨所得银粉成片好，松装密度开始下降，粒度集中。大量试验证明，银粉与液体介质质量比，即固液比为1:3.5时球磨效果最好。

G 表面活性剂加入量的研究

用球磨方法生产片状金属粉必须添加表面活性剂作为助磨剂。在球磨过程中，由于球的撞击，很容易使粉粒互相靠近而黏合在一起，达不到粉碎的作用。目前所使用的表面活性剂，在配制导电涂料的过程中，能使涂料的稀释剂发生酯化作用而离开银粉的表面，使银粉颗粒紧密接触，降低导电值。改变其加入量，能在一定程度上改变银粉的粒度，但加入过多，会降低银粉的含银量，增大电阻值。为了防止球磨过程中粉末团聚和增加球磨效率，在球磨时加入一些具有润滑作用的表面活性剂，使之在球磨过程中在粉末颗粒表面形成一层润滑膜，不但能起到分散助磨的效果，对粉末颗粒表面也有保护作用。但是由于表面活性剂用量过小，不能起到对粉末的分散和助磨效果，而用量过大则不但对粉末造成污染，还会造成粉末、磨球、球磨罐之间相互黏附，严重影响球磨效果，而且对粉末后期的分散性、流动性、导电性等性能也会造成影响。经过深入研究，本工艺选择银粉与表面活性剂质量比为100:0.85。

H 低松装密度片状银粉的优化工艺

通过对球磨介质、球料比、球磨时间、助磨剂、分散剂等的研究，确定片状银粉最佳工艺参数为：

球料比=20:1；

液固比 =3.5：1；

表面活性剂：银粉 =0.85：1；

球磨转速：120r/min；

球磨时间：2～3h。

制备片状银粉的技术指标为：

形状：片状，径厚比约 50：1；

平均粒径：15～25μm；

松装密度：0.4～0.8g/cm³。

3.3.4.2　低松装密度片状银粉性能

低松装密度片状银粉技术指标见表 3-32，表面形貌见图 3-31。

表 3-32　低松装密度片状银粉技术指标

牌　号	形　状	粒度分布/μm			松装密度 /g·cm⁻³	振实密度 /g·cm⁻³
		D_{10}	D_{50}	D_{90}		
PA—1D	片　状	2	≤9	≤20	0.4～0.5	1.0～2.0
PA—2D	片　状	2	≤7	≤15	0.6～0.8	1.2～2.0

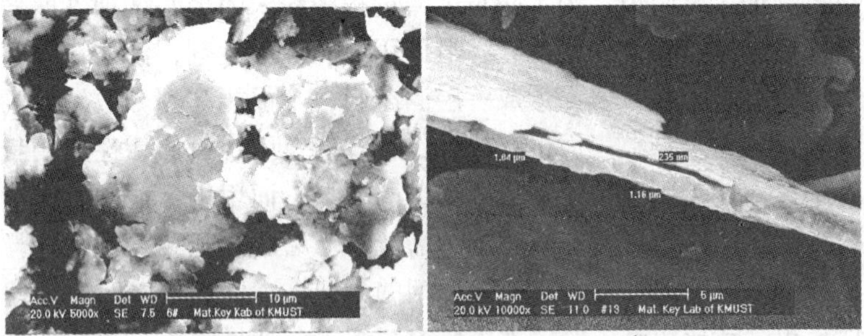

a　　　　b

图 3-31　低松装密度片状银粉的表面形貌

a—低松装密度片状银粉的 SEM；b—片状银粉径厚比的 SEM

该片状银粉的松装密度仅为现有片状银粉松装密度的 1/2 左右，完全满足导电屏蔽器对片状银粉的松装密度的要求，解决导电屏蔽器易沉淀、结块、施工困难问题；在低温导电涂料中，降低银含量，改善浆料的印刷性。使用低松装密度片状银粉配制导电屏蔽器各方面性能已经接近并赶上进口产品的性能，有些性能指标已超过国外同类产品的水平。

参考文献

[1] 陈振兴．特种粉体［M］．北京：化学工业出版社，2004：320.

[2] 卢寿兹主编．粉体技术手册［M］．北京：化学工业出版社，2004：20.

[3] 张国旺．超细搅拌机的流场模拟和应用研究［D］．长沙：中南大学博士学位论文，2005：33～37.

[4] 张平亮．砂磨机微粉碎理论及技术参数的研究．中国粉体技术，1999，(1)：10～13.

[5] 卢寿兹主编．粉体技术手册［M］．北京：化学工业出版社，2004：240.

[6] 刘铁航．旋流筛分过程的研究［D］．江南大学硕士学位论文，2006：24.

[7] 陈振兴．特种粉体［M］．北京：化学工业出版社，2004：180.

[8] 陈振兴．特种粉体［M］．北京：化学工业出版社，2004：462.

[9] 杨振波，杨忠林，郭万生．鳞片状锌基富锌涂层抗蚀机理的研究［C］．第九届全国青年腐蚀与防护科技论文讲评会，2005：185～189.

[10] 曲志敏，黄金玲．鳞片状锌粉制备工艺的研究及现状［J］．稀有金属快报，2005 (2)：8～10.

[11] 陆必志，陈振兴．蒸发-冷凝法制备超细鳞片状锌粉［J］．粉末冶金工业，2005，15 (2)：5～8.

[12] 徐金富，张亚非，王亮，等．鳞片状超微锌粉制备工艺的研究［J］．材料开发与应用，2005，(6)：28～32.

[13] 徐毅．片状锌粉制备的研究［D］．中南大学硕士研究生学位论文，2004：15～20.

[14] 卢立义，李应成，顾国耀．乙烯环氧化反应的银催化剂［P］．中国专利：CN1377731A，2002-11-06.

[15] 董维国，陈岁元，张继良，等．微细银粉的制备与应用［J］．材料与冶金学报，2002，1 (3)：171～174.

[16] 张继国．片状银粉的制备工艺研究［D］．华中科技大学硕士研究生学位论文，2005：2.

[17] 谭富彬，赵玲，刘林，等．片状银粉的特性及其电性能［J］．贵金属，1999，20 (2)：10～15.

[18] 陈振兴．特种粉体［M］．北京：化学工业出版社，2004：368.

4　复合功能粉体的制备技术

4.1　银包铜粉的制备技术

复合金属粉末可改变单一金属粉末的表面和内部结构。对铜粉表面镀银制成复合粉体既可解决银的迁移问题（抗迁移能力较普通银粉导电涂料提高近百倍[1]），又可提高铜粉的导电性和抗氧化性能，相对于单一的银粉，降低了生产成本。因而银包铜粉可以部分代替银粉，在导电填料、催化剂、导电油墨[1]、橡胶、抗菌材料等领域具有广阔的应用前景[2-6]。

目前在银包铜粉的制备领域，日本、美国、韩国等国家的研究和产品较多，而且无论是产品的种类还是质量都较国内有较大优势。银包铜粉的制备方法主要包括：混合球磨法、熔融雾化法和化学镀法。

混合球磨（或称机械球磨）法就是将铜粉和银粉按一定的比例混合后，在球磨机中研磨，使银在铜粉表面延展开来，实现对铜粉的包覆。日本的 Yoshinaga[7] 等人球磨 $m_{Cu}:m_{Ag}=6:1$ 的铜、银粉 24h 制备了平均粒径为 1μm 的铜银合金粉。国内的朱晓云等[8]研究认为，该法制备的银包铜粉，铜、银均为片状，大部分铜被银覆盖，但同时有游离的片状银存在，实际上是银铜的混合物，该银包铜粉的导电性较好，但耗银量大、成本高。

熔融雾化法[9]是将铜、银的熔融液变成喷雾使其微粉化，在凝固过程中，利用偏析现象制取复合粉体。日本利用该方法开发了铜-银系组成的梯度功能粉末。这种粉末的银含量极少，微粒表面银含量高，从表面向微粒内部逐渐降低，相反其铜含量逐渐增高。该粉末除具有好的导电性外，还能起到防止银迁移和铜氧化的效果。与化学镀制备银包铜粉相比，此方法存在制备工艺复杂、成本较高等问题。

化学镀法是目前应用较多的用于粉体表面包覆金属的方法之一，具有工艺简单、制备成本低等特点，被认为是目前制备银包铜粉最适合的方法之一[10]。

4.1.1 化学镀法制备银包铜粉的体系

按照所使用的配合物，化学镀银体系可分为氰化体系和无氰体系两种。由于氰化配合物独有的特点，实际生产中的应用仍然很多。无氰体系更加环保，是今后发展的方向。国内外用无氰体系制备银包铜粉的研究已取得了很大的突破。

无氰化体系分为无配合剂直接置换法和有配合物体系。无配合剂直接以铜粉与硝酸银发生置换反应制取银包铜粉的反应机理是：

$$Cu + 2AgNO_3 \longrightarrow 2Ag + Cu(NO_3)_2$$

该反应很快且会出现剧烈的团聚，这严重影响了银在铜粉表面分布的均匀性和镀层的致密性。林鸿扬等[11]的研究认为该法制得的银包铜粉的镀层结构为表面点缀状。罗江山等[12]通过在溶液中预先加入一定量的保护剂，解决了纳米铜粉的分散性和抗氧化性的问题，制备了包覆型结构的纳米银铜双金属粉。因此，如果不加入配合剂或其他添加剂而用直接置换的方法很难获得表面包覆性较好的银包铜粉，作者认为无配合剂直接置换法制取银包铜粉的实用性不强。有配合物体系中，镀银的质量受配合剂的影响最大，配合剂的选择是化学镀法制备银包铜粉的关键所在。氨水是目前研究最多的用于铜粉表面无氰化学镀银的配合剂之一，但是该法镀银时，一次性只能得到表面点缀状镀层，银包铜粉的抗氧化性、导电性等性能较差[13,14]。因此研究者在采取措施对氨水体系改进的同时，亦积极寻找其替代物，目前报道的配合物主要有胺烯类化合物和 EDTA 盐。

4.1.1.1 氨水配合体系

以氨水为配合剂时，pH 值对反应速度影响较大。Takeshima E[15]等论述了在氨溶液中铜粉表面镀银的反应机理，认为银的还原过程主要受到铜粉表面氧化物和氢氧化物的分解及镀银方法的影响。在具有活性的铜粉表面形成的银晶核是进一步发生自催化反应沉积银的活性点[16]，因此彻底清除铜粉表面的氧化层并避免铜粉表面的水解反应是获得高质量银包铜粉的关键。

据理论计算，粒径为 45μm 的铜粉若表面完全包覆银单分子层，复合金属粉的银含量不超过 0.01%。而事实上，在以氨水为配合剂时，经一次置换镀银，当银含量远大于这一值时，铜粉表面的银层仍然是点缀状的[17]。一般认为其主要原因是，铜粉表面镀银体系属于高分散的微细体系，拥有极大的表面积，具有很高的表面吉布斯自由能，会产生很强的界面吸附作用。铜粉与铜胺 $[Cu(NH_3)_4]^{2+}$ 的吸附作用要强于与银胺 $[Ag(NH_3)_2]^+$ 的吸附作用，铜胺排斥银氨配离子与铜粉的接触从而阻碍置换反应继续进行[18~21]。

由于包覆率不高，该法制得的银包铜粉往往抗氧化性较差，目前的解决办法包括几种，即以氨水调节 pH 值、多次镀银、添加还原剂、敏化活化法、螯合萃取法。

（1）以氨水调节 pH 值。有报道称用氨水调节银氨溶液的 pH 值，可制得表层银含量高且具有常温抗氧化性能的镀银铜粉。其实质可能是通过调节银的成核和生成速率，同时减少游离态银粒的形成来获得包覆性好的银包铜粉。

（2）多次镀银。高保娇等[3,17]将一次镀银得到的银包铜粉用稀硫酸洗涤除去表面吸附的 $[Cu(NH_3)_4]^{2+}$，再进行镀银，重复几次，制得了镀层为包覆结构的银包铜粉。也有报道[22,23]称，用热水洗涤可以去除一部分 $[Cu(NH_3)_4]^{2+}$，但该法效果不明显且易导致裸露的铜粉被氧化。钟莲云等[24]研究表明在硝酸银溶液中加入氨水至 $n(AgNO_3):n$（氨水）$=1:100$ 时，重复镀覆 3 次，可得到包覆效果理想的镀层。

（3）添加还原剂。加入还原剂可以减少直接置换反应，从而减少铜粉表面吸附的 $[Cu(NH_3)_4]^{2+}$，减少其对铜继续还原 $[Ag(NH_3)_2]^+$ 的反应的阻碍作用，进而增加铜粉表层的银含量。使用的还原剂包括甲醛[25]、水合肼[26]、葡萄糖[27]、酒石酸盐[28,29]等。

有研究称[25]，在镀液中加入甲醛还原剂的同时，利用高分散度的微细体系产生很强的界面吸附作用，使 Ag^+ 吸附在铜粉表面得到还原。该法既能减少铜的不必要浪费，同时也能降低铜氨配离子对直接置换反应的阻滞作用。

(4) 敏化活化法。在银氨（胺）配离子体系中，银的氧化-还原标准电位 $E^{\ominus}_{1.8} = +0.373V$；

在铜氨络离子体系中，铜的氧化-还原标准电位 $E^{\ominus}_{1.9} = -0.05V$；

$SnCl_2$ 的敏化原理：

$$Sn^{2+} = Sn^{4+} + 2e, E^{\ominus}_{1.20} = +0.20V$$

未敏化电位为：

$$E = E^{\ominus}_{(1.8)} + E^{\ominus}_{(1.9)} = (+0.373) + (-0.05) = +0.323V$$

敏化电位为：

$$E = E^{\ominus}_{(1.8)} + E^{\ominus}_{(1.20)} = (+0.373) + (+0.20) = +0.573V$$

可见，敏化后的氧化-还原标准电位比未敏化高，因而置换反应容易进行[30]。梅冰[31]等发现经过活化的铜粉表面镀银后的抗氧化能力要强于不经活化的，是由于经敏化活化后铜粉表面吸附有 Pd 原子，其催化活性很强，可以很好地为银颗粒提供一个形核中心，使银颗粒逐渐地长大并实现均匀沉积。

(5) 螯合萃取法。曹晓国等[37]在镀液中添加 Re608 螯合萃取剂萃取 Cu^{2+}，防止 $[Cu(NH_3)_4]^{2+}$ 吸附于铜粉表面，制得的银包铜粉表面光滑，抗氧化性和导电性都得到提高。增加 Re608 的用量，可加大其对溶液中 Cu^{2+} 的萃取量，使 Cu 置换 Ag^+ 的反应更完全，有利于更多的银生成并沉淀于铜粉表面。

4.1.1.2 胺烯类化合物体系

胺烯类化合物体系与氨水体系性质相似，因此氨水体系存在的问题在胺烯类化合物体系中也可能存在，并且可以参考氨水体系进行改进以提高镀层质量。

谭富彬等[33]对比了二乙烯三胺、乙二胺、多乙烯多胺、四乙烯五胺、氨水等配合剂对化学制备银包铜粉的影响。发现镀银效果归因于银氨（胺）配离子的键间结合力。键间结合力小，银容易以粉末形式游离出来，影响镀层厚度；键间结合力大，则置换反应难进行。键间结合力居中为宜。实验证明，二乙烯三胺是较理想的配合剂。

吴懿平等[34]以二乙烯三胺和多乙烯多胺（两者体积比1∶1）混合后作配合剂，以10%的乙酸钠溶液为活化剂，采用置换法经三次镀银，制取了表面包覆良好的银包铜粉（铜粉表面银质量分数达92.79%），铜粉的抗氧化性和抗迁移能力明显增强。

4.1.1.3　EDTA盐体系

Komasa Nobuaki[35]、施泽民[36]、刘志杰[13]等使用EDTA盐做配合剂，在用银量少的情况下制备了镀层均匀、导电性能好的银包铜粉。关于EDTA或EDTA盐的作用目前有两种说法：一是与Ag^+形成配离子，控制银的生成速度；二是它们能与生成的Cu^{2+}结合形成螯合物，起了螯合分散的作用。

曹晓国等[37]认为EDTA与Ag^+能形成稳定的配合物，降低溶液中游离Ag^+的浓度，从而有效降低Ag^+被还原的速率，并降低银晶核的形成和生长速率，有利于银晶粒在还没有长大时便沉积在铜粉表面，改善包覆性。EDTA用量越多，Ag的生长速度越慢，但当EDTA用量太多时，Ag的生成速度会很慢，先沉积在铜粉表面的银与铜生成大量微电池，从而增加Ag在点缀镀层部位沉积的几率，使沉积的Ag愈加不均匀，导致铜银复合粉的抗氧化性减弱。周文君等[38]认为EDTA盐可以和铜离子结合形成螯合物，它起到了分散螯合的作用，有利于银均匀涂覆在铜粉表面。

4.1.2　银包铜粉的制备工艺

4.1.2.1　实验原材料

本实验以片状铜粉作为镀银的基体材料。与一般的球状粉相比片状银包铜粉的导电性能更好。这是由于导电涂料中的传导方式为粒子接触导电，导电填料中的粒子间的接触数目和接近程度决定了导电性能[39]。球状粒子间是点接触，而片状粒子间是面接触，片状粒子间的接触比球状粒子接触充分[40]。

片状铜粉的制备方法为：在类球状铜粉中加入适当的添加剂，球磨得到片状铜粉。表 4-1 是基体材料的基本参数。

表 4-1 基体材料的基本参数

名 称	片状铜粉		
原料粒度/mm	0.074	0.074	0.047
直径/μm	约 30		
厚度/nm	50 ~ 1000		
球磨时间/h	3.5	5	5
生产厂家	昆明理工恒达科技有限公司		

4.1.2.2 制备工艺流程

本实验采用化学镀法在片状铜粉表面沉积镀银层。主要制备工序包括：铜粉的表面前处理工艺、化学镀银工艺和银包铜粉的表面改性工艺（或称为后处理工艺）。其制备工艺流程如图 4-1 所示。

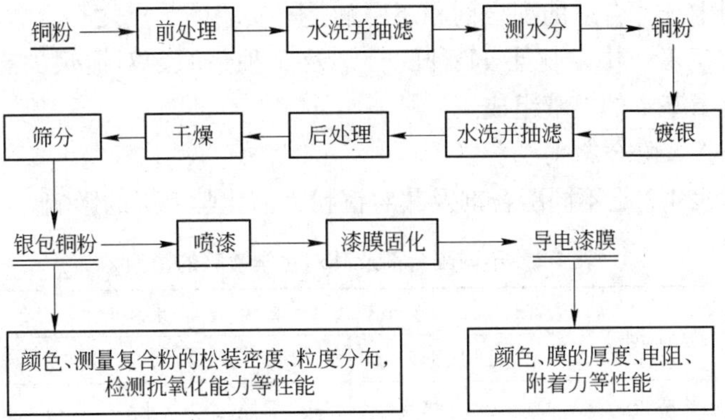

图 4-1 银包铜粉的制备工艺流程

4.1.2.3 前处理工艺

金属基体表面上没有表面污染物和氧化物是形成良好结合力的首要条件[41]。电镀产品质量问题的80%以上出在前处理工序，化学镀银前处理工序则更为重要。这是因为电镀过程中工件作为阴极，而电子作为还原剂来还原金属离子获得镀层，可以通过调节阴极的极化度等各项参数来获得与基体结合力好的、能在基体上进行外延生长的初始镀层。而化学镀采用的是化学药品作为还原剂，还原剂在具有催化活性的表面被氧化而放出电子。这种电子无法在催化表面被加速，因而也不具备很高的能量势垒，所以化学镀前处理需要获得比电镀件更为清洁，更具有均匀活性的表面。

化学镀的前处理一般包括除油和除氧化物两个环节。主要除油方式有：有机溶剂除油、碱液除油、电化学除油、乳化剂除油、超声波除油等；主要除氧化物方式有化学酸洗和电化学酸洗，酸洗常采用盐酸、硫酸和硝酸等。本实验采用碱性除油，采用硫酸酸洗除氧化物。

4.1.2.4 镀银工艺及镀液组成

镀银工艺是本实验研究的重点。配合剂和还原剂是镀银液最重要的组成部分，能直接决定铜粉表面镀银的效果，从众多化学试剂中选择合适的配合剂和还原剂是本实验的难点之一。本实验在前期工作中对比了 11 种配合剂及 5 种还原剂对镀银的影响，确定了基本的镀液组成。

A 配合剂的选择

表 4-2 是不同配合剂及其对铜粉表面化学镀银的影响。

表 4-2 不同配合剂及其对化学镀银的影响

配合剂	实验现象及结果		
	是否团聚	颜色	压实电阻/Ω
乙醇胺	团聚	紫黑色	>1.0
三乙醇胺	团聚	紫黑色	>1.0

续表 4-2

配合剂	实验现象及结果		
	是否团聚	颜色	压实电阻/Ω
乙二胺	团聚	紫黑色	>1.0
四乙烯五胺	团聚	灰黑色	>1.0
酒石酸钾钠	微团聚	紫黑色	>1.0
柠檬酸	不团聚	硫磺黑	>1.0
柠檬酸钠	不团聚	硫磺黑	>1.0
乙酸胺	不团聚	黑红色	>1.0
硫代硫酸钠	不团聚	银黄色	>1.0
配合剂 C	不团聚	浅铜红色	0.01~0.05
配合剂 D	团聚	灰色	0.01~0.05
配合剂 C+配合剂 D	团聚	黑红色	>1.0

注：参比银包铜粉（银含量10%（质量分数）），压实电阻为0.117mΩ。

从表4-2看出，以乙醇胺、三乙醇胺、乙二胺、四乙烯五胺为配合剂，反应时发生团聚，银包铜粉的颜色接近黑色，电阻较大；以酒石酸钾钠为配合剂，团聚较前者有所改善，但银包铜粉的颜色仍为紫黑色，压实电阻大于1.0Ω；以乙酸胺、柠檬酸、柠檬酸钠为配合剂，无团聚，但银包铜粉的颜色暗淡，且导电性能较差，在空气中放置一段时间后很快变黑；以硫代硫酸钠为配合剂时不发生团聚，刚制取的银包铜粉置于溶液中时色泽光亮呈银白色或银黄色，但是在空气中数分钟即变黑，可能是硫元素与银和铜反应生成了黑色的硫化物所致；以配合剂 D 为配合剂时，会发生明显的团聚现象，刚制得的银包铜粉呈灰色，粉体经脱附后颜色和导电性均较好；以配合剂 C 为配合剂镀银时不发生团聚，制得的银包铜粉色泽光亮，而且压实电阻在10~50mΩ之间；将配合剂 C 和 D 混合后，镀银的效果没有得到改善和提高。配合剂 C 和 D 均为含氨基的有机物。

总之，碱性条件下，在铜粉表面化学镀银时均发生团聚现象；酸性条件时一般团聚较轻或不发生团聚。酸性条件下，以配合剂 C 为配合剂在铜粉表面镀银可以一次性获得颜色、电阻都比较好的银包铜粉。因此，本实验选择以配合剂 C 为配合剂。

B　配合剂 C 的加入方式

方式一：将蒸馏水、铜粉、配合剂 C 混合后搅拌分散 0.5h，而后将已经溶解的 $AgNO_3$ 溶液逐滴加到上述溶液中；

方式二：将蒸馏水、铜粉混合后搅拌分散 0.5h，先将配合剂 C 与 $AgNO_3$ 配合形成稳定的溶液，而后把该溶液逐渐加入含有铜粉的溶液中进行镀银。

表 4-3 是上述两种加入方式对化学镀银的影响。

表 4-3　加入方式对化学镀银的影响

项目	反应速度	电阻/Ω	银包铜粉颜色	松装密度/$g \cdot cm^{-3}$
方式一	很快	1.22	灰银白色	0.67
方式二	较慢	0.65	银白色	0.75

从反应过程看，方式一的镀银反应速度要快于方式二的，这说明配合剂 C 与银离子首先配合后降低了溶液中 Ag^+ 的浓度，使银在铜粉表面被还原的速率降低；从银包铜粉的性能来看，采用方式二镀银得到的银包铜粉的松装密度较大，导电性较方式一的明显变好。因此，本实验采用方式一进行镀银。

C　还原剂的选择

化学镀银中还原剂的作用仅次于配合剂。在确定配合剂及其加入方式后，尝试了酒石酸钾钠、硼氢化钠、甲醛、还原剂 A 和还原剂 B 作还原剂，发现以还原剂 A 和还原剂 B 为还原剂是比较适合的。

还原剂 A 和还原剂 B 溶液的配制方法是：将还原剂 A 和还原剂 B 混合后以适量体积的蒸馏水加热溶解，静置至室温待用。

D　镀液的组成及镀银操作方法

在上述实验的基础上确定了基本的镀液组成。

镀液 a 组成为：蒸馏水、还原剂 A、还原剂 B；

镀液 b 组成为：蒸馏水、$AgNO_3$、配合剂 C。

体系 pH 值为 2 ~ 3，在酸性条件下镀银是本实验的最大特点。镀银时，首先将镀液 a 加入到铜粉（每份含铜粉约 50g）中，采用机械搅拌器定速搅拌分散 30min 左右至基本看不到大颗粒的铜粉为止，而后向其中逐滴缓慢加入镀液 b，镀液 b 全部加入后要继续搅拌 10 ~ 30min 以保证银被完全还原。

4.1.3 酸性化学镀银制备的工艺研究

4.1.3.1 镀液组成及操作条件

酸性体系中在片状铜粉表面进行化学镀银的镀液组成、操作条件及工艺范围如表 4-4 所示。

表 4-4 镀液组成及操作条件

镀液组成和操作条件	工 艺 范 围
片状铜粉	0.074 ~ 0.047mm，球磨 3.5 ~ 5h
还原剂 A 的浓度/$g \cdot L^{-1}$	1 ~ 3
还原剂 B 的浓度/$g \cdot L^{-1}$	1 ~ 4
$AgNO_3$ 的浓度/$g \cdot L^{-1}$	2.4 ~ 13.2
配合剂 C 的浓度/$g \cdot L^{-1}$	2.3 ~ 13.8
pH 值	2 ~ 3
镀液温度/℃	25 ~ 60
液固比	10 ~ 30
主盐加入时间/min	5 ~ 60
机械搅拌强度/$r \cdot min^{-1}$	100 ~ 1000
抗氧化剂浓度/$g \cdot L^{-1}$	2 ~ 10
银包铜粉的干燥	空气条件，恒温 50℃，时间 60min
导电漆膜的固化	空气条件，60 ~ 70℃，时间 30min

4.1.3.2 镀液中配合剂 C 的浓度对化学镀银的影响

不加配合剂 C 而直接把硝酸银加入到含有铜粉的溶液中，铜粉会瞬间变成黑色或紫色，搅拌一定时间后稍微变浅，但是继续加入硝酸银时铜粉会继续变黑，且团聚加剧；反应结束时，银包铜粉呈紫黑色，其导电性、与树脂的相容性、在树脂中的附着力等性能都很差。

表4-5是配合剂C的浓度（以 c（C）表示）对化学镀银及银包铜粉性能的影响。可见，硝酸银与配合剂C配合后镀银，反应中铜粉不再团聚，得到的银包铜粉呈银白色，漆膜的光滑度、附着力等性能都得到明显改善。但是配合剂浓度为11.5g/L和13.8g/L时，漆膜表面变得很粗糙，同时附着力也变差。

表4-5 配合剂C浓度对化学镀银及银包铜粉性能的影响

c（C）/g·L^{-1}	是否团聚	银包铜粉颜色	漆膜表面是否光滑	附着力
0.0	是	紫黑色	粗 糙	稍差
2.3	否	银白色	光 滑	好
3.6	否	银白色	光 滑	好
6.9	否	银白色	光 滑	好
9.2	否	银白色	光 滑	好
11.5	否	银白色	粗 糙	稍差
13.8	否	银白色	极粗糙	极差

图4-2是配合剂浓度对银包铜粉导电性和松装密度的影响。可见，配合剂浓度增大，银包铜粉的松装密度先增大后减小，厘米电阻先减小后增大；浓度为6.9g/L时，银包铜粉的松装密度最大，厘米电阻最小。可能是由于松装密度大时镀银层的致密性及连续性较好导致粉体的导电性较好。配合剂浓度为11.5g/L和13.8g/L时，银包铜粉的导电性急剧变差。同时，松装密度较配合剂浓度为6.9g/L时分别减小约17%和25%。

从反应过程看，随着配合剂C浓度增加，银在铜粉表面的沉积速率没有减慢的迹象，特别是铜粉由红色向银白色的变化有加快趋势，这一点明显不同于一般的胺（氨）性配合剂。

从银包铜粉与树脂混合制备导电漆的过程看，配合剂浓度小于11.5g/L时，银包铜粉与树脂相容性很好；配合剂浓度为11.5g/L和13.8g/L时，银包铜粉会大量吸收树脂，导电漆呈水泥色的果冻状。

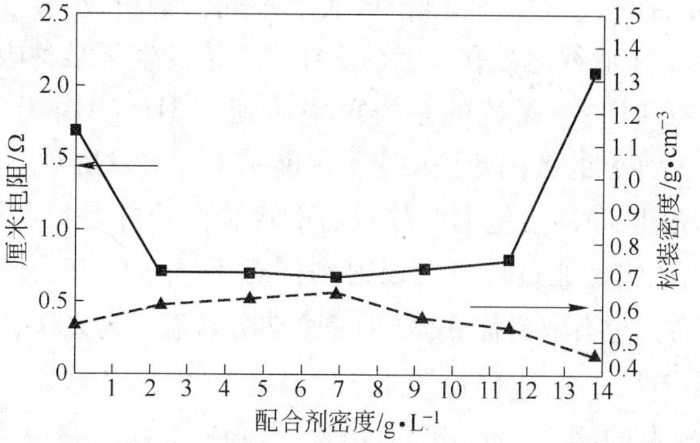

图4-2 配合剂C浓度对银包铜粉松装密度和导电性的影响

以下分别从银包铜粉的镀层形貌和抗氧化能力两个方面进一步研究上述现象。图4-3a和图4-3b分别为配合剂C的浓度为6.9g/L和13.8g/L时银包铜粉的表面形貌。

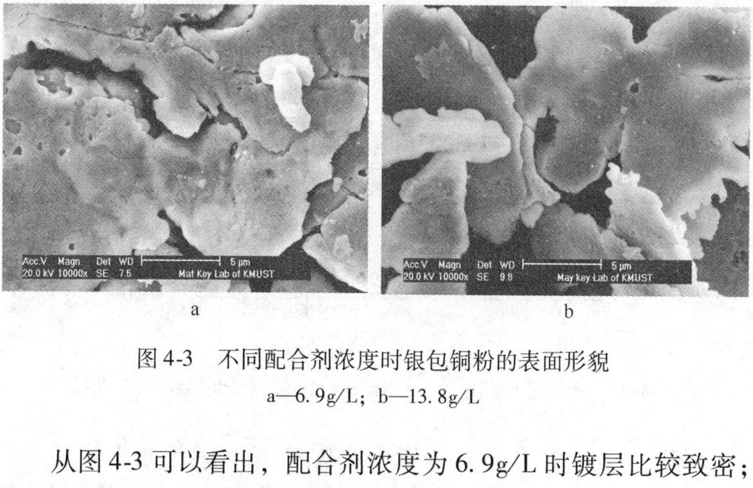

图4-3 不同配合剂浓度时银包铜粉的表面形貌

a—6.9g/L；b—13.8g/L

从图4-3可以看出，配合剂浓度为6.9g/L时镀层比较致密；浓度为13.8g/L时镀层疏松，镀层表面有很多细小的空隙，因此导致银包铜粉的松装密度变小，同时这些空隙大量吸收树脂导致银包铜粉在与其相混合后呈水泥状，涂料性能变得很差。

图 4-4 是配合剂浓度为 13.8g/L 时银包铜粉在室内空气中放置 100 天后的 *TG-DTA* 曲线，该曲线不同于铜粉或一般的银包铜粉的 *TG-DTA* 曲线之处在于其从 241℃开始发生了某种吸热反应，到达 295℃时整个系统的总失重率达到 3.31%。由于失重是从 200℃以上开始的，因此该反应不可能是水分蒸发所致。由于室内的空气比较洁净，银包铜粉放置后的产物只可能是银和铜的氧化物或氢氧化物。通过计算可以得到标态下 Ag_2O 的热分解温度为 300℃左右，也有资料称 Ag_2O 的完全热分解温度为 200℃[42,43]，这与其状态有关；$Cu(OH)_2$ 的分解温度为 170～400℃[44]。另外，银包铜粉中的银含量不超过 10%，可以计算出在体系中存在 Ag_2O 和 $Cu_2(OH)$ 并发生完全热分解时的理论失重率约为 0.6%～17%。因此可以推测配合剂浓度为 13.8g/L 时制得的银包铜粉在空气中放置后表面生成了少量 $Cu(OH)_2$，同时可能含有其他银和铜的氧化物。

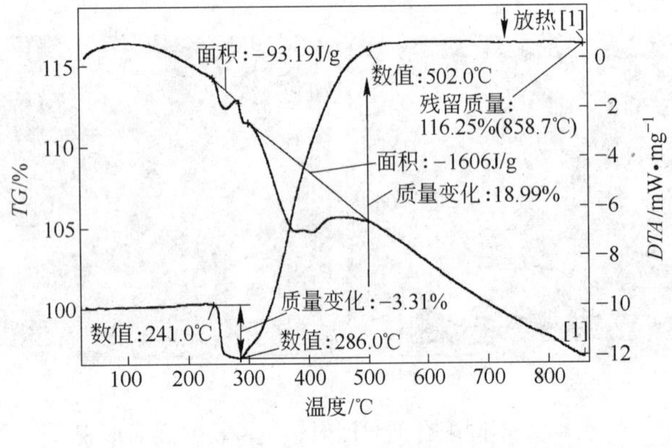

图 4-4　配合剂 C 浓度为 13.8g/L 时银包铜粉的 TG-DTA 曲线

综上所述，配合剂 C 浓度为 6.9g/L 时，镀银效果较好。配合剂 C 的浓度过高，银包铜粉的镀层变得疏松多孔，其导电性、耐氧化性、附着力及与树脂的相容性等性能均变差。

4.1.3.3 镀液中的还原剂浓度对化学镀银的影响

A 还原剂A浓度对化学镀银的影响

还原剂A浓度（以 c（A）表示）在0~4g/L变化时对化学镀银及银包铜粉性能的影响如表4-6所示。

表4-6 还原剂A的浓度对化学镀银及银包铜粉性能的影响

c（A）/g·L^{-1}	是否团聚	银包铜粉颜色	漆膜表面是否光滑	附着力
0	否	银白色	光滑	好
1	否	银白色	光滑	好
2	否	银白色	光滑	好
3	否	银白色	光滑	好
4	否	银白色	光滑	好

从表4-6看，还原剂A浓度变化不影响银包铜粉与树脂的相容性，银包铜粉的附着力良好，漆膜表面光滑，银包铜粉为银白色。

图4-5是还原剂A浓度对银包铜粉松装密度和导电性的影响。A浓度增大，银包铜粉的松装密度逐渐减小，浓度不大于2g/L时，松装密度基本没有变化，浓度达到3g/L时松装密度突然减小。这是由于还原剂浓度增大使反应速度加快，一方面银粒

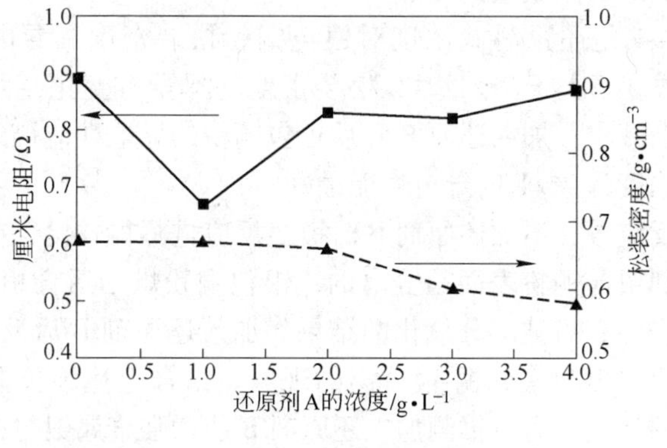

图4-5 还原剂A的浓度对银包铜粉松装密度和导电性的影响

子在铜粉表面的生长速度远大于成核速率，不规则生长增多，晶粒粗大导致镀层疏松，松装密度减小的同时厘米电阻也变大；另一方面，还原剂浓度太大也易导致银离子在镀液中直接被还原而不能沉积在铜表面，导致银包铜粉的表面银含量降低而影响导电性能。还原剂 A 的浓度为 1g/L 时，银包铜粉的松装密度适当，导电性较好。

B　还原剂 B 浓度对化学镀银的影响

还原剂 B 浓度（以 c（B）表示）在 0 ~ 4g/L 变化时对化学镀银及银包铜粉性能的影响如表 4-7 所示。

表 4-7　还原剂 B 浓度对化学镀银及银包铜粉性能的影响

c（B）/g · L^{-1}	是否团聚	银包铜粉颜色	漆膜表面是否光滑	附着力
0	否	银白偏红	光滑	好
1	否	银白色	光滑	好
2	否	银白色	光滑	好
3	否	银白色	光滑	好
4	否	银白色	光滑	好

从表 4-7 看，加入还原剂 B 较不加时银包铜粉的颜色得到改善。B 的浓度变化不影响银包铜粉与树脂的相容性，银包铜粉的附着力良好，漆膜表面光滑。

图 4-6 是还原剂 B 浓度对银包铜粉松装密度和导电性的影响。B 浓度不大于 2g/L 时，松装密度基本没有变化，而后松装密度逐渐减小；加入还原剂 B 后银包铜粉的导电性能得到明显的改善，浓度为 2g/L 时导电性能最好。

从反应看，不加还原剂 B 时镀银反应进行得较慢，在镀液中可以看到银与铜粉表面是分离的，银包铜粉烘干后会稍微变黑，可能是表面铜粉被部分氧化的结果。加入还原剂 B 后反应加速，用肉眼无法再观察到铜-银分离的现象。结合上述银包铜粉的导电性能的变化，可以推测加入还原剂 B 能增强金属银与铜粉表面的结合力，同时增加铜粉表面的银含量，进而使银包铜粉的导电性得到很大的改善。

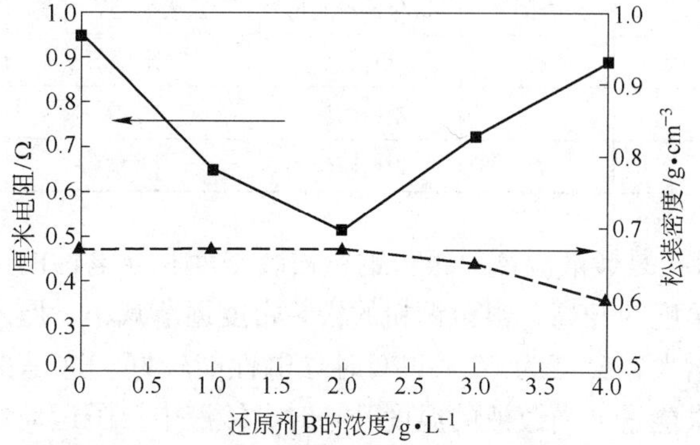

图 4-6 还原剂 B 浓度对银包铜粉松装密度和导电性的影响

综上所述，还原剂 A 的浓度为 1g/L，还原剂 B 的浓度为 2g/L 时，镀银的效果较好。作者认为 B 在镀银过程中除了作为还原剂，还起到了活化铜粉表面的作用，这是由于还原剂 B 呈酸性，加入后一方面可以溶解铜粉表面的氧化物使有活性的基体表面暴露出来，同时还原剂 B 吸附在铜粉表面也增加了铜粉表面的活性点，从而有利于增加原生核的数量；另一方面，铜粉表面经过前处理后亲水性变差，还原剂 B 吸附在铜粉表面可以改善铜粉表面的亲水能力，使铜粉表面的表面能分布更加均匀，从而提高镀层的均匀性和连续性。

4.1.3.4 镀液温度对化学镀银的影响

表 4-8 是镀液温度（以 T 表示）对化学镀银及银包铜粉性能的影响，可见镀液温度超过 50℃ 后银包铜粉的颜色变得暗淡，附着力及漆膜的光滑程度变差。

表 4-8 镀液温度对化学镀银及银包铜粉性能的影响

温度/℃	是否团聚	银包铜粉颜色	漆膜表面是否光滑	附着力
25	否	银白色	光 滑	好
30	否	银白色	光 滑	好

续表 4-8

温度/℃	是否团聚	银包铜粉颜色	漆膜表面是否光滑	附着力
40	否	银白色	光滑	好
50	否	银白暗淡	光滑	较好
60	否	银白暗淡	粗糙	稍差

图 4-7 是镀液温度对银包铜粉松装密度和导电性的影响。随着施镀温度的升高，银包铜粉的松装密度逐渐减小，厘米电阻先减小后增大，温度为 25～40℃时导电性能较好。这是由于温度可以提供能量，当镀液的温度升高时，镀液中粒子运动的速度加快，粒子冲击和碰撞镀件表面的速度加快，对镀件表面的冲刷作用增强，从而使镀件表面催化活性点的数目增加，加快金属离子的沉积速度。这时晶粒在横向和轴向的生长比较均衡，松装密度变化比较小，导电性较好。镀液温度继续升高，粒子的运动速度进一步加快，当粒子速度达到某一极限值时，由于粒子碰撞时的反射作用，粒子在镀件金属表面停留时间会随着粒子运动速度的加快而缩短，不利于金属银粒子的沉积，且已经吸附在铜粉表面的银粒子容易从基体表面脱落，从而形成游离的金属银碎片；另外，温度升高，晶粒在轴向的生长加速，易生成疏松的镀层从而导致银包铜粉的松装密度变小、厘米电阻变大。

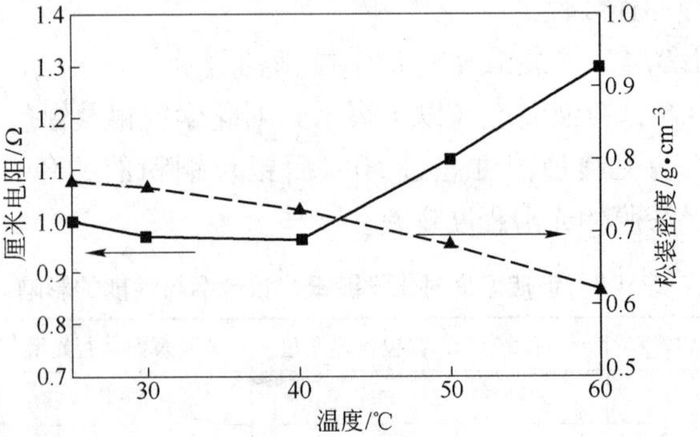

图 4-7　镀液温度对银包铜粉松装密度和导电性的影响

4.1.3.5 主盐浓度对化学镀银的影响

在镀银工艺中，主盐（$AgNO_3$）是金属银的来源，为整个反应提供银离子（Ag^+）。根据化学动力学理论可知，提高反应物的浓度，可以加快化学反应的速度，使化学平衡沿着生成物方向移动。但主盐浓度过高，反应速度过快易导致镀层粗糙、疏松多孔；浓度过低，则会降低反应速度，影响生产效率。

表4-9是主盐浓度（以 $c(Ag^+)$ 表示）对化学镀银及银包铜粉性能的影响。

表4-9 主盐浓度对化学镀银及银包铜粉性能的影响

$c(Ag^+)$ /g·L^{-1}	是否团聚	反应速度	颜色	表面是否光滑	附着力
2.4	否	慢 ↓ 快	银白色	光滑	好
3.2	否		银白色	光滑	好
6.3	否		银白色	光滑	好
9.5	否		银白色	光滑	好
13.2	否		银白色	光滑	稍差

从表4-9可以看出，主盐浓度增加，反应速率提高，银包铜粉的颜色均为银白色；浓度不大于9.5g/L时，漆膜表面光滑，附着力较好，浓度为13.2g/L时，漆膜附着力变差。

图4-8是主盐浓度对银包铜粉松装密度和导电性的影响。随着主盐浓度的增大，银包铜粉的松装密度变小，导电性变差。

图4-9a和图4-9b分别是主盐浓度为2.4g/L和13.2g/L时银包铜粉的表面形貌。

从图4-9看，主盐浓度为2.4g/L时，镀层较薄，表面比较光滑，银比较平滑地铺展在铜粉表面，局部能发现少量的银颗粒。主盐浓度为13.2g/L时，镀层表面粗糙，银晶粒为球状，银晶粒之间充满了裂隙。

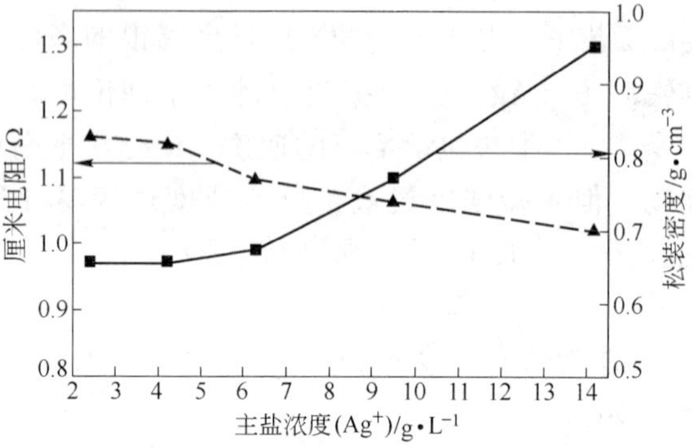

图 4-8　主盐浓度对银包铜粉松装密度和导电性的影响

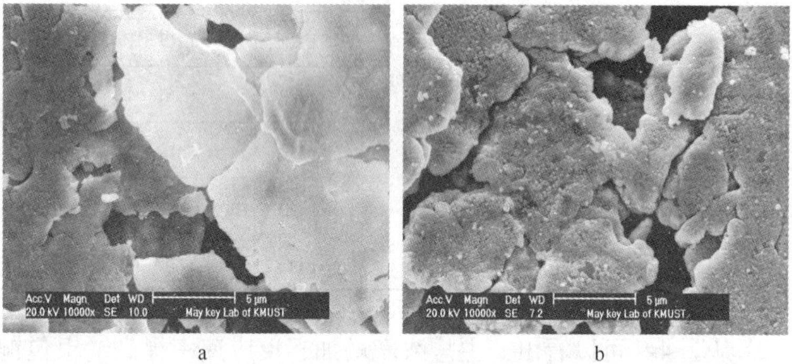

a　　　　b

图 4-9　不同主盐浓度时银包铜粉的表面形貌

a—2. 4g/L；b—13. 2g/L

因此，综合考虑反应速率、导电性能、松装密度和银包铜粉的表面形貌，认为主盐浓度为 3. 2 ~6. 3g/L 时比较合适。

4. 1. 3. 6　液固比对化学镀银的影响

液固比（以 *R* 表示）指反应溶液的总质量与铜粉的质量之比。表 4-10 是液固比在 10 ~30 之间变化时对化学镀银及银包铜粉性能的影响。液固比变化对反应的团聚性、银包铜粉的颜色、漆膜的光滑程度、附着力等均没有显著的影响。

表 4-10 液固比对化学镀银及银包铜粉性能的影响

液固比	是否团聚	颜色	表面是否光滑	附着力
10	否	银白色	光 滑	好
15	否	银白色	光 滑	好
20	否	银白色	光 滑	好
25	否	银白色	光 滑	好
30	否	银白色	光 滑	好

图 4-10 是液固比对银包铜粉松装密度和导电性的影响。液固比增大，银包铜粉的松装密度先增大后减小，厘米电阻先减小后增大，总体而言液固比对银包铜粉性能的影响较小。由于液固比增大，反应速度会减小，耗水量相对增加，综合反应时间、成本和性能因素，认为液固比为 15 ~20 较合适。

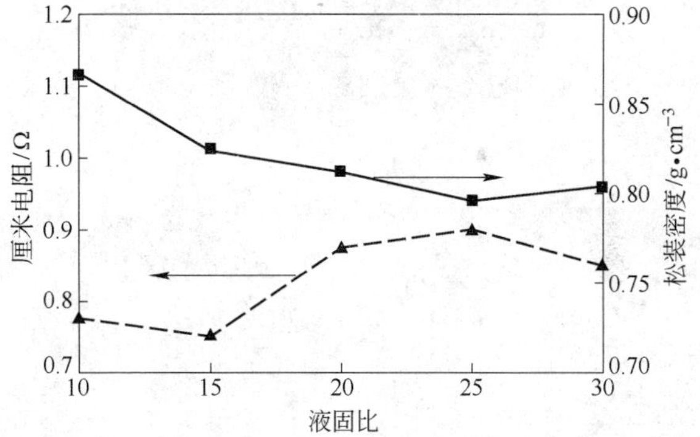

图 4-10 液固比对银包铜粉松装密度和导电性的影响

4.1.4 银包铜粉的性能研究

以下对酸性化学镀银体系制备的银包铜粉（用蒸馏水脱附）的性能，包括色泽、粒度分布、松装密度、导电性能、成分、耐氧化能力、镀层的表面形貌及导电漆膜的表观特性进行研究，着重讨论银含量对以上各性能的影响，并对比酸性体系镀银得到的银包铜粉与国内某公司的银包铜粉以及进口银包铜粉的表面形貌的差别。

4.1.4.1 银包铜粉的表观色泽

图4-11a、图4-11b和图4-11c三图分别是理论银含量（质量分数）为18%、8%和3%的银包铜粉的色泽，可以看到随着银含量减少，银包铜粉的颜色逐渐接近于铜粉的颜色，银含量低时银包铜粉的颜色偏红，有比较明显的金属光泽；银含量高时，银包铜粉的颜色趋向于银黄色，光泽度略有降低。这是由于铜粉表面是经过抛光的，银含量低时镀层只是薄薄地覆盖在铜粉表面，表面的凹凸比较少所以折光性较好；而随着镀层变厚，表面凹凸增多导致色泽度降低。

图4-11 不同银含量银包铜粉的色泽

a—18%；b—8%；c—3%

4.1.4.2 银包铜粉的粒度分布

银包铜粉作为导电填料时，不仅单个颗粒的粒径对其在导电涂料中的导电性有影响，更重要的是其整体粒群的粒度分布状态。图4-12和表4-11分别是银含量不同时银包铜粉的粒度分布曲线和分布参数。图 4-12a、b、c 分别表示理论银含量（质量分数）为 3%、8% 和 18% 的银包铜粉。

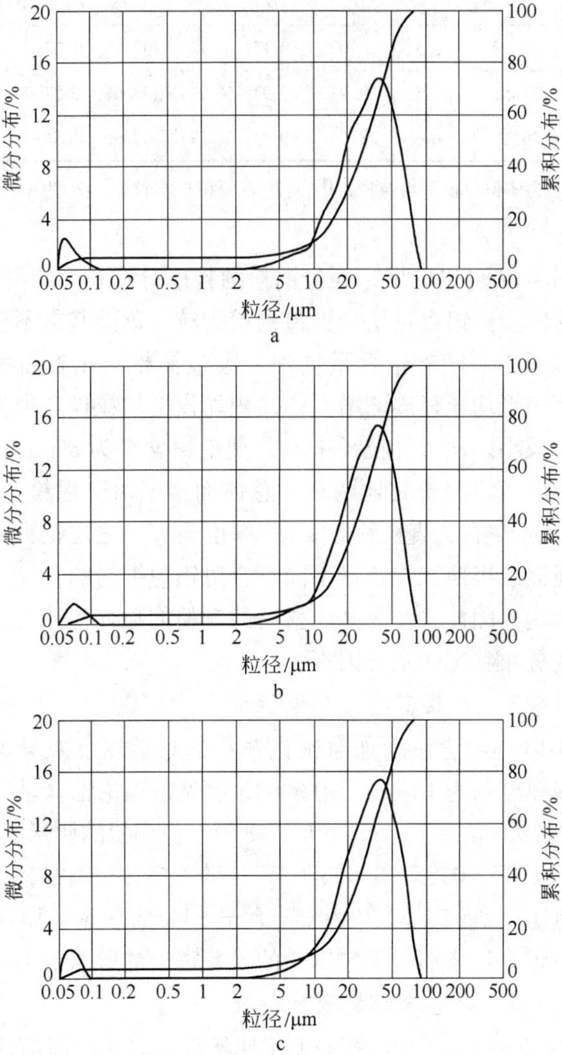

图 4-12 不同银含量银包铜粉的粒度分布曲线

a—3%；b—8%；c—18%

表 4-11　银包铜粉的粒度分布参数

参数	平均粒径/μm			边界粒径/μm		$S.S.A$ /m^2 · c. c.$^{-1}$
	$D_{(4,3)}$	$D_{(3,2)}$	D_{50}	(D_{10}，D_{90})	(D_{25}，D_{75})	
图 4-12a	30.77	1.25	28.97	(9.17，55.72)	(17.64，42.57)	3.82
图 4-12b	31.52	1.35	29.91	(9.92，56.22)	(18.64，43.27)	3.44
图 4-12c	29.59	1.66	28.01	(9.83，52.33)	(17.61，40.51)	3.60

注：$D_{(4,3)}$ 为体积加权平均粒径；$D_{(3,2)}$ 为表面积平均粒径；D_{50} 为中位径；$S.S.A$ 为比表面积。

从图 4-12 可以看出，银包铜粉的粒度分布符合 R-R（单峰）分布数学模型。银含量增加银包铜粉的粒径范围基本不变。从表 4-11 可以看出，随着银含量增加，银包铜粉的比表面积逐渐减小，表面积平均粒径逐渐增大；体积加权平均粒径及中位径均是先增大后减小。从边界粒径来看，理论银含量为 8% 时，银包铜粉的边界粒径略大于其他两种。总体而言，由于铜粉是片状的，厚度为 1μm 左右、直径约 30μm，厚度与直径之比很大，而镀银后其表面镀层很薄，银含量不同不会对银包铜粉的粒径分布状态有大的影响。因此，作为基体材料的铜粉的粒径特征是决定银包铜粉粒度分布状态的主要因素。

4.1.4.3　松装密度及导电性能

图 4-13 是银含量增加时银包铜粉的松装密度及导电性的变化，漆膜厚度约为 10μm。由图 4-13 可见，理论银含量（质量分数）分别为 3%、8%、13% 和 18% 的银包铜粉的厘米电阻（Ω）分别约为 1.05、0.85、0.50、0.37。随着银含量增加，银包铜粉的厘米电阻呈直线下降，银含量大于 13% 后厘米电阻减小的趋势变缓。银含量增加对银包铜粉的松装密度的影响较小。

4.1.4.4　导电漆膜的表观特性

图 4-14 是将银包铜粉与树脂混合后制成导电漆喷涂在工程塑料上的效果，图 4-14a、b、c 的理论银含量（质量分数）分别为 3%、8%、18%。可以看出，漆膜表面平整光滑，这说明制

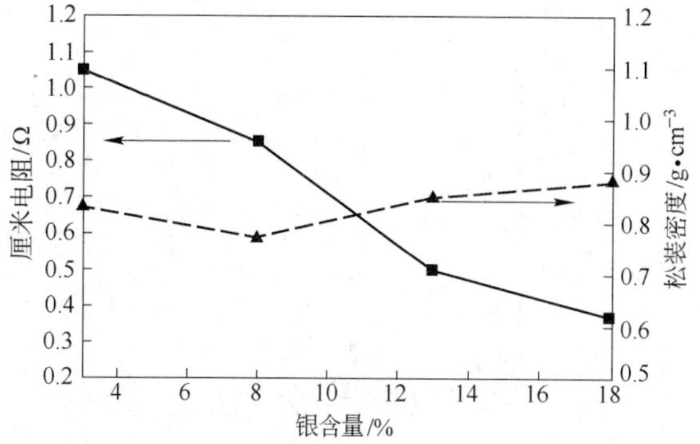

图 4-13 银含量对银包铜粉的松装密度及导电性的影响

备的镀银铜粉与树脂的相容性较好；随着银含量增加，导电漆的颜色逐渐变浅接近于银的颜色。从附着力测试结果看，银包铜粉的附着力良好。

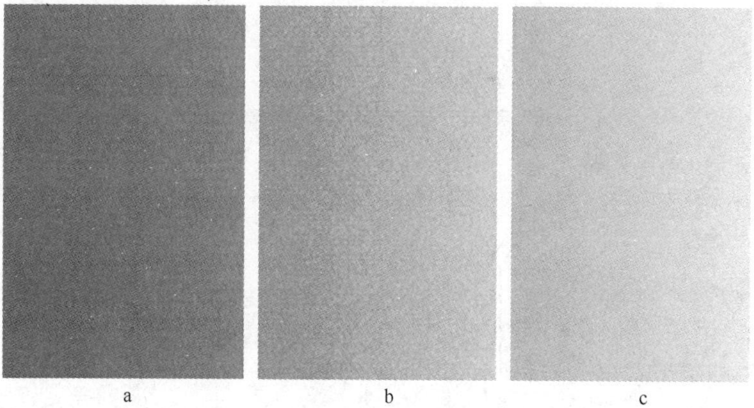

图 4-14 不同银含量银包铜粉的导电漆膜

a—3%；b—8%；c—18%

4.1.4.5 银包铜粉的成分分析

图 4-15 是理论银含量（质量分数）分别为 3%、8%、18% 时银包铜粉的 EDS 曲线。

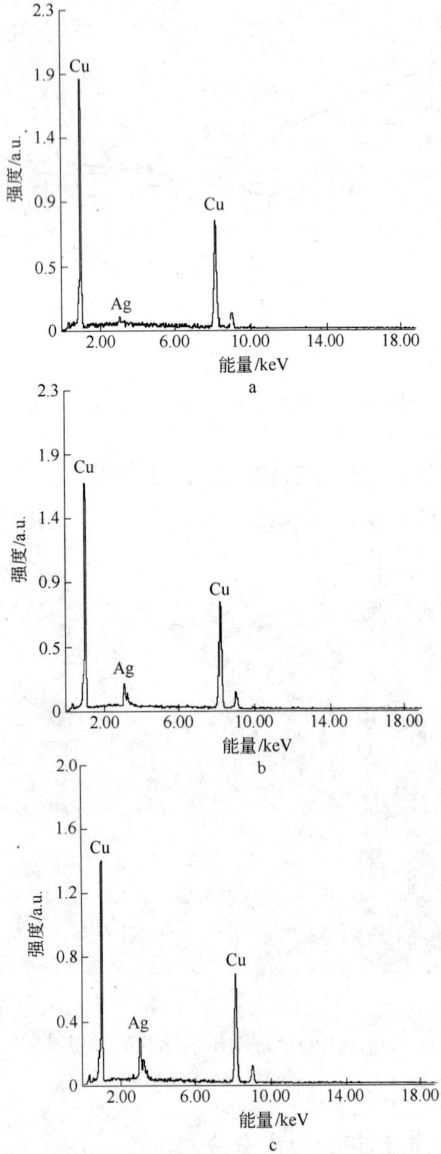

图 4-15　不同理论银含量时的银包铜粉的 EDS 曲线

a—3%；b—8%；c—18%

由于所采用的片状铜粉的厚度仅有1μm左右，因此EDS检测结果显示的元素组成可以大致表示银包铜粉的成分。理论银含量为3%的银包铜粉的实际银含量约为3.46%~3.11%；理论银含量为8%的银包铜粉的实际银含量约为8.42%~9.11%；理论银含量为18%的银包铜粉的实际银含量约为17.14%~21.32%。由此表明，在本实验的酸性化学镀银体系中银离子被还原得比较充分。

4.1.4.6 银包铜粉的常温耐氧化能力

常温条件下，将理论银含量为8%的银包铜粉在空气中静置100天后，采用X射线衍射仪对银包铜粉进行了相结构分析，结果如图4-16所示。

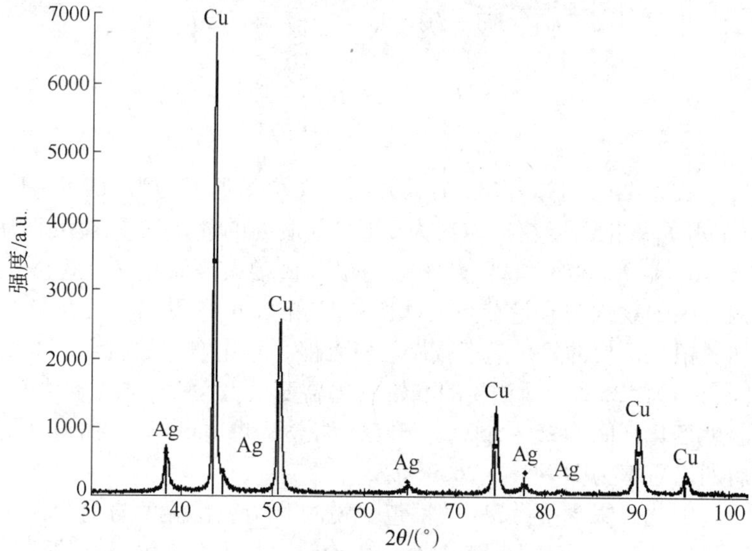

图4-16 银包铜粉的X射线衍射图

从图4-16可以看出，最强的衍射峰是金属Cu，此外是金属Ag，没有发现明显的氧化物存在。即理论银含量为8%的银包铜粉的常温耐氧化能力较好。

4.1.4.7 银包铜粉的高温耐氧化能力

图4-17是在空气条件下，温度变化区间为25～800℃，升温速率为20℃/min时银包铜粉的TG曲线。图中a、b、c代表理论银含量分别为3%、8%、18%的银包铜粉。

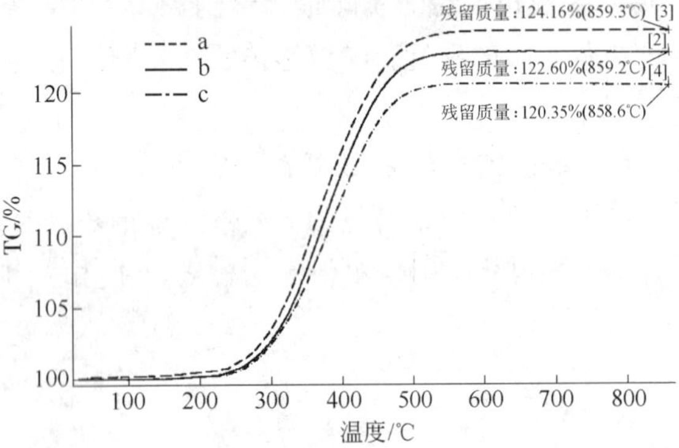

图4-17 银包铜粉的TG曲线

a—3%；b—8%；c—18%

从图4-17可以看出，a的开始氧化增重温度约为160℃；b、c的开始氧化温度相近，约为230℃。最终的氧化增重率分别为23.16%、22.60%和20.35%，即银含量增大，氧化终点时银包铜粉中的氧化物含量减少。从图4-17中还可以看出，银含量增加，银包铜粉的氧化速率减慢，三者停止氧化增重的温度基本相同，约为525℃。而铜粉的开始氧化温度是155℃，空气条件下，温度变化区间为25～800℃，升温速率为20℃/min时，铜粉氧化后的增重率为26.4%～26.9%。

因此，银含量为3%的银包铜粉的开始氧化温度与铜粉很接近，但氧化增重率比铜粉要小；理论银含量为8%和18%的银包铜粉的开始氧化温度比3%时提高约60℃，同时说明银含量大于8%后，提高银含量并不能同等程度地提高其较高温度时的耐氧化能力。

4.1.4.8 银包铜粉的表面形貌

图4-18是片状铜粉的表面形貌，图4-19～图4-21是理论

银含量（质量分数）分别为3%、8%、18%的银包铜粉的表面形貌。

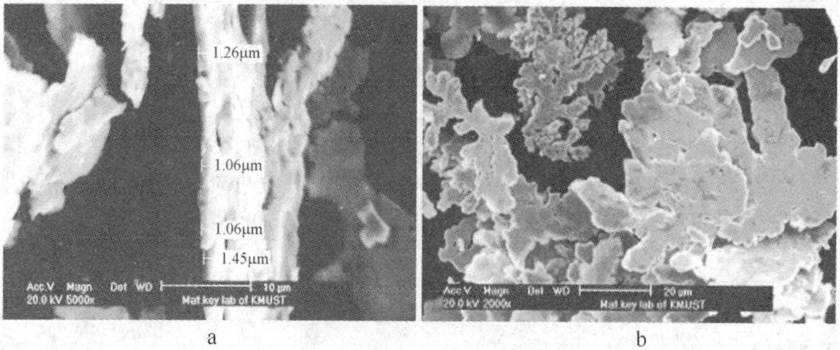

图4-18 铜粉的表面形貌

a—截面图；b—表面形貌

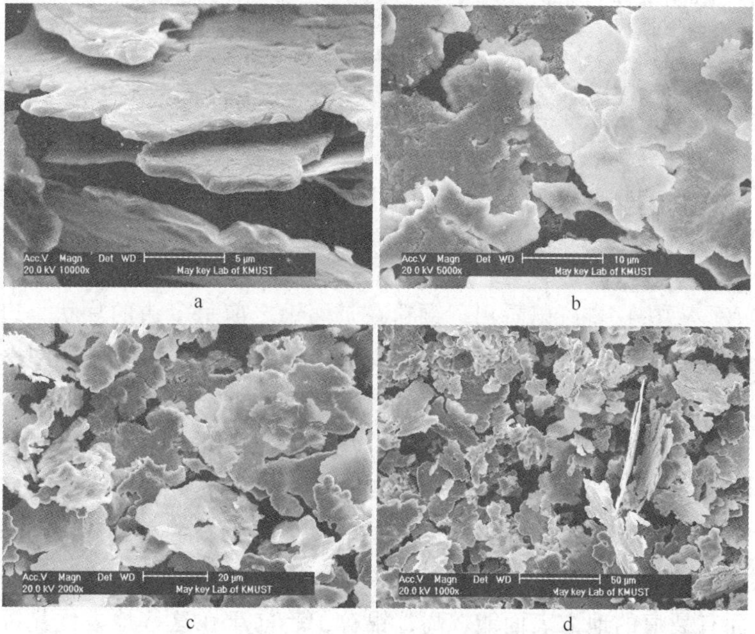

图4-19 理论银含量为3%的银包铜粉在不同放大倍数下的表面形貌

a—10000×；b—5000×；c—2000×；d—1000×

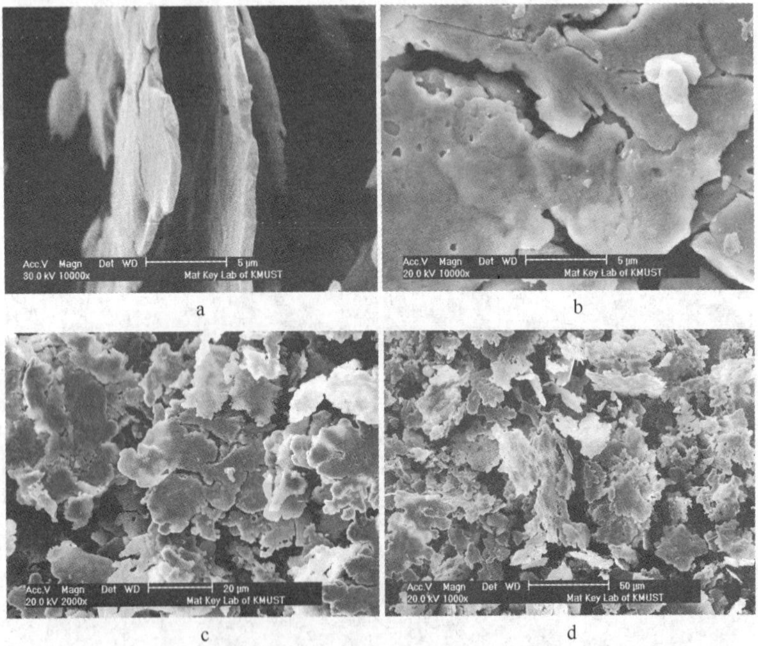

图 4-20　理论银含量为 8% 的银包铜粉在不同放大倍数下的表面形貌

a，b—10000×；c—2000×；d—1000×

从图 4-18 可以看出，铜粉在未镀银之前呈多边的片状，边缘多尖端和毛刺，由于经过球磨加工表面很光亮；从侧视图来看，表面并不十分平整，表面的缺陷较多。镀银后铜粉的表面覆盖了一层银，由于银晶粒较粗糙，所以镀银后的铜粉表面并不光滑，呈现凹凸的形态。银含量提高，镀层的厚度增加，覆盖率逐渐提高。银含量为 3% 时，银镀层很薄，能比较明显地观察到基体中间部分的镀层较薄，边缘较厚，这是由于粉体的边缘及表面有裂痕的地方表面能较高，银粒子趋向于在这些地方优先沉积；银含量为 8% 时铜粉的表面已经被银全部覆盖，但整体来看局部镀层仍然不够均匀。理论银含量达到 18%，铜粉的表面

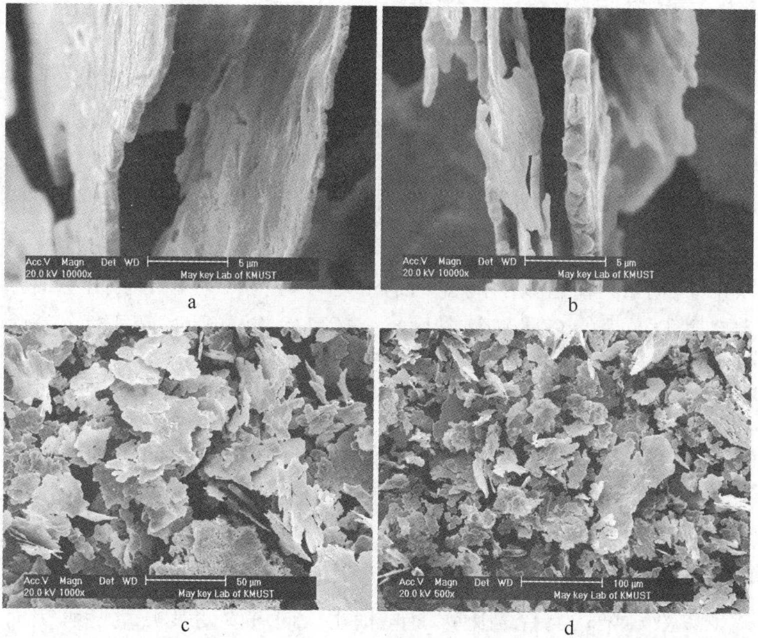

图 4-21 理论银含量为 18% 的银包铜粉在不同放大倍数下的表面形貌
a，b—10000 ×；c—1000 ×；d—500 ×

被银覆盖的比率和厚度继续增加的同时，镀层的整体均匀性亦得到明显改善。另外，银含量增加，银粒子并不是完全的平铺，而是在铜粉表面成岛状、小丘状的分布生长，镀层从微观上比较粗糙。

结合前述银包铜粉的高温抗氧化能力测试，可以得出结论：理论银含量为 3% 时，镀层太薄且不够均匀导致其高温的耐氧化能力较铜粉没有明显的变化。理论银含量为 8% 和 18% 时，镀层厚度增加，因此耐氧化温度较铜粉大大提高，但是镀层表面是粗糙的丘状结构，所以银含量达到 18% 时，其高温的耐氧化能力较 8% 时并没有随着银含量的增加而同等程度的得到加强。

4.2 银包铝粉的制备技术

对纳米复合材料的研究发现，纳米 Al_2O_3 颗粒可以有效地提高铜的高温力学性能[45]，并可以得到兼有高导电性能和抗拉强度的铜基复合材料，在 200nm 的 Al_2O_3 粉末表面沉积纳米的铜可以抑制烧结过程中 Al_2O_3 颗粒的长大，并使陶瓷的断裂韧性和抗拉强度分别提高 33% 和 78%[46]。因此，镀铜纳米陶瓷粉末既可以用于制备金属增韧的陶瓷基纳米复合材料，又可用于制备纳米陶瓷颗粒增强的金属基复合材料，还可以将一系列不同铜含量的粉末用于制备梯度材料。

段志伟等[47]采用化学镀的方法实现了纳米 Al_2O_3 粉体的表面金属化，系统研究了铜含量可控的纳米 Al_2O_3 表面化学镀铜的工艺。研究结果表明：含 NaF 的 HF 溶液能有效地对纳米 Al_2O_3 表面进行粗化，10min 的粗化使纳米 Al_2O_3 的比表面积增加了 150%；采用双配合剂工艺可大大提高 $CuSO_4 \cdot 5H_2O$ 的利用率，减少废液污染；与控制施镀时间相比，通过改变装载量能够更有效地控制粉体表面的铜含量。范启义等[48]采用化学镀方法在超声波辐照下对 10～20nm 的 Al_2O_3 粉末进行化学镀铜。通过分析测试表明，引入超声波并调整镀液组成和工艺条件可以实现室温的纳米 Al_2O_3 粉末化学镀铜，使化学镀铜在低温下保持镀液的稳定性，同时对纳米粉末进行有效的分散；以 Na_2EDTA 为配合剂，并加入亚铁氰化钾和 2-2 联吡啶作为稳定剂，可以有效地消除或减少复合粉末中的 CuO；通过改变低温超声波化学镀铜时的镀液组成和装载量，可以一次镀覆得到铜含量为 5%～90% 的 Cu-Al_2O_3 复合粉末。刘远廷、凌国平[49]研究了纳米 Al_2O_3 化学镀铜粉杂质对烧结致密化的影响。通过对粉末清洗、热重分析（TG）、粉末及烧结试样的场发射扫描电镜（FF-SEM）及能谱（EDS）的观察分析，发现纳米 Al_2O_3 化学镀铜粉末表面吸附了化学镀溶液的杂质。这些杂质在粉末高温还原及烧结过程中发生热解，并在铜的表面沉积碳，影响了纳米 Al_2O_3 化学镀铜粉的烧结。史桂梅等[50]以平均直径约为200nm的Al_2O_3粉为原料，以氨基溶液为镀液，硝酸银为主盐，使Al_2O_3表面获得均匀的金属Ag涂层，即所得Ag-Al_2O_3复合粉具有壳核结构，壳层由纳米非晶态的银和纳米银晶体颗粒构成，尺度分别是5nm和10nm。Shou Yi Chang等[51]采用葡萄糖作为还原剂，分别对大小为12.5μm、5μm、3μm、1μm、0.3μm以及0.05μm抛光了的α型Al_2O_3化学镀银。通过压强为300MPa、温度为873K的热压制下，其20%、1μm的Al_2O_3/Ag的弯曲强度是730MPa，是纯银的3倍。复合粉体的电导率与CdO/Ag的电触点相当，比SnO_2/Ag的高。电弧腐蚀表面形貌与CdO/Ag和SnO_2/Ag相似。复合粉体作为无毒的，具有高强度和电导率的材料，成为很好的电触点材料的代替品。黄磊等[52]采用甲醛作为还原剂，在超声波辐照下对10～20nm的Al_2O_3粉末进行化学镀银，制备出了纳米Ag-Al_2O_3复合粉末。并探讨了镀液组成及其工艺条件对纳米Al_2O_3粉末化学镀银的影响。结果表明，改变镀液中氨水的含量和pH值可以控制镀液的稳定性和反应诱导期的长短。增重测定和X射线衍射分析结果表明，调整甲醛的用量和装载量的大小可以得到质量分数为11%～74%银的纳米Ag-Al_2O_3复合粉末。TEM观察的结果表明，通过该工艺所得到的Ag-Al_2O_3复合粉末具有很好的均匀性。Shi Guimei等[53,54]用甲醛作为还原剂，将α-Al_2O_3分成两组来分析，一组没有预处理直接化学镀银，另一组通过银氨溶液活化后再化学镀银。控制温度为30℃，pH值为10.5左右。结果显示：通过预处理的粉体化学镀银的壳层由纳米非晶银和纳米银晶体颗粒构成，尺度分别是5nm和10nm。而未处理的粉体上包覆的银直径在100nm左右。根据陶瓷增韧理论可以推断，此种Ag-Al_2O_3复合粉能有效地增强Al_2O_3陶瓷的断裂韧性。川上浩等[55]先将平均粒径粉体3.0μm的Al_2O_3浸渍于0.5～1.0g/L的氨基硅烷偶联剂溶液中约10min，过滤，干燥，然后浸渍于含有0.1g/L$PdCl_2$的酸性溶液中约5min，再依次通过化学镀镍、化学镀铜得到双重基底层，然后化学镀银，通过Cu与Ag的置换反应，溶解而消耗掉化学镀铜层，由此获得实际上是由基底镀镍层与表面镀银层组成的双重构造的镀层粉体。

4.2.1 银包铝粉的制备工艺

4.2.1.1 实验原料

主要实验原料如表4-12所示，本实验以类球状铝粉为原料，见图4-22。从图4-22可以看出：铝粉表面有微凸，粒度分布不均匀，这也直接影响到后面银包铝粉的表面形貌。

图4-22 原始铝粉

表4-12 主要实验药品

药品名称	分子式	相对分子质量	类 型
硝酸银	$AgNO_3$	169.87	工业级
硫酸铜	$CuSO_4 \cdot 5H_2O$	249.55	工业级
氨水	$NH_3 \cdot H_2O$	35	工业级
氢氧化钠	NaOH	40.00	AR
酒石酸钾钠	$C_{10}H_4O_6KNa_2 \cdot 2H_2O$	373.24	AR

4.2.1.2 工艺流程

具体工艺流程如下：

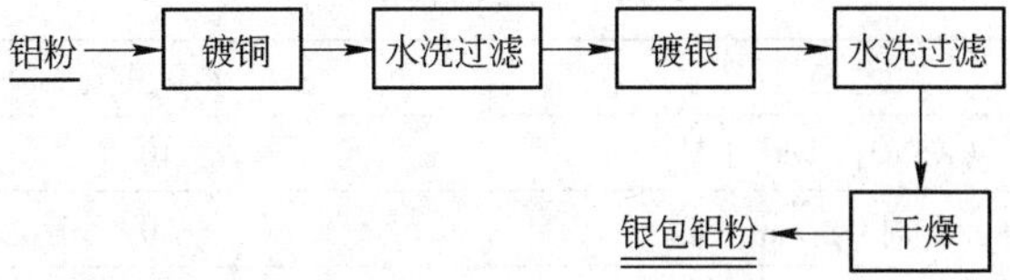

A 化学镀铜

由于铝粉的表面活性很大、具有很低的负电位，而且 Al 属两性金属，在酸性和碱性条件下都不稳定，因此铝粉在化学镀过程中很容易参与反应，造成银液不稳定发生自分解，导致银离子以单质形式在溶液中析出。在化学镀过程中，应尽量减少化学试剂的种类，避免不必要的反应出现。由于在铜粉表面可以通过置换反应获得银层，为此，在铝粉表面首先获得铜层。且铝比铜活泼，因此通过置换反应可获得铜层。镀液组成及工艺条件如表4-13所示。

表 4-13 化学镀铜液配方

工艺规范	参数
$c\ (CuSO_4 \cdot 5H_2O)\ /g \cdot L^{-1}$	10
$c\ (EDTA \cdot 2Na)\ /g \cdot L^{-1}$	20
$c\ (NaOH)\ /g \cdot L^{-1}$	4
$c\ (NH_3 \cdot H_2O)\ /mL \cdot L^{-1}$	20
温度/℃	室温

B 化学镀银

铝粉化学置换铜后，获得的 Cu-Al 复合粉体呈红色。由于铜极易氧化，因此水洗后要立即转入化学镀银步骤，否则将影响整个镀覆质量。镀液组成及工艺条件如表 4-14 所示。此步骤反应较快，一般在几分钟即可完成，得到的 Ag-Al 复合粉体外貌呈灰白或土黄色，厘米电阻极小。

表 4-14 化学镀银液配方

工艺规范	参 数
c（$AgNO_3$）/$g \cdot L^{-1}$	10
c（配合剂 B）/$mL \cdot L^{-1}$	20
c（NaOH）/$g \cdot L^{-1}$	1
温度/℃	室温

4.2.2 银包铝粉制备的工艺研究

由于铝具有密度小、延展性好、金属光泽好以及价格低廉等优点，被广泛地应用在电子、航空、及电子浆料等领域。但是由于铝自身的特殊性，给课题带来了很大的难度。目前，关于该方面的研究至今还未见有公开报道，可供参考的文献资料也很少，因此，在进行条件试验之前，进行了大量的探索试验，才得以确定用于条件试验的基本配方。本章节主要通过条件试验，研究了铝粉化学镀银过程中的各影响因素对 Ag-Al 复合粉体的导电性、松装密度（松比）、形貌以及成分等的影响规律。

4.2.2.1 NaOH* 浓度的影响

实验配方和工艺条件见表 4-15。

表 4-15 实验配方和工艺条件

工艺规范	参 数
c（$CuSO_4 \cdot 5H_2O$）/$g \cdot L^{-1}$	10
c（$C_4H_4O_6KNa_2 \cdot 2H_2O$）/$g \cdot L^{-1}$	20
c（$NH_3 \cdot H_2O$）/$mL \cdot L^{-1}$	20
c（$AgNO_3$）/$g \cdot L^{-1}$	10
c（配合剂 B）/$mL \cdot L^{-1}$	20
c（NaOH）/$g \cdot L^{-1}$	1
温度/℃	室温
c（NaOH*）/$g \cdot L^{-1}$	1/2/3/4/5

注：NaOH* 表示镀铜液中的 NaOH，NaOH 表示镀银液中的 NaOH。

NaOH * 浓度对 Ag-Al 复合粉体颜色、氧化情况影响结果如表 4-16 所示，对时间、导电性、松装密度的影响规律如图 4-23 和图 4-24 所示。

表 4-16 NaOH * 浓度对粉末颜色的影响

NaOH * 浓度/g · L^{-1}	1	2	3	4	5
颜　色	白灰	白灰	白灰	土灰	黄灰
氧化情况	颜色、厘米电阻均无变化				

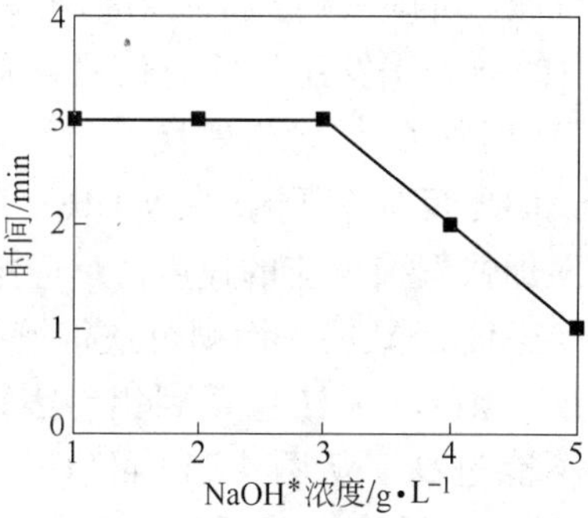

图 4-23 NaOH * 浓度对化学镀银时间的影响

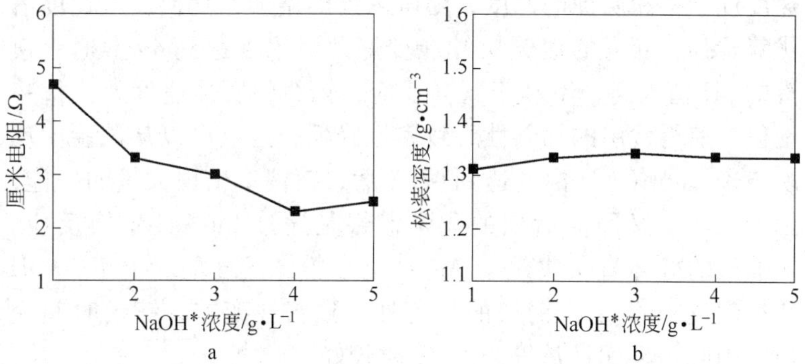

图 4-24 NaOH * 浓度对复合粉体性能的影响

a—NaOH * 浓度对导电性的影响；b—NaOH * 浓度对松装密度的影响

由表4-16和图4-23、图4-24可以看出，放置一个月后，Ag-Al复合粉体的颜色、厘米电阻均无明显变化，说明粉体的抗氧化性很好，NaOH*的浓度对复合粉体的氧化性能无明显影响。随着NaOH*浓度的增加，复合粉体的颜色缓慢变深，浓度小于3g/L时，Ag-Al复合粉体的颜色基本不变，呈白灰色，当超过4g/L后，颜色逐渐加深变至黄灰色；镀银时间随浓度的增加变短；复合粉体的厘米电阻开始明显下降，但其浓度超过4g/L后，又有上升的趋势。分析原因，在镀铜前，没有对铝粉进行前处理，由于铝粉的活性大容易氧化，因此铝粉表面有一层Al_2O_3氧化膜。当碱性的镀铜液加入到铝粉时，铝粉表面的Al_2O_3与镀铜液中的NaOH发生反应，使氧化膜被除去，这时暴露于镀铜液的Al则与Cu^{2+}发生置换反应，从而在铝粉表面获得镀铜层。与Al_2O_3反应后剩余的NaOH，一方面与铝粉发生反应，另一方面加快置换反应的速度。反应中，只要Al粉腐蚀的速度小于置换速度，Al粉表面则可获得镀铜层，一旦腐蚀速度大于置换速度，则Cu无法包覆到铝粉表面。因此，镀液中的NaOH浓度不能过高。从图4-24a可以看出，当NaOH浓度小于4g/L时，厘米电阻逐渐降低，大于4g/L后，厘米电阻呈上升趋势。这可能是因为，浓度小于4g/L时，置换反应的速度优于铝粉腐蚀的速度，随着浓度的增加，置换反应速度的优势增强，获得的镀铜层性能变好。当浓度达到4g/L时，镀液的pH值太高，不利于置换反应，铝粉的腐蚀速度处于优势地位，使得镀层的均匀性、致密性降低，这点可以从试验中反映出来，当NaOH浓度达到4g/L后，镀液中出现大量的气泡，铝粉上浮。又因为后期的化学镀银是通过Cu-Ag^+置换反应，铜镀层的好坏直接决定着Ag-Al复合粉体的性能。由于NaOH浓度超过4g/L后，铜层的均匀性、致密性变差，镀银时间变短。因此，NaOH*浓度为4g/L时较好。

4.2.2.2　Cu^{2+}浓度的影响

试验配方和工艺条件见表4-17。

表 4-17 试验配方和工艺条件

工艺规范	参 数
c（$C_{10}H_4O_6KNa_2 \cdot 2H_2O$）/g·L^{-1}	20
c（$NaOH^*$）/g·L^{-1}	5
c（$NH_3 \cdot H_2O$）/mL·L^{-1}	20
c（$AgNO_3$）/g·L^{-1}	10
c（配合剂 B）/mL·L^{-1}	20
c（NaOH）/g·L^{-1}	1
温度/℃	室温
c（Cu^{2+}）/g·L^{-1}	1/1.5/2/2.5/3

镀铜液中 Cu^{2+} 浓度对粉末颜色、氧化情况的影响结果见表 4-18，对时间、导电性、松装密度的影响规律见图 4-25 和图 4-26。

表 4-18 Cu^{2+} 浓度对粉末颜色的影响

Cu^{2+} 浓度/g·L^{-1}	1	1.5	2	2.5	3
颜 色	白灰	白灰	土灰	黄灰	黑灰
氧化情况	颜色、厘米电阻均无变化				

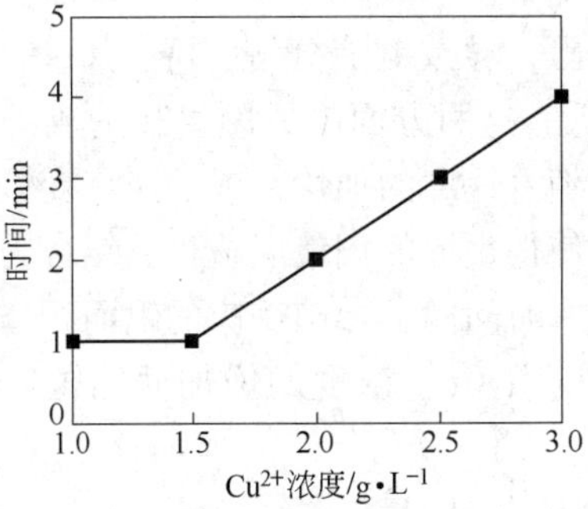

图 4-25 Cu^{2+} 浓度对化学镀银时间的影响

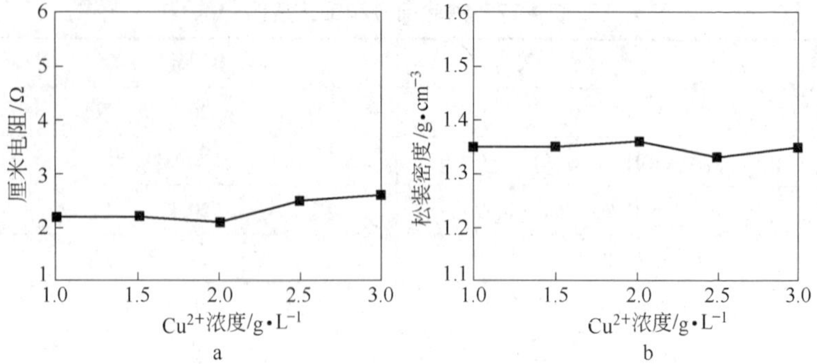

图 4-26 Cu^{2+}浓度对复合粉体性能的影响

a—Cu^{2+}浓度对导电性的影响；b—Cu^{2+}浓度对松装密度的影响

由表 4-17 和图 4-25、图 4-26 可以看出，放置一个月后，Ag-Al 复合粉体的颜色、厘米电阻均无明显变化，说明粉体的抗氧化性很好，Cu^{2+}的浓度对复合粉体的氧化性能无明显影响。随Cu^{2+}浓度的增加，Ag-Al 复合粉体的颜色逐渐变深；镀银时间逐渐缩短；其厘米电阻值开始比较平稳，后逐渐上升；粉体的松装密度几乎没有变化。这主要是因为当Cu^{2+}浓度较低时，反应速度较慢，析出的铜能较均匀包覆在 Al 粉表面；当浓度过高，反应速度太快，一方面，导致置换出的铜来不及均匀包覆在 Al 粉表面，造成铜镀层不均，这直接造成了后面的银镀层的不均；另一方面，由于速度太快，Cu 除了在 Al 粉表面析出外，一部分将直接在镀液中析出，导致镀液分解，降低 Cu 的利用率，使得镀覆的 Cu 含量降低。这两方面的原因直接造成了复合粉体厘米电阻的增加。同时随着速度的加快，成核速率变慢，形成的铜晶核少，晶粒长大，使得生成的铜镀层疏松、结合力差，在银铜置换反应过程中，同一时间内，参与反应的铜面积增大，加快了镀银速度，镀银时间随着Cu^{2+}浓度的增加而缩短。因此，Cu^{2+}浓度为 2g/L 时较好。

4.2.2.3 $NH_3 \cdot H_2O$ 浓度的影响

试验配方和工艺条件见表 4-19。

表 4-19 试验配方和工艺条件

工艺规范	参数
c（$CuSO_4 \cdot 5H_2O$）/g · L^{-1}	10
c（$C_{10}H_4O_6KNa_2 \cdot 2H_2O$）/g · L^{-1}	20
c（NaOH*）/g · L^{-1}	4
c（$AgNO_3$）/g · L^{-1}	10
c（配合剂 B）/mL · L^{-1}	20
c（NaOH）/g · L^{-1}	1
温度/℃	室温
c（$NH_3 \cdot H_2O$）/mL · L^{-1}	5/10/15/20/25

$NH_3 \cdot H_2O$ 浓度对粉末颜色、氧化情况的影响结果如表 4-20 所示，与时间、导电性、松装密度的影响规律如图 4-27 和图4-28 所示。

表 4-20 $NH_3 \cdot H_2O$ 浓度对粉末颜色的影响

$NH_3 \cdot H_2O$ 浓度/mL · L^{-1}	5	10	15	20	25
颜 色	黑灰	黑灰	土灰	土灰	土灰
氧化情况	颜色、厘米电阻均无变化				

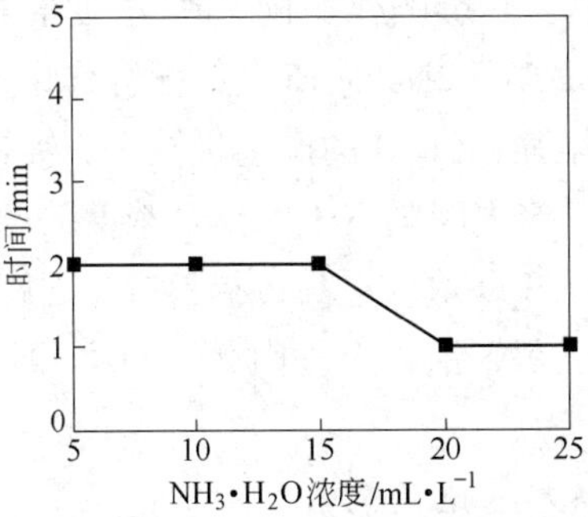

图 4-27 $NH_3 \cdot H_2O$ 浓度对化学镀银时间的影响

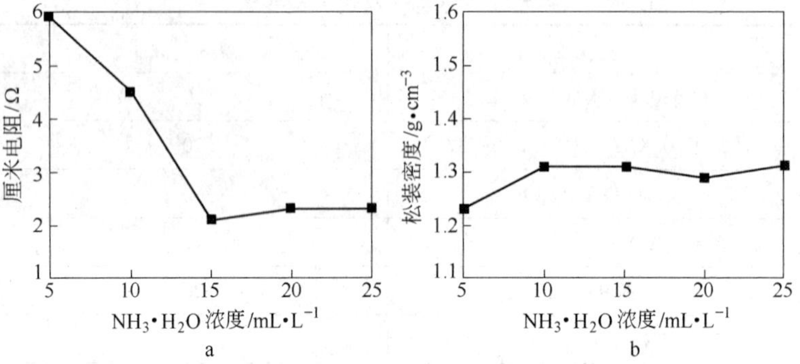

图 4-28　$NH_3 \cdot H_2O$ 浓度对复合粉体性能的影响

a—$NH_3 \cdot H_2O$ 浓度对导电性的影响；b—$NH_3 \cdot H_2O$ 浓度对松装密度的影响

由图 4-27、图 4-28 和表 4-20 可以看出，放置一个月后，Ag-Al 复合粉体的颜色、厘米电阻均无明显变化，说明粉体的抗氧化性很好，$NH_3 \cdot H_2O$ 浓度对复合粉体的氧化性能无明显影响。随着 $NH_3 \cdot H_2O$ 浓度的增加，复合粉体的颜色逐渐变浅，镀银时间变短，粉体的厘米电阻主要呈下降趋势，但在 $NH_3 \cdot H_2O$ 浓度为 15g/L 时，有一个极小值；粉体的松装密度开始较小，然后基本没有太大的变化。主要原因是，由于铝粉很容易与碱反应，NaOH 的量不能太多。镀铜液中，$NH_3 \cdot H_2O$ 的加入，一方面提高了镀液的 pH 值，其影响作用同 Cu^{2+} 浓度的影响；另一方面，$NH_3 \cdot H_2O$配合 EDTA · 2Na 对 Cu^{2+} 起配合作用，氨水的量增多，镀铜液的稳定性增强，Cu_2O 的产生量减少，镀铜层的纯度提高。因此，复合粉体厘米电阻随 $NH_3 \cdot H_2O$ 浓度的增加而减小。但是镀液中如果 $NH_3 \cdot H_2O$ 浓度过高，铝粉自身的腐蚀反应将变得非常剧烈，铜难以沉积到铝粉上。因此，$NH_3 \cdot H_2O$ 浓度在 15mL/L 时较好。

4.2.2.4　Cu/Ag 比的影响

试验配方和工艺条件见表 4-21。

表 4-21 试验配方和工艺条件

工艺规范	参　数
c（$CuSO_4 \cdot 5H_2O$）/$g \cdot L^{-1}$	10
c（$C_{10}H_4O_6KNa_2 \cdot 2H_2O$）/$g \cdot L^{-1}$	20
c（$NaOH^*$）/$g \cdot L^{-1}$	4
c（$NH_3 \cdot H_2O$）/$mL \cdot L^{-1}$	20
c（$AgNO_3$）/$g \cdot L^{-1}$	10
c（配合剂 B）/$mL \cdot L^{-1}$	20
c（NaOH）/$g \cdot L^{-1}$	1
温度/℃	室温
Cu/Ag 比	0.2/0.3/0.4/0.5/0.6

Cu/Ag 比对粉末颜色、氧化情况的影响结果如表 4-22 所示，对时间、导电性、松装密度的影响规律如图 4-29 和图 4-30 所示。

表 4-22 Cu/Ag 比对粉末颜色的影响

Cu/Ag 比	0.2	0.3	0.4	0.5	0.6
颜　色	黄灰	白灰	土灰	土灰	白灰
氧化情况	颜色、厘米电阻均无变化				

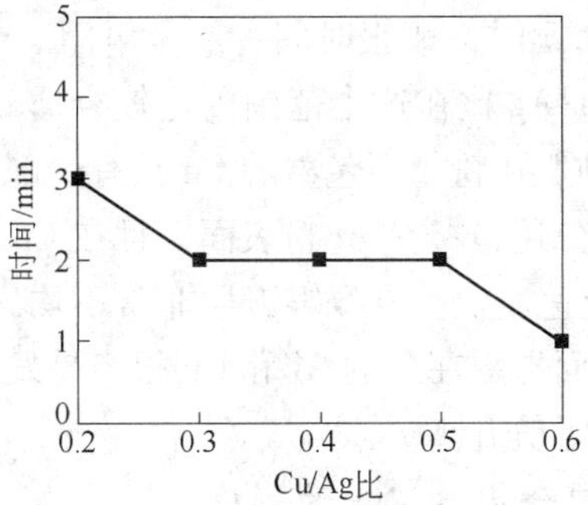

图 4-29 Cu/Ag 比对化学镀银时间的影响

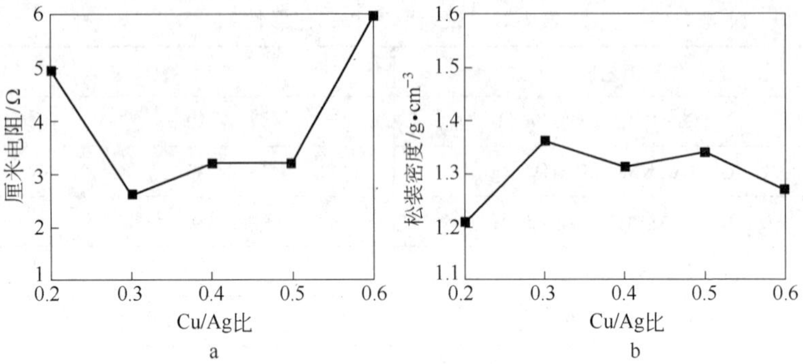

图 4-30 Cu/Ag 比对复合粉体性能的影响
a—Cu/Ag 比对导电性的影响；b—Cu/Ag 比对松装密度的影响

从表 4-22 和图 4-29、图 4-30 可以看出，放置一个月后，Ag-Al 复合粉体的颜色、厘米电阻均无明显变化，说明粉体的抗氧化性很好，Cu/Ag 比对复合粉体的氧化性能无明显影响。随着 Cu/Ag 比的增加，复合粉体的颜色逐渐变浅；镀银时间逐渐变短；粉体的厘米电阻先减少，后又突然升高；粉体的松装密度开始较小，后变大，但总的变化不是很明显。当 Cu/Ag 比小于 0.3 时，铜量相对太少，镀覆在 Al 粉上的 Cu 在后期的置换反应时，基本全部消耗，得到的复合粉体中间则没有 Cu 的存在，由 Al 和 Ag 构成。因此，在银含量相同的情况下，由 Al、Ag 构成复合粉体的厘米电阻应低于由 Al、Cu、Ag 构成复合粉体的厘米电阻。其比值在 0.3 ~ 0.5 时，镀银时间、厘米电阻、松装密度均比较稳定，这说明 Cu/Ag 比在这个范围内比较合适。当超过 0.6 后，Cu/Ag 比太高，则 Al 粉表面包覆的 Cu 只有少部分参与置换反应而消耗掉，大部分还包覆在 Al 粉表面。且在 Cu-Ag 置换反应中，Cu 量太多，反应速度快，导致银镀层非常不均，出现较多空洞。没有被银包覆住而裸露在外的 Al 和 Cu 很容易发生氧化，导致复合粉体的厘米电阻值升高。

4.2.2.5 配合剂 B 浓度的影响

试验配方和工艺条件见表 4-23。

表 4-23 试验配方和工艺条件

工艺规范	参 数
c（$CuSO_4 \cdot 5H_2O$）/$g \cdot L^{-1}$	10
c（$C_{10}H_4O_6KNa_2 \cdot 2H_2O$）/$g \cdot L^{-1}$	20
c（$NaOH^*$）/$g \cdot L^{-1}$	4
c（$NH_3 \cdot H_2O$）/$mL \cdot L^{-1}$	20
c（$AgNO_3$）/$g \cdot L^{-1}$	10
c（NaOH）/$g \cdot L^{-1}$	1
温度/℃	室温
c（配合剂 B）/$mL \cdot L^{-1}$	10/15/20/25/30

配合剂 B 浓度对粉末颜色、氧化情况的影响结果如表 4-24 所示，对时间、导电性、松装密度的影响规律如图 4-31 和图4-32 所示。

表 4-24 配合剂 B 浓度对粉末颜色的影响

c（配合剂 B）/$mL \cdot L^{-1}$	10	15	20	25	30
颜 色	黑	黑灰	土灰	土灰	白灰
氧化情况	颜色、厘米电阻均无变化				

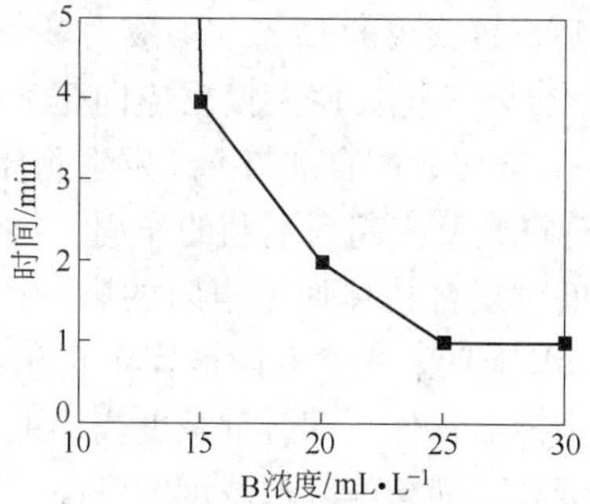

图 4-31 配合剂 B 浓度对化学镀银时间的影响

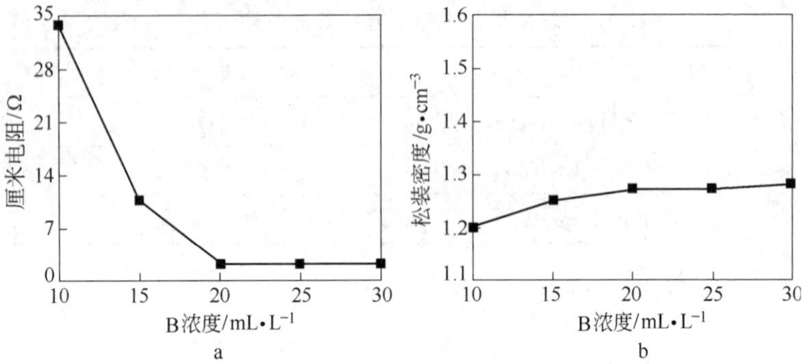

图 4-32　配合剂 B 浓度对复合粉体性能的影响

a—配合剂 B 浓度对导电性的影响；b—配合剂 B 浓度对松装密度的影响

由表 4-24 和图 4-31、图 4-32 可以看出，放置一个月后，Ag-Al 复合粉体的颜色、厘米电阻均无明显变化，说明粉体的抗氧化性很好，配合剂 B 浓度对复合粉体的氧化性能无明显影响。随着配合剂 B 浓度的升高，复合粉体的颜色逐渐变浅，当 B 浓度低于 15mL/L 时，粉体色泽差、发黑，超过 20mL/L 后，粉体颜色变白。因此，配合剂的量对粉体颜色的影响是很明显的。当配合剂为 15mL/L 时，施镀了数小时后，溶液中依然含有大量 Ag^{+}。因此，可以判断当配合剂浓度低于 15mL/L，银粒子无法完全析出；超过 20mL/L 后，镀银时间迅速下降，后达到一定值后，不再下降。因为所选用的配合剂与 Cu^{2+} 能形成较稳定的配合物，Ag^{+} 同 Cu 发生置换反应后，置换出的 Cu^{2+} 与溶液中多余的配合剂发生配合生成了稳定的配合物，将促使置换反应向正方向移动。而当配合剂浓度低于 15mL/L 时，配合剂与 Ag^{+} 发生配合后，镀液中无多余的配合剂，将对置换反应起到不利的作用，导致反应无法完全进行。配合剂浓度对复合粉体厘米电阻的影响同镀银时间一致，当其浓度低于 15mL/L 时，Ag^{+} 没能被完全析出，铝粉表面的镀层较薄，不能完全覆盖粉体。配合剂浓度高，镀液稳定性强，反应平缓，镀层质量高。随着配合剂浓度的升高，复合粉体的松装密度缓慢变大。因此，当配合剂浓度为 20mL/L 作用最佳。

4.2.2.6 NaOH 浓度的影响

试验配方和工艺条件见表 4-25。

表 4-25 试验配方和工艺条件

工艺规范	参 数
c（$CuSO_4 \cdot 5H_2O$）/g · L^{-1}	10
c（$C_{10}H_4O_6KNa_2 \cdot 2H_2O$）/g · L^{-1}	20
c（$NaOH^*$）/g · L^{-1}	4
c（$NH_3 \cdot H_2O$）/mL · L^{-1}	20
c（$AgNO_3$）/g · L^{-1}	10
c（配合剂 B）/mL · L^{-1}	20
温度/℃	室温
c（NaOH）/g · L^{-1}	0.25/0.75/1.25/1.75/2.25

镀银液中 NaOH 浓度对粉末颜色、氧化情况的影响结果如表 4-26 所示，对时间、导电性、松装密度的影响规律如图 4-33 和图 4－34 所示。

表 4-26 NaOH 浓度对粉末颜色的影响

NaOH 浓度/g · L^{-1}	0.25	0.75	1.25	1.75	2.25
颜 色	黑灰	白灰	土灰	黄灰	黄灰
氧化情况	颜色、厘米电阻均无变化				

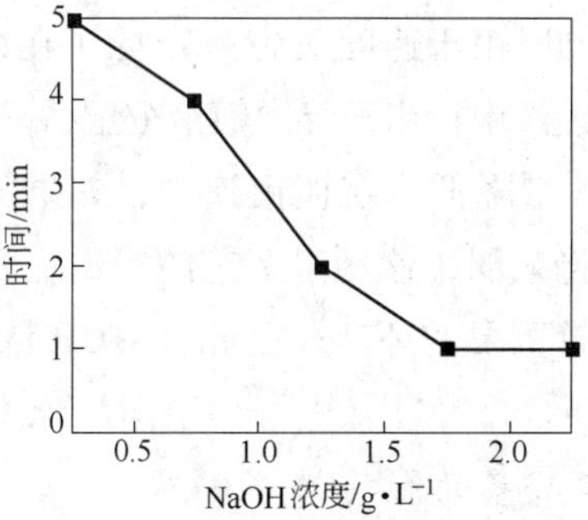

图 4-33 NaOH 浓度对化学镀银时间的影响

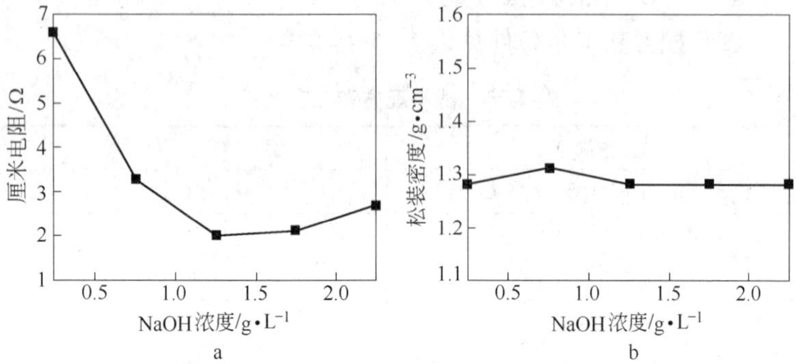

图 4-34　NaOH 浓度对复合粉体性能的影响

a—NaOH 浓度对导电性的影响；b—NaOH 浓度对松装密度的影响

由表 4-26 和图 4-33、图 4-34 可以看出，放置一个月后，Ag-Al 复合粉体的颜色、厘米电阻均无明显变化，说明粉体的抗氧化性很好，NaOH 浓度对复合粉体的氧化性能无明显影响。随着 NaOH 浓度的升高，粉体颜色开始较深，后变浅又变深；镀银时间明显变短；复合粉体的厘米电阻先迅速变小，后又缓慢变大；粉体的松装密度基本上没有变化。开始 pH 值太低，对反应不利，适当提高 NaOH 的浓度，可提高反应速度，使置换反应在一个适中的状态下反应，得到的镀层较均匀；厘米电阻降低。但 NaOH 浓度过高，使得析出的 Ag 来不及均匀包覆在粉体表面，造成镀层不均；同时由于速度太快，Ag 除了在粉体表面析出外，一部分将直接在镀液中析出，导致镀液分解，降低 Ag 的利用率，使得粉体的 Ag 含量降低。在镀银液中，如果 NaOH 浓度过高，镀液的稳定性也将减弱，这利于工艺的操作。因此，NaOH 浓度的控制是一个比较重要的环节。因此，NaOH 浓度为 1. 25g/L 左右较为合适。

4. 2. 2. 7　装载量的影响

试验配方和工艺条件见表 4-27。

表 4-27 试验配方和工艺条件

工艺规范	参 数
c（$CuSO_4 \cdot 5H_2O$）/$g \cdot L^{-1}$	10
c（$C_{10}H_4O_6KNa_2 \cdot 2H_2O$）/$g \cdot L^{-1}$	20
c（$NaOH^*$）/$g \cdot L^{-1}$	4
c（$NH_3 \cdot H_2O$）/$mL \cdot L^{-1}$	20
c（配合剂 B）/$mL \cdot L^{-1}$	20
c（NaOH）/$g \cdot L^{-1}$	1
温度/℃	室温
银含量/%	15
装载量/$g \cdot L^{-1}$	10/20/30/40/50

装载量对粉末颜色、氧化情况的影响结果如表 4-28 所示，与时间、导电性、松装密度的影响规律如图 4-35 和图 4-36 所示。

表 4-28 装载量对粉末颜色的影响

装载量/$g \cdot L^{-1}$	10	20	30	40	50
颜 色	白灰	土灰	土灰	黑灰	黑灰
氧化情况	颜色、厘米电阻均无变化				

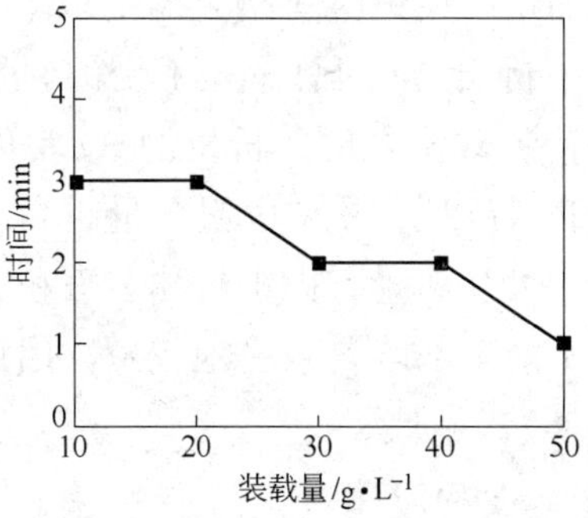

图 4-35 装载量对化学镀银时间的影响

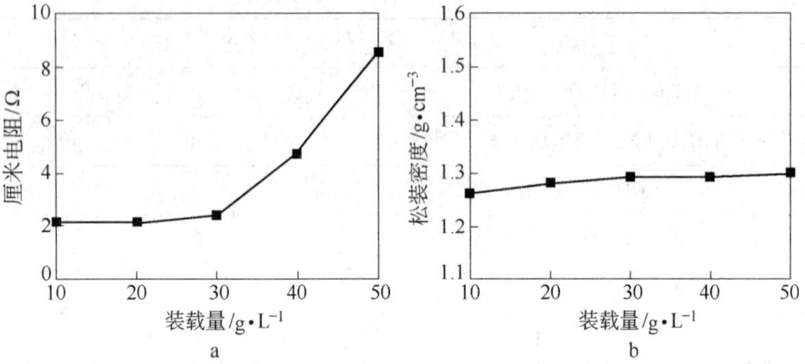

图 4-36　装载量对复合粉体性能的影响
a—装载量对导电性的影响；b—装载量对松装密度的影响

由表 4-28 和图 4-35、图 4-36 可以看出，放置一个月后，Ag-Al 复合粉体的颜色、厘米电阻均无明显变化，说明粉体的抗氧化性很好，装载量对复合粉体的氧化性能无明显影响。随着装载量的增加，复合粉体的颜色逐渐变深，由白灰逐渐变为黑灰；镀银时间逐渐变长；复合粉体的厘米电阻逐渐变大；松装密度缓慢变大，但增长幅度很小。这主要是因为，随着装载量的提高，镀液中参与反应的粉末颗粒数增多，即参加反应的表面积增大，由于铝粉表面凸凹不平，从而提供形核的核心增多，镀银的速度加快，镀银时间相应地变短。因此，装载量变化的同时，镀液中析出 Ag 的总量是不变的。复合粉体厘米电阻变化的原因是，装载量低时，析出的 Ag 足够使粉末包覆完全、均匀，且装载量越低，粉末中银含量越高，粉末颜色越接近银色；再继续增大装载量，由于粉体表面积过大，使得粉体上的镀层太薄，不能全部均匀致密地包覆。因此，装载量小于 30g/L 时较好。

4.2.2.8　银含量的影响

试验配方和工艺条件见表 4-29。

表 4-29 试验配方和工艺条件

工艺规范	参 数
c（$CuSO_4 \cdot 5H_2O$）/g·L^{-1}	10
c（$C_{10}H_4O_6KNa_2 \cdot 2H_2O$）/g·$L^{-1}$	20
c（$NaOH^*$）/g·L^{-1}	4
c（$NH_3 \cdot H_2O$）/mL·L^{-1}	20
c（$AgNO_3$）/g·L^{-1}	10
c（配合剂 B）/mL·L^{-1}	20
c（NaOH）/g·L^{-1}	1
温度/℃	室温
银含量/%	10/15/20/25/30

银含量对粉末颜色、氧化情况的影响结果如表 4-30 所示，与时间、导电性、松装密度的影响规律如图 4-37 和图 4-38 所示。

表 4-30 Ag 含量对粉末颜色的影响

银含量/%	10	15	20	25	30
颜 色	土灰	土灰	白灰	白灰	白灰
氧化情况	颜色、厘米电阻均无变化				

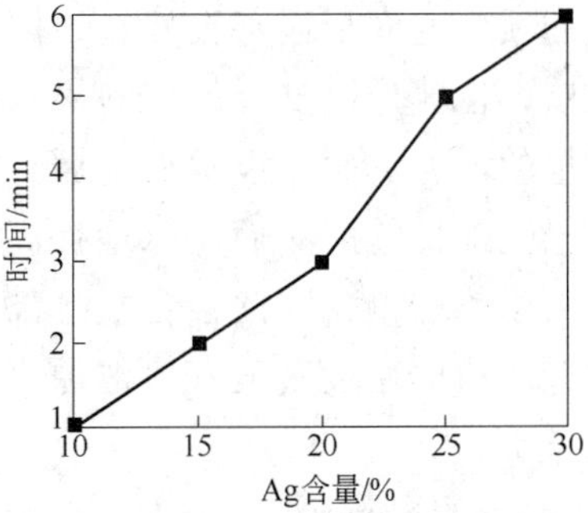

图 4-37 银含量对化学镀银时间的影响

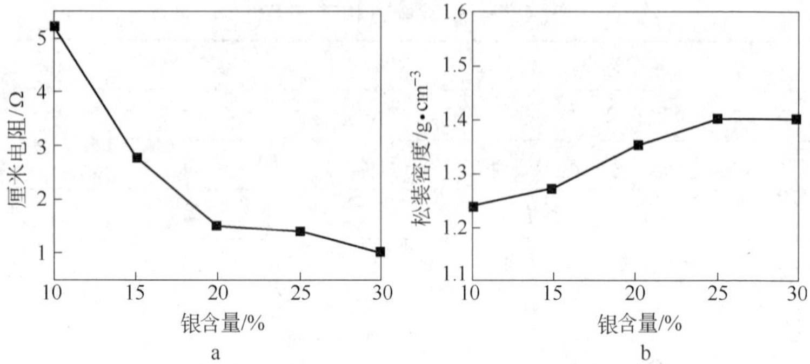

图 4-38　银含量对复合粉体性能的影响

a—银含量对导电性的影响；b—银含量对松装密度的影响

从表 4-30 和图 4-37、图 4-38 可以看出，放置一个月后，Ag-Al 复合粉体的颜色、厘米电阻均无明显变化，说明粉体的抗氧化性很好，银含量对复合粉体的氧化性能无明显影响。随着银含量的增加，粉体的颜色变浅，镀银时间变长，复合粉体的厘米电阻降低，松装密度变大。这是因为银含量增加，即参与反应的 $AgNO_3$ 量增多，因此反应时间变长；又因为银含量增加，使得粉体表面获得的银镀层加厚，厘米电阻变小。但是，由于本方法是通过化学置换镀来获得银层，当粉体表面包覆一层银后，通过银与银之间的金属键作用力，再继续形成新的镀层。但是，这时的反应速度很慢甚至停止，因此在粉体表面只能镀覆很薄的银层，也就是说复合粉体的银含量只能在一定范围内，不能无限量的增大。而且银是贵金属，价格昂贵，因此不能为了获得导电性优良的产品而一味地提高银含量。由于银的相对原子质量大于铝、铜，因此银含量越高，其质量相对也变大，这可能是造成粉体松装密度变大的原因。因此，银含量在 20% ~25% 较合适。

4.2.2.9　铝粉粒度的影响

试验配方和工艺条件见表 4-31。

表 4-31 试验配方和工艺条件

工艺规范	参数
$c\ (CuSO_4 \cdot 5H_2O)\ /g \cdot L^{-1}$	10
$c\ (C_{10}H_4O_6KNa_2 \cdot 2H_2O)\ /g \cdot L^{-1}$	20
$c\ (NaOH^*)\ /g \cdot L^{-1}$	4
$c\ (NH_3 \cdot H_2O)\ /mL \cdot L^{-1}$	20
$c\ (AgNO_3)\ /g \cdot L^{-1}$	10
c（配合剂 B）$/mL \cdot L^{-1}$	20
$c\ (NaOH)\ /g \cdot L^{-1}$	1
温度/℃	室温
铝粉粒度/μm	20/30/40/50/60

铝粉粒度对粉末颜色、氧化情况的影响结果如表 4-32 所示，与时间、导电性、松装密度的影响规律如图 4-39 和图 4-40 所示。

表 4-32 铝粉粒度对粉末颜色的影响

铝粉粒度/μm	20	30	40	50	60
颜　色	黄灰	土灰	土灰	白灰	白灰
氧化情况	颜色、厘米电阻均无变化				

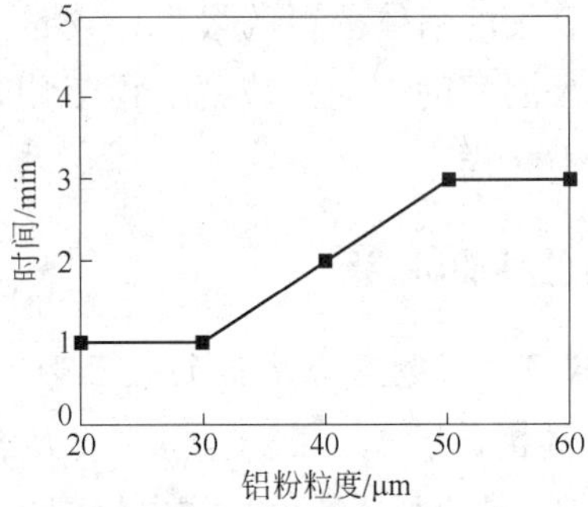

图 4-39 粒度对化学镀银时间的影响

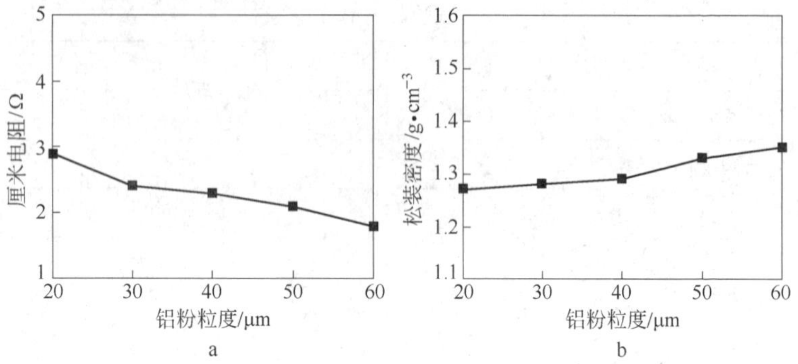

图 4-40 粒度对复合粉体性能的影响

a—粒度对导电性的影响；b—粒度对松装密度的影响

由表 4-32 和图 4-39、图 4-40 可以看出，放置一个月后，Ag-Al 复合粉体的颜色、厘米电阻均无明显变化，说明粉体的抗氧化性很好，粉体粒度对复合粉体的氧化性能无明显影响。随后粉体粒度变大，复合粉体颜色变浅，由黄灰变为白灰，但总的颜色还是较好；镀银时间变长；厘米电阻降低；松装密度变大。主要原因是，相同质量的粉体，粒度越细，表面积越大。其影响原因与装载量是一致的。但是由于粉体的粒度不同，相同银含量时，粒度越细的粉体厘米电阻越大。这主要是因为粒度细的粉体表面积大，相同银含量状态下，得到的镀层越薄。同时，粒度细的粉体获得的最大银含量也比粒度粗的粉体要高，这是由表面积的不同造成的。由于用途的不同，对粉体粒度的要求也不一样。

4.2.3 银包铝粉的性能研究

4.2.3.1 不同银含量复合粉体的表面形貌

图 4-41 是不同银含量 Ag-Al 复合粉体放大倍数为 5000 的扫描电镜图。图 4-41a 是原料铝粉的扫描电镜图，图 4-41b 是银含量为 10% 复合粉体的扫描电镜图，图 4-41c 是银含量为 30% 复合

粉体的扫描电镜图。由于放大倍数高，在5000倍数下只能完整地显示一个粉体颗粒的形貌。从图4-41可以看出，铝粉原料表面存在大小不一的微凸，但整体表面较光滑，由于粉体本身的粗糙度较大，无需进行粗化，即可获得较多的活性点。镀银后复合粉体表面光滑度减弱，由图4-41b、图4-41c可以看出，银含量为10%的复合粉体较银含量30%的粉体粗糙，银镀层的空洞较多，镀层的均匀性和致密性较弱。银含量升高，复合粉体的厘米电阻是降低的。

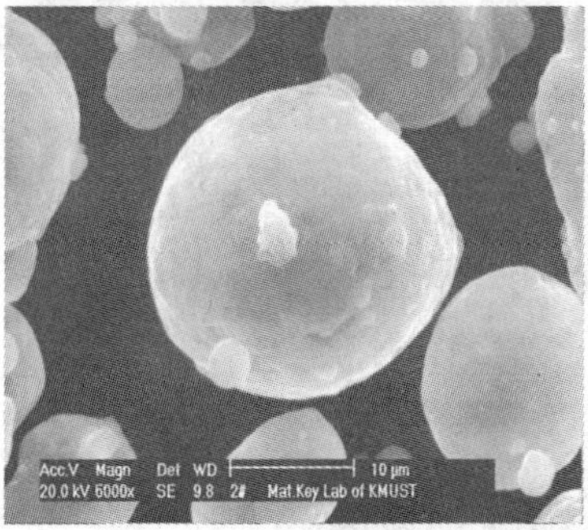

a

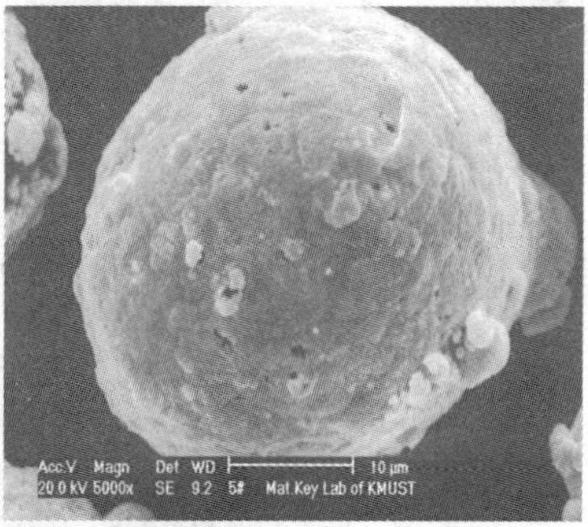

b

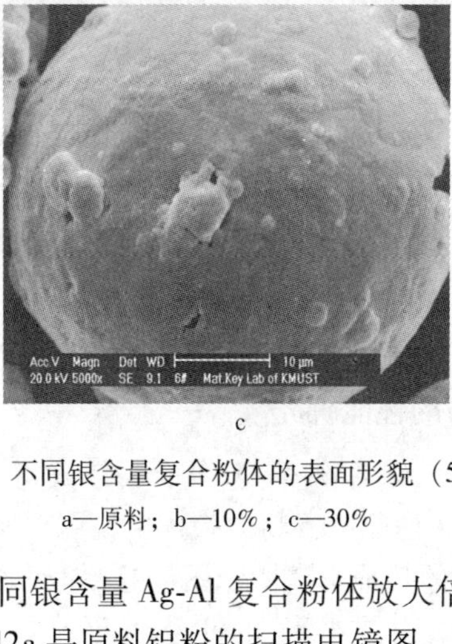

c

图4-41 不同银含量复合粉体的表面形貌（5000×）

a—原料；b—10%；c—30%

图4-42是不同银含量Ag-Al复合粉体放大倍数为2000的扫描电镜图。图4-42a是原料铝粉的扫描电镜图，图4-42b是银含

量为10%复合粉体的扫描电镜图，图4-42c是银含量为30%复合粉体的扫描电镜图。由于图4-41的放大倍数过高，只能完整地显示一个粉体颗粒的形貌，为了防止在选样时出现的误差，选取放大倍数为2000的扫描电镜图。从图4-42可以看出，其表面镀层的变化规律同放大倍数为5000的一致。

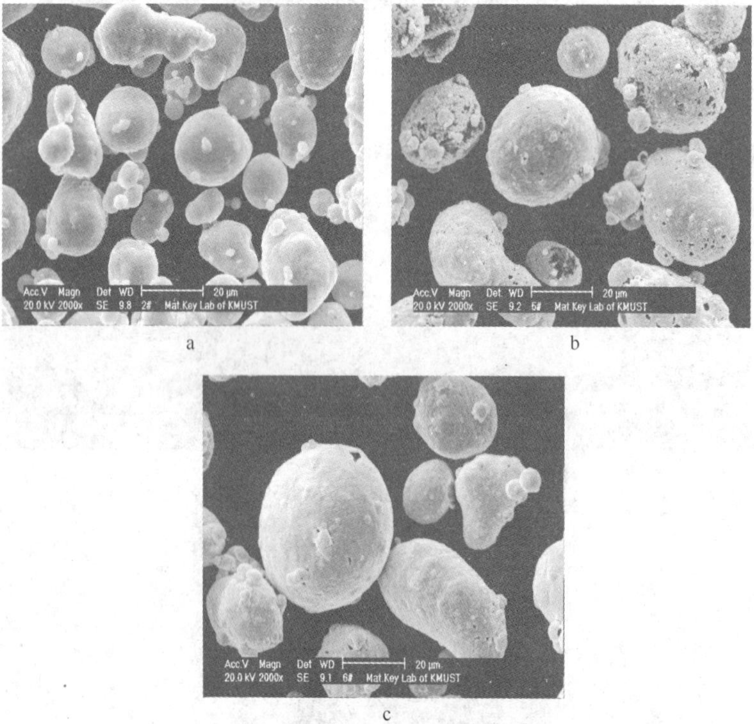

图4-42　不同银含量复合粉体的表面形貌（2000×）

a—原料；b—10%；c—30%

图4-43是不同银含量Ag-Al复合粉体放大倍数为500的扫描电镜图。图4-43a是原料铝粉的扫描电镜图，图4-43b是银含量为10%复合粉体的扫描电镜图，图4-43c是银含量为30%复合粉体的扫描电镜图。由图4-43可以看出，粉体粒度范围较宽，粒

度不均。镀银后的复合粉体同原料相比，分散性没有太大的改变，说明复合粉体的分散性较好，银含量的变化对粉体的分散性没有太大的影响。

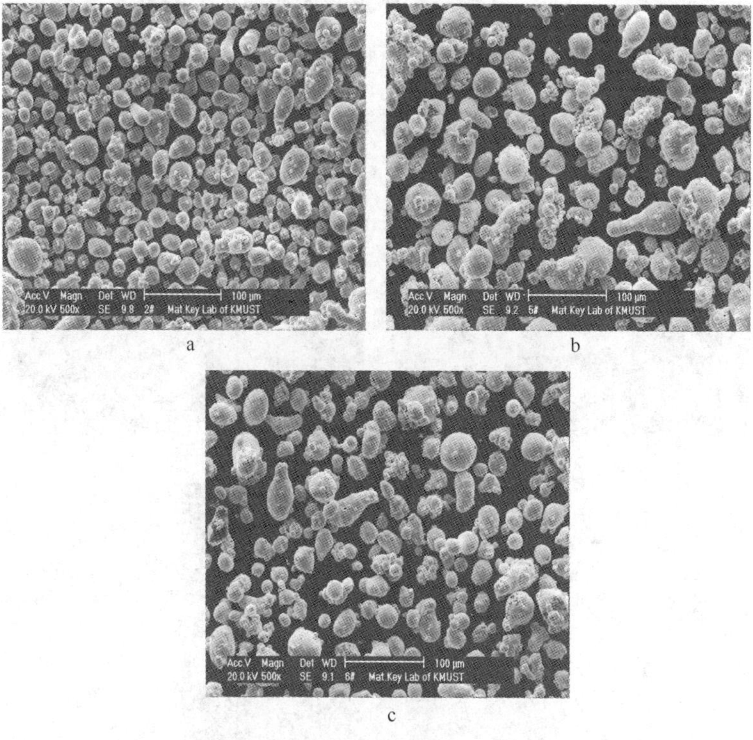

图 4-43　不同银含量复合粉体的表面形貌（500 ×）

a—原料；b—10%；c—30%

4.2.3.2　不同粒度复合粉体的表面形貌

图 4-44 是不同粒度 Ag-Al 复合粉体放大倍数为 5000 的扫描电镜图。图 4-44a 是 40μm 原料铝粉的扫描电镜图，图 4-44b 是银含量为 20μm 复合粉体的扫描电镜图，图 4-44c 是 60μm 复合粉体的扫描电镜图。由图 4-44 看出，图 4-44b 的粉体较图 4-44a 的细，图 4-44c 的粉体粒度最粗，这与实际粉体的粒度变化是一

致的。在镀银过程中，固定粉体的银含量，由图4-44b、图4-44c可以看出，粉体表面均包覆有银，粒度为20μm的粉体表面有大面积裸露在外，没有被银包覆；粒度为60μm的粉体表面包覆较为均匀，孔洞较少。在相同粉体重量的情况下，粒度越细，总表面越大，银镀层的厚度也越薄。

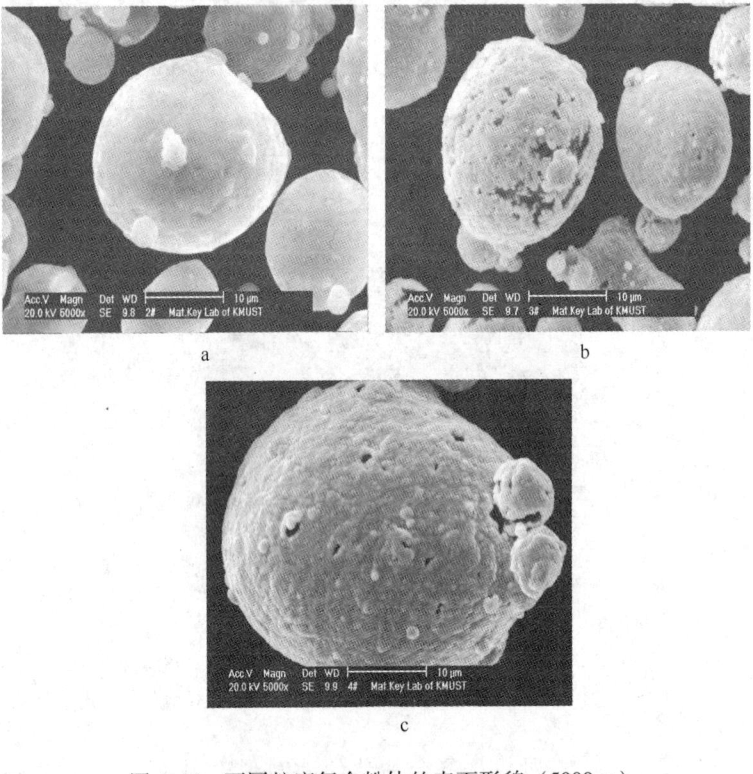

c

图4-44 不同粒度复合粉体的表面形貌（5000×）

a—40μm；b—20μm；c—60μm

图4-45是不同粒度Ag-Al复合粉体放大倍数为2000的扫描电镜图。图4-45a是银含量为20μm复合粉体的扫描电镜图，图4-45b是60μm复合粉体的扫描电镜图，其结果与前面一致。

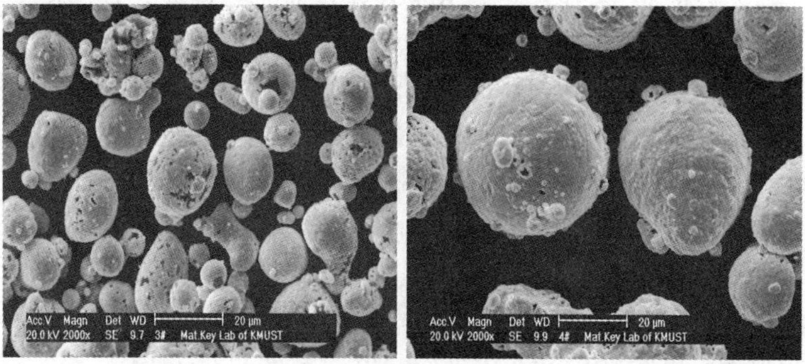

a　　b

图 4-45　不同粒度复合粉体的表面形貌（2000×）

a—20μm；b—60μm

图 4-46 是不同粒度复合粉体放大倍数为 500 的扫描电镜图。图 4-46a 是 20μm 复合粉体的扫描电镜图，图 4-46b 是 60μm 复合粉体的扫描电镜图。由图 4-46 可明显地看到，粉体粒度的变化趋势。同图 4-43a 比较，镀银后的复合粉体同原料相比，分散性没有太大的改变，说明复合粉体的分散性较好。可以说明，粒度的变化对粉体的分散性没有太大的影响。

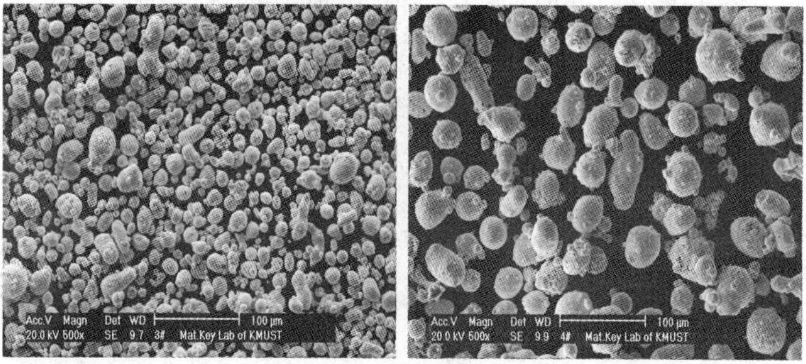

a　　b

图 4-46　不同粒度复合粉体的表面形貌（500×）

a—20μm；b—60μm

4.2.3.3　不同配合剂B浓度获得的复合粉体表面形貌

图4-47是不同配合剂浓度制得的复合粉体放大倍数为5000的扫描电镜图。图4-47a是配合剂B浓度为10mL/L制得的复合粉体的扫描电镜图，图4-47b是20mL/L复合粉体的扫描电镜图。由图4-47可以看出，随着配合剂B浓度的升高，复合粉体的银镀层变均匀，晶粒减小。当配合剂少时，Cu^{2+}与配合剂B生成的配合物稳定性大于Ag^{+}同配合剂B生成的配合物，置换反应析出的Cu^{2+}将同配合剂B生成配合物，使Ag^{+}的配合稳定性减弱，造成晶粒粗大。

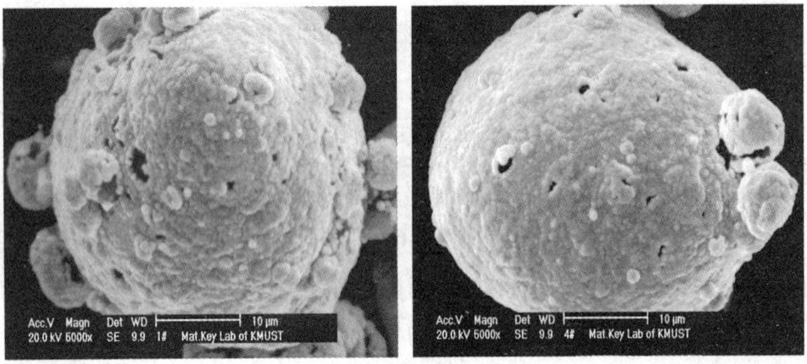

a　　　　　　　　b

图4-47　不同配合剂浓度复合粉体的表面形貌（5000×）

a—10mL/L；b—20mL/L

图4-48是不同配合剂浓度制得的复合粉体放大倍数为2000的扫描电镜图。图4-48a是配合剂B浓度为10mL/L制得的复合粉体的扫描电镜图，图4-48b是20mL/L复合粉体的扫描电镜图。从图4-48a可以看出，粉体表面包覆很不均匀，有些粉体有大量空洞，而图4-48b包覆得较好。镀覆图4-48a中粉体时，Ag^{+}没能完全反应，使得银含量减少。

图4-49是不同配合剂浓度制得的复合粉体放大倍数为500的扫描电镜图。图4-49a是配合剂B浓度为10mL/L制得的复合粉体的扫描电镜图，图4-49b是20mL/L复合粉体的扫描电镜图。

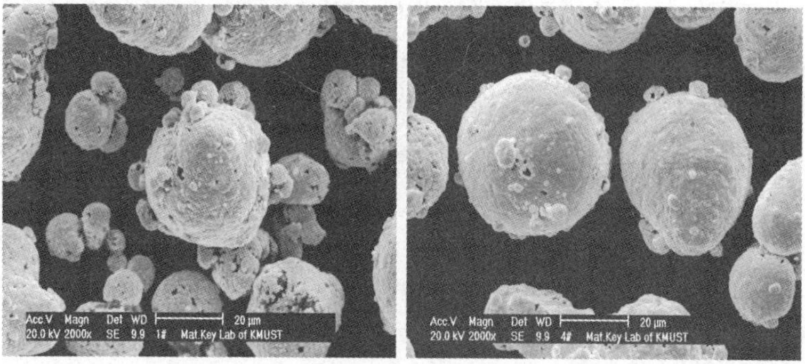

a　　　　　　　　b

图 4-48　不同配合剂浓度复合粉体的表面形貌（2000×）

a—10mL/L；b—20mL/L

比较图 4-49a、图 4-49b，图 4-49a 中的粉体有轻微的团聚，这说明配合剂对粉体的分散有一定的影响，但不是太明显，总体来说复合粉体的分散性较好。

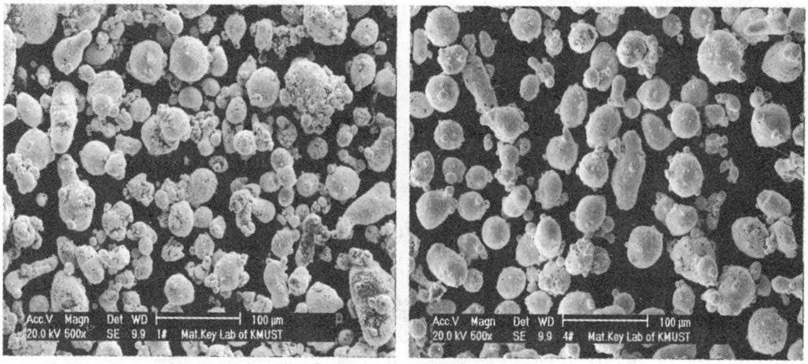

a　　　　　　　　b

图 4-49　不同配合剂浓度复合粉体的表面形貌（500×）

a—10mL/L；b—20mL/L

4.2.3.4　镀层成分分析

图 4-50 是配合剂浓度不同时制得的复合粉体的 XRD 图。图 4-50a 中配合剂浓度为 10mL/L，图 4-50b 中配合剂浓度为 15mL/L。对比两图可发现，两图的衍射形态基本一致，主要的差别在

于图 4-50a 中 Ag 的衍射峰要比图 4-50b 弱。这说明配合剂浓度为 10mL/L 时得到的复合粉体银含量低于配合剂为 15mL/L，因为配合剂浓度为 10mL/L 时，镀液中的 Ag^+ 没能完全反应。

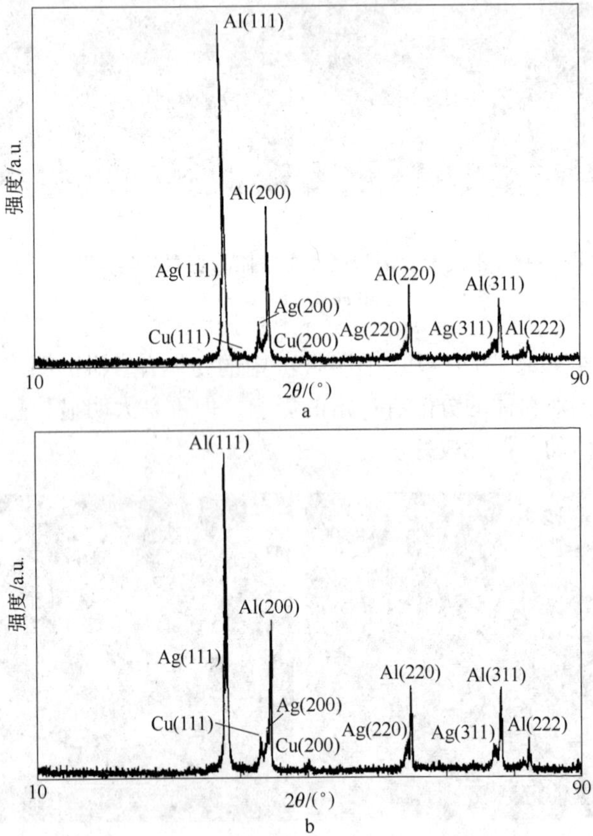

图 4-50　复合粉体的 XRD 图

a—配合剂浓度为 10mL/L；b—配合剂浓度为 15mL/L

XRD 图谱的特征峰分别对应的是 Al 的 111、200、220、311、222 晶面，Ag 的 111、200、220、311 晶面和 Cu 的 111、200 晶面。这些衍射峰都比较尖锐，表明原料铝粉为面心立方晶体，其表面镀覆的 Ag、Cu 也是面心立方结构的晶体。图谱上同时出现了 Al、Ag、Cu 三种元素，由于在前面的氧化研究时，发现复合粉体的厘米电阻值并没有明显增大，且 XRD 图谱也未出现 Cu_2O，可以认为复合粉体是以 Al 为核心、Cu 为内层、Ag 为外层构成的核壳结构。从衍射峰的强度显示，Al 最强，Ag 次之，Cu 最弱。X 射线的穿透力在 100μm 左右，而进行研究的复合粉体粒度在 40μm，测试时 X 射线已穿透了整个粉体，而复合粉体又是通过化学置换镀的方法获得的，表面的 Cu、Ag 层相对于 Al 粉颗粒来说是很薄的，因而衍射峰强度出现了以上情况，这也进一步证实了镀覆层是很薄的。从图 4-50 可以看出，Cu 的衍射峰强度比 Ag 弱，说明 Cu 层比 Ag 层要薄。

4.3 银包玻璃微珠的制备技术

空心玻璃微珠具有质轻、绝热、隔声、耐高低温、电绝缘性和热稳定性好、耐腐蚀等优点。金属粉体是电子工业、国防工业重要原料。由于金属的密度很大，以金属微粉为主要导电介质的材料在储存及使用过程中很难避免沉降现象的发生。这将在很大程度上影响产品的应用。金属包覆非金属粉末是一种核心为高分子、陶瓷等非金属、表面为金属的壳核式复合粉末，它可赋予非金属粉末特殊的电、磁、光学性能，还可改善粉末与金属的润湿性。玻璃微珠具有密度小且粒径均匀的特征，特别是空心玻璃微珠，密度远远小于金属粉体。但普通的玻璃微珠是绝缘体，不能作为导电材料的填充材料。因此，使用低密度的导电玻璃微珠作为导电填料，有利于克服导电介质的沉降问题。导电空心玻璃还可以用作电磁波吸收或者电磁屏蔽材料。

王宇[56]等采用甲醛作为还原剂，比较不同的镀液配置方法，结果发现：

（1）通过增加镀液中 NaOH 的含量、提高镀液的 pH 值，能够增加镀液中的银析出量，微珠表面的银包覆较为致密连续，但存在游离态的单质银；

（2）用硫脲作为稳定剂可改善镀液的自分解，但对微珠表面镀层的均匀性和厚度影响不大。相反，当稳定剂的用量过大时，还会导致表面包覆层的不均匀和不致密；

（3）通过调整空心玻璃微珠的装载量，能够调节表面包覆银颗粒的粒径大小，控制镀银层的厚度，同时增加装载量，也能减少自分解现象。银包覆层的厚度在50nm左右，达到吸波材料所需要的能吸收不同频段能量的特性。

毛倩瑾[57]等采用置换法化学镀，把经过预处理工艺后的空心微珠加入pH值为12～12.5的化学镀铜液中，使空心微珠表面包覆上金属铜层。所得粉体然后加入银氨溶液。由于在银氨配合离子体系中，银的氧化还原标准电位$\varphi^{\ominus}=+0.0373V$，在铜氨配合离子体系中，铜的氧化还原标准电位$\varphi^{\ominus}=-0.05V$，则有$\Delta G<0$。银离子与铜发生了置换反应，银沉积在铜表面。将空心微珠表面Cu-Ag金属化后，制成电磁屏蔽涂料，其电磁屏蔽性能可达到-40dB。

银镜反应已经是很熟悉的化学镀反应。化学镀银在印刷线路、电子工业、光学（银镜子）及装饰领域中用途广泛，几乎可以在任何金属和非金属材料上化学镀，现在由于银具有很好的导电性，所以它能作为电磁屏蔽、吸波、导电填料等材料的应用前景广阔。

4.3.1 银包玻璃微珠的制备工艺

4.3.1.1 实验原材料

本实验采用的空心玻璃微珠是由秦皇岛秦皇玻璃微珠有限公司提供的B型和QH-500微珠。其各项质量指标分别见表4-33和表4-34。它们的粒径分布分别见图4-51和图4-52。

表4-33 B型空心玻璃微珠的各项质量指标

序号	项 目	质量指标
1	外 观	自由流动呈均匀的白色粉末，显微镜下观察为中空封闭球体
2	粒度范围/μm	10～100

续表 4-33

序号	项 目	质量指标
3	堆积密度/g · cm^{-3}	0.18~0.2
4	抗碎强度/MPa	3~5
5	漂浮率/%	≥93
6	含水量/%	≤0.5
7	pH 值	7~9

表 4-34 QH-500 型空心玻璃微珠的各项质量指标

序号	项 目	质量指标
1	外 观	自由流动呈均匀的白色粉末，显微镜下观察为中空封闭球体
2	粒度范围/μm	20~50
3	堆积密度/g · cm^{-3}	0.14
4	漂浮率/%	>93
5	含水量/%	<0.5
6	pH 值	8~9

粒度特征参数

$D_{(4,3)}$:35.62μm； D_{50}:34.80μm； $D_{(3,2)}$:1.08μm； $S.S.A$:5.55m^2/c.c.；
D_{10}:9.85μm； D_{25}:19.83μm； D_{75}:50.40μm； D_{90}:64.56μm

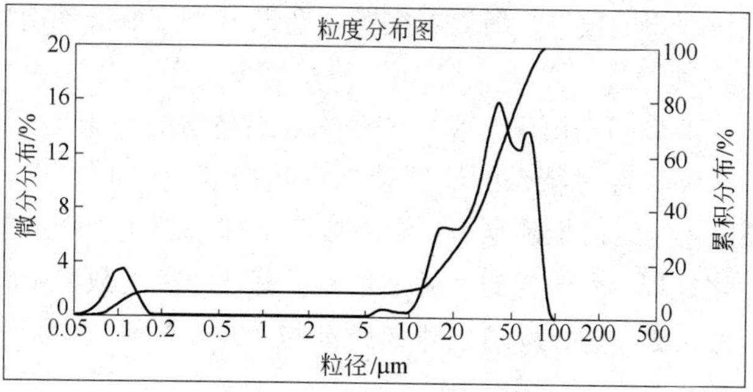

图 4-51 B 型空心玻璃微珠粒径分布图

粒度特征参数

$D_{(4,3)}$: 19.21 μm; D_{50}: 18.30 μm; $D_{(3,2)}$: 0.51 μm; $S.S.A$: 11.73 m²/c.c.;
D_{10}: 0.13 μm; D_{25}: 5.16 μm; D_{75}: 30.24 μm; D_{90}: 39.29 μm

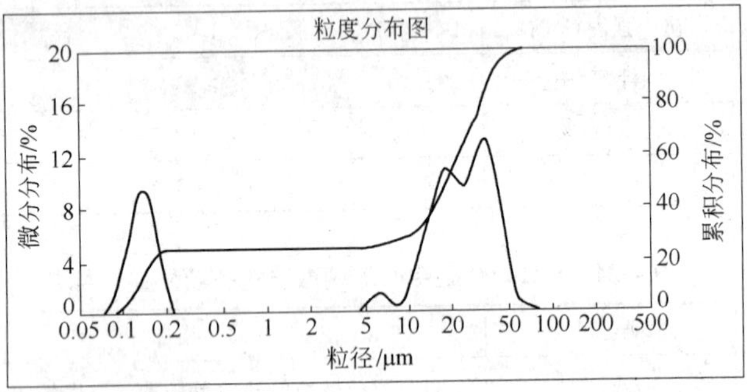

图 4-52　QH-500 型空心玻璃微珠粒径分布图

从图 4-51、图 4-52 可知，两种类型的空心玻璃微珠的粒径分布是以多峰分布的形式存在。由于空心玻璃微球粒径越小，清洗过程中越难以抽滤，化学镀越困难，往往存在镀层不均匀、附着力差甚至镀不上等问题。经过许多次实验探索发现，小颗粒微球化学镀银的关键是前处理工艺，只有经过严格的前处理，使之表面生成一层具有催化活性的金属粒子，才能在它的表面化学镀。本实验初次探讨，QH-500 型空心玻璃微珠粒化学镀银消耗的银量较大，所镀银的压实电阻较大，颜色暗黑，抽滤较困难，难以取得理想的效果，所以本实验主要以 B 型空心玻璃微珠为研究对象。

从表 4-33 可知由于 B 型空心微珠具有特殊的性能，如漂浮率不小于 93% 和经过特殊的油性处理得到的 pH 值为 7 ~ 9。因此，将主要工艺路线初步确定为：空心玻璃微球→净化处理→敏化处理→活化处理→化学镀银，并通过实验优化工艺参数和步骤。

4.3.1.2　空心玻璃微珠的前处理

A　净化

由于空心玻璃微珠本身是通过特殊油处理的碱性物质，并且具有很大的漂浮性。所以采用无水乙醇和水的混合通过超声波对其进行润湿、分散、除油的效果。不同超声时间和不同的乙醇与水的体积比对粒径 D_{50} 的影响如表 4-35 所示。

表 4-35 不同超声时间和乙醇与水的体积比测得的空心玻璃微珠的 D_{50} 值

超声波时间/min \ 乙醇与水的体积比(V/V)	1:1	2:1	3:0
10	38.00	37.02	35.64
20	37.16	36.18	34.80
30	37.09	36.05	34.78
40	37.00	35.96	32.00

从表 4-35 可以看出，空心玻璃微珠的 D_{50} 随着超声波时间的延长和乙醇的比值的增大而减小，当超声波时间超过 30min 后，其粒径的变化不大，这说明超声波 30min 就达到了理想的效果。实验现象表明：当超声波时间超过 30min，通过显微镜能看出有些玻璃微珠的壁已破裂。从表 4-35 还可知，乙醇更有利于粉体的润湿、分散以及达到除油的效果。但由于空心玻璃微珠漂浮率太大，所以一般采用边超声边机械搅拌的效果会更佳。

B 粗化

由于空心玻璃微球壁非常薄，粗化方法掌握不好会使微球壁上产生腐蚀孔洞，从而影响产品性能。若不粗化就会影响金属与非金属的结合力，所以此步骤是前处理研究的重点。本实验探索初期采用不同的粗化液氟化物来对空心玻璃微珠（10g）进行粗化，如表 4-36 所示。

表 4-36 不同粗化液的配方（10min）

粗化液编号	在 300mL 溶液中的含量
A	无
B	$4gNH_4F + 2gNaF$
C	$4gNH_4F + 4gNaCl$

续表 4-36

粗化液编号	在 300mL 溶液中的含量
D	$4gNH_4F$
E	$4gNH_4F + 3mLHCl$

通过上面不同的粗化可得空心玻璃微珠的粒径特征参数表4-37和对比粒径分布图4-53。然后将以上粗化的空心玻璃微珠在以后处理的各个过程的条件不变的情况下，进行化学镀银，测得的压实电阻如表4-38所示。

表 4-37　不同粗化液的空心玻璃微珠的粒径特征参数

粒度分布特征参数 / 不同的粗化液	$D_{(4,3)}$ /μm	D_{50} /μm	D_{10} /μm	D_{90} /μm	$S.S.A$ /$m^2\cdot(c.c)^{-1}$
无粗化	38.84	37.16	13.40	66.87	0.42
$2gNaF + 4gNH_4F$	35.39	35.34	0.10	67.43	10.30
$4gNaCl + 4gNH_4F$	33.91	33.91	0.10	66.04	11.52
$4gNH_4F$	34.14	34.06	0.10	67.50	11.75
$3mLHCl + 4gNH_4F$	40.65	38.88	15.57	68.63	1.8

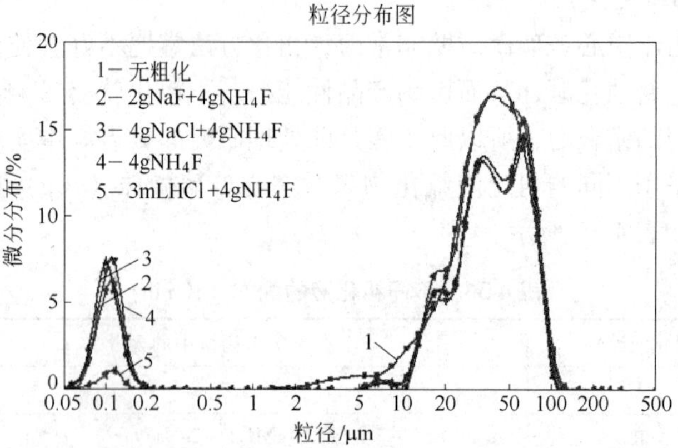

图 4-53　不同粗化液的粒径分布图

表 4-38 不同粗化液粗化后化学镀银的压实电阻

粗化液	压实电阻/Ω
无粗化	120×10^{-3}
$2gNaF+4gNH_4F$	95×10^{-3}
$4gNaCl+4gNH_4F$	16×10^{-3}
$4gNH_4F$	380×10^{-3}
$3mLHCl+4gNH_4F$	5.8×10^{-3}

从表 4-38 和图 4-53 可以看出，粗化液 $3mLHCl+4gNH_4F$ 的效果最好，并且它粗化后的细的粉末的比例明显地减少，而且粗化的大多数粉末的粒径分布在 38.88μm 左右，比其他的粗化后的粒径大，这有利于化学镀[58]。还从粗化液中可以看出，所配的 $3mLHCl+4gNH_4F$ 的 pH 是最小的，这说明 pH 值与阴离子吸附存在一定的关系[59]，可知表面的电荷是决定阴离子吸附的一个重要因素。当 pH 值小时，粉末表面带正电，有利于 F^- 的吸附；而在酸性条件下，F^- 更易与 SiO_2 发生化学反应，起到刻蚀的效果。针对以上的情况，改变 pH 值和 NH_4F 的浓度来探索取得压实电阻最佳粗化条件，如图 4-54 所示。

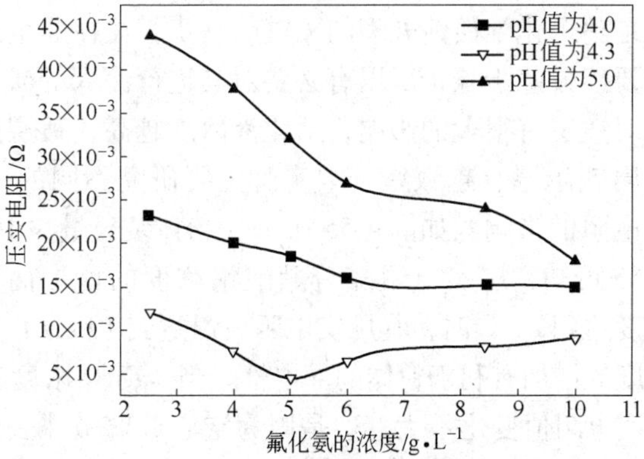

图 4-54 在不同 pH 值下压实电阻随氟化氨浓度的变化

从图 4-54 可以看出，在 pH 值为 3.5，氟化氨浓度为 5g/L 时，其压实电阻最小，并且 pH 值的变化对压实电阻的影响很大。可能的原因是随着 pH 值的减小，F^- 的吸附增多，当 F^- 足够多时，粗化液易使玻璃微珠破裂，导致粗化液进入微珠的内部，对内壁进行腐蚀，容易分解化学镀液或使得玻璃微珠内壁也吸附了银离子，导致外壁镀覆不均匀而使电阻值增大；pH 值大时，F^- 的吸附少，对玻璃微珠达不到理想的刻蚀和润湿的效果，化学镀时的结合力就下降，镀覆不完全，使得压实电阻值偏大。

C　敏化

敏化就是在净化、粗化的基础上使物体表面吸附一层具有还原性的物质，以便在活化处理时通过还原反应，使基体表面附着一层金属薄层。虽然是否要敏化取决于活化液的浓度、pH 值以及活化液温度和表面粗糙度。但敏化减少化学镀反应时间，提高表面覆盖和包覆质量；Sn^{2+} 使活化粒子与非金属结合更强，提高了 Ag^+ 吸附的数量和覆盖的程度，有利于致密、无孔、细小的晶粒形成[60]。本实验采用的是敏化活化两步法，敏化液 1000mL，其中，氯化亚锡 10g，浓盐酸的体积为 12mL。敏化 10min 后，用热的去离子充分水洗，有利于 Sn^{2+} 的水解[61]。

D　活化

活化是整个化学镀前处理的关键的一步，往往非金属化学镀的金属都要经过此步骤，所以有必要对其进行深入的研究。活化液的浓度对镀层有很大的影响，活化液浓度越高，镀层越厚、化学镀的金属就越厚、越致密。本实验主要研究不同的 $AgNO_3$ 浓度对压实电阻的影响，如图 4-55 所示（粉体装载量为 10g）。

图 4-55 可知，压实电阻随着硝酸银浓度的增加而减小，当 $AgNO_3$ 浓度达到 2g/L 时，其压实电阻可以达到 10mΩ 以下，说明活化液浓度的增加有利于粉体的导电性。当 $AgNO_3$ 浓度超过 2g/L 时，其压实电阻值变化不大，这是因为空心玻璃微珠表面上亚锡离子吸附 Ag^+ 已达到饱和，然后通过置换反应所生成活性 Ag 粒子不再增加，所以得到的银包空心玻璃微珠的压实电阻变化很小。

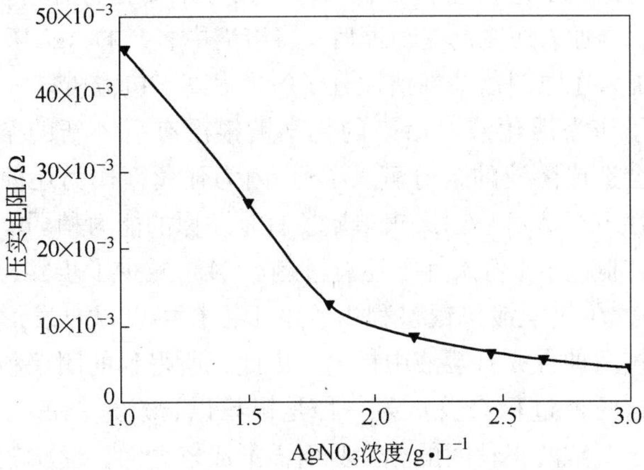

图 4-55 压实电阻随 $AgNO_3$ 浓度的变化

4.3.1.3 化学镀银的工艺路线

空心玻璃微珠化学镀银的初步工艺路线是：

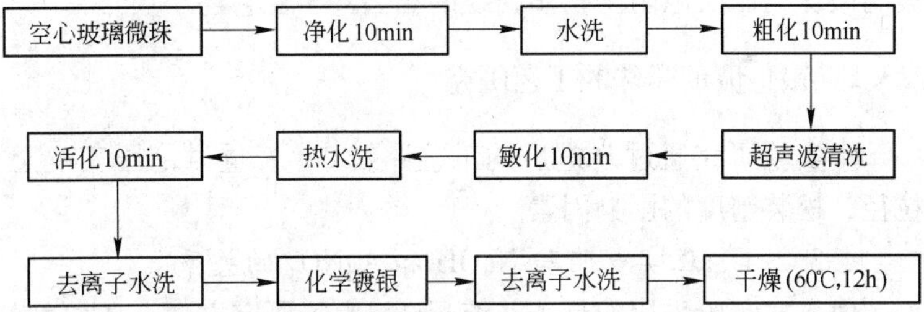

通过大量的实验将对其进行改进，其确定的最终工艺路线（工艺路线 2）为：

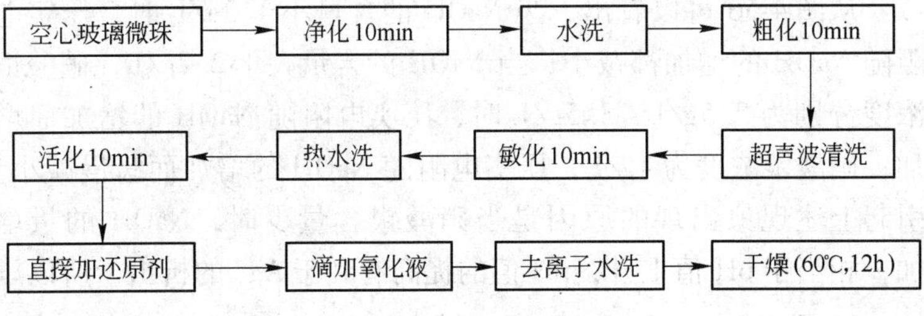

改进后的工艺其优点如下：（1）由于本实验的活化液是银氨络离子，当加入还原剂葡萄糖后，将溶液中多余的 Ag^+ 还原成 Ag 颗粒，加入还原剂葡萄糖活性分子后，提高了包覆质量。（2）银氨络离子作为活化液对后来的化学镀银没有引入新的杂质，所以，不会造成溶液的自分解。（3）因为葡萄糖作为还原剂也可以在酸性下把 Ag^+ 还原成银单质，只是还原的能力稍弱，这说明还原剂在低的 pH 值条件下还有过剩。（4）减少了步骤，节约成本。（5）在化学镀包银过程中，由于银粒可以以自发形核或非自发形核两种方式自溶液中析出，因此，所得到的团聚粉末，也分别与这两种过程有关。第一种是银粒以自发形核的方式析出后，由于新鲜的银粒间的相互吸引而形成较大的、形状较复杂的聚合体；另一种情况是当银以非自发形核的方式在空心玻璃微珠表面形核时，有可能空心玻璃微珠颗粒本身就具有聚集现象。所以，为了避免产生聚集，来控制银的量，即采用氧化液滴加到还原液中。通过实验结果证明：改进后的工艺路线所得的银包空心玻璃微珠的压实电阻与初步路线的相当甚至比它还小。

4.3.2　银包玻璃微珠的工艺研究

本实验研究通过改进后的工艺路线 2，着重讨论压实电阻、粒径、松装密度的影响因素。

4.3.2.1　压实电阻与 NaOH 和 $AgNO_3$ 的关系

由于本实验采用的是工艺流程 2，为了研究方便，还原剂的量保持不变，葡萄糖 8g/L，酒石酸 1g/L（玻璃微珠 20g）。所得粉末的压实电阻与 NaOH 和 $AgNO_3$ 的含量的关系如图 4-56 所示。

从图 4-56 可以看出，当 NaOH 的含量小于 2g/L 时，压实电阻随 NaOH 的增加都减小；当 NaOH 的含量大于 2.2g/L，硝酸银浓度分别为 2.5g/L、3.5g/L 时，压实电阻随 NaOH 的增加而增加；硝酸银浓度为 4g/L，压实电阻随 NaOH 的增加而缓慢减小。引起上述现象出现的原因是当硝酸银含量少时，NaOH 的量增加，相当于 pH 值上升，pH 值的提高有利于 Ag^+ 的析出，所以压

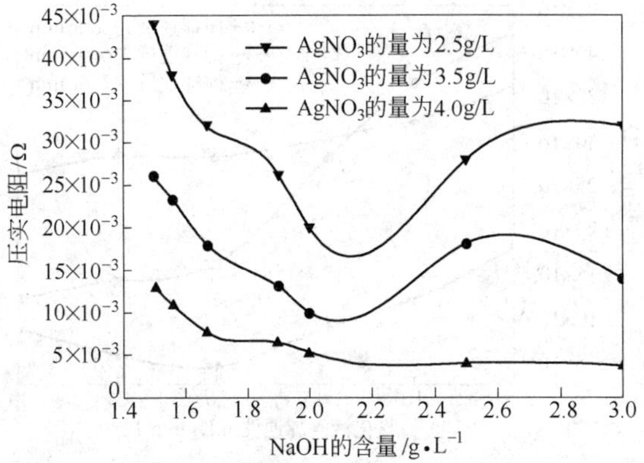

图 4-56 压实电阻在不同的硝酸银的含量下随 NaOH 的增加的变化值

实电阻减小，当 pH 值过高，镀液自分解的趋势增大，镀液的活性就会受到破坏，镀液中的银就不能完全析出或析出的银单质在烧杯壁上。当硝酸银大于 4g/L 时，pH 值增加，反应速度加快，所需要的反应时间将缩短，玻璃微珠上包覆的银增加，所以电阻值减小；又由于当玻璃微珠包覆完整时，其导电性已经接近临界值，再增加银对压实电阻影响不大。所以当硝酸银的浓度为 4g/L 时，将 NaOH 的浓度控制在 3g/L，其效果最好。

4.3.2.2 压实电阻与搅拌速度和银离子滴加速度的关系

关于粉末滴加化学镀的报道不少[62~64]，其包覆的均匀性相当好，特别有利于超细粉体的化学镀。由于银是贵金属，考虑到节约成本，一般采用氧化液滴加到还原液中，而银离子被还原后能否均匀地包覆到空心玻璃微珠上直接与溶液的搅拌有关，所以搅拌速度和银离子的滴加速度是要着重讨论的，葡萄糖为 8g/L，酒石酸为 1g/L（玻璃微珠 20g），$AgNO_3$ 浓度为 10g/L，其关系如图 4-57 所示。

从图 4-57 可以看出，在氧化液的滴加速度小于 20mL/min 时，压实电阻随其增加而减小，搅拌速度为 500r/min 时压实电阻变化最大。当氧化液的滴加速度大于 20mL/min 时，在搅拌速

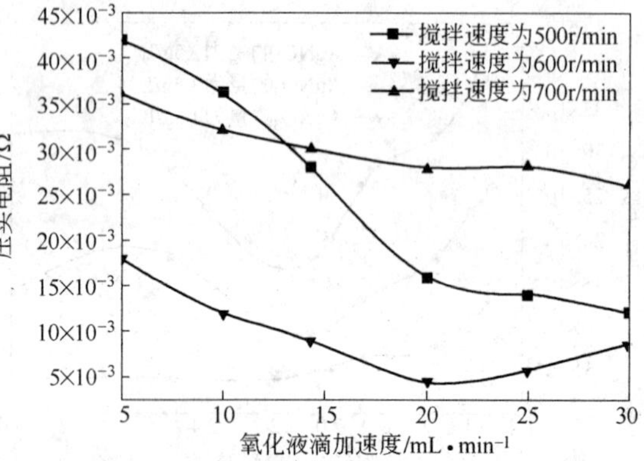

图 4-57 压实电阻在不同的搅拌下随着氧化液滴加速度的增加的变化

度为 500r/min 和 700r/min 时，其压实电阻随滴加速度的增加缓慢地减小；而搅拌速度为 600r/min 时，压实电阻随滴加速度的增加反而增大。这是因为还原剂在反应初期的浓度是最高的，当氧化液滴加到还原液时，反应很迅速，反应过程比传质过程快得多[57]，在低的搅拌下，反应所产生的银粒子还未完全均匀地包覆在空心玻璃微珠就已在溶液中沉积了，而且易团聚；同样，在高的搅拌速度下，由于金属粒子与非金属的结合力不是太牢，容易使包覆在空心玻璃微珠上的银粒子易脱落从而使包覆不完全。在搅拌速度不太快时，这既保证了银粒子很好地吸附在空心玻璃微珠表面又能使产生的银粒子不易在剪切力的作用下脱落，还起到分散颗粒的作用。但滴加的速度不要过快，过快会导致溶液的 pH 值变化大而使得烧杯壁上有银产生，从而使电阻增加。实验结果证实，在搅拌速度为 600r/min，氧化液的滴加速度为 20mL/min 时，所得到的压实电阻最小。

4.3.2.3 表面活性剂的影响

表面活性剂越来越广泛用在粉体表面改性上[65~69]。表面活性剂不但明显地降低表面张力，而且也能明显地降低界面张力。此外，它具有润湿或反润湿、乳化或破乳、起泡或消泡以及加溶、分散等一系列作用。其根本原因是表面活性剂能改变体系的表面状态。因此，它的综合定义为：凡是能够使体系的表面状态发生明显变化的物质，都称之为表面活性剂[70]。本实验采用的表面活性剂分别是聚乙烯吡咯烷酮（PVP）、聚乙二醇6000（$HO(CH_2CH_2O)_nH$）、十二烷基苯磺酸钠（$CH_3(CH_2)_{11}C_6H_4SO_3Na$）、明胶。溶剂是水和乙醇的混合体系。通过化学镀银后不同的助剂所得的粒径分布分别如图4-58所示。

粒度特征参数

$D_{(4,3)}$:28.16μm；D_{50}:27.76μm；$D_{(3,2)}$:24.36μm；$S.S.A$:0.25m²/c.c.；
D_{10}:14.89μm；D_{25}:19.24μm；D_{75}:35.90μm；D_{90}:41.68μm

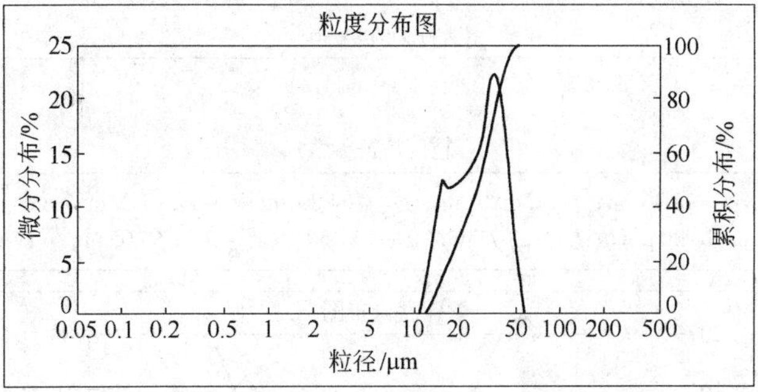

a

粒度特征参数

$D_{(4,3)}$: 40.11μm；D_{50}:36.86μm；$D_{(3,2)}$: 16.05μm；$S.S.A$: 0.37m²/c.c.；
D_{10}:16.42μm；D_{25}: 24.61μm；D_{75}: 56.44μm；D_{90}: 67.07μm

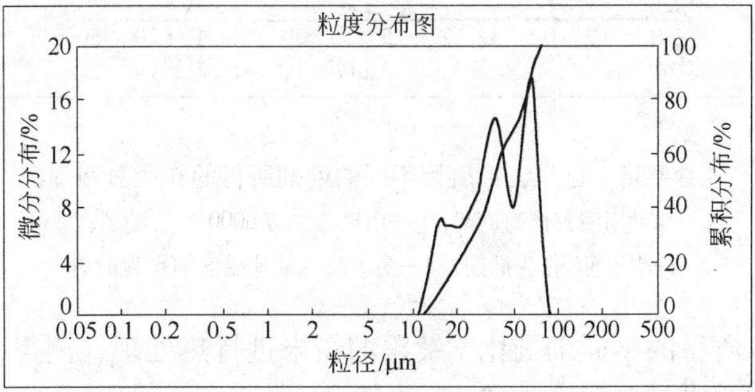

b

粒度特征参数

$D_{(4,3)}$: 34.77μm；	D_{50}: 33.61 μm；	$D_{(3,2)}$: 4.79 μm；	$S.S.A$: 1.25 m^2/c.c.；
D_{10}: 13.13 μm；	D_{25}: 21.88 μm；	D_{75}: 46.67 μm；	D_{90}: 58.00 μm

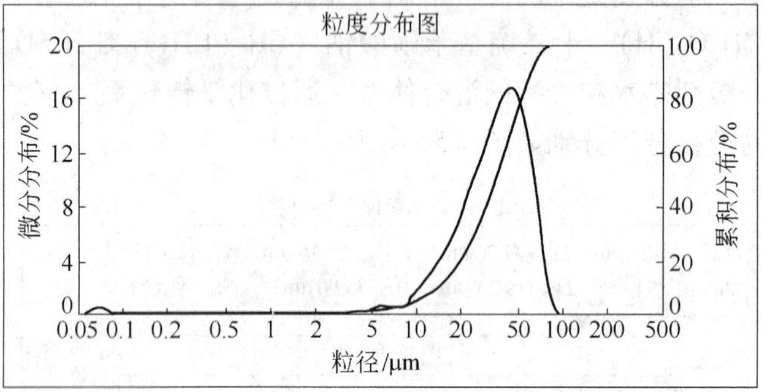

c

粒度特征参数

$D_{(4,3)}$: 38.35μm；	D_{50}: 36.80 μm；	$D_{(3,2)}$: 4.86 μm；	$S.S.A$: 1.23m^2/c.c.；
D_{10}: 14.20 μm；	D_{25}: 23.73 μm；	D_{75}: 51.50 μm；	D_{90}: 65.05 μm

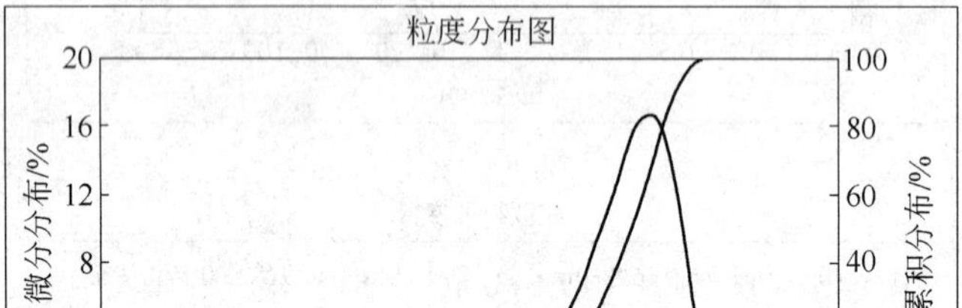

d

图 4-58　化学镀银后用不同的助剂所得的粒径分布图

a—用明胶作为助剂；b—用聚乙二醇 6000 作为助剂；

c—用 PVP 作为助剂；d—用十二烷基苯磺酸钠作为助剂

将所得的不同助剂化学镀银的粉末进行热处理，测得其压实电阻和粉末颜色如表 4-39 所示。

表 4-39 在不同的助剂下不同的热处理所得压实电阻和粉末颜色的变化

助剂	T/℃	无	400	500	600	650	700	750
明胶	压实电阻/Ω	32.55×10^{-3}	30.01×10^{-3}	28.11×10^{-3}	2.0	不导电	不导电	不导电
明胶	颜色	黄褐色	深褐色	黄色	深黄色	深黄色	深黄色	深黄色
聚乙二醇6000	压实电阻/Ω	6.13×10^{-3}	9×10^{-3}	27.64×10^{-3}	1.34	不导电	不导电	不导电
聚乙二醇6000	颜色	灰白色	灰色	黄色	深黄色	深黄色	深黄色	深黄色
PVP	压实电阻/Ω	5.80×10^{-3}	7.85×10^{-3}	5.54×10^{-3}	14.18×10^{-3}	12.52×10^{-3}	0.8	不导电
PVP	颜色	灰白色	灰白色	灰色	深灰色	淡黄	黄色	深黄色
十二烷基苯磺酸钠	压实电阻/Ω	12.22×10^{-3}	12.73×10^{-3}	12.37×10^{-3}	65.01×10^{-3}	7.9×10^{3}	不导电	不导电
十二烷基苯磺酸钠	颜色	灰黑色	灰黑色	深灰色	有点黄色	黄色	深黄色	深黄色
没有加入其他助剂	压实电阻/Ω	9×10^{-3}	11.80×10^{-3}	9.8×10^{-3}	23.55×10^{-3}	26.78×10^{-3}	0.98	不导电
没有加入其他助剂	颜色	灰色	灰色	灰褐色	褐色	深黑色	深黑色	黄色

注：表中 T 代表热处理温度。

没有加入其他助剂所得的粒径分布图见图 4-59。

粒度特征参数

$D_{(4,3)}$: 39.78 μm；D_{50}: 36.78 μm；$D_{(3,2)}$: 5.46 μm；S.S.A: 1.10 m²/c.c.；
D_{10}: 13.39 μm；D_{25}: 22.47 μm；D_{75}: 54.20 μm；D_{90}: 71.34 μm

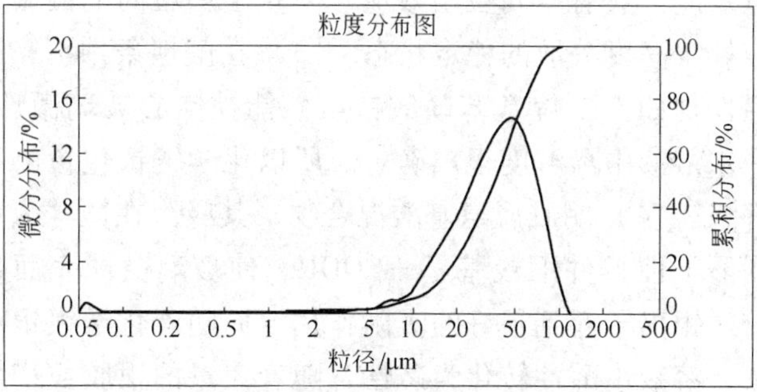

图 4-59 没有加入其他助剂所得的粒径分布图

从图 4-59 可以看出，化学镀银后粒径分布图呈多峰分布，而其他的图呈单峰分布。从表 4-39 可以看出，明胶和聚乙二醇 6000 作为表面活性剂化学镀银后经过热处理后压实电阻相当大，为几欧。当温度升高到 650℃后，压实电阻超过所测的量程 $10^4\Omega$，即认为不导电。PVP 作为表面活性剂，化学镀银后的导电性最好；热处理达到 700℃，其压实电阻还能达到毫欧级别。其次是无助剂的导电性也相当好，经过 700℃热处理后的压实电阻比 PVP 的稍微高点。再次是十二烷基苯磺酸钠，其在 600℃热处理压实电阻能达到几十毫欧。同时，也可以看出，粉体颜色越黄，其导电性越差。引起上面变化的原因是：（1）本实验采用的是滴加氧化液来进行化学镀，所以未进行化学镀时，溶液是由水和乙醇以及还原液组成，而还原液是用酒石酸催化的葡萄糖，所以溶液呈酸性，又因为颗粒在溶液介质中的分散行为极易受介质 pH 值的影响而电离或吸附介质中的 H^+ 或 OH^- 离子[71,72]，会使颗粒表面带电，因此空心玻璃微珠的悬浮液的分散可以利用静电稳定机制，使得颗粒带有相同的电荷而相互排斥，从而避免由范德华力而产生的团聚；同时加入适量的高分子表面活性剂进行位阻稳定，可以进一步使得颗粒得到分散。（2）加入适量的非离子表面活性剂，如 PEG6000、PVP 包覆颗粒，产生空间位阻效应，这样使空心玻璃微珠表面既具有静电效应又具有空间位阻效应，阻止了颗粒间的团聚，而使悬浮液处于高度分散的稳定状态。（3）在酸性条件下，阴离子表面活性剂如十二烷基苯磺酸钠虽然能被空心玻璃微珠吸附，但其在水溶液中离解度很难确定。所以化学镀银包覆的程度不是很理想。（4）明胶属氨基酸混合物，其吸附在微球表面，开始在弱酸下性条件下羧基呈—COOH，使玻璃微球表面带有正电荷，对银离子起到很好的吸附作用，而随着化学镀银液中明胶增加，溶液由酸性转化为碱性，随着大量的银胶粒产生使得表面转化为弱负性表面电位[73]，会使后加入的银离子产生排斥不利于银粒子的包覆。(5) 非离子表面活性剂聚乙二醇型的加入虽然取得很好的包覆效果，但它易使产生的晶体颗粒变大[74]，致密性不是很好，所以若被煅烧，其结合力较弱。而PVP可有效地阻止银颗粒晶粒长大和团聚，并且文献 [75] 对PVP阻止Ag晶粒长大和团聚的机理进行的研究是：第一步，PVP与Ag在溶液中形成配位键；第二步，配位键使得在还原反应初期形成大量小晶核；第三步，PVP与Ag颗粒表面形成化学吸附，PVP在水中的分散效应和表面位阻效应使Ag晶粒成棱和长大过程分开，阻止了粉末在洗涤和干燥过程中的团聚，所以在煅烧时，其效果比聚乙二醇6000好。(6) 从粒径的分布情况可知，所得的银包空心玻璃微珠粒径分布越成正态分布烧结效果越好。原因是不同的表面活性剂对镀液分散的效果不同，分散越好，其包覆的颗粒越均匀。

4.3.2.4　不同银含量的影响

银的含量对粒径、压实电阻、松装密度都有影响，当然一个产品的性能指标要根据其实用性来确定，一般粒径越小，银含量越低，压实电阻越小，松装密度越小，越好。本实验采用不同的银含量得到产品的性能见表4-40。不同银含量的银包空心玻璃微珠的粒径分布图见图4-60。

表4-40　产品性能

产品名称	银含量/%	D_{50}粒度/μm	松装密度/g · cm^{-3}	压实电阻/mΩ
银包空心玻璃微珠	10	34.47	0.1701	22
银包空心玻璃微珠	15	35.87	0.1803	10
银包空心玻璃微珠	25	36.78	0.2347	5.6
银包空心玻璃微珠	30	37.14	0.2406	3.8

从图4-60可以看出，随着银的含量的增加，银包空心玻璃微珠的粒径D_{50}增加。从表4-40可知，银包空心玻璃微珠的松

装密度和压实电阻随银含量的增加分别增加和减小。这说明银含量的增加，使得空心玻璃微珠的银壁厚增加，银越厚其导电性越好，说明要想得到良好的导电涂料，增加银的含量为好；松装密度一般决定添加量，松装密度越小，其导电填料添加的量越小；而粒径越小，其接触的面积越大，越有利于涂料和填料的导电性。综合考虑，用银含量为25%的银包空心玻璃微珠为佳。

粒度特征参数

$D_{(4,3)}$:36.16μm；D_{50}:34.47μm；$D_{(3,2)}$: 5.21μm； *S.S.A*:1.15m²/c.c.；
D_{10} :12.77μm； D_{25}:21.66μm；D_{75}: 48.83μm； D_{90}:62.60μm

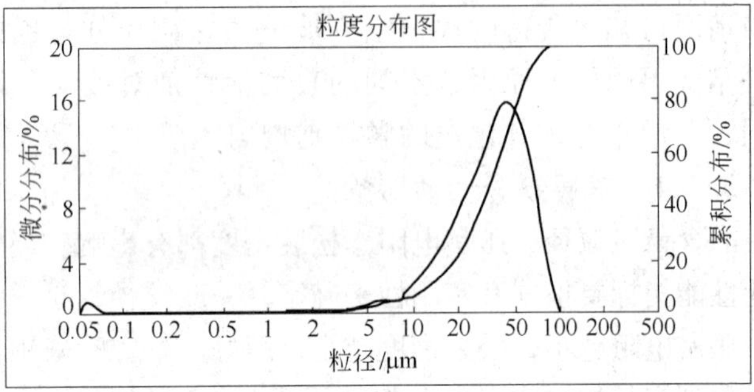

a

粒度特征参数

$D_{(4,3)}$:37.54μm；D_{50}:35.87μm；$D_{(3,2)}$: 5.81μm； *S.S.A*:1.03m²/c.c.；
D_{10}: 13.80μm； D_{25}:22.66μm；D_{75}: 50.52μm； D_{90}:64.58μm

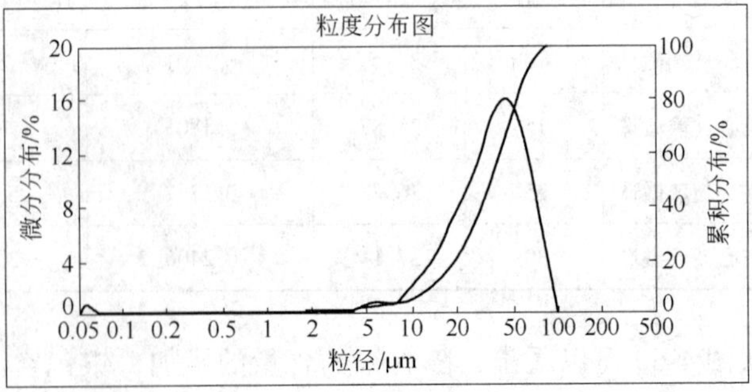

b

粒度特征参数

$D_{(4,3)}$: 39.78 μm；	D_{50}: 36.78 μm；	$D_{(3,2)}$: 5.46 μm；	S.S.A: 1.10 m^2/c.c.；
D_{10}: 13.39 μm；	D_{25}: 22.47 μm；	D_{75}: 54.20 μm；	D_{90}: 71.34 μm

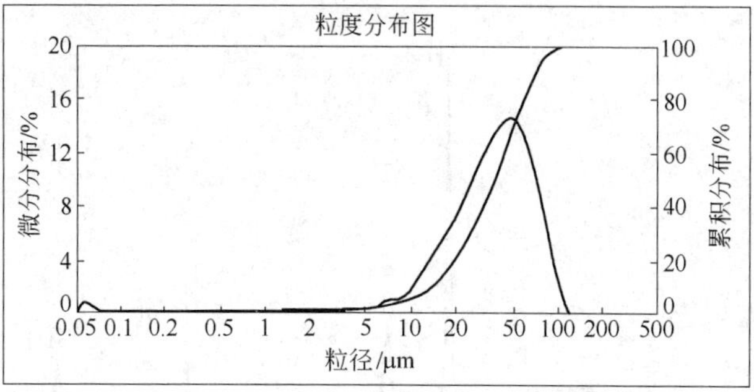

c

粒度特征参数

$D_{(4,3)}$: 38.67 μm；	D_{50}: 37.14 μm；	$D_{(3,2)}$: 6.17 μm；	S.S.A: 0.97 m^2/c.c.；
D_{10}: 13.62 μm；	D_{25}: 23.22 μm；	D_{75}: 52.69 μm；	D_{90}: 66.24 μm

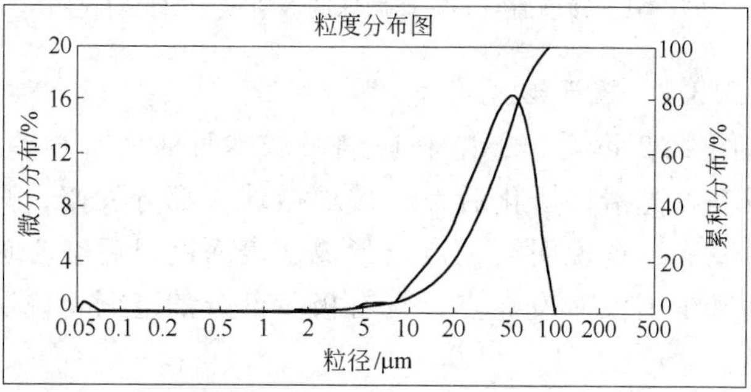

d

图 4-60　不同的银含量银包空心玻璃微珠的粒径分布图

a—10% 的银包空心玻璃微珠；b—15% 的银包空心玻璃微珠；

c—20% 的银包空心玻璃微珠；d—25% 的银包空心玻璃微珠

4.3.3　银包玻璃微珠的性能研究

4.3.3.1　物相分析

从图 4-61 可以看出，未化学镀之前，衍射峰出现一个馒头峰，说明空心玻璃微珠以非晶态物质形式存在。化学镀银后，峰型很平滑，镀层为晶态，并且以单质银的形式存在，而没有银的氧化物晶体，说明所包覆的物质是纯银。

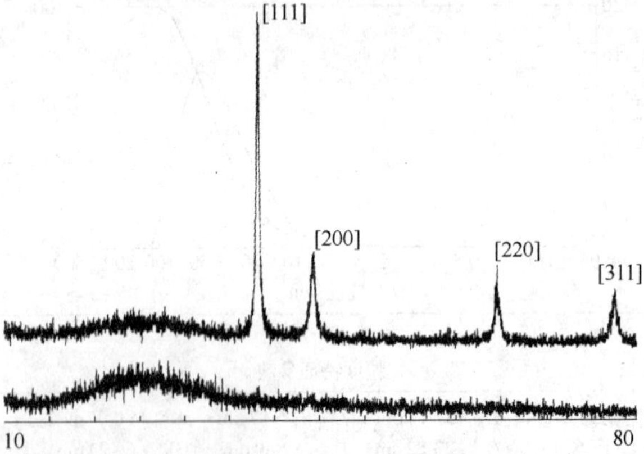

图 4-61 镀前后空心玻璃微珠的 X 射线衍射谱对比图

4.3.3.2 表面形貌

从图 4-62 可看出，空心玻璃微珠本身的大小相差很大，表面发亮、光滑，活化后空心玻璃微珠大部分发暗，只有很少部分发亮，这说明活化点已形成，表面镀银后空心玻璃微珠表面基本上没有发亮点，只有极少部分的空洞，说明包覆较完整。

从图 4-63 中可以看出，不同的助剂对银包空心玻璃微珠的表面形貌影响很大；其中，用明胶和聚乙二醇 6000 作为分散剂所得到的表面镀层不均匀，有凸凹形状；用明胶所包覆的不完全，聚乙二醇 6000 虽然能完全包覆，但有裂缝现象；用十二烷基苯磺酸钠和 PVP 作为表面活性剂包覆的镀层较均匀，结合好；但用十二烷基苯磺酸钠包覆有空洞，说明，其包覆不完整；用 PVP 所得的银包空心玻璃微珠完整，没有空洞，所以本实验用 PVP 作分散剂最好。

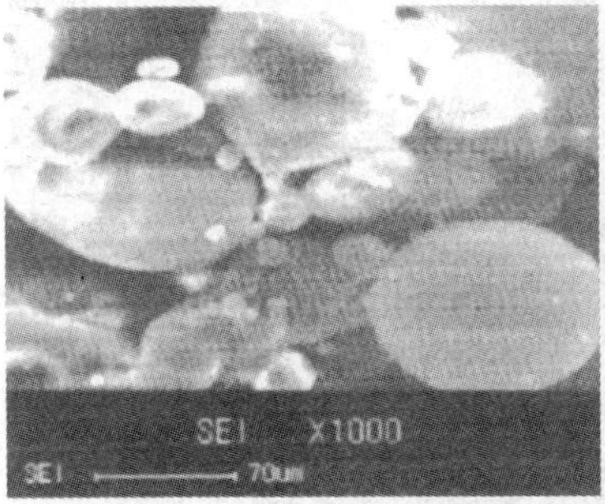

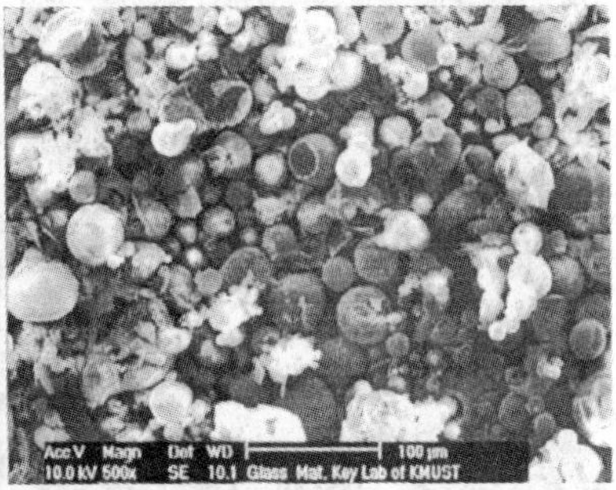

a b

c

图 4-62 各种形态下空心玻璃微珠的表面形貌

a—镀前空心玻璃微珠；b—活化后的空心玻璃微珠；c—镀后空心玻璃微珠

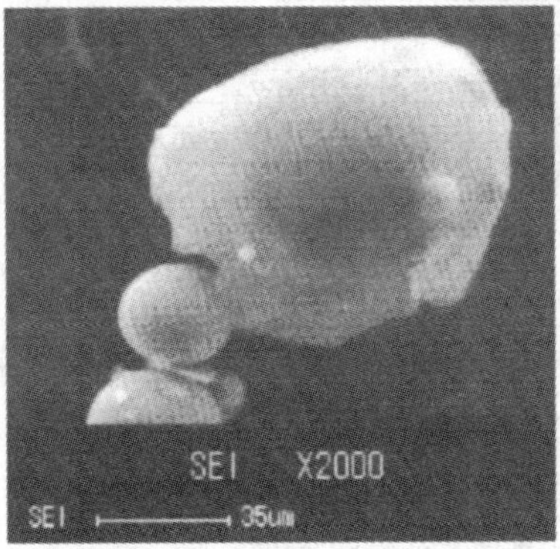

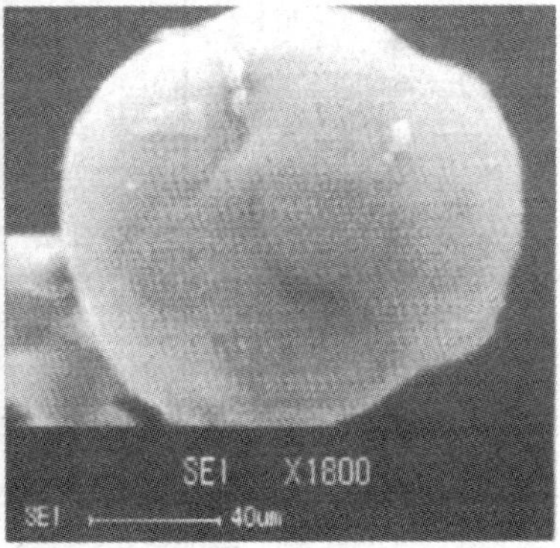

a b

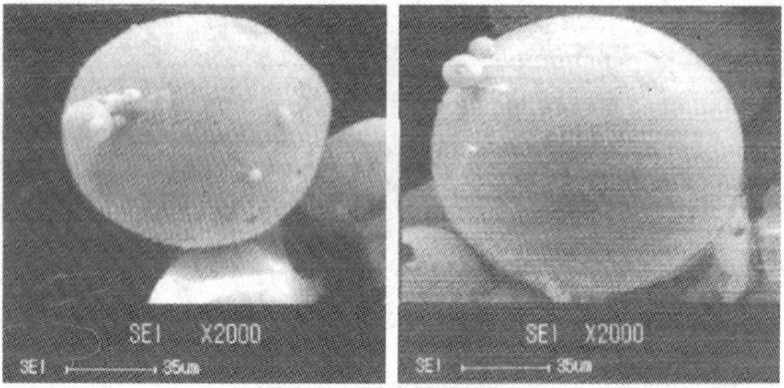

c d

图 4-63 不同的助剂对银包空心玻璃微珠的表面形貌的影响

a—用明胶作为助剂；b—用聚乙二醇 6000 作为助剂；

c—用十二烷基苯磺酸钠作为助剂；d—用 PVP 作为助剂

4.3.3.3 能谱分析

从图 4-64 可知，经过活化的空心玻璃微珠含有银元素，说明用银氨溶液活化后有银析出；并且镀层中含有 Si、Na、Al、S、O 和 C 元素作为化学镀银层的基体，而活化和化学镀后都不含有

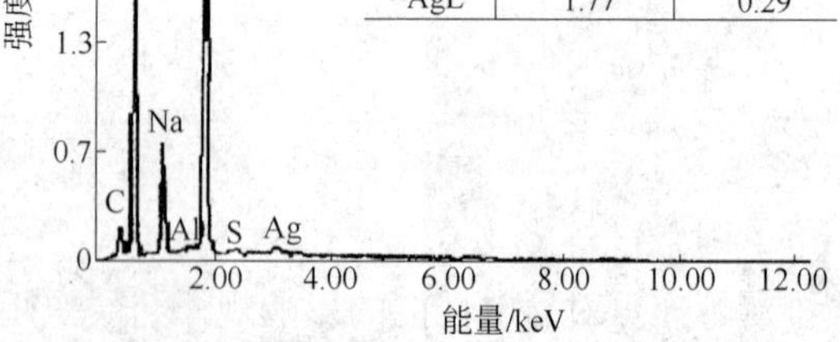

元素	质量分数/%	体积分数/%
CK	17.66	26.19
OK	44.44	49.47
NaK	8.21	6.36
AlK	0.34	0.23
SiK	27.16	17.22
SK	0.40	0.22
AgL	1.77	0.29

图 4-64 活化后空心微珠表面的 EDX 谱图

Sn 和 Cl 元素杂质。这是因为敏化后的空心玻璃微珠在碱性的活化液或化学镀液中 Sn 以离子或配合离子的形式溶解在溶液中，Cl 元素以离子的形式在去离子水洗下除去。

4.4 银包玻璃纤维的制备技术

对高分子材料进行处理，使之具有导电功能，这样才能进行电磁屏蔽。导电填料与树脂复合是目前制备导电高分子材料的一种主要方法。而玻璃纤维作为一种性能优异的无机非金属材料，具有不燃性、耐高温、耐腐蚀、吸湿小、伸长小等优良性能，镀金属导电玻璃纤维具有导电性好、强度高、易成形、密度低、成本低、易于与树脂结合等优点，成为一种优良的导电填料，可以应用于电磁屏蔽材料[56]。金属纤维的填充量对导电性能的影响规律与炭黑填充的情形相类似，但由于纤维填料形成链状导电通道的几率更大。因此在填充量很少的情况下便可获得较高的电导率。金属纤维的长径比对复合材料的导电性能影响较大，长径比越大，导电性和屏蔽效果就越好[59]。目前，有关玻璃纤维化学镀的报道不少[60,62]，但未见无钯活化玻璃纤维化学镀银的报道。本实验是以廉价的银氨溶液作为活化剂，以葡萄糖作为还原剂，对玻璃纤维化学镀银的镀层进行研究。

而所谓导电纤维，通常是指比电阻率小于 $10^5\Omega\cdot cm$ 的纤维。导电纤维品种较多，按导电成分分布的状态可分为均匀型、包覆型和复合型。采用金属纤维作为填料，填充到基体聚合物中，经适当混炼分散和成形加工后，可以制成导电性能优异的复合材料，体积电阻率为 $10^{-3}\sim10^0\Omega\cdot cm$。由于这类材料比传统的金属材料质量轻且易加工。因此被认为是最有发展前途的新型导电材料和电磁屏蔽材料。

金属纤维的填充量对导电性能的影响规律与炭黑填充的情形相类似，但由于纤维填料形成链状导电通道的几率更大，在填充量很少的情况下便可获得较高的电导率。金属纤维的长径比对复合材料的导电性能影响较大，长径比越大，导电性和屏蔽效果就越好。例如，长径比为125的金属纤维，当填充量1.5%（体积分数）时，屏蔽效果可达40dB；而长径比为250的金属纤维，只需约0.4%（体积分数）的用量便可得到同样的效果。这样既降低成本，又使复合材料密度下降，而力学性能大大提高。此外，选择合理的混炼工艺参数也很关键。在复合过程中，为避免金属纤维折断，注射时应降低螺杆转速和背压，提高机筒和模具温度。为提高均匀分散效果，有时还需添加适当的加工助剂。目前，国外开发和应用较多的金属纤维是黄铜纤维。其次是不锈钢和铁纤维等。

H. M. Cheng[76]等先在碳纤维上化学镀铜，然后以葡萄糖为还原剂，在镀铜的纤维上化学镀银。实验表明：由于铝和碳纤维在1000℃才能润湿，并且在550℃以上，它们易形成脆弱的Al_4C_3。通过置换反应所得的镀银纤维优于直接在纤维上化学镀银。并且镀银纤维改善铝与碳纤维的润湿性，在成本上低于其他陶瓷增塑材料。

S. G. Warrier[77]等在C和SiC纤维上首先化学镀铜，然后以葡萄糖作为还原剂化学镀银。实验表明：在C上石墨化的程度越高，所得的镀层就越厚，在SiC纤维上所得镀层的弯曲强度略高于未镀的SiC纤维。银在合成物的制备中起到润湿、净化的作用。

邱文革[78]等用葡萄糖作为还原剂对玻璃纤维进行化学镀银，表面银层均匀、完整，而且结合较紧密，无脱落现象。镀层的表面只有很少量的银堆积，再对镀银液中的各组分进行条件优化，能对镀银过程起到较好的控制作用。镀后的玻璃纤维的体积电阻率可以达到$8.51\times10^{-4}\Omega\cdot cm$。

4.4.1　银包玻璃纤维的制备工艺

4.4.1.1　实验原材料及仪器

采用剪切6cm长的玻璃纤维纱线，TEQB型超声波清洗机，日本岛津 EPMA-1600 电子探针，日本理学 3015 升级型 X 射线衍射仪。

4.4.1.2 工艺流程

主要的工艺流程如下：

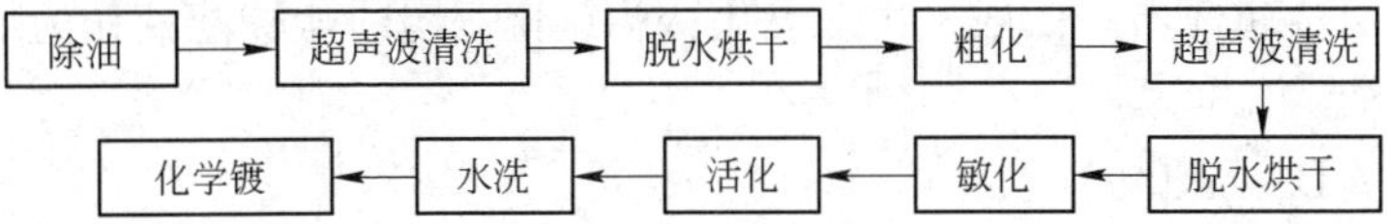

A 除油

一般采用有机溶剂或弱碱性的清洗液除油，超声波清洗是为了彻底清除含在非金属微孔中的除油液。有机溶剂除油是在有机溶剂中，除油乃是皂化油脂和非皂化油脂的普通溶解过程。由于两类油脂均可很好地溶解于有机溶剂中，所以在近代，有机溶剂在高聚物制品表面除油方面获得了广泛应用。碱性溶液除油在除油时间上要比用有机溶剂除油长一些，但无毒和不燃却是它的一大优点。这种除油方法的实质是借皂化和乳化作用来进行的，前者可以除去动植物脂肪，后者可以除去矿物油。只要工艺条件选择适当，两类油污的除去是没有困难的。

B 粗化

粗化（刻蚀）的目的是增大表面的粗糙度和接触面积、提高金属层的黏附力。如果用热水洗效果更好，水洗后的非金属再用热风机烘干表面水分。如果在水洗液中添加少量碱液起到中和的作用，镀金属效果将更好。目前，粗化广泛采用的方法有两种[69]：一种是化学粗化；另一种是薄膜改性粗化。化学粗化法所用的溶液有两种：一种是氟化物粗化液，所采用的溶液是10%～20%的氢氟酸或者是20%～40%的氟化氢铵的水溶液，也可以采用硝酸和氢氟酸的混合溶液。采用氟化物的目的是溶解陶瓷中的二氧化硅，造成表面凹凸不平。另一种是强碱性的氢氧化钠或氢氧化钾粗化液，强碱性粗化液是由 400～900g/L 氢氧化钠或氢氧化钾溶液组成的。

C　敏化

敏化就是在净化、粗化的基础上使物体表面吸附一层具有还原性的物质，以便在活化处理时通过还原反应，使基体表面附着一层金属薄层。一般采用三氯化钛和氯化亚锡的盐酸溶液作为敏化液。

D　活化

活化的作用是使基体表面形成一层非连续的贵金属颗粒，使基体表面具有催化还原的能力，从而使化学镀反应在整个催化处理过的基体表面上顺利进行。

4.4.2　玻璃纤维化学镀银工艺研究

4.4.2.1　不同的粗化液对失重率和导电性的影响

玻璃纤维粗化液的配方见表4-41。

表4-41　玻璃纤维粗化液的配方

粗化液编号	在300mL溶液中的含量
1	3mL HF（质量分数为40%）+5mL $NH_3 \cdot H_2O$（质量分数为25%）
2	3mL HF+5g NH_4F
3	5g NH_4F+3mL HCl
4	3mL HF
5	3mL HF+3mL HCl（质量分数为36%）
6	3mL HF+1g NaF
7	5g NH_4F
8	无

从图4-65可以看出5号的失重率最大，其厘米电阻也最大，3号的厘米电阻最小，7号的失重率最小，除了5号之外，各编

号的厘米电阻都比 8 号小。引起以上的原因是玻璃纤维主要由二氧化硅和 Al_2O_3 组成。一方面，由于二氧化硅在 HF 的作用下会完全溶解而剩下惰性的 Al_2O_3，导致吸附具有活性的银粒子减少，将使得沉积在 Al_2O_3 上的银因结合力弱而出现厘米电阻小的情况。另一方面，氟化铵溶液由于电离的自由 F^- 少于 HF 酸电离的，使得蚀刻的程度相对少。在酸性的 NaF 溶液中 F^- 与 HF 酸反应生成稳定的 HF_2^- 有效地降低 HF 的浓度，从而蚀刻程度变弱。并且加入 Na^+ 会发生如下离子交换反应[64]：

$$\text{Si—O}^-\text{Na} + \text{H}^+ \longrightarrow \text{Si—OH} + \text{Na}^+$$

因此，加入 Na^+ 反应向左进行，从而使得 Si—O$^-$Na 在玻璃纤维上形成极性基团的分子。因此，吸附的活性粒子增加，沉积的银离子也会相应增加，使得结合力增加而厘米电阻减小。由于厘米电阻变化不大，所以不同的粗化液对减小厘米电阻的贡献不大。实验现象表明：当粗化液太浓时，有些玻璃纤维已断裂，甚至还有些腐烂了。

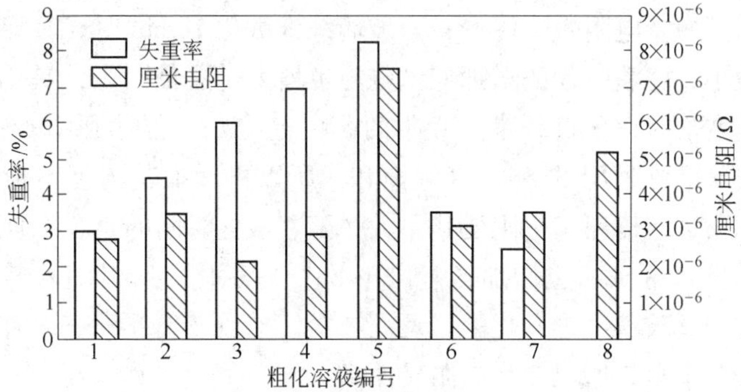

图 4-65 不同的粗化液对失重率和厘米电阻的影响

4.4.2.2 敏化液浓度和时间与导电性的关系

敏化液的组成：[HCl] = 20mL/L，$T = 25℃$，改变氯化亚锡的浓度和敏化时间，考查两者与厘米电阻的关系，如图 4-66 所示。

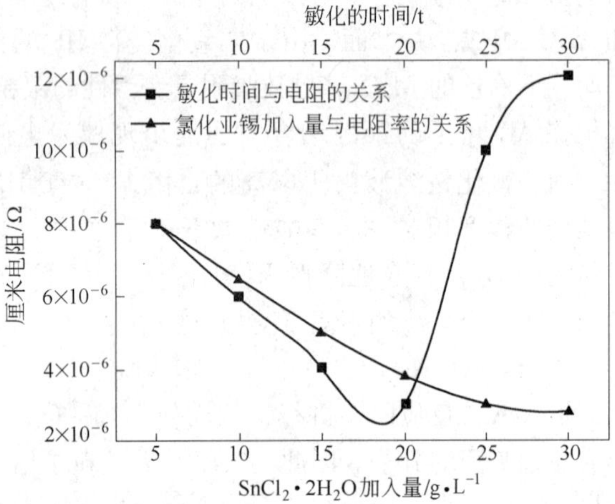

图 4-66　氯化亚锡的浓度和敏化时间对导电性的影响

由图 4-66 可知，随着氯化亚锡用量的增加，厘米电阻减小，当氯化亚锡小于 20g/L 时，其厘米电阻变化快，当其大于 20g/L 时，其厘米电阻减小缓慢；当玻璃纤维敏化 18min 时，其厘米电阻最小，随着时间的增加厘米电阻也增大。这是因为，氯化亚锡用量增加时，玻璃纤维上吸附的 Sn^{2+} 也增加，但达到 20g/L 时，其玻璃纤维吸附的 Sn^{2+} 接近饱和，所以再增加其浓度对镀层影响不大，所以厘米电阻变化不大；随着敏化时间的延长，玻璃纤维上吸附的 Sn^{2+} 也增加，但由于 Sn^{2+} 易氧化，所以随着时间的延长，其玻璃纤维敏化的量反而减少，导致玻璃纤维表面有些地方包覆不全，所以厘米电阻反而高。

4.4.2.3　活化液浓度以及其 pH 值对导电性的影响

活化液的组成：硝酸银，氨水，$T=25$℃，时间：10min，改变 $AgNO_3$ 的加入量和其 pH 值，考查两者与导电性的关系，如图 4-67 所示。

从图 4-67 可以看出，在硝酸银低浓度时，玻璃纤维的厘米电阻随硝酸银的加入量增加呈直线下降，当其浓度大于 2g/L 时，

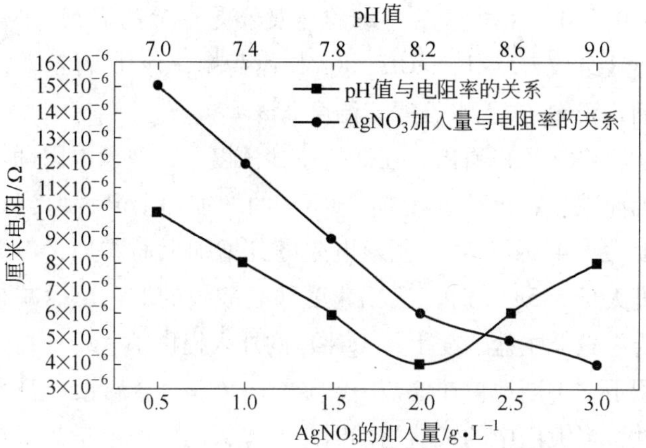

图 4-67 硝酸银的浓度及其 pH 值对导电性的影响

厘米电阻下降缓慢。在 pH 值小于 8.2 时，其厘米电阻随 pH 值的增加将减小；而当 pH 值大于 8.2 时，厘米电阻随 pH 值的增加而上升；pH 值等于 8.2 时，厘米电阻最小。引起上面变化的原因是：当硝酸银加入时，其 Ag^+ 被玻璃纤维吸附立即还原成活性 Ag 粒子，随着敏化 Sn^{2+} 消耗完，Ag 粒子停止沉积，但其表面有些银离子被吸附在玻璃纤维上，所以厘米电阻依然下降，只是下降缓慢。活化液的配置一般是银氨溶液，由于氨水与银离子配合形成稳定的 $Ag[(NH_3)_2]^+$ 离子，随着氨水的增加，其 pH 值也增大，活化时，还原的 Ag 粒子均匀地吸附在玻璃纤维的表面，其厘米电阻减小；但当 pH 值增大到一定程度时，由于 $Ag[(NH_3)_2]^+$ 过于稳定，其活化液中的 Ag^+ 部分未被 Sn^{2+} 还原，所以吸附在玻璃纤维上的活化粒子减少，导致厘米电阻有上升趋势。实验现象表明：当 pH 值小时，其活化液易变浑浊，并且烧杯底部有灰褐色的沉淀，其沉淀物质是由于活化液不稳定，在空气中易氧化成 Ag_2O。pH 值高时，其活化的玻璃纤维为淡黄色；而 pH 值在 8.2 时，活化的玻璃纤维为深黄色，说明吸附的银粒子多。

4.4.2.4　主盐浓度对沉积速度和导电性的影响

镀液组成：5g/L NaOH，8g/L 葡萄糖，1g/L 酒石酸，少量稳定剂，50mL/L 无水乙醇，温度 25℃。

从图 4-68 可以看出，在低的主盐浓度下，厘米电阻随 $AgNO_3$ 的增加而减小，沉积速度随 $AgNO_3$ 的增加而上升；但当 $AgNO_3$ 的浓度大于 4.0g/L 时，厘米电阻随其增加反而增加，当 $AgNO_3$ 的浓度大于 3.5g/L 时，沉积速度随硝酸银的加入反而减少。这是因为在较低主盐浓度下，$AgNO_3$ 的加入提供了 Ag^+，在还原剂的作用下，不断地被还原成 Ag 粒子，又因为金属银本身具有催化活性，当镀液中的银盐增加时，基体银的沉积数量将增加，这就增加了镀层表面活性部分的比例，能够被表面吸附的粒子增多，使得镀速增大得更快；但当 $AgNO_3$ 的浓度大于 3.5g/L 时，还原剂随着主盐的增加而减少，其还原银离子的能力减弱，所以镀速也将减小。同样，在较低主盐浓度下，镀层厚度随 $AgNO_3$ 的增加而变厚，其厘米电阻也随其降低；当 $AgNO_3$ 的浓度大于 4.0g/L 时，溶液易发生自催化反应，导致银粒子在溶液中析出，由于银粒子本身就具有活性，使得新生成粒子沉积在已沉积在烧

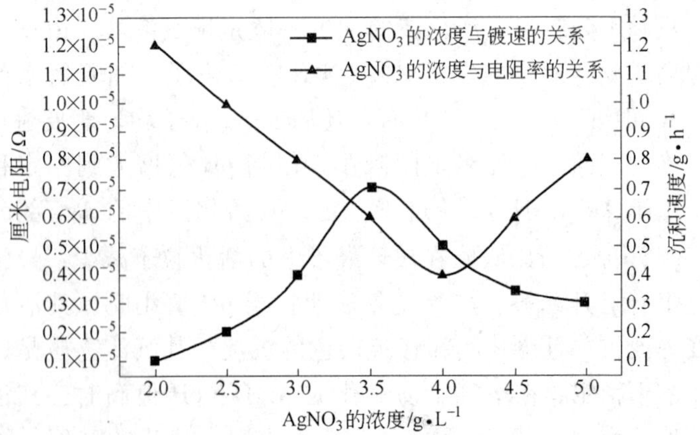

图 4-68　主盐的浓度与沉积速度和导电性的关系

杯底部的银上面，导致玻璃纤维的镀层厚度相对变薄，使得厘米电阻升高。实验现象如表4-42所示，颜色越鲜艳，其导电性越好。

表4-42 不同硝酸银浓度下镀后溶液和玻璃纤维的颜色

主盐浓度/$g\cdot L^{-1}$ \ 颜色	3.60	3.65	3.0	3.5	4.0	4.5	5.0
镀后溶液	深灰	灰色	淡灰	无色	无色	黄色	深黄
银包玻璃纤维	深褐色	褐色	浅黄色	黄色	亮白	亮白	灰褐色

4.4.2.5 硝酸银的浓度和化学镀时间对银层厚度的影响

镀液组成：5g/L NaOH，8g/L 葡萄糖，1g/L 酒石酸，少量稳定剂，50mL/L 无水乙醇，温度25℃。

从图4-69可知，在不同的硝酸银浓度下，化学镀银的镀覆厚度随着时间的增加而上升；硝酸银的浓度越高，其镀层越厚；在化学镀15min之前，镀层厚度变化快，并且成直线增长；在15min以后，镀层厚度缓慢地增加。这是因为，化学镀银初期，由于生成的银粒子本身具有催化活性，而且玻璃纤维丝很细，有相当大的比表面能，所以银粒子沉积的速度快，使得镀层的厚度变化快；当化学镀15min之后，由于氧化剂和还原剂的浓度下降，沉积速度下降，所以镀层厚度增长慢。

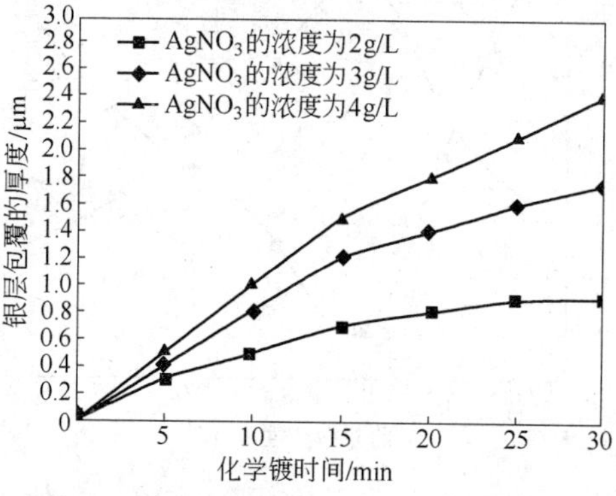

图4-69 在不同的硝酸银浓度下银层厚度与时间的关系

4.4.2.6 还原剂浓度对沉积速度和导电性的影响

镀液组成：5g/L NaOH，4g/L 硝酸银，1g/L 酒石酸，少量稳定剂，50mL/L 无水乙醇，温度 25℃。

从图 4-70 可以看出，当葡萄糖浓度小于 8g/L 时，厘米电阻随着还原剂浓度的增加而减小，沉积速度随着还原剂浓度的增加而上升；当葡萄糖浓度大于 8g/L 时，厘米电阻随着还原剂浓度的增加而增加，沉积速度随着还原剂浓度的增加而下降。这是因为，还原剂在较低的浓度下，转化糖的还原能力相当强，随着葡萄糖浓度的增加，其镀速明显加快，所以镀覆在玻璃纤维的银厚度也最高，其厘米电阻也就最小；当还原剂浓度达到一定量时，由于镀液易出现自分解现象，所以沉积的银不是沉积在玻璃纤维上，而是在溶液中沉积，导致沉积速度下降，其镀层厚度也减小，厘米电阻上升。实验现象表明：当葡萄糖浓度小于 8g/L 时，其银包纤维的颜色随还原剂浓度的增加由灰黑→灰色→淡黄→黄色→亮白。当葡萄糖浓度大于 8g/L 时，其银包纤维的颜色随还原剂浓度的增加由亮白→灰色→灰黑→黑色。

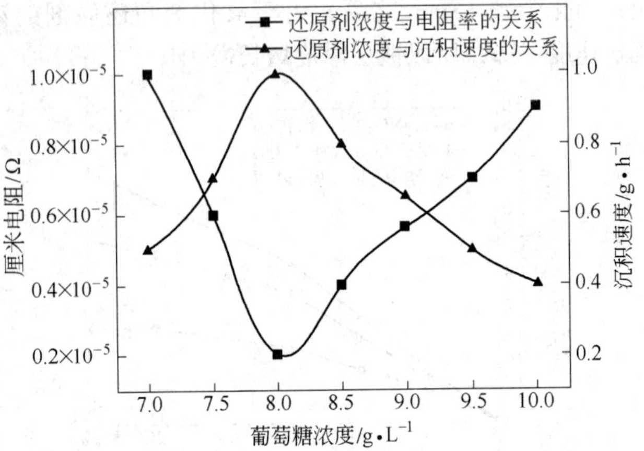

图 4-70 还原剂浓度对沉积速度和导电性的影响

4.4.2.7 pH 值对沉积速度和导电性的影响

镀液组成：4g/L 硝酸银，8g/L 葡萄糖，1g/L 酒石酸，适量 NaOH，少量稳定剂，50mL/L 无水乙醇，温度 25℃。

由图 4-71 可知，pH 值在 7～9 时反应速度较慢，当 pH 值大于 10 时，体系的沉积速度迅速增加，当 pH 值增加到 12 后，沉积速度趋于平缓，若进一步升高镀液的 pH 值对体系沉积速度的影响不大。当 pH 值小于 10.2 时，厘米电阻随 pH 值的升高而下降；当 pH 值大于 10.2 时，厘米电阻随 pH 值的增加而上升；当 pH 值为 10.2 时，其厘米电阻最小。可能是 pH 值过低，镀液不能提供足够的 OH^- 离子，使得反应速度慢；当 pH 值大于 10 时，所提供的 OH^- 很多，电位越负，还原剂就越容易失去电子被氧化，还原能力就越强，使得反应速度变化大。产生大量覆盖在玻璃纤维上的银离子本身具有活性，使得沉积速度变化更加快，低 pH 值与高 pH 值之间的沉积速度变化大。当 pH 值较小时，银包覆层随 pH 值的增大而变厚，其厘米电阻也相应变小，但 pH 值过高时，镀液易发生自分解，银离子优先在某些部位沉积而导致镀覆不均匀，使得厘米电阻反而上升。不同的 pH 值所得到的银包玻璃纤维的颜色也各不相同，如表 4-43 所示。

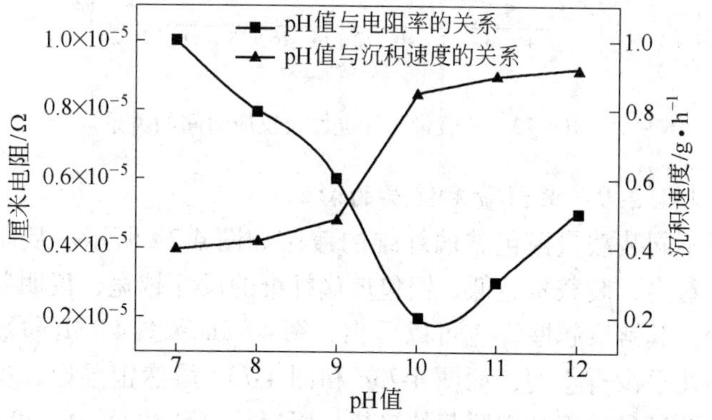

图 4-71 pH 值与导电性和沉积速度的关系

表 4-43 不同 pH 值下银包玻璃纤维的颜色

pH 值	7	8	9	10	11	12
银包玻璃纤维的颜色	褐色	黄褐色	黄色	金黄白色	深灰色	灰褐色

4.4.2.8 装载量对反应时间和导电性的影响

镀液组成：4g/L 硝酸银，8g/L 葡萄糖，1g/L 酒石酸，5g/L NaOH，少量稳定剂，50mL/L 无水乙醇，温度 25℃。

从图 4-72 可以看出，厘米电阻随装载量的增加而上升，反应时间随装载量的增加而缩短。这是因为当装载量较大时，单位体积镀液中的施镀面积也较大，沉积在玻璃纤维上的银厚度小，其厘米电阻就会变大。又因为装载量的增加，相当于镀件的比表面能增大，使得反应速度加快，反应时间缩短。

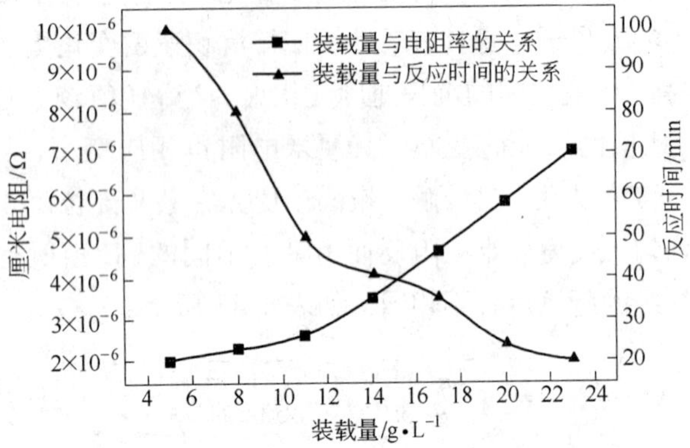

图 4-72 装载量与导电性及反应时间的关系

4.4.2.9 装载量对镀层的影响

不同装载量银包玻璃纤维的镀层如图 4-73 所示。从图 4-73 可以看出，装载量越低，银包玻璃纤维的尺寸越宽，说明装载量越少，其镀层越厚。也可以看出，图 4-73a 和图 4-73b 包覆较完整，几乎没有空洞，而图 4-73c 和图 4-73d 虽然银层厚，但有裂缝以及过量的银片有脱落的趋势，所以控制装载量 20～30g/L 之间有利于包覆均匀完整的银。

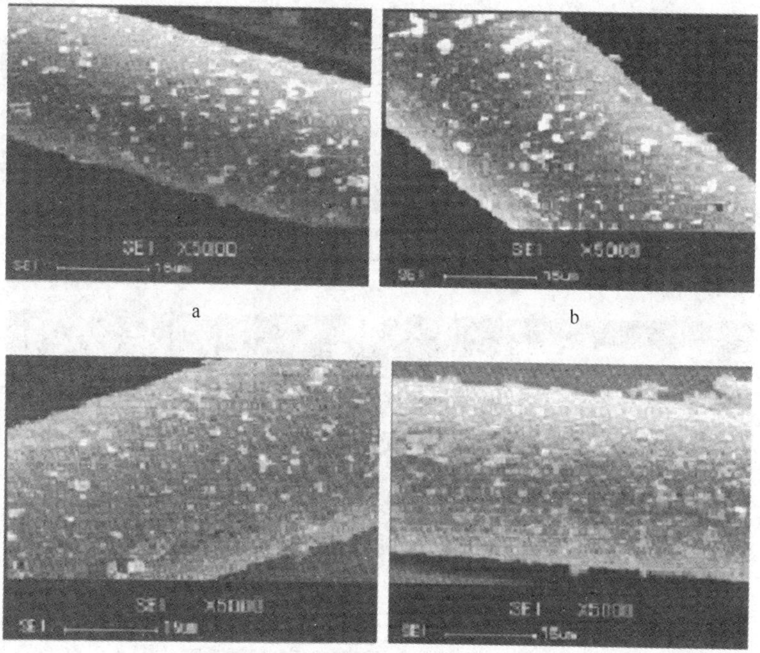

a　b　c　d

图 4-73　不同装载量的表面形貌

a—装载量为 30g/L；b—装载量为 20g/L；c—装载量为 15g/L；d—装载量为 10g/L

4.4.3 玻璃纤维化学镀银的镀层性能研究

4.4.3.1 扫描电镜分析

本实验化学镀银的前处理粗化液采用的配方见表 4-44，所得的镀层表面形貌见图 4-74。

表 4-44　玻璃纤维粗化液的配方

粗化液编号	在 300mL 溶液中的含量
A	3mLHF（质量分数为 40%）+1gNaF
B	3mLHF

续表 4-44

粗化液编号	在 300mL 溶液中的含量
C	$5gNH_4F+3mLHCl$（质量分数为 36%）
D	$3mLHF+3mLHCl$
E	$3mLHF+4mLNH_3 \cdot H_2O$（质量分数为 25%）

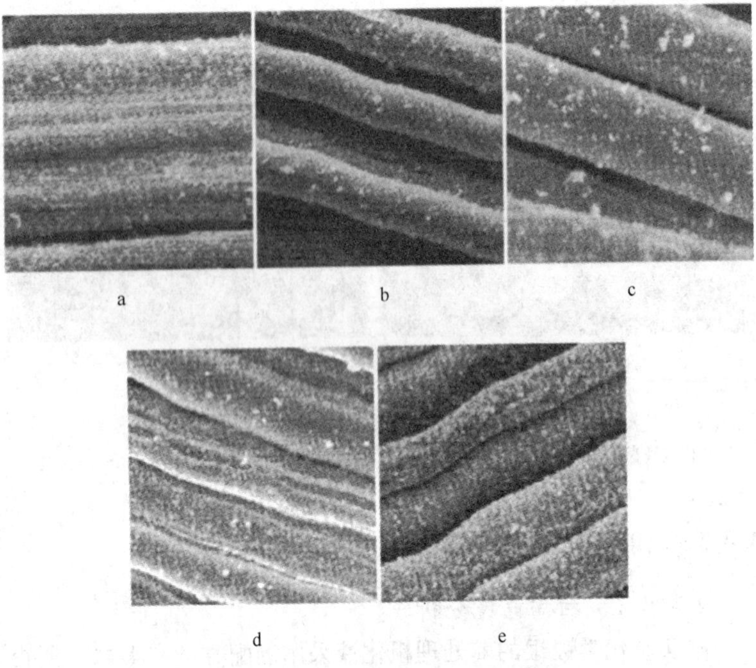

图 4-74　粗化 10min 后化学镀银的表面形貌图（1000×）

a～e—不同配方

从图 4-74 可以看出图 4-74a 与图 4-74c 的配方较其他的好，因为图 4-74b、图 4-74d 和图 4-74e 配方的银包玻璃纤维有裂痕。且图 4-74c 的效果最好，它基本上没有暗痕。从图 4-75 可以看出，玻璃纤维表面较完整地沉积上了一层银，但由于银液本身易发生自催化反应，所以出现突起银颗粒。且随着时间的增加，银包覆在玻璃纤维的厚度增加；当沉积时间达到40min时，银将会出现团聚而形成大块的银晶体。

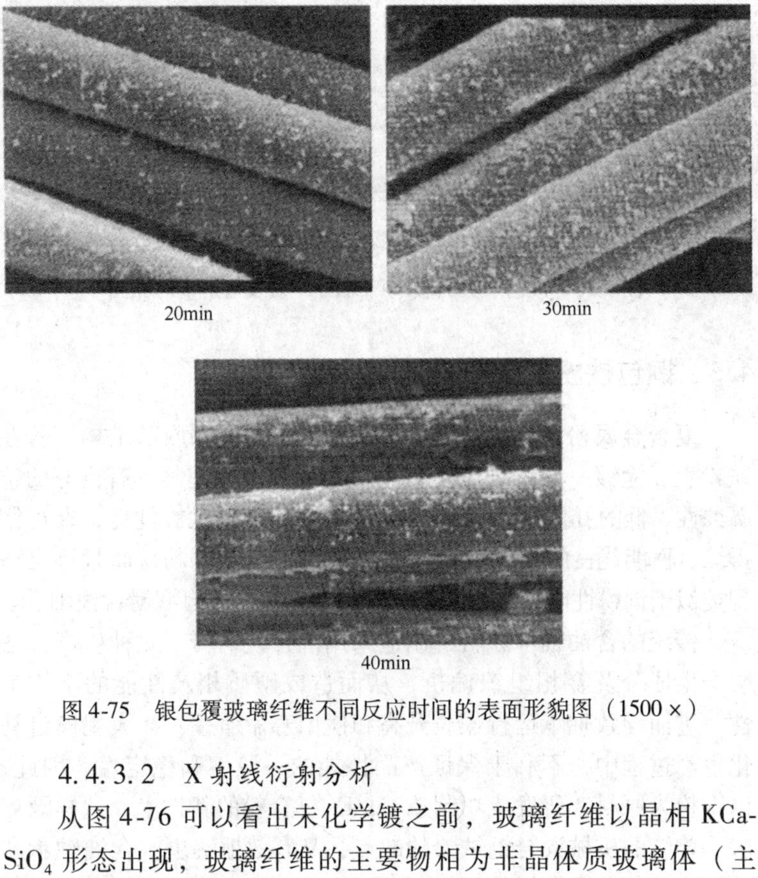

图4-75 银包覆玻璃纤维不同反应时间的表面形貌图（1500×）

4.4.3.2 X射线衍射分析

从图4-76可以看出未化学镀之前，玻璃纤维以晶相 $KCaSiO_4$ 形态出现，玻璃纤维的主要物相为非晶体质玻璃体（主要成分是 SiO_2 和 Al_2O_3）。玻璃纤维化学镀银后的XRD谱线表明，$KCaSiO_4$ 衍射峰明显地减少，那是由于一定厚度的镀层降低了 $KCaSiO_4$ 的衍射强度；镀层主要为晶态，并且以单质银的形式存在，而没有银的氧化物晶体，说明所包覆的物质是纯银。

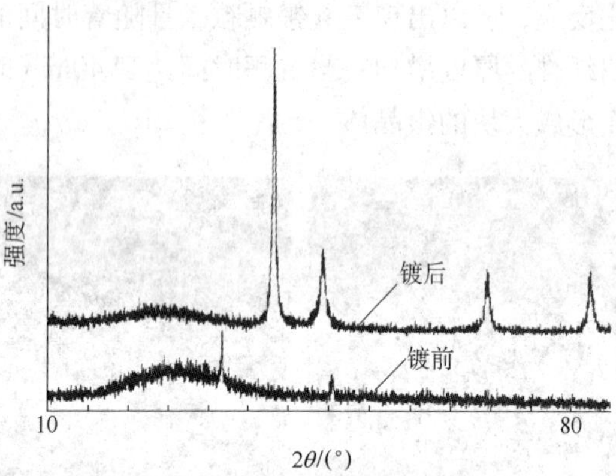

图 4-76　镀前、镀后玻璃纤维的 X 射线衍射谱对比图

4.5　铜包铁粉的制备技术

复合金属粉末可改变单一金属粉末的表面和内部结构。若在铁粉表面涂镀一层铜来改变铁粉的表面性质，使其具有良好的抗腐蚀性、低的孔隙率、高的强度及良好的导电性等性能，即可制得综合性能优良的工件产品。这不仅可以节约铜粉，而且还可得到类似于铜粉性能的复合粉末。这种粉末可用于自润滑含油轴承。

传统的含油轴承原料的制造采用混合铁铜粉，此种生产方法会产生成分及金相组织偏析，从而造成硬质相及性能的不均匀性，进而导致轴承运行噪声升高和使用寿命缩短，在大规模自动化生产过程中，不利于保证产品性能的一致性和稳定性。因此，以铁粉为原料，研发成功制造 Cu/Fe 复合粉的新技术，这样既克服了传统的机械混合铜铁粉的缺点，又有效地解决了含油轴承产品的化学成分及组织偏析问题。

目前国内外报道的铜包铁粉的主要制备方法就是利用铁对铜的置换法来制备。换言之，此种方法就是在不加还原剂的情况下直接利用铁对铜的置换作用进行化学镀铜。此方法已被申请专利。此方法的制备工艺简述如下[79,80]：

（1）将硫酸铜溶解，并调节其 pH 值至 0.1 ~ 6.5；

（2）在搅拌状态下迅速将还原铁粉加入到硫酸铜溶液中，继续搅拌2～10min，使铜完全包覆在铁粉颗粒表面，即形成铜包铁复合粉，硫酸铜与还原铁粉的重量比 X 满足以下条件：$1:50\leqslant X<4:5$ 或 $4:5<X\leqslant 2:1$；

（3）让铜包铁粉沉降1～20min，去掉上清液，加水洗涤，使其到无酸性为止；

（4）经洗涤后铜包铁粉，利用离心机脱水然后进行干燥还原处理；

（5）对筛分后的铜包铁粉进行防氧化处理。

吴世学[71]利用类似上述方法，重点研究了添加剂对铁粉置换镀铜的影响，利用攀枝花钢铁污泥铁粉制得了包覆效果较好的铜包铁粉。

上述方法存在如下缺陷：

（1）根据铁置换铜的化学反应：$Fe + Cu^{2+} = Fe^{2+} + Cu$，铁置换铜后，反应产生大量的 Fe^{2+} 会留于溶液之中，从而产生大量废水，达不到排放标准。

（2）此方法制备出的铜包铁粉需加一步氢气还原的步骤，否则制得铜包铁粉呈黑色，工艺较为繁琐。

4.5.1 铜包铁粉的制备工艺

4.5.1.1 试验原料

本试验以还原铁粉作为镀铜的基体材料。还原铁粉通常是利用固体或气体还原剂（焦炭、木炭、无烟煤、水煤气、转化天然气、分解氨、氢等）还原铁的氧化物（铁精矿、轧钢铁鳞等）来制取海绵状的铁。表4-45是基体材料的基本参数。

表4-45 基体材料的基本参数

原料粒度	粒径/μm	生产厂家	形　状
300目（0.047mm）	约40	昆明理工恒达有限公司	不规则海绵状

图 4-77 是基体材料的粒度分布图，从图 4-77 中可以看出，原始铁粉粒度分布范围较窄。

粒度特征参数

$D_{(4,3)}$: 32.76 μm； D_{50}: 31.43 μm； $D_{(3,2)}$: 17.17 μm； *S.S.A.*: 0.35 m²/c.c.；
D_{10}: 15.24 μm； D_{25}: 22.28 μm； D_{75}: 42.31 μm； D_{90}: 52.78 μm

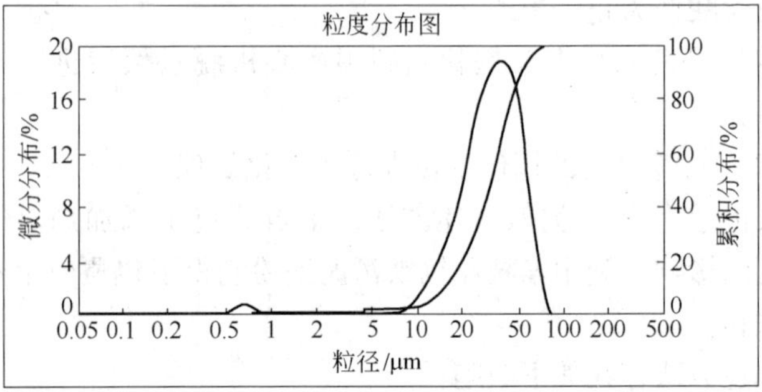

图 4-77 原始铁粉的粒度分布图

图 4-78 是基体材料的表面形貌图，可以看出，原始铁粉呈现出不规则的海绵状，且呈现多孔状，此不规则的形貌是本试验需要克服的一个问题。

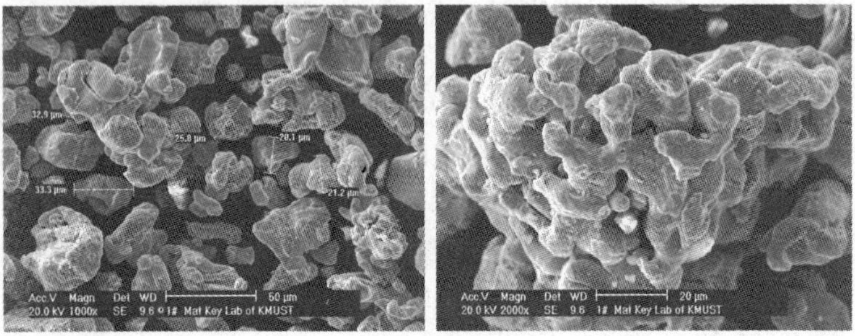

a b

图 4-78 原料铁粉 SEM 图片

a—铁粉形貌图（1000 ×）；b—铁粉形貌图（2000 ×）

本试验的主要试验试剂如表 4-46 所示。

表 4-46 主要试验试剂

试剂名称	标准	生产厂家
五水硫酸铜	AR	上海光铧科技有限公司
盐酸	AR	汕头市达濠区精细化学品有限公司
氢氧化钠	AR	汕头市达濠区精细化学品有限公司
乙二胺	AR	天津市化学试剂一厂
酒石酸钾钠	AR	汕头市达濠区精细化学品有限公司
柠檬酸三钠	AR	汕头市达濠区精细化学品有限公司
硫代硫酸钠	AR	汕头市达濠区精细化学品有限公司
硫脲	AR	汕头市达濠区精细化学品有限公司
甲醛	AR	汕头市达濠区精细化学品有限公司
乙酸钠	AR	国药集团化学试剂有限公司
苯并三氮唑（BTA）	AR	汕头市达濠区精细化学品有限公司
OP—10	AR	广东西陇化工有限公司
无水乙醇	AR	云南新蓝景化学工业有限公司
聚乙二醇 6000	AR	国药集团化学试剂有限公司
PVP	AR	美达精细化工有限责任公司
十二烷基苯磺酸钠	AR	天津市科密欧化学试剂开发公司

4.5.1.2 工艺流程

本试验采用化学镀法在铁粉表面沉积镀铜层。主要制备工序包括：铁的表面前处理工艺、化学镀铜工艺和铜包铁粉的表面改性工艺（或称为后处理工艺）。其制备工艺流程如图 4-79 所示。

需要说明的是铜包铁粉的干燥方式：采用 GZX9146MEB 显微鼓风干燥箱，空气条件，温度为 50℃，时间为 30min。

碱性体系中在还原铁表面进行化学镀铜的镀液组成、操作条件及工艺范围如表 4-47 所示。

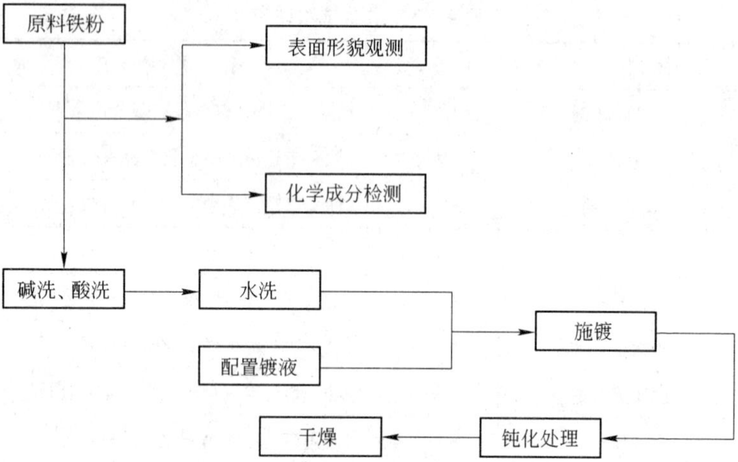

图 4-79　铜包铁粉的制备工艺流程

表 4-47　镀液组成、操作条件及工艺范围

镀液组成和操作条件	工艺范围
还原铁粉	300 ~ 400 目（0.047 ~ 0.038mm）
还原剂甲醛/$mL \cdot L^{-1}$	25
氢氧化钠补加次数	4 ~ 5
$CuSO_3 \cdot 5H_2O$/$g \cdot L^{-1}$	33.3
酒石酸钾钠/$g \cdot L^{-1}$	100
表面活性剂/$g \cdot L^{-1}$	0.03
pH 值	12 ~ 13
镀液温度/℃	45
液固比	30
机械搅拌强度/$r \cdot min^{-1}$	300 ~ 500
抗氧化剂浓度/$g \cdot L^{-1}$	4 ~ 6
铜包铁粉的干燥	空气条件，恒温 50℃，时间 30min

A　前处理工艺

金属基体表面上没有表面污染物和氧化物是形成良好结合力

的首要条件。电镀产品80%以上的质量问题出在前处理工序，化学镀铜前处理工序则更为重要。这是因为电镀过程中工件作为阴极，而电子作为还原剂来还原金属离子获得镀层，可以通过调节阴极的极化度等各项参数来获得与基体结合力好的、能在基体上进行外延生长的初始镀层。而化学镀采用的是化学药品作为还原剂，还原剂在具有催化活性的表面被氧化而放出电子。这种电子无法在催化表面被加速，因而也不具备很高的能量势垒，所以化学镀前处理需要获得比电镀件更为清洁、更具有均匀活性的表面。

化学镀的前处理一般包括除油和除氧化物两个环节。主要除油方式有：有机溶剂除油、碱液除油、电化学除油、乳化剂除油、超声波除油等；主要除氧化物方式有化学酸洗和电化学酸洗，酸洗常采用盐酸、硫酸和硝酸等。本试验采用碱性除油，采用盐酸酸洗除氧化物。

B　镀铜工艺及镀液组成

镀铜工艺是研究重点，配合剂和还原剂是镀铜液最重要的组成部分，能直接决定铁粉表面镀铜的效果，从众多化学试剂中选择合适的配合剂和还原剂是难点之一。在前期工作中对比5种配合剂及3种还原剂对镀铜的影响，确定了基本的镀液组成。

a　配合剂的选择

表4-48是不同配合剂及其对铜粉表面化学镀铜的影响。

表4-48　不同配合剂及其对化学镀铜的影响

配合剂	包覆后粉体的颜色	反应后溶液的颜色
柠檬酸三钠	接近黑色	深绿色
硫代硫酸钠	黑色	深绿色
乙二胺	深灰色	深蓝色
酒石酸钾钠	铜红色	基本无色
EDTA · 2Na	黑红色	深绿色

从表4-48可以看出，以柠檬酸三钠为配合剂，反应时速度

比较慢，铜包铁粉的颜色接近黑色，且反应后剩余溶液为蓝色，说明此体系的反应主要以铁置换铜的反应为主，溶液中因此会生成 Fe^{2+}，使溶液呈现绿色。以硫代硫酸钠为配合剂，反应速率有所加快，但铜包铁粉的颜色仍为黑色，反应后溶液仍呈深绿色，结论同以柠檬酸三钠为配合剂。上述两种配合剂，对 Cu^{2+} 的配合能力不够，换言之，就是与 Cu^{2+} 形成的络离子的稳定常数不大，导致溶液中仍有部分游离的 Cu^{2+}，以至于铁粉一加入镀液之中立即发生铁对铜的置换。以乙二胺为配合剂时，得到的铜包铁粉的颜色暗淡，反应后溶液呈深蓝色，查阅文献资料得知，乙二胺与 Cu^{2+} 的配合物的稳定常数非常大，阻止了还原剂对 Cu^{2+} 的还原作用；以酒石酸钾钠为配合剂时反应速度较快，刚制取的铜包铁粉置于溶液中时色泽光亮呈铜红色或铜黄色；以 EDTA · 2Na 为配合剂时，反应速度很慢，刚制得的铜包铁粉呈黑红色，反应后的溶液呈深绿色。

总之，碱性条件下，以酒石酸钾钠为配合剂在铁粉表面镀铜可以一次性获得颜色较好的铜包铁粉，选择以酒石酸钾钠为配合剂。

b 配合剂的加入方式

方式一：将去离子水、铁粉、配合剂酒石酸钾钠混合后搅拌分散半个小时，而后将已经溶解的 $CuSO_4$ 溶液逐滴加入到上述溶液中。

方式二：将铁粉进行表面处理，并用去离子水洗涤待用，同时将配合剂酒石酸钾钠与 $CuSO_4$ 配合形成稳定的溶液，而后把铁粉逐渐加入含有铜粉的溶液中进行镀铜。

表 4-49 是上述两种加入方式对化学镀铜的影响。

表 4-49 加入方式对化学镀铜的影响

项 目	反应速度	包覆后粉体颜色	反应后溶液颜色
方式一	较快	灰红色	浅绿色
方式二	较慢	铜红色	基本无色

从反应过程看，方式一的镀铜反应速度要快于方式二的，这说明配合剂酒石酸钾钠与铜离子首先配合后降低了溶液中 Cu^{2+} 的浓度，使铜在铜粉表面被还原的速率降低；从铜包铁粉的性能来看，采用方式二镀铜得到的铜包铁粉的颜色较好，说明方式二 Cu^{2+} 被还原得比较彻底。因此，采用方式二进行镀铜。

c 还原剂的选择

化学镀铜中还原剂的作用仅次于配合剂。在确定配合剂及其加入方式后，尝试用甲醛、次磷酸钠和乙醛酸作还原剂，以最终包覆后的颜色和综合的经济效益来比较，得出结论甲醛为还原剂是比较适合的。

d 镀液的组成及镀铜操作方法

在上述实验的基础上确定镀液的基本组成。

镀液组成为：去离子水、还原剂甲醛、配合剂酒石酸钾钠以及 pH 调节剂。体系 pH 值为 12～13，镀铜时，首先将配合剂与酒石酸钾钠充分配合，并调节其 pH 值，再缓慢地将处理好的原料铁粉加入到溶液中，同时搅拌，使其均匀反应。需要说明的是，本实验的特点是采用分段加入氢氧化钠的方法来调节 pH 值的，因为以甲醛为还原剂化学镀铜的时候，镀液体系的 pH 值需在 12 左右，而随着反应 $Cu^{2+} + HCHO + 4OH^- \rightarrow Cu\downarrow + 2HCOO^- + 2H_2O + H_2\uparrow$ 的进行，体系的氢氧化钠在不断地消耗，导致镀液的 pH 值不断下降。采用分段补加的方式以维持镀液体系的 pH 值在合理的范围之内。

C 表面改性工艺

对制备铜包铁粉进行适当的表面改性处理有利于提高其综合性能。铜包铁粉的表面改性工艺主要是对其进行抗氧化的处理。众所周知，大部分常规金属暴露于空气中，随着时间的推移，都会被氧化。本实验所得粉体，具有很大的比表面积，暴露于空气之中更容易被氧化。因此，必须对其进行抗氧化性处理。这里主要研究脱附处理和抗氧化处理对铜包铁粉性能的影响。

a 脱附处理

化学镀铜完成后，制得的铜包铁粉表面会吸附一层杂质，包括铜或铜的氧化物和配合物、有机添加剂等，会对铜包铁粉的性能（如耐氧化能力等）产生不良影响。所谓“脱附”就是采取适当措施去除这些杂质，即采用稀硫酸脱除表面的杂质后用去离子水洗净。

b 抗氧化处理

铜含量低时几乎不可能实现对铁粉表面的完全包覆，而提高含铜量在经济上是不适用的，实际中通常采用表面改性手段来提高铜包铁粉的抗氧化性能。一般是在不影响其性能的情况下，在铜包铁粉的表面吸附沉积一层有机物薄膜，实现粉体表面与环境中腐蚀性介质的适当隔绝。因铜包铁粉表面为铜层，参照铜粉的表面处理工艺，来对铜包铁粉进行表面的抗氧化处理。

抗氧化剂的包覆方式：将钝化剂以去离子水溶解制成一定浓度的溶液，待用。包覆前，首先用一定体积的去离子水清洗铜包铁粉的表面两次，目的是驱除其表面杂质离子，而后用真空泵抽干；包覆时，将钝化剂溶液加入到铜包铁粉中，搅拌至铜包铁粉的表面被溶液均匀浸湿，静置3min左右；最后用真空泵抽干表面溶液并干燥即可。

4.5.2 铜包铁粉的工艺研究

4.5.2.1 前处理工艺的影响

化学镀铜是在金属表面进行的复相化学反应，界面性质对反应有极大的影响。金属铁粉表面的复杂性除了结构上的不完整性外，还有金属表面层内化学组成的变化。固体表面包括了气-固相、液-固相及气-液-固的多相界面，这些界面不是无限薄的，而是一层厚度和化学组成变化的过渡区：首先是覆盖在铁粉表面上的污垢物及其所吸附的气体，接着是氧化物、硫化物层等，然后才可能是金属铜本身的表层。杂质覆盖于铁粉表面，将降低铁粉的催化能力，在现象上表现为反应速度变慢，不易形成均匀的镀层，从而导致铜包铁粉的性能变差。因此，镀铜前必须进行前处理以暴露出具有活性的铁粉的表面。

表4-50是不同前处理工艺对化学镀铜及铜包铁粉性能的影响。

表4-50 不同前处理工艺对化学镀铜及铜包铁粉性能的影响

前处理工艺	反应中粉体颜色变化	铜包铁粉颜色	空气中暴露48h后铜包铁粉的颜色
无前处理	几乎无变化	铁粉颜色	部分被氧化
单碱洗	几乎无变化	铁粉颜色	部分被氧化
单酸洗	变化快	出现铜红色	变化不大
碱洗→酸洗	变化快	铜红色	无变化

从表4-50可以看出，对铁粉采取酸洗→碱洗两步前处理后再进行镀铜，反应速度加快，铜包铁粉的色泽及抗氧化能力均较好，特别是包覆效果良好，从肉眼看来铁粉已被完全包覆。与酸洗前处理法相比，增加一步碱洗处理由于可以更好地去除渗入氧化物中的油污，从而改善镀铜的效果。单酸洗可以去除铁粉表面的氧化物，相对无前处理和单碱洗工艺，此工艺使铁粉包覆后出现铜的颜色。但包覆不是很完全，尚有部分铁粉未被包覆。

4.5.2.2 NaOH量对铁粉镀铜的影响

化学镀铜采用的是以甲醛作为还原剂，由化学镀铜的热力学可知，以甲醛作为还原剂来进行化学镀铜，镀液的pH值必须大于11，甲醛才能起到还原作用。换言之，在碱性的条件下进行化学镀铜，最大特点就是采用分段补加氢氧化钠的方式来维持体系的pH值基本控制在合理的范围内。补加的标志为反应的时候溶液内基本已无气泡产生，这表明此时溶液中的氢氧化钠的消耗比较大，而使甲醛的还原能力有所下降。具体补加条件为，初始加入量: 补加量 =2∶1。表4-51是不同NaOH量对铁粉镀铜及铜包铁粉性能的影响。可见氢氧化钠的量对铜包铁粉性能的影响较大，对反应速度影响也较大，当 NaOH 的量为 20g/L 时反应速度慢，随着 NaOH 量的增加，反应速度逐渐加快，因为甲醛的还原能力是随着 pH 值的增加而增强的。关于包覆后粉体颜色评分的标准为：包覆后粉体颜色好的给 1 分，即颜色与铜的颜色最接近；一般的给 0.5 分；差的给 0 分。评分结果如表 4-51 所示，可见当 NaOH 的量为 20g/L 时，包覆后粉体颜色较差，且反应后溶液仍有一定的蓝色（铜离子颜色），分析原因为 NaOH 的量不够，导致反应后期 pH 值降低而使甲醛失去还原能力；NaOH 的量为 26g/L 镀层颜色达到最佳，并且反应后剩余溶液基本无色。超过此量时，镀层质量又开始下降，当 NaOH 的量分别为 29g/L、32g/L 时得到包覆后粉体颜色呈深红色。

表 4-51　NaOH 量对铁粉镀铜及铜包铁粉性能的影响

c（NaOH）/g · L^{-1}	反应速度	包覆后粉体颜色评分
20	慢	0.35
23	较慢	0.45
26	较快	0.75
29	快	0.50
32	很快	0.45

图 4-80 是不同 NaOH 量对包覆后粉体松装密度的影响。随着 NaOH 的量的增加，包覆后得到的铜包铁粉的松装密度先增加后下降。NaOH 的量为 20g/L 时，包覆后得到的铜包铁粉的松装密度为 2.69g/m^3，比原料铁粉的松装密度略有增加（原料铁粉松装密度为 2.67g/m^3），NaOH 的量为 26g/L 时，得到的铜包铁粉松装密度达到最大，再增加 NaOH 的量反而使铜包铁粉的松装密度下降。从反应看，当 NaOH 的量少时，镀液体系的 pH 值较低，溶液中的 Cu^{2+} 离子被还原得不充分，导致铜未能完全沉积在铁粉表面。而当 NaOH 过量时，此时溶液的 pH 值过高，导致铜离子在铁粉表面迅速沉积，得到的粉体颜色较深，得到的铜包

铁粉无论从色泽还是松装密度都降低。化学镀铜时，NaOH 的量对最终的产品影响非常大，故在实际操作中要严格控制，本体系的 NaOH 的浓度为 26g/L 时镀铜效果较好。

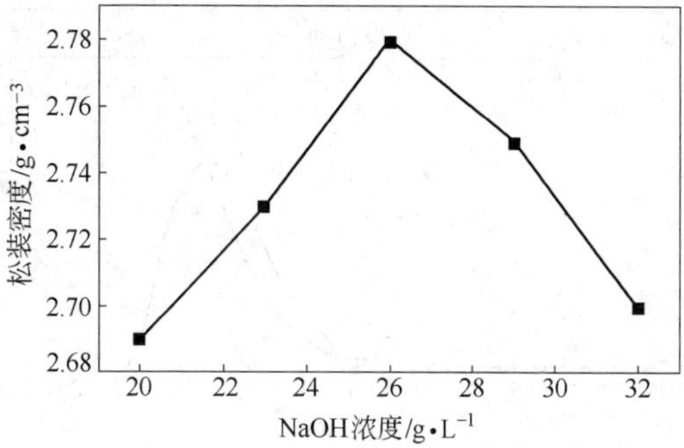

图 4-80 不同 NaOH 量对包覆后粉体松装密度的影响

图 4-81a、图 4-81b、图 4-81c 分别是 NaOH 量为 20g/L、26g/L、32g/L 时得到铜包铁粉的粒度分布图。可以看出，当 NaOH 量少时，得到的铜包铁粉的粒度比原始铁粉稍有增加，而当 NaOH 过量时，得到的铜包铁粉的粒度急剧增加，推测原因为由反应速度过快导致铜晶粒沉积过快所致。

粒度特征参数

$D_{(4,3)}$:32.42μm；D_{50}:30.62 μm；$D_{(3,2)}$: 6.74μm；*S.S.A.*: 0.89m^2/c.c.；
D_{10}:12.05μm；D_{25}:19.90 μm；D_{75}: 43.72μm；D_{90}:55.79 μm

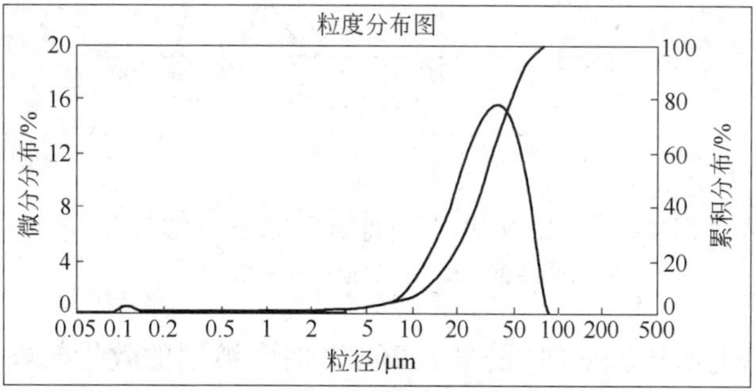

a

粒度特征参数

$D_{(4,3)}$：30.89 μm；D_{50}：27.70 μm；$D_{(3,2)}$：4.19 μm；*S.S.A.*：1.43 m²/c.c.；
D_{10}：9.46 μm；D_{25}：16.63 μm；D_{75}：42.40 μm；D_{90}：57.25 μm

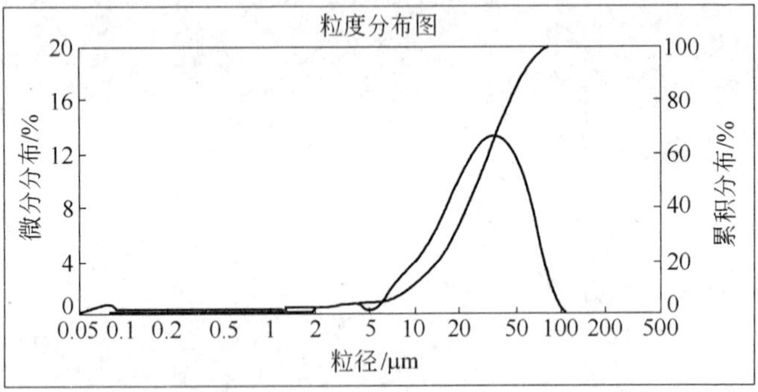

b

粒度特征参数

$D_{(4,3)}$：39.99 μm；D_{50}：37.34 μm；$D_{(3,2)}$：31.67 μm；*S.S.A.*：0.19 m²/c.c.；
D_{10}：19.73 μm；D_{25}：27.06 μm；D_{75}：50.46 μm；D_{90}：64.83 μm

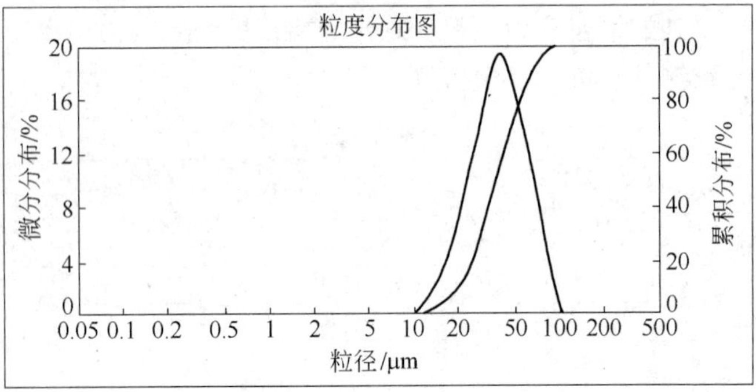

c

图 4-81 不同 NaOH 量时得到铜包铁粉的粒度分布图

a—20g/L；b—26g/L；c—32g/L

综上所述，NaOH 的量为 26g/L 时，镀铜的效果较好。在铁粉的化学还原镀铜过程中，由于体系的 pH 值会随着反应的进行而不断发生变化，因而采取分段补加 NaOH 的方式，来最大程度上消除 pH 值变化对铁粉表面镀铜的影响。实际效果表明，此方法比较有效，最终得到了包覆比较理想的铜包铁粉。

4.5.2.3 还原剂浓度对化学镀铜的影响

还原剂甲醛浓度（以 c（HCHO）表示）在 20 ~ 35mL/L 变化时对铁粉镀铜及铜包铁粉性能的影响如表 4-52 表示。从表 4-52 可以看出，还原剂甲醛浓度变化对反应速度影响较大，随着甲醛浓度的增加，反应速度越来越快。而在实际的铁粉镀铜过程中，也并非反应速度越快越好。当甲醛浓度为 25mL/L 时，得到的铜包铁粉的颜色最好。通过方程式 $Cu^{2+} + HCHO + 4OH^- \rightarrow Cu + 2HCOO^- + 2H_2O + H_2\uparrow$ 计算得出理论的甲醛浓度约为 23mL/L，说明还原剂甲醛的量只要比理论值高，以弥补化学还原反应中的损失，即可得到理想的镀铜效果，若其量过大，反而会对镀层的颜色产生负面影响。

表 4-52 甲醛浓度对铁粉镀铜及铜包铁粉性能的影响

c（HCHO）/mL·L^{-1}	反应速度	镀铜铁粉颜色评分
20	慢 ↓ 快	0.45
25		0.80
28		0.70
31		0.65
35		0.70

图 4-82 是还原剂甲醛浓度对铜包铁粉松装密度的影响。甲醛浓度增大，铜包铁粉的松装密度先增大后减小，浓度达到 28mL/L 时松装密度突然减小。由于还原剂浓度增大使反应速度加快，一方面铜粒子在铁粉表面的生长速度远大于成核速率，不规则生长增多，晶粒粗大导致镀层疏松；另一方面，还原剂浓度

太大也易导致铜离子在镀液中直接被还原而不能沉积在铁粉表面，导致铜包铁粉的表面铜含量降低。

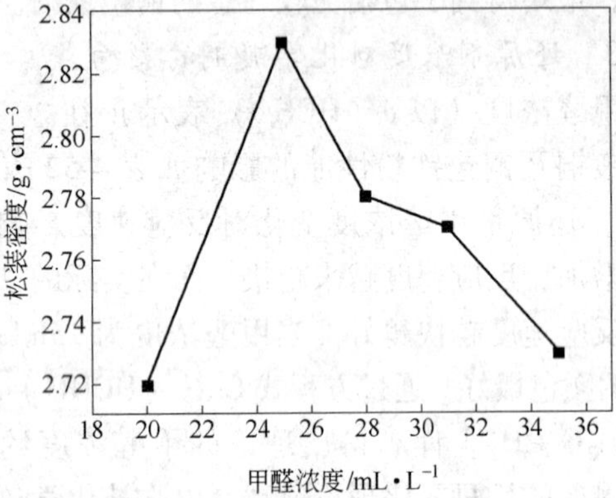

图 4-82 还原剂甲醛浓度对铜包铁粉松装密度的影响

图 4-83 分别是甲醛浓度为 20mL/L、25mL/L、35mL/L 时得到铜包铁粉的粒度分布图。可以看出，当甲醛浓度较小时，得到的铜包铁粉的粒度比原始铁粉稍有增大，而当 NaOH 过量时，得到的铜包铁粉的粒度增大较大。

粒度特征参数

$D_{(4,3)}$: 36.02μm; D_{50}: 34.95μm; $D_{(3,2)}$: 19.28μm; *S.S.A.*: 0.31m²/c.c.; D_{10}: 16.46μm; D_{25}: 24.37μm; D_{75}: 46.98μm; D_{90}: 57.43μm

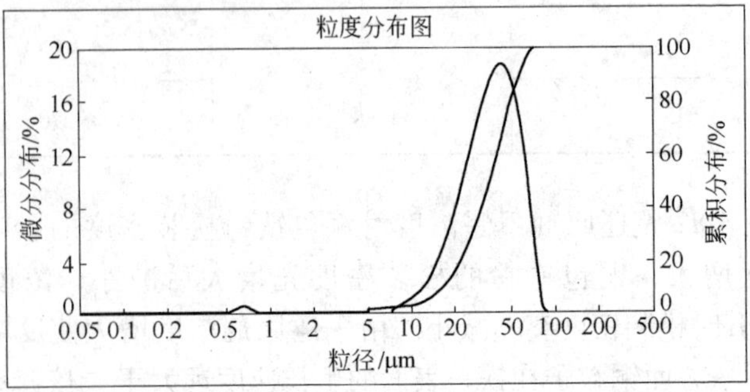

a

粒度特征参数

$D_{(4,3)}$:30.89μm；D_{50}:27.70μm；$D_{(3,2)}$: 4.19μm；*S.S.A.*:1.43m²/c.c.；
D_{10} : 9.46μm；D_{25}:16.63μm；D_{75}: 42.40μm；D_{90} : 57.25μm

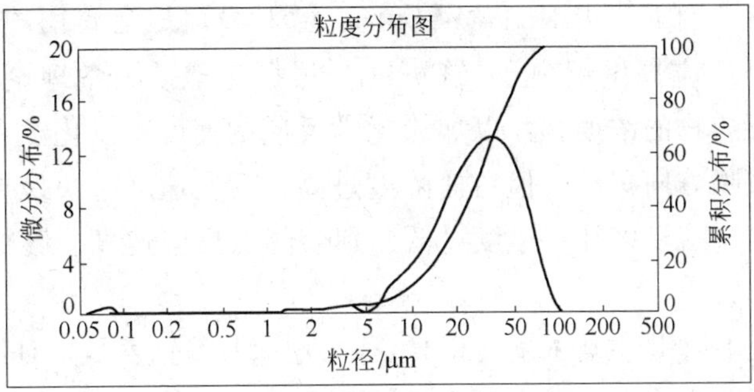

b

粒度特征参数

$D_{(4,3)}$:40.17μm；D_{50}:38.31μm；$D_{(3,2)}$: 9.23μm；*S.S.A.*:0.65m²/c.c.；
D_{10} : 19.18μm；D_{25}:27.38μm；D_{75}: 51.59μm；D_{90} : 64.75μm

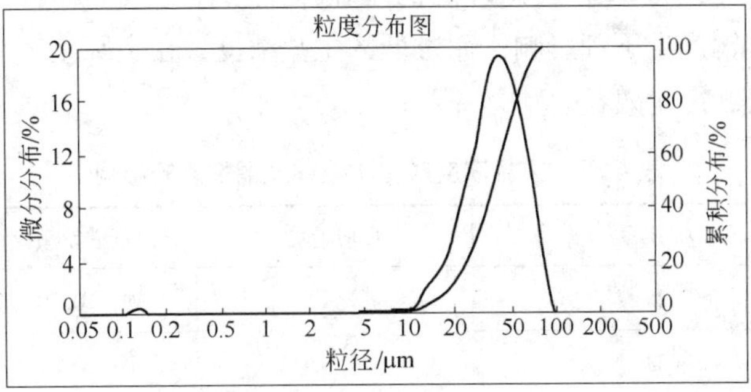

c

图 4-83 不同甲醛浓度时得到铜包铁粉的粒度分布图

a—20mL/L；b—25mL/L；c—35mL/L

综上所述，还原剂甲醛的浓度为 25mL/L 时，铜包铁的松装密度、包覆后的颜色和粒度分布均较好。甲醛在镀铜过程中除了作为还原剂还会吸附在铁粉表面改善铁粉表面的亲水能力，使铁粉表面的表面能分布更加均匀，从而提高镀层的均匀性和连续性。

4.5.2.4 主盐浓度对化学镀铜的影响

在镀铜工艺中，主盐（$CuSO_4 \cdot 5H_2O$）是金属铜的来源，为整个反应提供铜离子（Cu^{2+}）。根据化学动力学理论可知，提高反应物的浓度，可以加快化学反应的速度，使化学平衡沿着生成物方向移动。但主盐浓度过高，反应速度过快易导致镀层粗糙、疏松多孔；浓度过低，则会降低反应速度，影响生产效率。

表4-53是主盐浓度（以c（$CuSO_4 \cdot 5H_2O$）表示）对化学镀铜及铜性能的影响。从表4-53可以看出，主盐浓度增加，反应速率提高，铜包铁粉的颜色变化不是很大，只有在$CuSO_4 \cdot 5H_2O$为50g/L时得到铜包铁粉颜色较深。对于铜含量一定的铜包铁粉，主盐的浓度的变化同时也影响着液固比的变化，本实验采取的液固比约为30。因此过高的主盐浓度会改变液固比，从而对化学镀铜产生不利影响；而过低的主盐浓度，在实际生产中的效率较低，影响效益。

表4-53 主盐浓度对化学镀铜及铜性能的影响

c（$CuSO_4 \cdot 5H_2O$）/$g \cdot L^{-1}$	反应速度	镀铜铁粉颜色评分
25	慢	0.70
33	↓	0.80
40	↓	0.75
45	↓	0.75
50	快	0.60

图4-84是主盐浓度对化学镀铜及铜包铁粉松装密度的影响。随着主盐浓度的增大，铜包铁粉的松装密度变小。

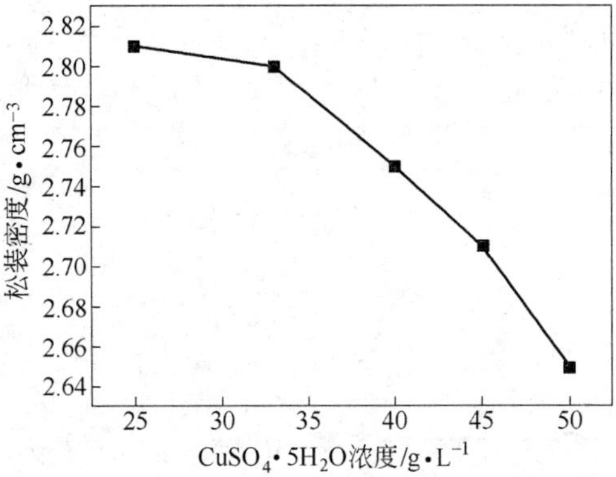

图 4-84　主盐浓度对铜包铁粉松装密度的影响

图 4-85 是主盐浓度对化学镀铜及铜包铁粉粒度分布的影响。随着主盐浓度的增大，从粒度分布图来看，铜包铁粉的粒度也逐渐增大。因为高的主盐浓度，必导致化学反应的加速进行，使铜的晶粒变大，进而影响铜包铁粉的粒度变大。

综合考虑铜包铁粉松装密度、色泽以及生产效率等因素，主盐加入量控制在 33g/L 左右比较合适。

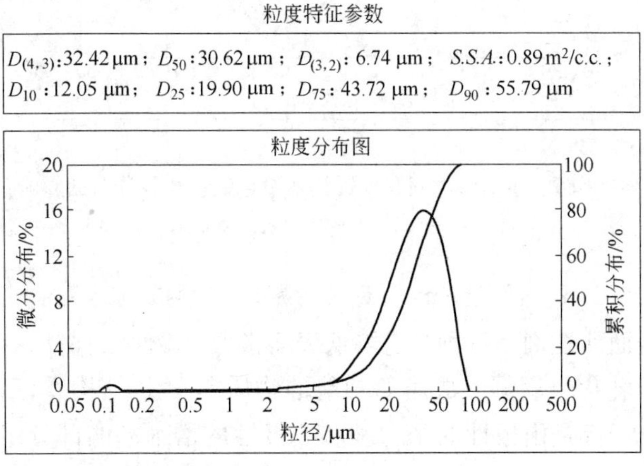

a

粒度特征参数

$D_{(4,3)}$: 31.89 μm; D_{50}: 29.03 μm; $D_{(3,2)}$: 5.97 μm; *S.S.A.*: 1.00 m²/c.c.;
D_{10}: 10.18 μm; D_{25}: 17.63 μm; D_{75}: 43.84 μm; D_{90}: 58.13 μm

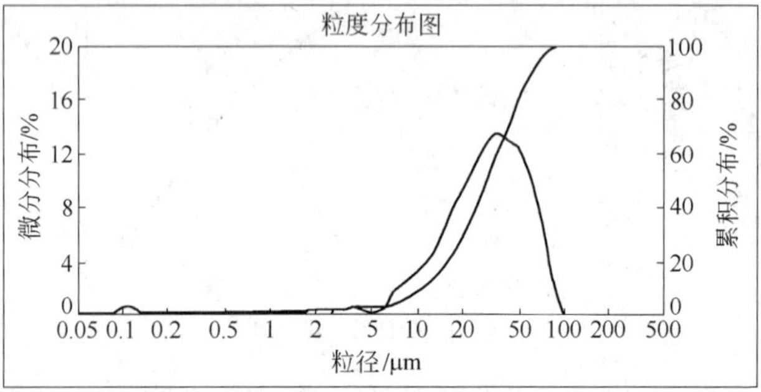

b

粒度特征参数

$D_{(4,3)}$: 37.22 μm; D_{50}: 34.76 μm; $D_{(3,2)}$: 17.92 μm; *S.S.A.*: 0.33 m²/c.c.;
D_{10}: 16.62 μm; D_{25}: 24.60 μm; D_{75}: 47.91 μm; D_{90}: 62.43 μm

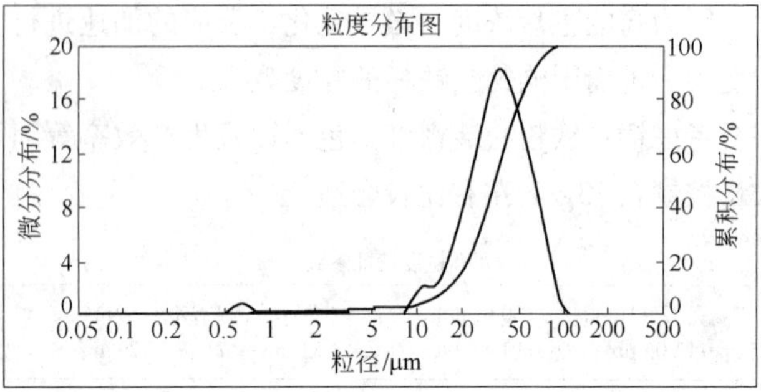

c

图 4-85　主盐浓度对化学镀铜及铜包铁粉粒度分布的影响

a—25g/L；b—40g/L；c—50g/L

4.5.2.5　镀液中的表面活性剂对化学镀铜的影响

表面活性剂是一种具有降低表面张力，减小表面能，能对溶液进行乳化、润湿、成膜等功能的物质[81]。从结构看，表面活性剂分子都是由极性的亲水基和非极性的憎水基两部分组成的。按照亲水基团的结构来分类，表面活性剂通常分为离子型和非离子型。离子型表面活性剂在水中电离，形成带阳电荷或带阴电荷的憎水基，分别称为阳离子和阴离子表面活性剂；在一个分子中同时存在阳离子基团和阴离子基团的称为两性表面活性剂。非离子型表面活性剂在水中不电离，呈电中性。此外，还有一些特殊类型的表面活性剂[82]。

目前，解决粉体的分散问题的方法主要有：机械搅拌、空气搅拌、超声波分散和添加表面活性剂化学分散法[83]。由于铁粉的密度大、沉降快，采用空气或超声波搅拌都很难达到需要的搅拌强度，机械搅拌具有强度大、成本低的优点。本实验中采用机械搅拌时由于铁粉表面润湿不均匀，得到的铜包铁粉中经常含有少量铁粉，影响了铜包铁粉的整体性能。

在水介质中，表面活性剂一方面可以改善固体颗粒的润湿性和颗粒表面电荷，阻止颗粒再团聚，提高粒子在液体中的分散稳定性[84,85]；另一方面，表面活性剂在化学镀技术中具有重要作用：（1）调节沉积速度，改善镀层的光亮度和镀层性能，拓宽化学镀液的 pH 值和温度范围等；（2）对化学镀中析出的金属粒子进行分散，提高镀件表面的平滑和光滑度；（3）降低表面张力有利于对镀件的润湿。化学镀技术中利用表面活性剂来控制镀层表面形貌的研究已经有很多，不同的表面活性剂的配位能力和分子结构不同，在溶液中能形成不同的配合物和空间位阻，它通过调剂分子在溶液中的扩散、吸附及成核和生长，从而改变晶面上的原子密度，进而控制镀层形貌。但是表面活性剂选择不正确或者加入量不合适也会产生负面影响，如：降低沉积速度、抗氧化性、镀层粗糙等，从而使镀层的性能大大降低。表 4-54 是所选用的表面活性剂及其类别。

表 4-54 表面活性剂及其类别

表面活性剂	类别
聚氧乙烯仲辛酚醚-10（OP-10） 英文名：emulsifier OP-10	非离子型

续表 4-54

表面活性剂	类别
聚乙二醇 6000（PEG 6000） 英文名：polyethylene glycol 6000	阴离子型
聚乙烯基吡咯烷酮（PVP） 英文名：polyvinylpyrrolidone	阴离子型
十二烷基苯磺酸钠（SDBS） 英文名：sodium dodecyl benzene sulfonate	阴离子型

本试验分别研究了上述四种表面活性剂不同浓度时对酒石酸体系下化学镀铜及铜包铁粉性能的影响。表面活性剂的选择除了考虑其对铜包铁粉性能的影响外，还要考虑化学沉积过程对其的敏感程度，如某些表面活性剂的浓度变化很小就会导致铜包铁粉的性能发生很大的波动，这对稳定控制铜包铁粉的性能是很不利的。

A　OP-10 对化学镀铜的影响

表 4-55 是 OP-10 浓度对化学镀铜及铜包铁粉颜色的影响。OP-10 的分散能力较强，OP-10 浓度增大，铁粉镀铜反应速度减慢，铜包铁粉颜色受 OP-10 浓度影响不大。

表 4-55　OP-10 浓度对化学镀铜及铜包铁粉颜色的影响

c（OP-10）/g · L^{-1}	0.005	0.010	0.030	0.050	0.100	0.250
铜包铁粉颜色	铜红色	铜红色	铜红色	铜红色	铜红色	铜红色
铁粉镀铜反应速度	快	快	较快	较快	较快	较慢

图 4-86 是 OP-10 浓度对铜包铁粉松装密度的影响。OP-10 浓度增大，得到铜包铁粉的松装密度呈下降趋势，尤其是在前三种浓度较小时，其松装密度波动不大。

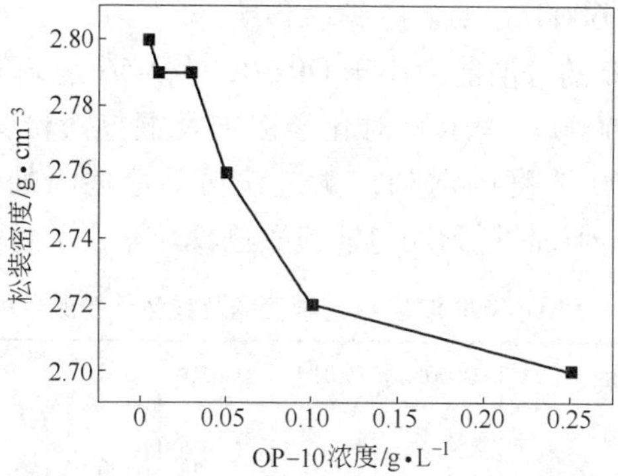

图 4-86 OP-10 浓度对铜包铁粉松装密度的影响

图 4-87 是 OP-10 浓度对铜包铁粉粒度的影响。图 4-87 是通过不同 OP-10 浓度时得到铜包铁粉的粒度分布图得到的，旨在比较不同 OP-10 浓度对包覆后粉体粒度的变化。图 4-87 可以看出，当 OP-10 的浓度低时，得到铜包铁粉粒度变化较小，随着其浓度的增大，其粒度变化也开始剧烈。本实验选择的 OP-10 浓度不宜太高。综合对比不同 OP-10 浓度对铜包铁粉颜色、松装密度、粒度尺寸和化学镀反应速度的影响，OP-10 的浓度在 0.03g/L 时比较合适。

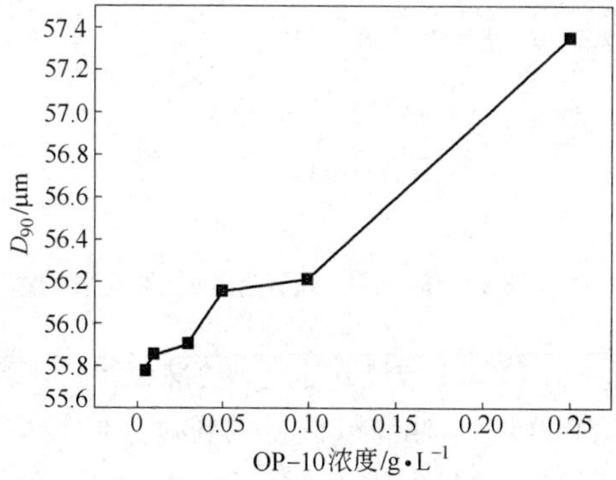

图 4-87 OP-10 浓度对铜包铁粉粒度的影响

B　PEG 6000 对化学镀铜的影响

PEG 6000 的分散能力小于 OP-10，表 4-56 是 PEG 6000 浓度（以 c（PEG 6000）表示）对化学镀铜及铜包铁粉颜色的影响。随着 PEG 6000 浓度的增加，铜包铁粉颜色逐渐加深。浓度为 0.030 ~ 0.050g/L 时得到铜包铁粉颜色较好。

表 4-56　PEG 6000 浓度对化学镀铜及铜包铁粉颜色的影响

c（PEG 6000）/g·L^{-1}	0.005	0.010	0.030	0.050	0.100	0.250
铜包铁粉颜色	淡红色发黑	淡红色发灰	浅红色	深红色	深红色	深红发黑
铁粉镀铜反应速度	快	快	较快	较快	较慢	慢

图 4-88 是 PEG 6000 浓度对铜包铁粉松装密度的影响。在 PEG 6000 浓度为 0.05g/L 时得到铜包铁粉松装密度最大。超过此量时，松装密度会下降。

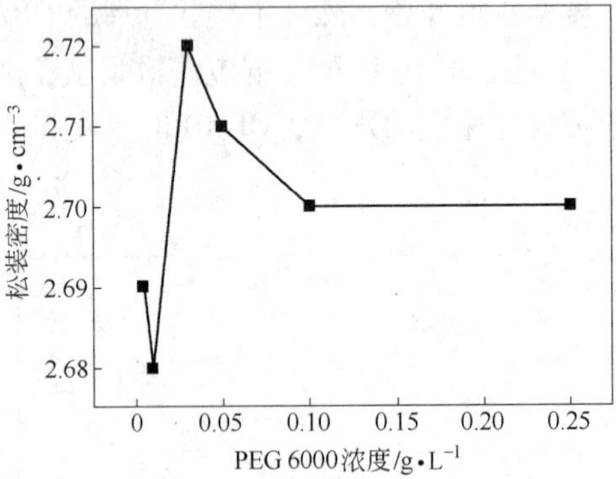

图 4-88　PEG 6000 浓度对铜包铁粉松装密度的影响

图 4-89 是 PEG 6000 浓度对铜包铁粉粒度的影响。图 4-89 可以看出，PEG 6000 浓度对铜包铁粉的粒度影响较大，当其量为 0.25g/L 时得到铜包铁粉的 D_{90} 为 63.20μm。PEG 6000 浓度小时得到铜包铁粉粒度变化较小。

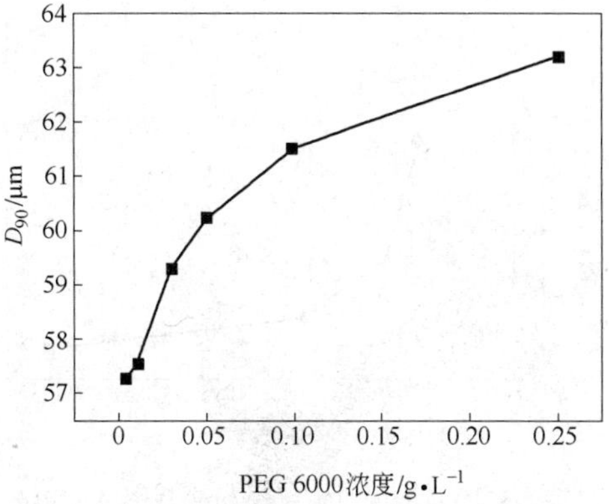

图 4-89 PEG 6000 浓度对铜包铁粉粒度的影响

C PVP 对化学镀铜的影响

表 4-57 是 PVP 浓度对化学镀铜及铜包铁粉颜色的影响。实验中发现 PVP 浓度对化学镀铜反应的速度影响非常大，只要其浓度稍高，就会严重降低甚至使化学镀铜反应完全停止。

表 4-57 PVP 浓度对化学镀铜及铜包铁粉颜色的影响

c（PVP）/g · L^{-1}	0.005	0.010	0.030	0.050	0.100	0.250
反应速度	快	较快	较慢	慢	慢	慢
铜包铁粉颜色	淡红色	淡红色	淡红色	淡红色发黑	淡红色发黑	黑色

图 4-90 是 PVP 浓度对铜包铁粉松装密度的影响。从图 4-90 中可以看出随着 PVP 浓度的增加，铜包铁粉的松装密度呈下降趋势，当 PVP 浓度为 0.25g/L 时，化学镀铜反应基本停止，最后得到粉体的松装密度与原始铁粉的松装密度相当。由于 PVP 浓度大时，虽镀铜反应影响严重，没有考察铜包铁粉粒度的变化情况。

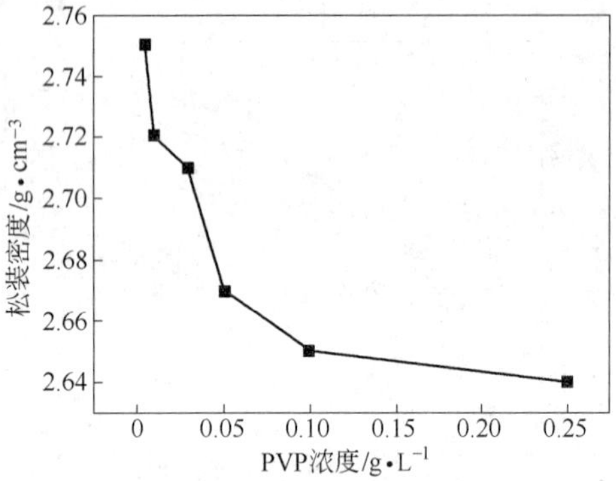

图 4-90　PVP 浓度对铜包铁粉松装密度的影响

D　SDBS 对化学镀铜的影响

从反应来看，SDBS 浓度不太高时能明显改善铁粉的分散效果。铜包铁粉呈红色且随着 SDBS 浓度增大而变深。同时，SDBS 会加速铜粒子在溶液中的自催化反应，SDBS 浓度增大，溶液中的游离态单质铜明显增加。SDBS 浓度达到 0.75g/L 时，反应速度明显减慢，铜粉表面呈紫色且发生团聚。可能是 SDBS 浓度增大毒化了镀液，使其发生分解。表 4-58 是 SDBS 浓度（以 *c*(SDBS) 表示）对化学镀铜及铜包铁粉颜色的影响。

表 4-58　SDBS 浓度对化学镀铜及铜包铁粉颜色的影响

c（SDBS）/g · L^{-1}	0.005	0.010	0.030	0.050	0.075	0.750
反应速度	快	快	较快	较快	慢	慢
铜包铁粉颜色	红色	红色	红色带紫	红色带紫	深红色	紫黑色

图 4-91 是 SDBS 浓度对铜包铁粉松装密度的影响。可以看出，SDBS 浓度增大，铜包铁粉的松装密度变化较大，即松装密度对 SDBS 浓度的变化都很敏感。SDBS 浓度为 0.005～0.1g/L 时铜包铁粉的松装密度变化量较小；浓度为 0.75g/L 时，松装密度降至 2.63g/m^3，小于原始铁粉的松装密度，说明此时化学还原

镀铜完全停止。松装密度减小，推测原因为由铁粉前处理的酸洗及碱洗所导致。

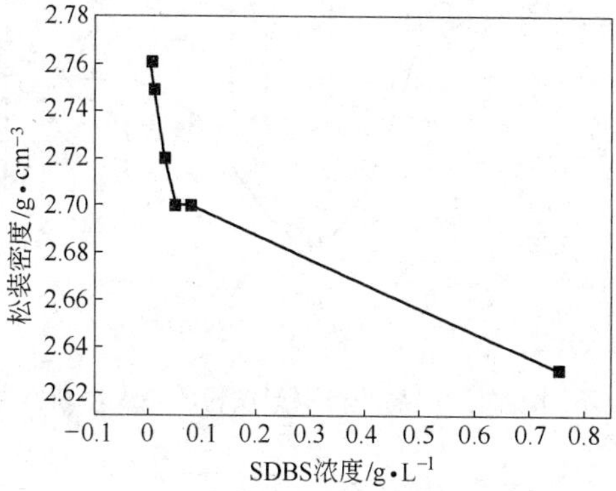

图 4-91 SDBS 浓度对铜包铁粉松装密度的影响

E 使用不同表面活性剂时铜包铁粉性能的综合对比

a 颜色

表 4-59 是不同表面活性剂镀铜时得到的铜包铁粉的颜色。可以看出，从铜包铁粉的颜色以及颜色的稳定性方面，OP-10、SDBS 作表面活性剂较好。

表 4-59 使用不同表面活性剂时铜包铁粉的颜色

表面活性剂	OP-10	PEG 6000	PVP	SDBS
铜包铁粉颜色	铜红色	浅红色	淡红色	红色

b 松装密度

图 4-92 为不同表面活性剂所得铜包铁粉的最大松装密度图。从图中可以看出以 OP-10 所得铜包铁粉的松装密度最大。

c 粒度分布

以 OP-10 和 PEG 6000 为表面活性剂，当其浓度较低时得到铜包铁粉的粒度较原始铁粉变化不大，但 PEG 6000 会使铜包铁粉的粒度较原始铁粉增大许多。而以 PVP 和 SDBS 为表面活性剂时，其粒度变化较大，尤其是当两者量较大时，均会抑制化学镀

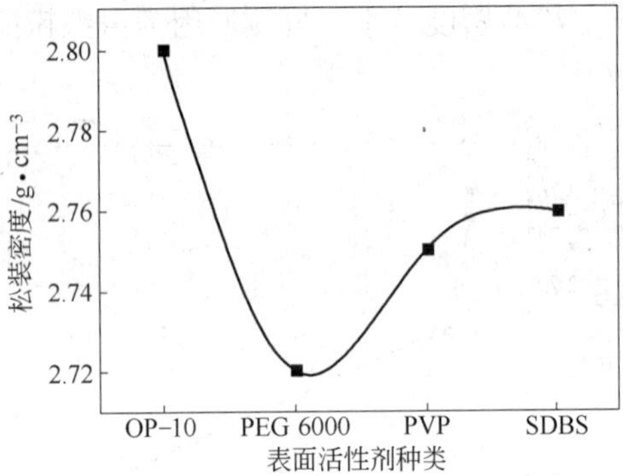

图 4-92　不同表面活性剂所得铜包铁粉的最大松装密度对比图

铜反应的进行。

因此，综合对比铜包铁粉的颜色、松装密度、粒度的性能以及其稳定程度等因素，OP-10 的加入对于改善并稳定铜包铁粉的质量有一定的帮助，特别是其对粒度的变化影响较小，OP-10 的较佳浓度为 0.03g/L。

4.5.2.6　温度对化学镀铜的影响

表 4-60 是镀液温度（以 T 表示）对化学镀铜及铜包铁粉性能的影响。在室温下进行化学镀铜（25℃）时，此体系的还原反应基本不进行，最后得到的粉体并无铜红色出现，基本与铁粉颜色无异。随着温度的升高，反应逐渐加快，当镀液温度超过 50℃后，铁粉的化学镀铜反应在 5min 内就完成，但得到铜包铁粉的色泽开始下降，变得暗淡。

表 4-60　镀液温度对化学镀铜及铜包铁粉性能的影响

温度/℃	铜包铁粉色泽评分	反应速度
25	0	基本不反应
35	0.35	反应很慢
45	0.80	反应较快
50	0.80	反应快
55	0.70	反应很快

图4-93是镀液温度对铜包铁粉松装密度的影响。随着施镀温度的升高，铜包铁粉的松装密度先变大后减小，温度为45～50℃时得到粉体色泽好。这是由于温度可以提供能量，当镀液的温度升高时，镀液中粒子运动的速度加快，粒子冲击和碰撞镀件表面的速度加快，对镀件表面的冲刷作用增强，从而使镀件表面催化活性点的数目增加，加快金属离子的沉积速度。这时晶粒在横向和轴向的生长比较均衡，松装密度变化比较小。镀液温度继续升高，粒子的运动速度进一步加快，当粒子速度达到某一极限值时，由于粒子碰撞时的反射作用，粒子在镀件金属表面停留时间会随着粒子运动速度的加快而缩短，不利于金属铜粒子的沉积，且已经吸附在铜粉表面的铜粒子容易从基体表面脱落，从而形成游离的金属铜碎片；另外，温度升高，晶粒在轴向的生长加速，易生成疏松的镀层从而导致铜包铁粉的松装密度变小。

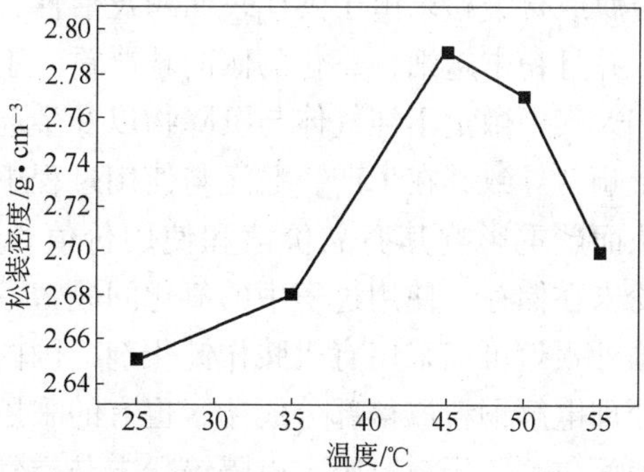

图4-93 镀液温度对铜包铁粉松装密度的影响

4.5.2.7 机械搅拌强度对化学镀铜的影响

与电镀情况不同，化学镀无需外加电源来驱使金属离子或配合离子向基体表面迁移。在化学镀过程中，金属离子向基体表面的迁移是借助浓度梯度进行扩散或镀液搅拌引起的对流，而且由于主盐与还原剂都是分开加入的，两者混合均匀需要一定的时间。而机械搅拌的强度会影响到铁粉表面的镀铜效果。本实验在其他条件一定的情况下对比低速搅拌（100～150r/min）、中速搅拌（300～500r/min）和高速搅拌（800～1000r/min）对镀铜的影响。低速搅拌的情况下，由于主盐的传质和吸附趋向于停滞或来不及扩散导致铜离子在局部发生还原沉积，得到的铜包铁粉颜色较其他的偏灰；中速搅拌时，铜包铁粉的导电性能得到改善，铜包铁粉为铜红色；高速搅拌时，铜包铁粉的颜色偏深。搅拌过度，离子、添加剂等在铜粉表面发生撞击反射，使吸附和分布都受到影响，因而影响了镀铜的效果。实际操作中应该根据还原剂、主盐、分散剂的浓度，主盐的加入速度、还原剂的还原能力、液固比及反应器的形状等来确定搅拌的速度，并不是搅拌强度越大越好。因此，本实验采用中度搅拌（300～500r/min）较好。

4.5.3 铜包铁粉末后期钝化处理

通常，金属或合金粉末由于其比表面积及活性大，因而极易吸潮、氧化，并且粉末越细，氧化的倾向越严重。不可避免的高温高湿环境，大气中微量不纯气体与沉降物以及生产过程中有关工艺条件的影响，导致其在生产、贮运与使用过程中必然产生变色与腐蚀，从而严重影响其商品价值和使用价值[86]。因此，如何解决金属粉末在储存、使用过程中的氧化问题，一直是尚未解决的问题。国外报道可以采用有机胺作钝化剂，国内有些厂家采用钾肥皂水处理电解铜粉取得部分成功，也有的采用树脂作包覆剂，在粉末表面包覆一层树脂膜，以隔绝粉末与空气的接触，从而达到抗氧化的效果。但这些均需增加工艺，且工艺过程不易控制，钝化效果受多种因素影响难以保持一致。对铜包铁粉进行钝化处理，加强其表面防变色腐蚀的研究具有十分重要的意义。苯并三氮唑（BTA）是铜的特效缓蚀剂，它属于有机杂环类化合物，具有在金属表面上强烈吸附配合的性质，而且本身分子集团较大，这样很容易在金属表面形成致密的具有保护作用的膜，起到缓蚀剂的作用。但 BTA 的溶解性很差，且溶解速度缓慢，价格较贵，在实际应用中极为不便。另外，有研究指出：BTA 单一处理时，易受水质和干燥条件的影响而出现膜层泛黄、花斑和流痕等缺陷，并且经过 BTA 单一预处理后的钝化膜在有氧化性的酸性介质中对铜基底防护效果较差[87]。因此，加强 BTA 缓蚀协同效应的研究，在此基础上，以 BTA 为主要组分研究高效复配钝化剂是很有必要的。因而有必要对钝化剂的选择、处理工艺做深入探讨。

4.5.3.1 试验方案与评价方法

在常用的铜材及合金的钝化剂的基础上选取两种有机添加剂的复合配方来探索 BTA 系的复配钝化剂在铜包铁粉防钝化变色处理中的钝化效果和钝化机理。表 4-61 为三种钝化剂配方及工艺条件。

表 4-61 三种钝化剂配方及工艺条件

实验编号	$c(\mathrm{BTA})/\mathrm{g}\cdot\mathrm{L}^{-1}$	$c(\mathrm{PVP})/\mathrm{g}\cdot\mathrm{L}^{-1}$	$c(\mathrm{OP\text{-}10})/\mathrm{g}\cdot\mathrm{L}^{-1}$	工艺条件
1	6			50～55℃，3min
2	6	4		50～55℃，3min
3	6		2	50～55℃，3min

注：空白处表示未添加该成分的对比实验。

试剂采用去离子水配制，以消除水质对钝化效果的影响。采用外观质量评价，分别采用大气腐蚀实验、酸腐蚀实验以及碱腐蚀实验。实验条件均在室温条件下进行。

大气腐蚀实验：实验点位于实验台上，每隔一个月观察颜色变化及增重情况。

酸腐蚀实验：由于有机钝化膜的抗浓酸能力差，测量时间很短，导致实验所得数据不准确，故采用 1∶20 的稀硫酸进行。

碱腐蚀实验：采用氨水滴定实验，滴氨后观察铜包铁粉被腐蚀情况，比较不同钝化剂处理后的铜包铁粉滴氨后变色情况。

4.5.3.2 钝化结果与讨论

铜包铁粉末在常温常湿条件的几种检测试验中表现出来的钝化效果综合评价如表 4-62 所示。表中以 BTA 单一处理钝化效果为基准，在一种检测试验中防护效果好于 BTA 单一体系处理的用“▲▲▲”表示，比 BTA 单一处理片防护能力差的用“▲”表示，与其相当的用“▲▲”表示。

表 4-62　钝化剂的钝化效果的综合评价

实验编号	大气腐蚀实验	酸腐蚀实验	碱腐蚀实验
1	▲	▲	▲
2	▲▲▲	▲▲▲	▲▲▲
3	▲▲▲	▲	▲▲▲

从表 4-62 可以得出，BTA 复配体系处理后的防护效果好于 BTA 单一体系，综合可得用 BTA-PVP 复配处理的样品 2 具有良好的耐蚀效果。同时，1-3 样品的大气腐蚀试验氧化增重如图 4-94 所示，由图 4-94 可知，样品 2 的氧化增重趋势均小于其他样品，说明在大气环境中经 BTA-PVP 钝化后的铜包铁粉具有良好的耐蚀性，这与表中的结果吻合。

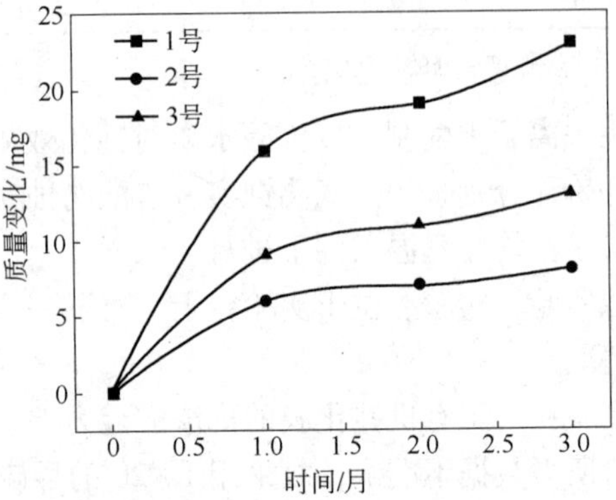

图 4-94　钝化剂耐蚀曲线

实验中发现 PVP 的量在 4g/L 为最佳量，为了进一步确定最佳的钝化剂配方的用量，又做了 4 组配方，如表 4-63 所示，其耐蚀曲线如图 4-95 所示。

表 4-63 钝化剂配方及工艺

实验编号	c（BTA）/g·L^{-1}	c（PVP）/g·L^{-1}	工艺条件
5	2	4	50～55℃，5min
6	4	4	50～55℃，5min
7	6	4	50～55℃，5min
8	8	4	50～55℃，5min

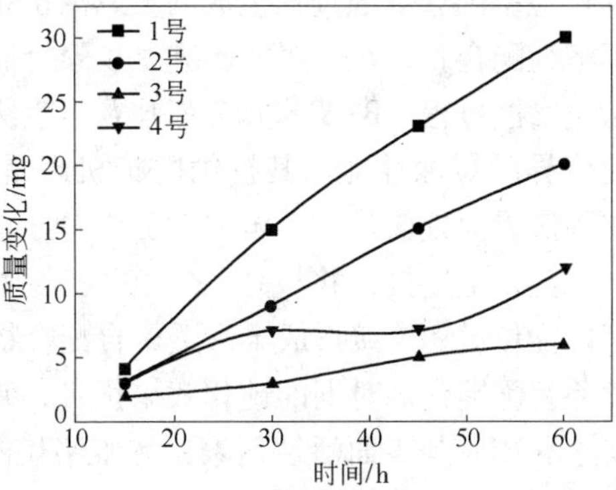

图 4-95 钝化剂耐蚀曲线

从图 4-95 可以看出钝化剂最优配方为：BTA 为 6g/L，PVP 为 4g/L，温度为 50～55℃，处理时间为 3min。

4.5.3.3 钝化机理分析

苯并三氮唑（Bezotriazole）简称 BTA，其分子式为 $C_6H_5N_3$（或写成 $C_6H_4N_2NH$），相对分子质量为 119.1，分子结构式通常表示为：

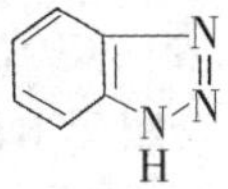

苯并三氮唑（简称 BTA）是有机杂环化合物，其纯品外观为白色针状结晶，而商品 BTA 多为白色或淡黄色，纯度一般为 95%～98%。苯并三氮唑能溶解于水，并且溶解度随温度的升高而增大，在室温即 20～30℃，其溶解度大约在 1.5%～2.3%。0.1% 的苯并三氮唑的水溶液呈微酸性，pH 值在 5.5～6.5 之间，苯并三氮唑在极性溶剂中的溶解度较大，在非极性溶剂中的溶解

度较小。苯并三氮唑的毒性较小，蒸气压比较大。通常情况下与常用无机缓蚀剂亚硝酸钠相比较，其毒性仅相当于亚硝酸钠的20%，与铜及铜合金钝化处理所使用的铬酸或铬酸盐相比，其毒性更小。苯并三氮唑在酸和碱的溶液中都有较大的溶解度。国内合成的苯并三氮唑的衍生物有八烷基苯并三氮唑和十二烷基苯并三氮唑等，都具有良好的缓蚀防护作用。其缓蚀机理是[88]，BTA 分子上的反应基团和腐蚀过程生成的金属离子相互作用而形成沉淀膜或不溶性配合膜，在金属表面进一步聚合而形成沉淀保护膜，从而阻止腐蚀过程。BTA 苯并三氮唑及衍生物对铜或铜合金具有独特而优异的缓蚀性能。其抗蚀防护机理是：在 BTA 的溶液中，铜在固液界面处取代一个苯并三氮唑分子的 NH 官能团中的氢原子，以共价键连接，并与另一个苯并三氮唑分子中氮原子的自由电子以配位键相连接形成半渗透聚合配合物。

BTA-PVP 系复配钝化剂对铜的钝化效果优良，明显好于 BTA 单一体系，该体系 BTA 与表面活性剂聚乙烯吡咯烷酮（PVP）在铜材防变色方面表现出良好的缓蚀协同效应。通过分析 BTA 与表面活性剂聚乙烯吡咯烷酮（PVP）之间的协同缓蚀作用机理得出：表面活性剂聚乙烯吡咯烷酮（PVP）临界胶束浓度较小，即使在低浓度下仍具有良好的湿润、乳化、增溶作用。它能够改善钝化剂 BTA 与铜的界面状态，加速液相中的钝化剂 BTA 到达铜表面与铜反应的速度，减少钝化膜的缺陷，提高其致密度及厚度，增强钝化的效果：在 BTA 单一体系钝化处理铜时，铜置换出 BTA 分子中的 H^+ 生成的 H_2 使得试片表面均匀分布大量的微小气泡，这些氢气（H_2）覆盖于钝化膜上会阻碍 BTA 到达铜表面，阻止钝化膜的增厚，并且有可能在气泡覆盖处产生缺陷，而 BTA-PVP 复配体系钝化处理铜时，氢气泡由铜片表面连续不断地成串冒出，气泡脱离界面使 BTA 与铜之间的反应顺利进行，钝化膜就会不断增厚，而且致密度也会好于 BTA 单一处理钝化膜，从而使钝化效果增强。

表面活性剂的钝化作用机理为这类钝化剂分子由两部分组成：一部分为容易被金属吸附的亲水性极性基，另一部分为憎水的有机官能团。亲水基吸附于金属表面，憎水基指向外侧，这种连续的表面吸附层可以隔离金属表面和环境介质，从而起到阻蚀的作用。

4.5.4　铜包铁粉的性能研究

以下对化学还原镀铜体系制备的铜包铁粉的性能，包括色泽、粒度分布、松装密度、成分、耐氧化能力，以及镀层的表面形貌的表观特性进行了研究，并对化学镀铜镀层形成过程进行初步的探讨。

4.5.4.1　铜包铁粉的表观色泽

图4-96分别是理论铜含量为0%、10%（质量分数）、20%（质量分数）和30%（质量分数）的铜包铁粉的色泽，可以看到随着铜含量减少，铜包铁粉的颜色逐渐接近于铁粉的颜色，铜含量低时铜包铁粉的颜色偏黑；铜含量高时，铜包铁粉的颜色趋向于铜红色。

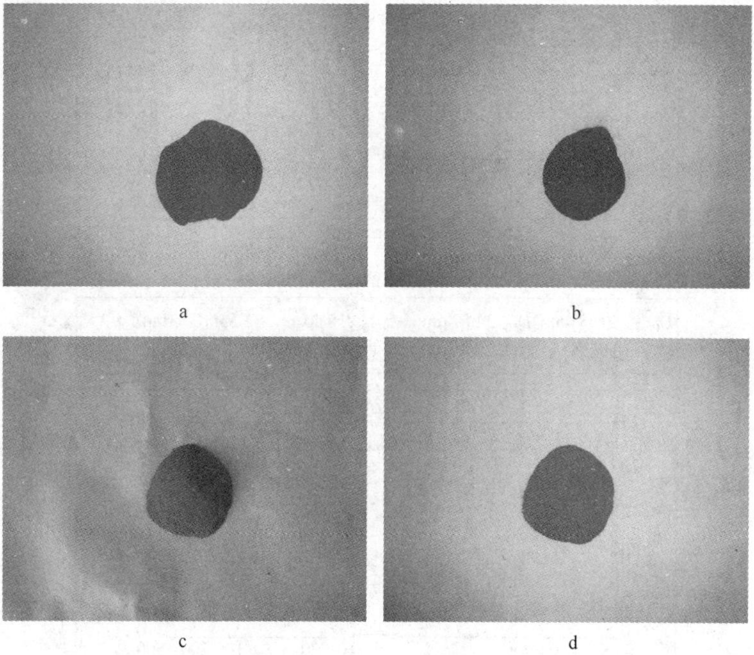

图4-96　理论铜含量分别为0%（a）、10%（b）、20%（c）和30%（d）的铜包铁粉的照片

4.5.4.2　铜包铁粉的粒度分布

粒度分布是粉体的一个重要参数，它直接影响粉末的工艺性能。图 4-97 分别是理论铜含量（质量分数）为 10%、20%、30% 铜包铁粉的粒度分布图。从图 4-99 可以看出，铜包铁粉的粒度分布符合 R-R（单峰）分布数学模型。铜含量增加铜包铁粉的粒径范围变化较大，理论铜含量为 30% 的铜包铁粉的 D_{90} 达到 68.30μm，比基体铁粉增加了很多。

粒度特征参数

$D_{(4,3)}$:32.42 μm；D_{50}:30.62 μm；$D_{(3,2)}$: 6.74 μm；*S.S.A.*: 0.89 m²/c.c.；
D_{10} : 12.05 μm；D_{25} :19.90 μm；D_{75}: 43.72 μm；D_{90} : 55.79 μm

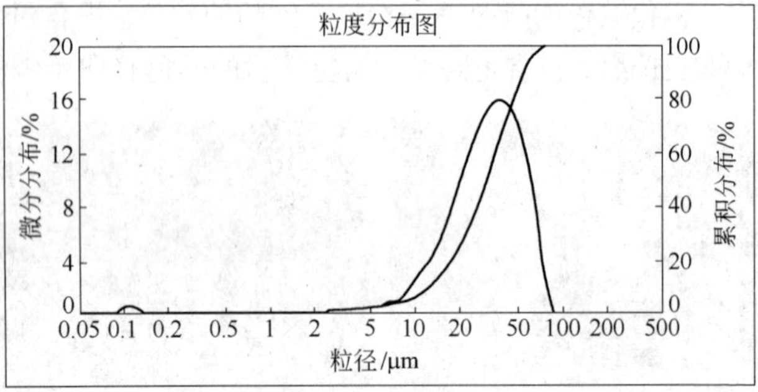

a

粒度特征参数

$D_{(4,3)}$:36.58 μm；D_{50}:34.87 μm；$D_{(3,2)}$:18.40 μm；*S.S.A.*: 0.33 m²/c.c.；
D_{10} : 18.06 μm；D_{25} : 25.49 μm；D_{75}: 46.66 μm；D_{90} : 58.32 μm

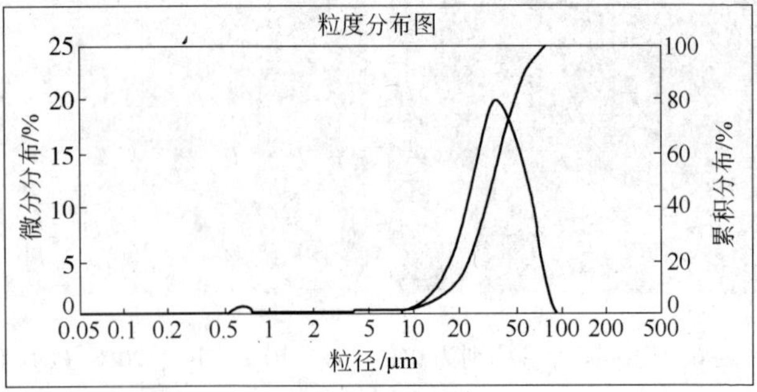

b

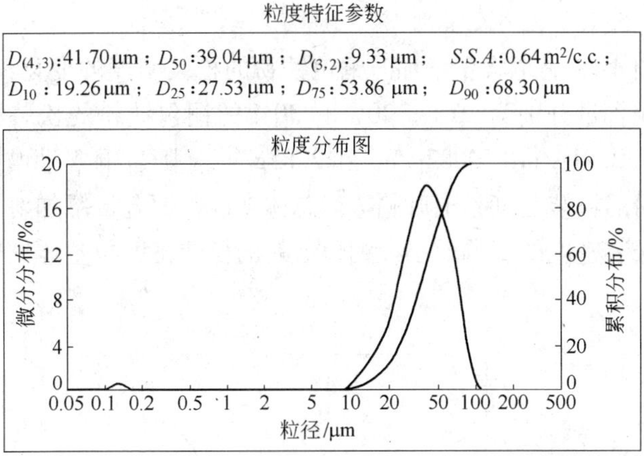

c

图 4-97　不同理论铜含量时铜包铁粉的粒度分布图

a—10%；b—20%；c—30%

从表 4-64 可以看出，随着铜含量增加，铜包铁粉的比表面积先减小后增大，表面积平均粒径逐渐增大；体积加权平均粒径及中位径均是逐渐增大。从边界粒径来看，理论铜含量为 30% 时，铜包铁粉的边界粒径最大。总体而言，由于铁粉是不规则海绵状，直径约 40μm，铜含量对铜包铁粉的粒径分布状态有较大的影响，并且还与基体铁粉有一定的关系。

表 4-64　铜包铁粉粒度分布

参数	平均粒径/μm			边界粒径/μm		S. S. A. /m² · (c. c.)⁻¹
	$D_{(4,3)}$	$D_{(3,2)}$	D_{50}	(D_{10}，D_{90})	(D_{25}，D_{75})	
图 4-97a	32.42	6.74	30.62	(12.05，55.79)	(19.90，43.72)	0.89
图 4-97b	36.58	18.40	33.87	(18.06，58.32)	(25.49，46.66)	0.33
图 4-97c	41.70	19.33	39.04	(19.26，68.30)	(27.53，53.86)	0.64

注：$D_{(4,3)}$：体积加权平均粒径；$D_{(3,2)}$：表面积平均粒径；D_{50}：中位径；S. S. A.：比表面积。

4.5.4.3 松装密度

图 4-98 是铜含量增加时铜包铁粉的松装密度的变化，可见，理论铜含量分别为 10%、20% 和 30% 的铜包铁粉的松装密度分别约为 2.81g/m^3、2.82g/m^3 和 2.85g/m^3。随着铜含量增加，铜包铁粉的松装密度呈上升趋势。总体来说，铜含量增加对铜包铁粉的松装密度的影响较小。铜包铁粉的松装密度与基体铁粉的关系较大。

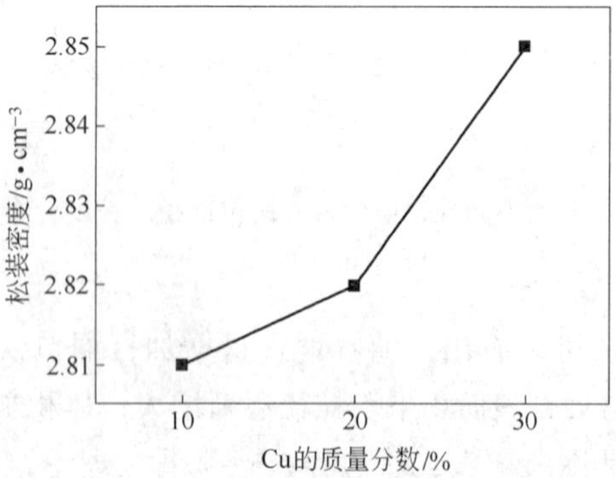

图 4-98 铜含量对铜包铁粉的松装密度的影响

4.5.4.4 铜包铁粉的成分

图 4-99 是理论铜含量为 20%（质量分数）铜包铁粉的 X 射线衍射图。从图 4-99 中可以看出并无铜的氧化物存在，铜都以单质的形式出现。由于基体铁粉含有一定的杂质，故 X 射线衍射图中有一定的杂峰出现。

4.5.4.5 铜包铁粉常温抗氧化性

常温条件下，将理论铜含量为 20% 的铜包铁粉在空气中静置 100 天后，采用 X 射线衍射仪对铜包铁粉进行相结构分析，结果如图 4-100 所示，没有明显的铜的氧化物存在，说明铜包铁粉的常温抗氧化性较好，也同时表明铜包铁粉的钝化工艺的钝化效果较好。

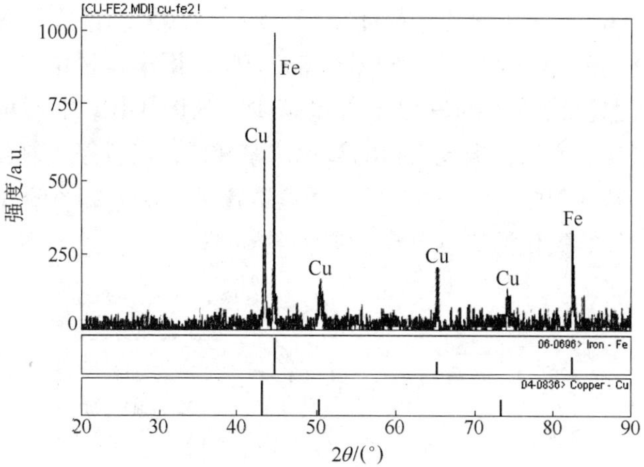

图 4-99 理论铜含量为 20% 铜包铁粉的 X 射线衍射图

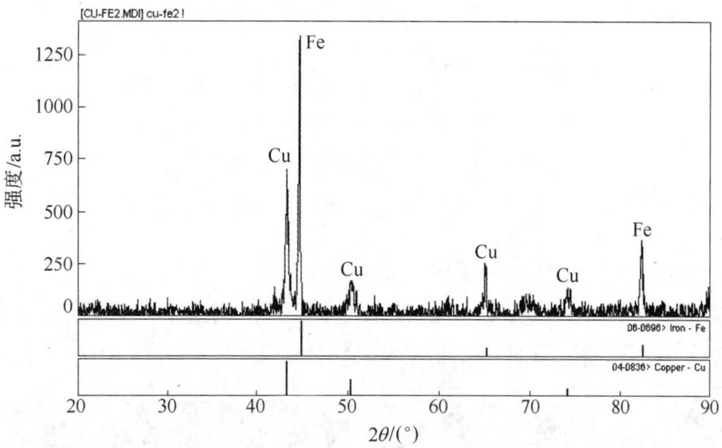

图 4-100 铜包铁粉的 X 射线衍射图

4.5.4.6 铜包铁粉的高温抗氧化能力

图 4-101 是在空气条件下，温度变化区间为 25～800℃，升温速率为 20℃/min 时铜包铁粉的 TG 曲线。图 4-101 中 a、b、c 代表理论铜含量分别为 10%、20%、30%（质量分数）的铜包铁粉。从图 4-101 中可以看出，a 的开始氧化增重温度约为

160℃；b、c 的开始氧化温度相近，约为 230℃。最终的氧化增重率分别为 23.16%、22.60% 和 20.35%，即铜含量增大，氧化终点时铜包铁粉中的氧化物含量减少。从图 4-101 中还可以看出，铜含量增加，铜包铁粉的氧化速率减慢，三者停止氧化增重的温度基本相同，约为 525℃。理论铜含量为 20% 和 30% 的铜包铁粉的开始氧化温度较 10% 时提高约 60℃。

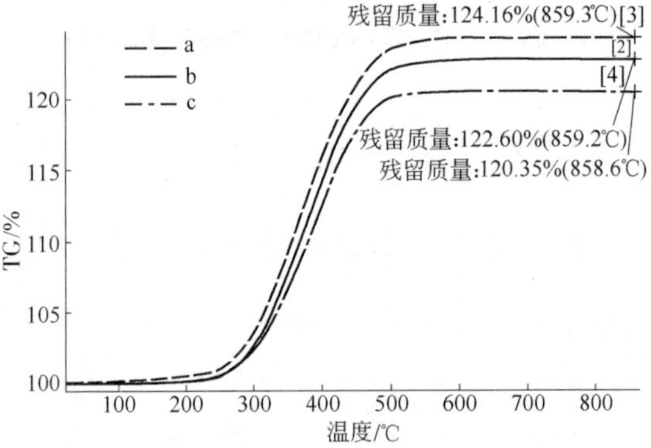

图 4-101 铜包铁粉的 TG 曲线

a—10%；b—20%；c—30%

4.5.4.7 铜包铁粉的表面形貌

图 4-102 分别是基体铁粉的表面形貌图；图 4-103 分别是铜含量为 20% 的铜包铁粉的表面形貌图。

a b

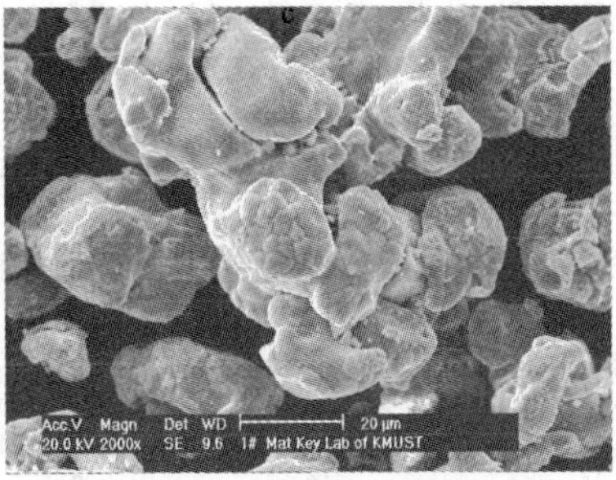

c

图 4-102 基体铁粉的表面形貌图

a—铁粉形貌（500×）；b—铁粉形貌（1000×）；c—铁粉形貌（2000×）

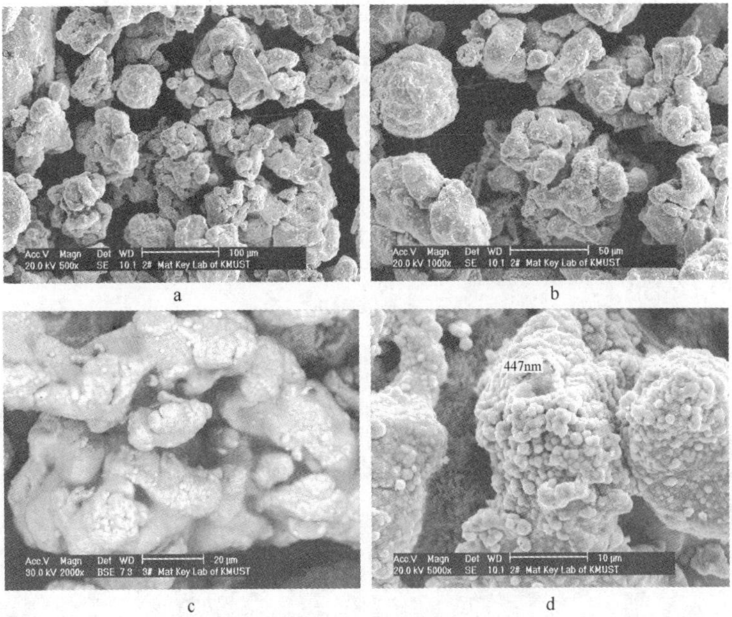

图 4-103 铜包铁粉截面形貌图

a—铜包铁粉形貌（500×）；b—铜包铁粉形貌（1000×）；

c—铜包铁粉形貌（2000×）；d—铜包铁粉形貌（5000×）

从以上的铁粉（图 4-102）及铜包铁粉的表面形貌图（图 4-

103）可以看出，铁粉在包覆后得到的铜包铁粉包覆较为均匀，从两图中还可以看出，镀铜层厚度约为447nm。另外，铜粒子并不是完全的平铺，而是在铁粉表面成岛状、小丘状的分布生长。

4.5.5　化学还原法制备铜包铁粉与置换法制备的对比

表4-65为本试验制得的铜包铁粉与国内某公司利用置换法制得的铜包铁粉的参数对比表。所选用的基体材料——还原铁粉与本试验相同。

表4-65　两种方法制备铜包铁粉对比表

性能参数	置换法	化学还原法
松装密度/$g \cdot m^{-3}$	2.60	2.82
流动性/s	38	39
平均粒度/目	200（0.074mm）	300（0.047mm）

由表4-65可以看出，两种方法制得的铜包铁粉的松装密度相差较大，利用本试验的方法制得的铜包铁粉的松装密度大于置换法的，对于流动性而言，置换法得到的铜包铁粉的略好于本试验的方法。

图4-104为两种方法制得的20%铜包铁粉的外观色泽对比，可以看出，本试验制得的铜包铁粉的颜色明显比置换法制得的颜色红。

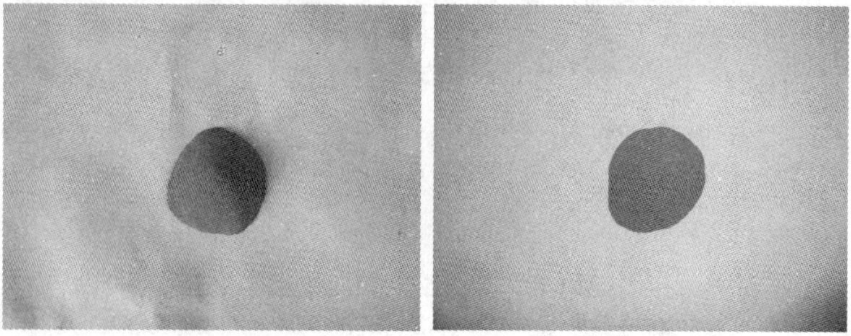

a　　　　　　　　　　b

图4-104　两种方法制得的20%铜包铁粉的外观色泽

a—还原法；b—置换法

4.6 镍包铜粉的制备技术

目前，国外根据不同要求，应用较多的是镍系、银系、碳系和铜系四种导电涂料，其中银系的导电性最高，体积电阻率 ρ_v 可达 $10^{-4} \sim 10^{-5}\Omega \cdot cm$，并具有优良的屏蔽性能。但由于其价格昂贵又易发生银向表面的迁移问题，除在特殊要求的领域外，一般应用不多。碳系虽成本低廉，但导电性较差，体积电阻率 ρ_v 为 $10^{-2} \sim 10^{-3}\Omega \cdot cm$，一般用作防静电涂层，很少用作电磁屏蔽涂层。铜系导电涂料的导电性也高，体积电阻率 ρ_v 可达 $10^{-4}\Omega \cdot cm$。但由于铜易氧化的问题，其导电稳定性不佳，应用也受到一定限制。镍系导电涂料是20世纪70年代初由美国首先开发的，起初是一种军用特殊涂料，目前已广泛应用。镍的氧化问题比铜轻得多，其稳定性完全可以满足应用要求，在电磁屏蔽涂料中占有较大的比重。但其导电性、性价比方面不如铜粉。

镍、铜等有色金属粉体是粉末冶金中常用的重要材料。在铜粉中添加少量的镍粉，可大大改善粉末冶金零件的力学性能。而粉末冶金零件的一些力学性能主要取决于压制零件时粉末颗粒在烧结中的界面行为[89]，在铜粉表面包覆镍制取复合粉末，正是利用镍元素的界面性以达到提高力学性能的目的，粉末冶金制品在烧结压制前，其粉末必须混合均匀。目前广泛使用机械混合的方式，由于国内混合技术有限，单一的镍粉、铜粉在机械混合时容易产生团聚，很难均匀化，再加上在后续的粉末冶金烧结过程中，镍在烧结温度下的扩散系数小，容易在基体中产生贫镍区和富镍区[90]，这些都会影响粉末冶金零件的使用性能。因此考虑用镍包铜粉取代镍、铜的混合粉末，不但可以降低成本，节约有限的有色金属资源，而且可以改善混合粉末的流动性、均质性(没有组成偏析)、抗氧化性、耐腐蚀性和耐磨性[91]，使其在基体金属中的均匀化程度提高，明显改善材料的使用性能。

4.6.1　酸性体系化学镀镍

4.6.1.1　实验部分

A　工艺流程

片状铜粉的预处理→镍包铜工艺→得到银灰色镍包铜粉→清洗→抽滤→银包镍粉的表面改性→干燥→筛分→包装→产品。

B　镀液组成及工艺条件

硫酸镍（$NiSO_4 \cdot 6H_2O$）：	27g/L
次亚磷酸钠（$NaH_2PO_3 \cdot H_2O$）：	30g/L
乳酸（$C_3H_6O_3$）：	20mL/L
醋酸钠（CH_3COONa）：	10g/L
pH 值：	5
温度 T：	80～90℃
镀覆时间 t：	1～2h

此工艺配方是根据次亚磷酸钠酸性体系反应机理确定的，各原料用量是根据其反应方程式确定的。配方中一个不可忽视的方面就是配合剂中有机酸的选择，经试验从有机酸苹果酸、丁二酸、乳酸中选出乳酸作为一种配合剂，原因是乳酸在降低磷-氢键在镍的强烈吸附下均裂所需要的能量，降低反应所需的温度、增大镀层沉积速度方面较其他有机酸有效。但不能添加过量，否则会导致镀液中镍离子活度过小，沉积速度下降，甚至不发生反应。

C　工艺设备

化学镀槽（玻璃烧杯和经过钝化的不锈钢桶）、加热器（电炉和恒温水浴槽）、搅拌器、托盘天平、抽滤机、烘箱等。其中化学镀槽必须满足以下两个条件：（1）不被化学镀镍液侵蚀；（2）对镍离子无催化作用。符合这两个条件的材料有耐酸搪瓷、陶瓷、玻璃、不锈钢、塑料等。还有就是要考虑到镀槽的结构材料。关于镀槽结构材料的选择应当考虑以下因素：（1）化学镀镍槽的工作温度，通常为 85～95℃；（2）镀槽结构材料对化学镀镍溶液的敏感度倾向最小，即在镀槽材料上不会发生还原反应；(3) 镀槽材料的价格和使用寿命。由于镀槽内连续放置热的化学镀镍槽液，最后几乎镀槽各个表面都变得敏感或可能在这些表面上析出镍层，所以与电镀槽选材不同，应选择更不活泼或易钝化的材料作为镀槽的结构材料。所有与槽液接触的金属材料必须经30%硝酸溶液定期地进行再钝化，使在镀槽表面上析出的金属镍最少。

用来加热化学镀镍液有槽内电加温和槽外水域加热两种方式。槽外水域加温容器比槽液容器大，把它放在有控温装置的水浴内，当槽液升到所要求工艺温度时，此时通过控温装置使水浴停止升温。电加热使用的是一种管式加热器，把它浸没在槽液中直接进行加热，电阻加热元件的外壳（套）是石英玻璃、钛或不锈钢材料，其中不锈钢最便宜，而且效果最好[68]。

D 镀液的配制方法

方法如下：

(1) 称取计算量的镍盐、配合剂、还原剂、添加剂等，分别用少量的蒸馏水溶解；

(2) 将已溶解的镍盐溶液，在不断搅拌下倒入含有配合剂的溶液中；

(3) 将完全溶解的还原剂溶液，在不断搅拌下倒入按 (2) 配制好的溶液中；

(4) 将已完全溶解的添加剂溶液，在不断搅拌下倒入按 (3) 配制好的镀液中；

(5) 用蒸馏水稀释至计算体积；

(6) 用酸或碱调整 pH 值至工艺规范；

(7) 过滤镀液；

(8) 施镀。

4.6.1.2 镀液中各成分的作用

A 镍盐

镍盐是镀液中的主盐，作为二价镍离子的供给源，使化学镀镍可以连续进行。一般使用的是硫酸镍，其次是氯化镍，本配方中使用的是硫酸镍，此外还可以使用醋酸镍、碳酸镍。

B 配合剂

镀液中加入配合剂的作用是使镍离子生成稳定的配合物，同时还可以防止生成氢氧化物和亚磷酸盐的沉淀。

在酸性溶液中，镍离子的配合剂有柠檬酸、氨基乙酸、乳酸、羟基乙酸、苹果酸、甘油、丁二酸、丙酸、醋酸、酒石酸等。

在碱性溶液中，多用有机酸盐及胺类的混合物作为配合剂，如酒石酸钾钠、乙二胺四乙酸二钠、三乙醇胺、乙二胺、柠檬酸钠等。

本实验中酸性体系配方中采用的配合剂是醋酸钠和乳酸，中性体系配方中采用的配合剂是柠檬酸钠和醋酸钠。

C 还原剂

还原剂一般采用次亚磷酸钠，它的作用是通过催化脱氢，提供活泼的氢原子，把镍离子还原成金属，与此同时，使镀层中含有磷的成分。此外，用作还原剂的还有硼氢化钠及其衍生物。本实验中酸性配方和中性配方均采用的是次亚磷酸钠还原剂。

D 添加剂

添加剂包括加速剂、稳定剂、pH 值调整剂、润湿剂等。

（1）加速剂。加速剂的作用是减弱配合剂和稳定剂的功能，通过活化次亚磷酸根阴离子以加速镍的沉积速度。通常是加入琥珀酸、脂肪酸或碱金属的氟化物等。本实验中酸性体系和中性体系配方中均未加入加速剂。

（2）稳定剂。在化学镀的过程中，因种种原因不可避免地会在镀液中产生活性的结晶核心，致使镀液沉淀，加入稳定剂后可以对这些活性结晶核心进行掩蔽，从而达到防止镀液分解的目的。常用的稳定剂有硫脲、醋酸铅、氯化铅、硫化锡、硫酸铊、硫酸镉等。本实验中在反应太激烈时使用过硫脲。硫脲还能增加复合粉体的光亮度。

（3）pH 值调整剂。加入 pH 值调整剂的作用是将 pH 值调整到所要求的范围内，常用的试剂有醋酸、稀硫酸、氨水、稀碱等。本实验中采用的 pH 值调整剂有稀硫酸、氨水、稀氢氧化钠。

（4）润湿剂。加入润湿剂的目的是降低镀液与镀件表面之间的表面张力，提高浸润能力，润湿剂通常使用阴离子表面活性剂如硫酸酯、磺化脂肪酸等。本实验中酸性体系和中性体系配方中均未添加润湿剂[92]。

4.6.1.3 原材料片状铜粉技术指标

本次镍包铜粉所需原料的技术指标如表 4-66 所示。

表 4-66 片状铜粉技术指标

牌号	形状	平均粒径/μm	粒度分布/μm			松装密度/$g \cdot cm^{-3}$	振实密度/$g \cdot cm^{-3}$
			D_{10}	D_{50}	D_{90}		
PC-1	片状	10	3.51	8.00	12.53	0.4～0.6	0.9～1.3
PC-2	片状	15	6.59	14.25	26.41	0.4～0.7	0.9～1.3
PC-3	片状	20	8.61	18.18	35.96	0.4～0.8	0.9～1.4
PC-4	片状	30	11.97	25.97	50.20	0.5～0.9	0.9～1.6
PC-5	片状	50	18.92	40.23	73.28	0.6～1.0	1.0～2.0

4.6.1.4 镀液组成对化学镀镍的影响

A 镍盐浓度的影响

镀镍液中镍离子浓度增加，必然增多离子与还原剂在沉积层表面上碰撞的机会，加速相互间反映的可能性，从而提高化学镀镍的沉积速率。但镍盐浓度增加到一定程度，镀层的沉积速率没有明显增加。

B 还原剂浓度的影响

本实验采用的是次亚磷酸钠做还原剂。增加次亚磷酸根的浓度，可以提高沉积速率，因为增加次亚磷酸盐的浓度，可以加速同镍离子的反应，从而提高离子沉积速率。

然而，再增加次亚磷酸钠的浓度，也不能无限增加镍的沉积速率，而是存在一个极限沉积速率。不同的镀液的极限沉积速率也不同，超过了极限沉积速率，无论怎样增加次亚磷酸根的浓度，其沉积速率不仅不会增加，反而会降低镀液的稳定性和镀层的质量。

在沉镍反应进行时，镀层表面液层的金属离子浓度与镀液的内部浓度是不同的，导致浓差极化，由于这种极化的存在，即使增加次亚磷酸盐的浓度，沉积速率也不再增加。随着镀液中镍离子的不断减少，镀液内部与镀件表面液层的浓度梯度就越小，其扩散速度就越低。与此相反，次亚磷酸根离子因为在不断增加，镀液内部和镀层表面之间的浓度梯度较镍离子大，其扩散速度也大。由于这两种离子往镀件表面液层中补给速度相差越来越大，因此，当次亚磷酸盐浓度增加到某一数值时，镍离子放电超电位增加的速度与次亚磷酸盐氧化电位增加的速度相当，此时总的氧化还原电位便停止增加，从而出现极限沉积速率。

影响极限沉积速率的主要因素是：

(1) 镍离子浓度：镀液的极限沉积速率随镍离子浓度的增加而提高；

(2) 配合物的浓度：增加配合物的浓度，会影响镍离子在镀液中的活度，从而导致极限沉积速率的减小；

(3) 温度：提高镀液的温度，可以提高镀液的化学能，从而提高镀液的极限沉积速率。

C 配合剂浓度的影响

不同配合剂对沉积速率的影响也不同。从本实验中两种工艺配方的实验中发现：中性体系配方中用柠檬酸盐配合剂的反应速度较酸性体系中用乳酸配合剂的反应速度快，即柠檬酸盐比乳酸对沉积速率的影响大。

D pH 值调整剂的影响

在同一温度，同一 pH 值条件下，对相同的镀液中加入不同的 pH 值调整剂如氨水、氢氧化钠等，将对沉积速率产生不同的影响。用氨水做 pH 值调整剂的镀液，其沉积速率较快；用氢氧化钠做 pH 值调整剂的镀液，其沉积速率较慢。

E 添加剂的影响

在镀液中加入适当的添加剂对沉积速率有较大的影响。

4.6.1.5 工艺条件对化学镀镍的影响

A 温度的影响

温度是影响镀速的最重要的参数，全部过程涉及的大多数氧化和还原反应都需要热能。因为许多单独的反应步骤只有在50℃以上才能明显进行，尤其是酸性化学镀镍溶液必须在明显高于此值的温度下操作。实际上所有的酸性次亚磷酸盐镀液，其操作温度均在80～95℃之间。本实验做的中性配方次亚磷酸钠镀液能够在65℃的温度下操作。镀液的沉积速率随温度的升高而增加，试验中发现所有情况均如此。

除了镀速以外，温度还会影响镀层的磷含量，因而也影响镀层的性质。根据Ger M D[93]的研究结果，在相同的条件下，当温度升高时镀层的磷含量降低。因此，必须精确控制化学镀镍溶液的温度，一般认为，只有剧烈搅拌镀液，温度才会均匀。

B pH值的影响

在化学镀镍过程中，当镍离子还原成金属时，H^+的浓度随之增加。这实际上意味着当化学镀镍进行时，镀液的pH值将降低，试验中证实了这一点。因此，所有化学镀镍溶液必须加缓冲剂。操作时，OH^-离子必须靠连续添加稀碱（NH_4OH或NaOH）补充。本实验中酸性体系配方和碱性体系配方中基本上用的是NH_4OH。

C 镀液装载量的影响

镀液装载量是用来确定进入工件（粉体）表面积与镀槽溶液体积之比的专用术语。低的装载量可获得较高的沉积速率，但易造成镀液分解，并影响镀层质量。而高的装载量则使镀速变慢。实验中发现，在镍盐浓度不变的情况下，铜粉越少，即装载量越低，反应速度越快。

D 搅拌的影响

在化学镀镍过程中，搅拌可提高镀速，并可避免局部过热及使各种离子分布均匀，从而对镀液的稳定和镀层质量极为有利。因为扩散速度越高和对流越大，反应物传递到被镀件表面越有效，反应产物的离去越快。尤其是在粉体上镀镍，粉越细，要求搅拌速度越高，否则会团聚。特细的粉还要事先分散好，也可以在搅拌的情况下使用超声波。

4.6.1.6　镍包铜粉的性能研究

A　不同铜粉粒径对镍包铜粉性能的影响

所用片状铜粉的厘米电阻、振实密度、松装密度见表4-67。

表4-67　片状铜粉的技术指标

铜粉编号	厘米电阻/mΩ	振实密度/g · cm^{-3}	松装密度/g · cm^{-3}
PC-5	0.9	1.6471	0.6985
PC-4	0.9	1.6155	0.6884
PC-3	1.0	1.3864	0.4825
PC-2	1.1	1.3782	0.4725

包覆后镍包铜粉的厘米电阻、振实密度、松装密度见表4-68。

表4-68　片状镍包铜粉的技术指标

包覆前铜粉粒度	镍含量/%	厘米电阻/mΩ	振实密度/g · cm^{-3}	松装密度/g · cm^{-3}
PC-5	50	5	2.330	0.923
PC-4	50	11	2.290	0.811
PC-3	50	20	2.010	0.690
PC-2	50	23	1.990	0.678

由表4-68可知，镍包铜粉的厘米电阻要比纯铜粉的厘米电阻大一些。这是由于镍的厘米电阻比铜的厘米电阻大，另外，在相同镍含量的条件下，随着铜粉粒度的减小，镍包铜粉的厘米电阻增大。这是因为随着铜粉粒度的减小，铜粉的比表面积增大，在相同镍含量的情况下，粒度细的铜粉，其表面得到的镍层厚度减薄，得到的镍包铜粉在干燥过程中容易氧化，厘米电阻增大。

B　不同镍含量对镍包铜粉性能的影响

本试验分别做了50%、40%、30%、20%四种不同镍含量的镍包铜粉，结果表明，随着镍含量的减少，镍包铜粉的颜色变浅，厘米电阻也随镍含量的增加而增大。结果见表4-69。

表4-69　不同镍含量的镍包铜粉的技术指标

铜粉编号	镍含量/%	厘米电阻/mΩ	振实密度/g·cm^{-3}	松装密度/g·cm^{-3}
PC-5	50	11.1	2.99	0.923
	40	9.7	2.77	0.718
	30	5.3	2.424	0.709
	20	2.6	2.4	0.659
PC-4	50	5.2	2.33	0.811
	40	2.3	1.86	0.587
	30	2.1	2.14	0.664
	20	1.7	2.16	0.634
PC-3	50	20	2.01	0.69
	40	12	1.77	0.597
	30	6	1.93	0.605
	20	1	1.949	0.636

C　镍包铜粉的化学成分分析

由日本津岛EPMA-1600型电子探针定量分析镍包铜粉的成分，结果见表4-70。

表4-70　PC-5镍包铜粉的化学成分　（%）

理论镍含量	实际镍含量	铜含量	磷含量	氧含量
50	70.64	21.83	6.86	0.67
40	49.25	46.03	4.60	0.12
30	33.72	62.55	3.49	0.24
20	25.84	72.30	1.52	0.34

D　镍包铜粉的表面形貌分析

镍包铜粉的表面形貌见图 4-105。

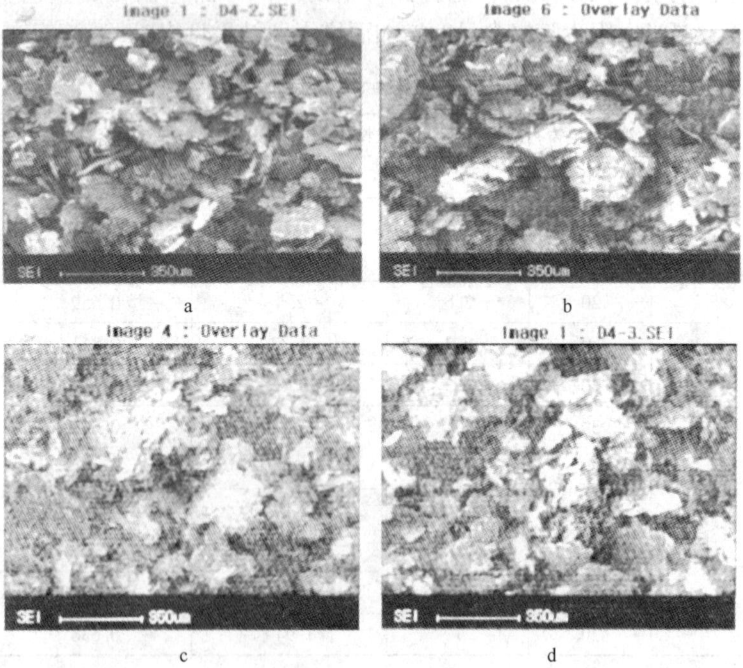

图 4-105　不同镍含量的镍包铜粉表面形貌

a—镍含量 70%；b—镍含量 50%；c—镍含量 33.7%；d—镍含量 21.8%

4.6.2　中性体系化学镀镍

4.6.2.1　实验部分

A　工艺流程

片状铜粉的预处理→镍包铜工艺→得到银灰色镍包铜粉→清洗→抽滤→镍包铜粉的表面改性→干燥→筛分→包装→产品。

B　镀液组成和工艺条件

硫酸镍（$NiSO_4 \cdot 6H_2O$）：　　27g/L

次亚磷酸钠（$NaH_2PO_2 \cdot H_2O$）： 30g/L
柠檬酸钠（$Na_3C_6H_8O_7$）： 30g/L
醋酸钠（CH_3COONa）： 10g/L
pH 值： 7～8
温度 T： 60～80℃
镀覆时间 t： 0.5～1h

此工艺配方是分别经过单配合剂醋酸钠和柠檬酸钠的确定配方试验确定的，试验做了这两种配合剂的正交试验，均不发生镍包覆铜的化学反应。采用双配合剂，通过正交试验得出上面中性体系工艺配方。

C 工艺设备

镀槽（玻璃或是经钝化过的不锈钢）、加热器、搅拌器、超声波、天平、抽滤机、烘箱等。

4.6.2.2 不同铜粉粒径对镍包铜粉性能的影响

本次镍包铜粉所需原料的技术指标如表4-71所示。

表4-71 片状铜粉技术指标

铜粉型号	粒度/μm	厘米电阻/mΩ	松装密度/g·cm^{-3}
PC-2	19.5	0.8	0.7386
PC-21	22.47	0.73	0.7727
PC-3	27.42	0.7	1.0200
PC-4	32	0.7	0.8181

包覆后镍包铜粉的厘米电阻、振实密度、松装密度见表4-72。

表4-72 PC-4镍包铜粉的技术指标

铜粉型号	镍含量/%	厘米电阻/mΩ	振实密度/g·cm^{-3}	松装密度/g·cm^{-3}
PC-2	55	47	1.680	0.7386
PC-21	55	45	1.790	0.7727
PC-3	55	42	1.986	1.0200
PC-4	55	35	2.210	0.8181

4.6.2.3　不同镍含量对镍包铜粉性能的影响

本试验分别做了55%、45%、35%、25%四种不同镍含量的镍包铜粉，结果表明随着镍含量的减少，镍包铜粉的颜色变浅，厘米电阻也随镍含量的增加而增大，见表4-73。

表4-73　镍包铜粉的技术指标

铜粉型号	镍含量/%	实际镍含量/%	磷含量/%	氧含量/%	厘米电阻/mΩ
PC-4	55	64	4.6	0.07	35
	45	59	3.4	0.08	32
	35	51	4.1	0.07	28
	25	38	3.3	0.09	22
PC-3	55	60.9	6.1	0.16	45
	45	49.7	4.9	0.21	40
	35	42.8	3.9	0.15	29
	25	34.9	3.4	0.19	21
PC-2	55	62.9	5.9	0.11	47
	45	54.6	4.3	0.35	38
	35	47.3	3.9	0.11	31
	25	36.3	2.7	0.09	28

4.6.2.4　镍包铜粉的表面形貌分析

镍包铜粉的表面形貌见图4-106。图4-106a中1号、2号图分别为实际镍含量为62.9%和54.6%的镍包铜粉的表面形貌图，上面的两图放大了300倍，下面的两图放大了2000倍。图4-106b中5号、6号图分别为实际镍含量为42.8%和34.9%的镍包铜粉的表面形貌图，上面的两图放大了300倍，下面的两图放大了2000倍。图4-106c中9号、10号图分别为实际镍含量为51%和38%的镍包铜粉的表面形貌图，上面的两图放大了300倍，下面的两图放大了2000倍。

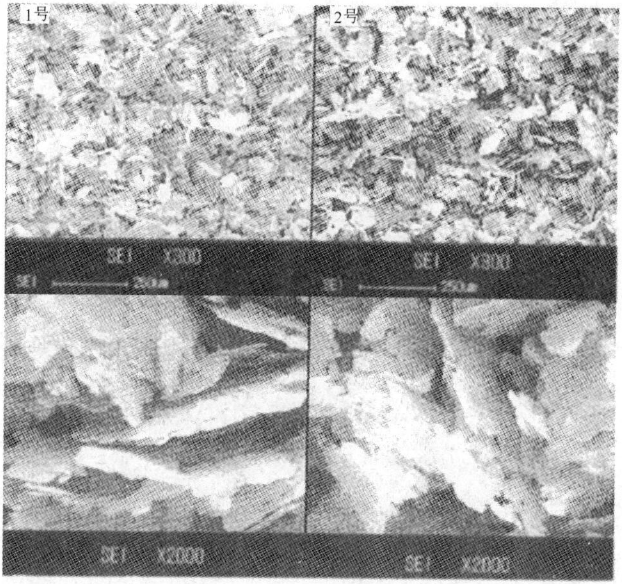
1号
2号
SEI X300
SEI X300
SEI X2000
SEI X2000

a

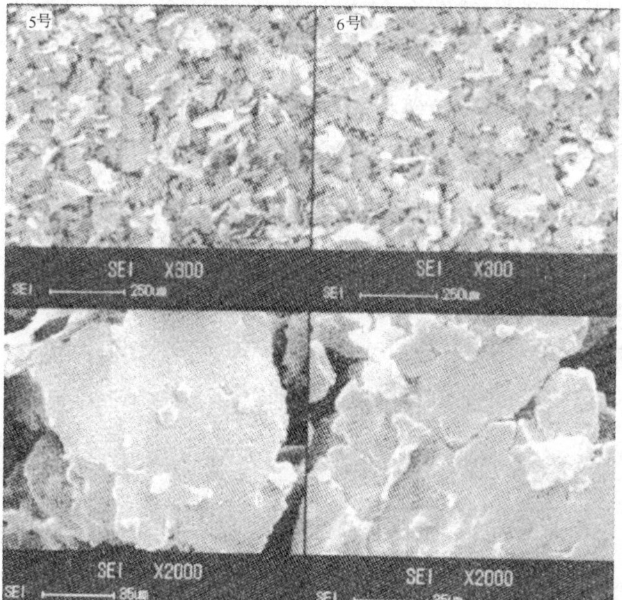
5号
6号
SEI X300
SEI X300
SEI X2000
SEI X2000

b

c

图 4-106　镍包铜粉的表面形貌

a—PC-2 镍包铜粉；b—PC-3 镍包铜粉；c—PC-4 镍包铜粉

4.6.2.5　铜粉和镍包铜粉的粒度分析

图 4-107 ~ 图 4-109 为包覆前 PC-2、PC-3、PC-4 铜粉的粒度

粒度特征参数

$D_{(4,3)}$:20.40 μm；D_{50}:19.32 μm；$D_{(3,2)}$: 6.28 μm；　S.S.A.:0.96 m²/c.c.；
D_{10} : 6.88 μm；　D_{25} :12.16 μm；D_{75}: 27.68 μm；　D_{90} : 35.50 μm

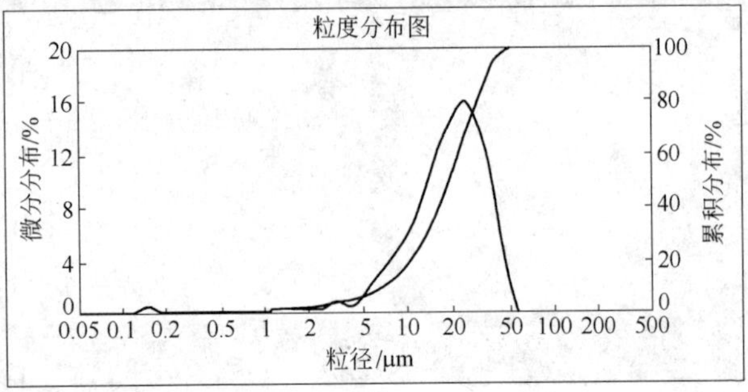

a

粒度特征参数

$D_{(4,3)}$:29.16 μm；D_{50}:27.03 μm；$D_{(3,2)}$: 5.50 μm； *S.S.A.*: 1.09 m²/c.c.；
D_{10}:10.75 μm； D_{25}:17.38 μm；D_{75}: 39.23 μm； D_{90}: 51.25 μm

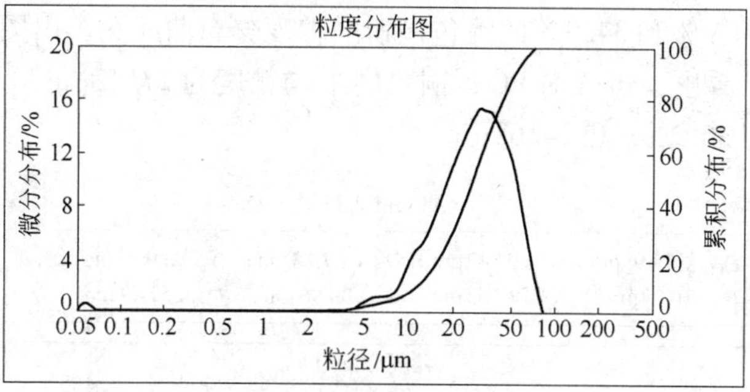

b

粒度特征参数

$D_{(4,3)}$: 30.01 μm；D_{50}:27.97 μm；$D_{(3,2)}$: 5.61 μm；*S.S.A.*: 1.07 m²/c.c.；
D_{10}: 11.48 μm；D_{25}:18.24 μm； D_{75}: 40.08 μm；D_{90}: 52.09 μm

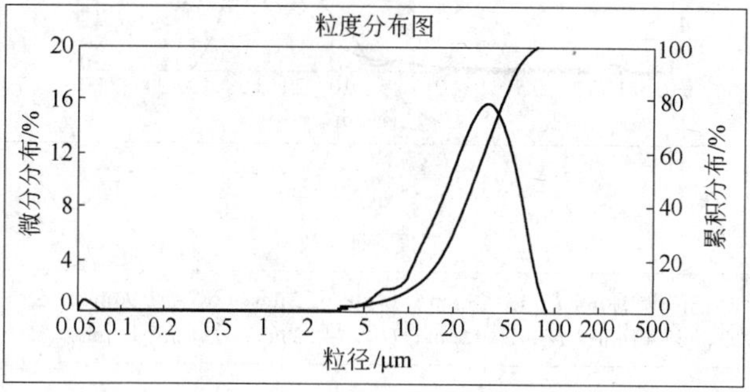

c

图 4-107 包覆前后 PC-2 铜粉的粒度分布曲线图

a—PC-2 铜粉粒度分布曲线；b—PC-2 镍含量 62.9% 镍包铜粉粒度分布曲线；
c—PC-2 镍含量 54.6% 镍包铜粉粒度分布曲线

分布曲线和包覆后不同镍含量的镍包铜粉的粒度分布曲线。每种粒度的铜粉取了两个不同镍含量的镍包铜粉与之对照。图 4-107 为包覆前 PC-2 铜粉的粒度分布曲线和包覆后镍含量为 62.9% 和 54.6% 的镍包铜粉的粒度分布曲线图。由图 4-107 中看出，包覆前 PC-2 铜粉的平均粒度为 19. 32μm，包覆后分别为 27. 03μm 和 27. 97μm。

图 4-108 为包覆前 PC-3 铜粉的粒度分布曲线和包覆后镍含量为 60. 9% 和 34. 9% 的镍包铜粉的粒度分布曲线图。由图 4-108 中可以看出，包覆前 PC-3 铜粉的平均粒度为 27. 42μm，包覆后分别为 36. 2μm 和 34. 68μm。

粒度特征参数

$D_{(4,3)}$: 29.98μm；D_{50}: 27.42μm；$D_{(3,2)}$: 7.13μm；*S.S.A.*: 0.84m²/c.c.；
D_{10}: 10.09μm；D_{25}: 17.53μm；D_{75}: 39.96μm；D_{90}: 53.19μm

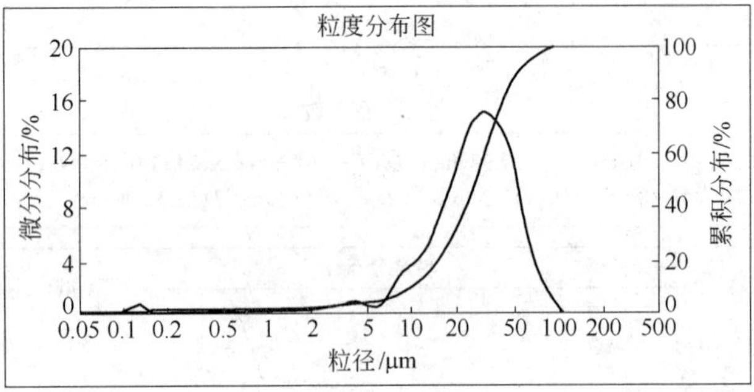

a

粒度特征参数

$D_{(4,3)}$: 33.91μm；D_{50}: 31.31μm；$D_{(3,2)}$: 6.22μm；*S.S.A.*: 0.96m²/c.c.；
D_{10}: 13.49μm；D_{25}: 20.92μm；D_{75}: 44.52μm；D_{90}: 58.15μm

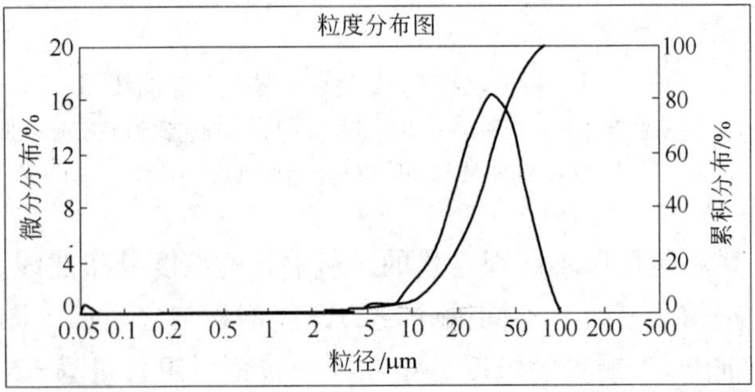

b

粒度特征参数

$D_{(4,3)}$: 37.19μm; D_{50}: 34.71 μm; $D_{(3,2)}$: 6.43 μm; *S.S.A.*: 0.93 m^2/c.c.;
D_{10}: 14.32 μm; D_{25}: 22.69 μm; D_{75}: 49.21 μm; D_{90}: 64.12 μm

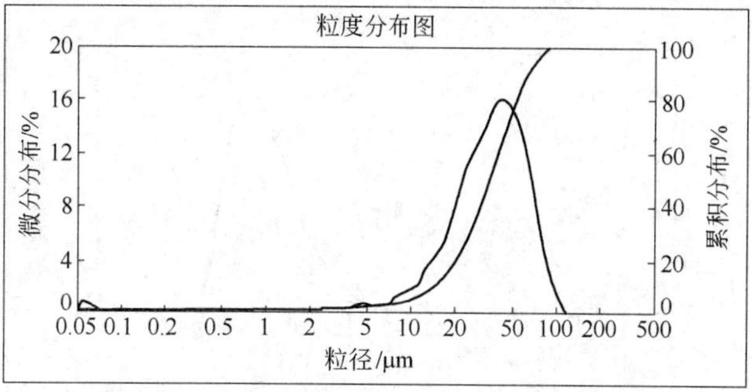

c

图 4-108 包覆前后 PC-3 铜粉的粒度分布曲线

a—PC-3 铜粉粒度分布曲线；b—PC-3 镍含量 34.9% 镍包铜粉粒度分布曲线；
c—PC-3 镍含量 60.9% 镍包铜粉粒度分布曲线

图 4-109 为包覆前 PC-4 铜粉的粒度分布曲线和包覆后镍含量为 38% 和 64% 的镍包铜粉的粒度分布曲线图。由图 4-109 中可以看出，包覆前 PC-4 铜粉的平均粒度为 32.24μm，包覆后分别为 34.68μm 和 36.2μm。

粒度特征参数

$D_{(4,3)}$: 33.62 μm; D_{50}: 32.24μm; $D_{(3,2)}$: 6.61 μm; *S.S.A.*: 0.91 m^2/c.c.;
D_{10}: 11.62 μm; D_{25}: 20.70μm; D_{75}: 45.44μm; D_{90}: 57.45μm

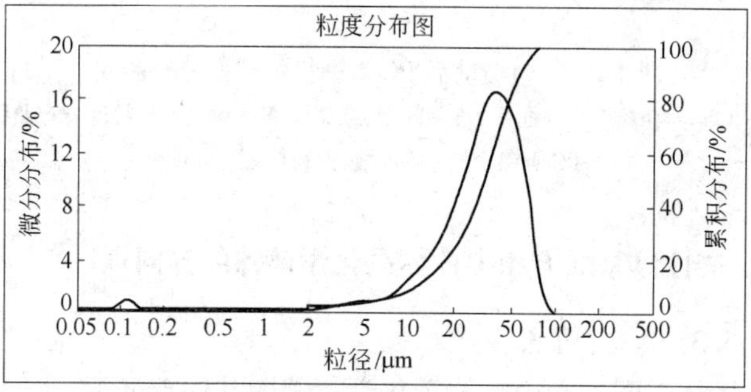

a

粒度特征参数

$D_{(4,3)}$:36.60 μm；D_{50}:34.68 μm；$D_{(3,2)}$:7.18 μm；　*S.S.A.*: 0.84 m²/c.c.；
D_{10}: 14.50μm；　D_{25}:22.96 μm；D_{75}:48.55 μm；　D_{90}: 61.90μm

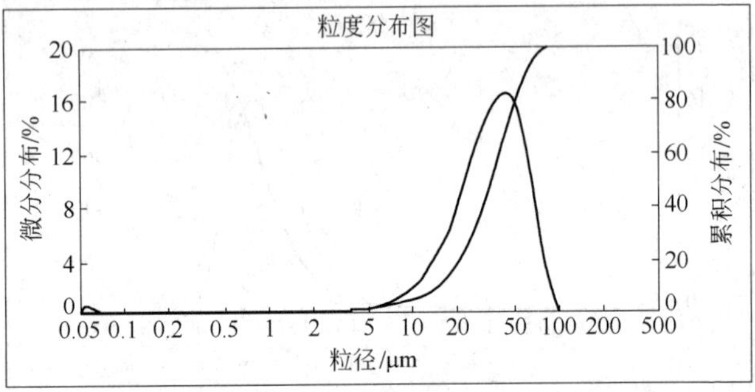

b

粒度特征参数

$D_{(4,3)}$:38.62μm；D_{50}:36.20μm；$D_{(3,2)}$: 6.82 μm；　*S.S.A.*: 0.88 m²/c.c.；
D_{10}: 14.57μm；　D_{25}: 23.62μm；D_{75}: 51.34μm；　D_{90}: 66.21μm

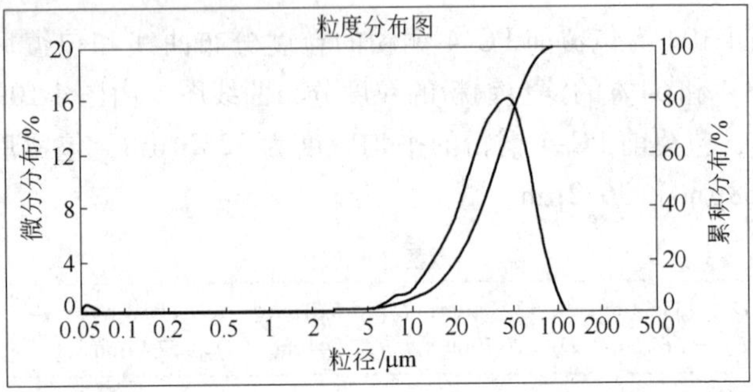

c

图 4-109　包覆前后 PC-4 铜粉的粒度分布曲线

a—PC-4 铜粉粒度分布曲线；b—PC-4 镍含量 38% 镍包铜粉粒度分布曲线；
c—PC-4 镍含量 64% 镍包铜粉粒度分布曲线

4.6.3　酸性体系配方和中性体系化学镀镍的异同点

4.6.3.1　共同点

酸性体系配方和中性体系化学镀镍的共同点如下：

（1）配制镀液时，适量的配合剂溶液可以有效地阻止镍离子的水解反应，又可以配合镍离子，保持镀液的稳定性。

（2）改变主要的工艺参数，如镍离子的初始质量浓度、还原剂的初始质量浓度、pH 值、镀覆温度、保温时间等可以影响到包覆层镍的沉积量及沉积速度。

（3）通过正交试验优化出工艺参数及影响因素排序为镍离子的初始质量浓度，还原剂的初始质量浓度，铜粉的加入量，镀覆温度（65℃），烘干时间及温度。

（4）选用次亚磷酸钠做还原剂，通过化学镀的方法，不论是中性体系还是酸性体系都可以制备出镍包覆铜基复合粉末，其中镍的包覆量和复合粉体中的磷含量均较高，并且在一定范围内可控制杂质元素的含量和粉末的表面形貌。

4.6.3.2 不同点

酸性体系配方和中性体系化学镀镍的不同点如下：

（1）中性体系配方中，以醋酸钠和柠檬酸钠为配合剂的化学镀液的施镀温度较酸性体系施镀温度降低了差不多20℃。

（2）中性体系配方中，在温度为65℃，以醋酸钠、柠檬酸钠为配合剂的化学镀镍溶液中，超声波具有明显促进沉积速度的作用。

（3）超声波对化学镀镍的沉积速度的作用与镀液中镍离子配体的稳定常数有关，稳定常数小时，超声波对沉积有加速作用；反之则使沉积速度减慢。

参考文献

[1] 朱华，甘复兴．铜银系导电复合材料腐蚀失效研究［J］．中国腐蚀与防护学报，2005，25（4）：245.

[2] 方芳．导电镀银铜粉油墨的研发［J］．丝网印刷，2004，7：20.

[3] 高保娇，高建峰，蒋红梅，等．微米级铜-银合金粉镀层结构及其抗氧化性［J］．物理化学学报，2000，16（4）：366.

[4] 程原，高保娇，梁浩．微米级镀银铜粉复合导电涂层的导电性研究［J］．应用基础及工程科学学报，2001，9（2-3）：184.

[5] Mori Seiji, Sannohe Kanetari. Copper powder for solderable and electro-conductive paints and process for producing the same [P]. US: Patent 5409520, 1995-04-25.
[6] Vaskelis A, Jagminiene A, Juskenas R, et al. Structure of electroless silver coatings obtained using cobalt (Ⅱ) as reducing agent [J]. Surface and Coatings Technology, 1996, 82: 165.
[7] Yoshinaga Hiroshi, Kodaira Yoshio, Koyama Tadashi, et al. Preparation of metal-coated Powders [P]. Jpn. Kokai Tokkyo Koho JP 04218602 A2, 1992, (10).
[8] 朱晓云, 杨勇. 片状镀银铜粉的制备及性能研究 [J]. 昆明理工大学学报, 2001, 26 (6): 119.
[9] 吴全兴. 银铜梯度功能粉末制备导电浆料 [J]. 稀有金属快报, 1995 (3): 18.
[10] Xinrui Xu, Xiaojun Luo, Hanrui Zhuang, et al. Electroless silver coating on fine copper powder and its effects on oxidation resistance [J]. Materials Letters, 2003, 57: 3987.
[11] 林鸿扬, 王炳喜, 林春莺. 镀银铜粉的聚合物PTC复合材料的研究 [J]. 化工时刊, 2006, 20 (2): 4.
[12] 罗江山, 刘伟, 黎军, 等. 直接置换法制备包覆型纳米铜-银双金属粉末 [J]. 强激光与粒子束, 2006, 18 (4): 591.
[13] 刘志杰, 赵斌, 张宗涛, 等. 超细核壳铜-银双金属粉的制备 [J]. 无机化学学报, 1996, 12 (1): 30.
[14] 孙春桃, 吴士筠. 纳米银包覆铜粉体的制备及其导电性能研究 [J]. 化学与生物工程, 2003, 6: 27.
[15] Takeshima E, Takatsu K, Kojima Y, et al. Electroplating of fine particles with metal [P]. US Patent No. 4954235, 1990-4-9.
[16] Yeung K L, Christiansen S C, Varma A. Palladium composite membranes by electroless plating technique-relationships between plating kinetics, film microstructure and membrane performance [J]. Journal of Membrane Science, 1999, 159: 107.
[17] 高保娇, 蒋红梅, 张忠兴. 用银氨溶液对微米级铜粉镀银反应机理的研究 [J]. 无机化学学报, 2000, 16 (4): 669.
[18] 廖辉伟, 李翔, 彭汝芳, 等. 包覆型纳米铜-银双金属粉研究 [J]. 无机化学学报, 2003, 19 (12): 1327.
[19] 曹晓国, 吴伯麟. 超细镀银铜粉的制备及其性能研究 [J]. 机械工程材料, 2005, 29 (9): 31.
[20] 曹晓国, 张海燕. 电磁屏蔽导电涂料用镀银铜粉的制备 [J]. 精细化工, 2006, 23 (8): 738.
[21] 伍继君, 朱晓云, 郭忠诚, 等. 高导电片状银包铜粉的制备技术研究 [J]. 电子元件与材料, 2006, 25 (7): 39.
[22] 马青山, 宣天鹏. 银包铜粉的制备工艺及研究进展 [J]. 稀有金属快报,

2007, 26 (8): 10.

[23] Lin Yun-sen, Chiu Sheng-shiang. Volume fraction of silver-coated copper powers in conductive adhesives for microelectronic application [J]. Polymer Engineering & Science, 2004, 11: 1534.

[24] 钟莲云，吴伯麟，贺立勇. 导电涂料用片状镀银铜粉的研制 [J]. 涂料工业, 2003, 33 (9): 22.

[25] 于晓辉，郭忠诚. 电磁屏蔽导电涂料用片状镀银铜粉的研究 [J]. 涂料工业, 2005, 35 (12): 1.

[26] Sano Kazushi, Okada Yoshihim, Miyoshi Hiromasa. Manufacture of silver-coated copper powder [J]. Jpn Kokai Tokkyo Koho, 2000, (12): 12.

[27] 吴秀华，赵斌. 直接还原法制备超细铜银双金属粉及性能研究 [J]. 无机化学学报, 2002, 18 (6): 597.

[28] 徐锐，周康根，胡敏艺. 水合肼液相还原法制备银包超细铜粉反应机理研究 [J]. 稀有金属材料与工程, 2008, 37 (5): 905.

[29] Schaefers S, Rast L, Stanishevsky A. Electroless silver plating on spin-coated silver nanoparticle seed layers [J]. Materials Letters, 2006, 60: 706.

[30] 毛倩瑾，于彩霞，周美玲. Cu/Ag 复合电磁屏蔽涂料的研究 [J]. 涂料工业, 2004, 34 (4): 8.

[31] 梅冰，乔学亮，王洪水，等. 微米级铜粉化学镀银及抗氧化性分析 [J]. 材料保护, 2006, 39 (9): 28.

[32] 施泽民，钱峰，徐子仁，等. 电磁屏蔽导电涂料用镀银铜粉的制备方法. 发明专利, CN1130553.

[33] 谭富彬，蔡云卓，赵玲，等. 铜粉末化学镀银及其性能 [J]. 贵金属, 2000, 21 (3): 8.

[34] 吴懿平，吴大海，袁忠发，等. 镀银铜粉导电胶的研究 [J]. 电子元件与材料, 2005, 24 (4): 32.

[35] Komasa Nobuaki, Yugawa Ueyoshi, Moro Takeo. Silver-coated copper powder [P]. Kokai Tokkyo Koho JP 61003802 A29, 1986.

[36] 施泽民，钱峰，徐子仁，等. 电磁屏蔽导电涂料用铜粉的制备方法 [P]. 中国专利, 1130553A, 1996-09-11.

[37] 曹晓国，张海燕，黄惠平. 微米级铜银双金属粉及其抗氧化性研究 [J]. 材料导报, 2006, 20 (10): 151.

[38] 周文君，骆超群. 镀银铜粉导电涂料的研究 [J]. 杭州师范学院学报（自然科学版）, 2005, 4 (4): 301.

[39] 张柏声. 关于导电涂料导电性能的讨论 [J]. 涂料工业, 1996, (1): 31.

[40] 路庆华，和田弘. 新型导电胶的研究（Ⅰ）[J]. 功能材料学报, 1997, 28

(5): 546.

[41] 徐滨士，朱绍华．表面工程的理论及技术（第一版）[M]．北京：国防工业出版社，1999.

[42] 刘绪伟，郜小勇，赵剑涛，等．磁控反应法制备氧化银薄膜的研究 [J]．人工晶体学报，2006，36 (6)：1337.

[43] Zhang X Y, Pan X Y, Zhang Q F, et al. Synthesis of Silver Oxide Nano-scale Thin Films and Photo-activated Dynamic Luminescence from Their Nanoparticles Acta [J]. Phys. Chim. Sin, 2003, 19 (3): 203.

[44] 李冬梅，夏熙．络合沉淀法合成纳米氧化铜粉体及其性能表征 [J]．无机材料学报，2001，16 (6)：1207.

[45] J. Naser, W. Riehemann, H. Ferkel. Dispersion hardening of metals by nanoscaled ceramic powders [J]. Materials Science and Engineering, 1997, A234-236: 467.

[46] Oh S T, Lee J S, Sekino T, et al. Fabrication of Cu dispersed Al_2O_3 nanocomposites using Al_2O_3/CuO and Al_2O_3/Cu-nitrate mixtures [J]. Scripta Materialia, 2001, 44: 2117.

[47] 段志伟，张振忠，陆春华，等．化学镀法制备 Cu 包覆纳米 Al_2O_3 粉体 [J]．表面技术，2006，35 (3)：11.

[48] 范启义，凌国平，郦剑．化学镀铜法制备纳米 Cu-Al_2O_3 复合粉体的研究 [J]．材料科学与工艺，2002，10 (4)：357.

[49] 刘远廷，凌国平．纳米 Al_2O_3 化学镀铜粉杂质对烧结致密化的影响 [J]．材料科学与工艺，2005，13 (5)：524.

[50] 史桂梅，张志东，杨洪才，等．化学镀法合成纳米 Ag 包覆 Al_2O_3 复合粉 [J]．东北大学学报（自然科学版），2004，25 (8)：768.

[51] Shou Yi Chang, Jiunn Horng Lin, Su Jien Lin, et al. Processing copper and silver matrix composites by electroless plating and hot pressing [J]. Metallurgical and Materials Transactions, 1999, 30A (4): 1119.

[52] 黄磊，凌国平，郦剑．纳米 Ag－Al_2O_3 复合粉末的制备 [J]．浙江大学学报（工学报），2003，31 (1)：65.

[53] Shi Guimei, Zhang Zhidong, Yang Hongcai, et al. Synthesis of Ag-cladding Al_2O_3 powder by chemical deposition [J]. Journal of Northeastern University (Natural Science), 2004, 25 (8): 768.

[54] Shi Guimei, Zhang Zhidong, Yang Hongcai, et al. Pretreatment effect on the synthesis of Ag-coated Al_2O_3 powders by electroless deposition process [J]. Surface & Coating Technology, 2005, 195: 333.

[55] 川上浩，小山田雅明．化学镀 Ag 粉体制造工艺 [P]．JP11061424，1999-03-05.

[56] 王宇，张骁勇，毛丽，等．空心玻璃微珠化学镀银的研究 [J]．材料科学与工

程学报，2004，22（5）：753.
[57] 毛倩瑾，于彩霞，王群，等．空心微珠表面金属化及其电磁防护性能研究［J］．北京工业大学学报，2003，29（1）：108.
[58] 杜仕国．导电涂料的研究及进展［J］．涂料工业，1995，6：29.
[59] 刘艳．导电粉市场及研究开发现状［J］．湿法冶金，2004，23（1）：1.
[60] 杜仕国，李良春．导电聚合物复合材料技术进展［J］．玻璃钢/复合材料，1998，4：39.
[61] Bhallacharya S K. Metal-filled polymers properties and applications［M］. New York：Marcel Dekker，1986.
[62] 阎洪．化学气相沉积层的技术和应用［J］．稀有金属与硬质合金，1999，3（136）：45.
[63] 杜玉成，黄坤良．空心微珠为基核的纳米隐形材料的制备研究［J］．中国非金属矿工业导刊，2001，（6）：19.
[64] 葛凯勇，王群．空心微珠表面改性及其吸波特性［J］．功能材料与器件学报，2003，3（9）：67.
[65] 邓龙江．磁性材料在 RAM 的应用及其进展［J］．功能材料，1998，30（2）：118.
[66] 姜晓霞，沈伟．化学镀银理论及实践［M］．北京：国防工业出版社，2000.
[67] 蔡积庆．镜制品化学镀银［J］．电镀与环保，2002，22（4）：23.
[68] 陈文虎，高辉．浓度、温度及反应速度对化学镀银的影响［J］．辽宁玻搪，1993，1：13.
[69] 李宁．化学镀实用技术［M］．北京：化学工业出版社，2004，147.
[70] 刘新锦，朱亚先，高飞．无机元素化学［M］．北京：科学出版社，2005.
[71] 吴世学．铜置换包覆铁粉末的工艺和机理研究［D］．重庆：重庆大学，2006.
[72] 刘远延．Nano-Al_2O_3 化学镀铜粉末烧结行为的研究［D］．浙江：浙江大学，2004.
[73] 范启义．化学镀法制备 Cu-Al_2O_3 复合粉体的研究［D］．浙江：浙江大学，2003.
[74] 张超．超细 Al_2O_3-TiC-Co 复合粉体的制备及复合材料的研究［D］．浙江：浙江大学，2004.
[75] 魏美玲．用化学镀法制备低发射率材料［D］．湖北：武汉理工大学，2002.
[76] H. M. Cheng，B. L. Zhou，Z. G. Zheng，et al. Silver Plating on Carbon Fibers［J］. Plating and Surface Finishing（1990）：130.
[77] Warrier S G，Lin R Y. Silver coating on carbon and SiC fibres［J］. J Materials Science，1993，28（18）：4868.
[78] 邱文革，黄少强，陈江涛．玻璃纤维及二氧化硅微粒表面的化学镀银工艺［J］．材料保护，2005，38（8）：29.
[79] 杨发荣，刘永龙．铜包铁复合粉的制造方法［P］．中国发明专利，200510057231. 2006-02-08.

[80] 陈昌铭，等．铜包铁复合粉的制备方法［P］．中国发明专利，200710076648．2008-02-06.
[81] 李玲．表面活性剂与纳米技术［M］．北京：化学工业出版社，2004.
[82] 刘程．表面活性剂应用大全［M］．北京：北京工业大学出版社，1994.
[83] 邹建平，贺子凯，黄鑫．自润滑复合镀层的研究现状及进展［J］．电镀与涂饰，2003，22（4）：29.
[84] 万家瑰，李淑华．表面活性剂在 Ni-P 化学复合镀中的应用［J］．电镀与涂饰，2006，25（11）：46.
[85] 徐滨士．纳米表面工程［M］．北京：化学工业出版社，2004.
[86] 姚若浩，杨洁，窦鹏．铜材表面钝化处理（Ⅰ）——铜材表面变色及其抑制效果评价方法研究［J］．铜加工，1997，（4）：55.
[87] 姚若浩，窦鹏，杨洁，等．铜材表面钝化处理（Ⅲ）——BTA 钝化剂的性能与应用［J］．铜加工，1989，（2）：1.
[88] 刘娅莉．锌钙系磷化的最新应用研究［J］．电镀与环保，2002，22（4）：25.
[89] 敖自立．我国有色金属粉末生产现状与展望［J］．粉末冶金工业，1997，7（增刊）：52.
[90] 曲选辉，黄伯云，雷长明，等．低松比雾化铜粉的研制［J］．中南工业大学学报，1995，26（6）：781.
[91] Anil V Nadkarni，Gary L Cowan，et al. Powder metalpastes for brazing and soldering applications［J］. The International Journal of Powder Metallurgy，2001，37（7）：49.
[92] 郭忠诚，杨显万．化学镀镍原理及应用［M］．北京：冶金工业出版社，1998.
[93] Ger M D，Sung Y，Ou J L. A novel process of electroless Ni-P plating by nonisothermal method［J］. Materials Chemistry & Physics，2005，89（1-3）：383.

5 有色金属特种功能粉体材料的应用

金属粉体的应用性能与它的结构形状有着十分密切的关系，不同形状的粉体在相同使用条件下，其性能有很大的差异。片状金属粉体，其在三维尺寸中只有一维处于亚微米或纳米级，另外二维处于微米级。如此特殊的平面结构，不但使保持了微米粉体较好的分散性，也使其能够充分发挥纳米粉体的功能特性。它不仅具有普通纳米粉体表面活性较高和能与其他活性基团有效结合的性质，而且保持了微米粉体不易团聚和便于分散的特点。同时，片状金属粉末所具有的良好的附着力、显著的屏蔽效应、较强的反射光线能力以及优良的导电性能，也使其在颜料、涂料以及导电浆料等领域，显示出优于其他形状金属粉体的性能[1]。

复合金属粉末可改变单一金属粉末的表面和内部结构[2]。对铜粉表面镀银制成复合粉体既可解决银的迁移问题（抗迁移能力较普通银粉导电涂料提高近百倍），又可提高铜粉的导电性和抗氧化性能[3]，相对于单一的银粉，降低了生产成本。因而银包铜粉可以部分代替银粉，在导电填料、催化剂、导电油墨、橡胶、抗菌材料等领域具有广阔的应用前景。

复合粉体是金属包覆非金属粉末的一种核-壳式复合粉末，它可赋予非金属粉末特殊的电、磁、光学性能，还可改善粉末与金属的润湿性[4]。核壳粒子由于其固有的核壳结构而具有许多优良的性质。核壳粒子的性质由核的大小、壳层厚度、核与壳的种类、核壳表面的结构等因素来控制。首先，核壳粒子由于具有粒子核层与壳层单层材料的性质，因而可以通过调节核壳材料的种类来控制粒子总的性质。其次，由于核壳粒子的性质与核层、壳层层厚有关，因此可以通过控制制备工艺来控制核层、壳层厚度来调节核壳粒子的性质。例如，核壳粒子由于在电子间、电场和磁场下的性能受壳层厚度的影响，因此可以通过控制核层与壳层的厚度来调节粒子电学、磁学和光学等性质，于是这种性质就有可能在光子带隙材料、微波吸收材料、电磁屏蔽材料、电磁流变液材料、催化剂和生物工程中获得应用。再次，核壳纳米粒子由于其纳米结构而具有纳米粒子的一系列性质，因此核壳纳米粒子比纳米粒子更具有可调性，因而有可能获得更理想的性质。

表面包银的核壳粒子因其光学、电磁学等性质的高度可调而成为基础研究和应用研究的一个热点。由于纳米银壳复合粒子能产生可调的等离激元共振，从而引起强烈的光学吸收和散射。通过改变核-壳比，其消光峰（extinction peaks）可跨越可见光到近红外区，同时，纳米银壳复合粒子的聚集状态以及周围环境的介电常数的改变也会引起消光峰的变化。与光子晶体不同，纳米银壳复合粒子的光学特征通过个体的纳米结构就可以自由调制，而光子晶体则依赖于二维或者三维的大范围周期性结构，以实现其可调的光学特征，因此改变其周围介质以改变其吸收峰位置对开发新型光电功能材料具有重大的意义。

5.1 有色金属特种功能粉体材料在涂料工业中的应用

5.1.1 在电磁屏蔽漆中的应用

随着计算机、手机的大量普及使用，电磁波辐射和干扰的现象越来越多，电磁波能畅通无阻地穿过它们的塑料外壳产生干扰。电磁波干扰是指电子器件的正常功能受到干扰或引起障碍的现象，简称EMI（electromagnetic interference）。电磁屏蔽是利用屏蔽体的反射、衰减等使得电磁辐射场源所产生的电磁辐射流不进入被屏蔽区域。现在发现电磁辐射不仅对电子器件有干扰，对人体也会产生危害。癌症、白血病等疾病发病率的提高与电磁辐射的增加有一定的关系。电磁波辐射已经成为了全世界的公害。目前，国际组织及各国政府、科研界等对如何预防电磁波辐射给予了高度重视，并制定了严格的法规来限制电磁波辐射容量。目前电磁屏蔽材料中掺合型导电涂料以其低成本和中等屏蔽效果而得到广泛应用。导电涂料作为一种液体材料，可以方便地喷涂或刷涂于各种形状的材料表面形成导电涂层，从而达到屏蔽电磁波的目的。导电涂料主要由高分子聚合物、稀释剂、添加剂以及导电性填料组成。导电性填料有金、银、铜、镍等金属粉末和碳、石墨、云母片等非金属粉末。导电涂料包括银系、碳系、铜系、镍系等。银的电阻率最低，性能稳定，但价格昂贵。铜粉导电性能优良，但在空气中易氧化，因此不能长期保持导电性能。近几年银包铜粉的发展，使得铜粉的防氧化处理技术取得了显著进展，银包铜粉以其优越的性价比被大量用于导电涂料。

随着世界各国对电磁屏蔽材料研究的深入，人们对传统的实心的高导电或高磁导率的金属粉电磁屏蔽剂的认识已经到了一定程度，这些传统的颗粒材料对电磁波的反射较强，但其制备的屏蔽板材具有比面积密度大、厚度厚、屏蔽频段窄等缺点，解决这些缺点成为当务之急。具有核-壳复合粒子是电磁波屏蔽剂研究的新方向，研究已经表明，通过控制核壳粒子的结构，可以调控电、磁、光等特性，对于屏蔽材料而言，它的电磁参数可以通过调节核-壳粒子的结构而得到控制，从而解决屏蔽频率过窄等问题。

目前，发达国家电磁屏蔽材料发展很快，特别是美国、英国、日本等已经形成生产各种类别和系列规格的屏蔽材料产业，至20世纪80年代末，美国生产屏蔽材料的公司就已超过25家，年销售额以每年50%的增长率增长。

5.1.2 在防腐涂料中的应用

金属腐蚀几乎涉及国民经济的各个部门和各个领域，由腐蚀所造成的损失十分惊人！据有关资料报道全世界每年所生产钢铁产量的大约10%因腐蚀而报废。因此金属防腐技术从来都是金属材料学科领域关注的重大研究课题。

锌元素在保护钢铁防止腐蚀中起着举足轻重的作用。从热镀锌、热浸锌、富锌底漆到目前热门的达克罗涂液（国外称 Dacro-metal），从采用颗粒状锌粉到目前推出的片状锌粉，无一不是用锌来保护钢铁的防腐方法。

片状锌粉主要应用于配制各种水溶性无机盐涂料、有机防腐涂料以及富锌底漆[5]。片状锌粉在涂料中的成膜性好，层状结构具有一定的立体感，在涂膜的柔韧性、再涂性能方面具有优势，且施工时不易起泡。用其配制的防腐涂料，锌片粉末成片状排列，锌耗量小，涂层致密，腐蚀路线延长，根据其工艺特性，可处理超大、超长和带有内螺纹等异形复杂管件、接插件等。而且可使涂件表面涂层均匀、美观，并可涂漆上色、焊接。一定程度上取代了传统电镀、热镀，在处理工艺中不产生废气和废水污染。

达克罗涂料是片状锌粉在防腐涂料上应用的典型产品[6]。达克罗涂层具有极佳的耐蚀性，耐盐雾试验可达 2000h，比电镀锌高 10 倍，优良的涂装性、耐候性、耐热性、耐化学稳定性并且操作简单、节能、污染小、无氢脆等，具有与传统电镀技术无法比拟的优点，因此自问世以来迅速得到推广应用，广泛用于金属制件的防蚀处理，尤其是世界许多著名汽车生产厂家，如美国通用、福特、克莱斯勒，法国的雷诺，德国大众，日本本田、三菱等均已形成防蚀处理的规范。除汽车工业外，建筑、电力、化工、船舶、铁路、家电等行业使用达克罗涂层技术也日益普遍，而且其应用已扩展到军事工业上，美国军标 MIL-C-S7115A 规定，达克罗涂层可用来代替镀锌、镀镉和阳极氧化。2000 年以来，国内的达克罗市场得到了飞速的发展，2002 年国家质量监督检验检疫总局发行了名为《锌铬涂层技术条件》的有关达克罗技术的国家标准，常州达克罗涂覆有限公司、上海达克罗涂覆工业有限公司等也相继发行了企业标准，使国内的达克罗处理更加科学化、标准化，而且相关企业也申请了相关处理液、设备和锌铝片制备方面的专利。2004 年中国民政部批准成立了中国表面工程协会特种涂层委员会，为致力于达克罗技术研究、推广的企业、科研院所以及达克罗处理厂家提供了很好的交流平台，协会内部资源共享，共谋发展。据不完全统计，到2005年，中国的达克罗生产线已超过了100条，主要分布在浙江、上海、江苏、重庆、广东、天津等地区，涂液的月使用量超过了40t，可以预见中国未来的达克罗市场将更加广阔。

富锌底漆具有优异的防腐性能，它是由大量的微细锌粉与少量的成膜基料组成。它的防腐机理是：在腐蚀的前期，通过锌粉的溶解牺牲对钢铁起阴极保护作用；在后期，随着锌粉的腐蚀在锌粉颗粒中间沉积了许多腐蚀产物氧化锌，这些致密而微碱性腐蚀产物不导电，阻塞了颜料层，阻挡腐蚀因子的透过，即后阶段是由屏蔽作用而起防腐蚀效果的。因此片状锌粉对防腐性能的贡献高出球状锌粉数倍之多。球状锌粉和片状锌粉富锌涂料涂层的对比见图5-1。

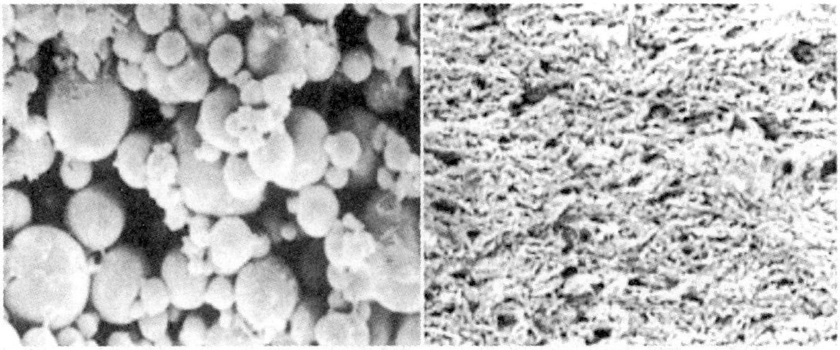

a　　b

图5-1　球状锌粉和片状锌粉富锌涂料涂层SEM的对比[7]

a—球状锌粉富锌涂料涂层SEM；b—片状锌粉富锌涂料涂层SEM

从图5-1a中可见，球状锌粉富锌涂料涂层中有大量的空隙存在，球锌与球锌之间是点接触形式，涂层结构疏松。图5-1b中片状锌粉富锌涂料涂层，片状锌粉与片状锌粉面面接触，交替垒叠，涂层结构致密。

以片状锌粉为填料，选用不同的基料（如水玻璃、环氧树脂、氯化橡胶等）可以研制出种类繁多的水性、溶剂型、无机或有片状锌基富锌涂料。这些涂料不仅抗蚀性能优于普通球锌富锌涂料，并且由于锌粉添加量的大幅度降低，使其成本不高于甚至低于球锌涂料。更由于其单位面积的涂覆量大，施工涂层更薄，已经被国外公司大量用于集装箱用车间底漆。片状锌基富锌涂料将是未来国内富锌涂料发展的重要方向。

5.1.3　在汽车用金属漆中的应用

汽车车身的色彩十分重要，他给人以强烈的精神感染。汽车车身的清晰外型，再配以鲜明的色彩，可构成统一完美的艺术形象。汽车还不断运用具有高“鲜映性”的流行色来适应和满足购买者不断发展变化的审美心理及审美“意识流”。汽车的流行色与其使用地区的气候环境及地理条件（民族风格、风土人情）有着密切的关系。流行色也与人们的经济生活水平有关。汽车的颜色不仅是汽车的包装和品牌识别的标志，它还反映出车主的身份和个性。

汽车涂装中，面漆的颜色（色彩）可分为两大类：本色（solid colors）和金属色（metallic colors）。本色按其色彩又可分为有彩色（系指红、黄、蓝、绿等带有颜色的色彩）和无彩色（系指白、灰、黑等不带颜色的色彩）。金属色也可细分为金属闪光色和珠光色，并有彩色化的倾向。近十多年来，汽车面漆涂装要求高装饰性化（高鲜映性、高亮度、高闪光彩色化），使用金属闪光色和珠光色面漆的汽车逐年增多，在轿车涂装中已超过50%（有的国家和厂家涂金属闪光色的车已超过70%）。在国内涂金属闪光色面漆汽车的价格较本色的要贵几千元，但仍发展得很快，普及应用到微型车、中巴、大客车车身的涂装，重型汽车驾驶室采用金属闪光色面漆也占有一定的比例（如一汽青岛汽车厂的“解放”，济汽的“斯太尔”）。

中国汽车工业预计将保持每年两位数的增长速度，2010年，中国汽车总产量达到1826.47万辆。从此，我们能看到汽车涂料的广阔市场，由于技术和规模原因，国内汽车涂料的生产厂家主要还是致力于中低档产品的生产。但是随着世界范围内环保要求的提高，汽车涂装水性化是大势所趋。目前上海通用轿车涂装线、上海大众新建的第2条15万辆轿车涂装线均是按水性涂料施工设计建造的，而其他轿车厂现存的涂装线都不具备水性涂料的施工条件。所以中高档的水性金属闪光漆的开发虽然充满挑战，但具有广阔的天地和巨大的市场。

5.2 有色金属特种功能粉体材料在电子工业中的应用

5.2.1 在电子浆料中的应用[8]

5.2.1.1 片式多层陶瓷电容器电极浆料

片式多层陶瓷电容器（MLCC）是表面组装技术中应用最广泛的元件，电极浆料是MLCC关键和基础的材料，传统MLCC电极浆料主要是贵金属Ag和Ag-Pd浆料，而Ag浆料、Ag-Pd浆料在某些条件下还存在一些不足，如Ag浆料制得的电极耐焊性差和银在高湿强电场作用下的迁移率高等；另外近年Pd、Ag的价格飙升，使MLCC的材料成本大幅上升，采用贱金属电极浆料来代替贵金属是MLCC发展的重要趋势。MLCC贱金属化的研究过程中，镍和铜引起了人们的广泛关注。镍作为内电极已经得到了系统的研究并已大量运用于实际生产，到2002年，世界已有超过70%的MLCC采用镍贱金属内电极。目前，铜粉用于导体浆料领域研究的重点是提高其抗氧化性，并使其能在大气气氛下烧结，以降低元件成本。镀银铜粉满足这两方面要求，成为贱金属浆料的理想功能相。采用铜粉镀银制备的MLCC电极浆料一般用作端电极。

随着微电子工业的发展，用于元件组装的贵金属浆料用量以年10%的速度增长，生产多层陶瓷电容器（MLCC）用的电极浆料每年为600~700t，随着MLCC今后10%左右的年增长率，电极浆料也将同步增长。因此，用廉价银包铜粉替代贵金属粉制作电极浆料有了广阔的应用前景。

5.2.1.2 电子封装用导电胶

电子封装技术是现代电子工业的重要组成部分，封装过程中芯片与基板、芯片与电路之间的互连技术水平限制了电子产品向小型化、便携化发展。Pb/Sn 焊料由于焊点体积大、分辨率低、环保性能差等缺点已不能适应连接技术发展的要求，利用导电性能好、分辨率高、成本低、环保性能好的导电胶来代替合金焊料已经成为连接材料研究的热点。

导电胶粘剂是一种固化和干燥后具有一定导电性能的特殊胶粘剂。它通过在有机聚合物基体中添加固化剂、导电填料以及其他添加助剂，经固化后使其具有与金属相近的导电性能。它可以将同种或不同种的导电材料连接在一起，使被连接的材料间形成电的通路。常用的导电填料多为电阻率较低的 Au、Ag、Cu、Ni 等金属粉末，最好的导电填料是 Au 粉末，但价格昂贵。Ag 的价格较低，但在电场下会产生迁移现象，使导电性降低，影响使用寿命。Cu、Ni 价格便宜，在电场下不会产生迁移，但是温度升高时，会发生氧化，增加了电阻率，只能在低温下使用。综合考虑各方面的影响，在民用品上多选择 Cu 和 Ag 作为填料，在要求较高的情况下，选用 Au 作为填料。目前以球磨镀银铜粉为原料，用具有给电子性的胺类化合物为配合剂与镀银铜粉表面裸露的铜部分配合，同时添加电子受体配合物，形成电子转移配合物，制备了导电性和耐湿性都很好的导电胶。

5.2.1.3 低温聚合物浆料

低温聚合物导体浆料是电子浆料中的一个重要成员，其发展十分迅速，特别是挠性线路的大量使用，大大加快了聚合物导体浆料的发展速度。该类浆料的应用范围十分广泛，最具代表性的应用是膜片触摸开关（membrane touch switch）的设计及生产。膜片开关技术为键盘的设计制造提供了一种经济实用的方法。膜片开关及其键盘制造技术，目前的发展已趋成熟，其销售市场在世界范围有 2 ~ 3 亿美元，随着应用领域的不断扩张，销售额还将翻番。当前主要的应用范围包括工业仪器、仪表控制系统、办公设备、计算机键盘、尖端航空、航天、军事设备及家用电器、游戏机等。生产制备高质量、高可靠性的膜片开关，其关键在于材料的设计及工艺控制上。

低温聚合物导体浆料通常是由导电填料、聚合物树脂连结料、溶剂、添加剂所组成，为一种组合型复合材料。导电填料一般采用 Au、Ag、Cu、Ni、Al 等金属超细粉末或片状粉末，以片状银粉为常见。连结料一般采用在 100℃左右能产生交联固化的聚合物树脂，由于其固化温度低，材料的安全性好，不会产生较大的收缩与变形，这类低温聚合物导体浆料最适合薄膜开关电路及挠性电路的制作。

随着挠性线路的大量使用，低温聚合物导体浆料成为挠性线路控制成本的关键材料。近年来由于贵金属原料价格不断上涨，市场价格方面竞争越来越激烈，降低浆料的含银量或用贱金属代替贵金属，降低生产成本已经成为各浆料生产厂家重点研发的方向。银包铜粉是代替银粉制备低温聚合物导体浆料，能保证质量并降低成本的理想导电填料。

5.2.2 在导电橡胶中的应用

导电橡胶是填充型导电高分子中的一大类。它主要是将导电性材料与橡胶混合，从而赋予橡胶一定的导电性。与其他导电材料相比，导电橡胶由于具有原材料易得、生产工艺较简单、成本较低和电阻率调节范围较大等优点，已成为应用十分广泛的复合材料[9]。

早期的导电橡胶的体积电阻率介于 $1 \sim 10^5 \Omega \cdot m$，被用来防静电和作为发热材料，随着导电性和其他性能的改善，导电橡胶以各种形式应用于电子工业中，如高压电缆的被覆材料，电磁屏蔽材料和电极材料等。与金属导体相比，导电橡胶较柔软，耐腐蚀，低密度，高弹性，可选择的电导率范围宽，加工性好，价格比较便宜，因此导电橡胶广泛地应用于航天，飞机制造和机械制造业、医学、电气及电子工程，可以作为传感器、电阻器、加热器、弱电流的整流系统，也可以作为电子仪表和系统的电屏蔽和防漏电，以及用来生产防静电的其他许多产品[10]。

导电橡胶大体分为两种：一种是在橡胶大分子中引入导电性分子结构的半导体导电橡胶；另一种是在橡胶中加入炭黑、石墨、碳纤维或金属粉体等导电填料的复合型导电橡胶。

金属系导电填料具有更加优良的导电性能，是制备高导电橡胶的重要填料。炭系填料制备的导电硅胶体积电阻率一般不小于 0.5Ω · cm，而金系导电填料中以纯银或镀银粉填充的导硅橡胶体积电阻率最低可达 10^4Ω · cm，用于电磁屏屏蔽。早期的金属系填料主要是银粉、铜粉、镍粉等金属粉末，其中银粉的导电性能最好，但价格昂贵。为了降低成本，并随着粉末化学镀银技术迅速发展，既可以对金属颗粒，如铜粉、铝粉和镍粉等，还可以对无机颗粒以及有机颗粒如玻璃微珠、石墨、聚苯乙烯颗粒等进行化学镀银制备高性能的导电填料。这类导电填料不仅具有银的高导电性，而且成本较低，密度一般要小于银粉[11]。

雷海军等人[12]采用银粉和镍粉分别填充硅橡胶，研究了两种填料种类、用量及细度对高导电硅橡胶导电性能和物理性能的影响。实验发现，掺入细度及体积分数均相同的银粉和镍粉时，掺入银粉的高导电硅橡胶体积电阻率比掺入镍粉的高导电硅橡胶小 2 ~3 个数量级，且材料的硬度较小，其他物理性能也都优于镍粉填充的高导电硅橡胶，说明金属填料的性质是高导电硅橡胶导电性能的决定因素。

李跟华等人[13]采用乙烯基三过氧叔丁基硅烷偶联剂（VTPS）对镀银铜粉进行表面处理，可提高镀银铜粉的添加量，改善硅橡胶胶料的混炼和硫化成形工艺性能，硅橡胶的导电性、拉伸强度、断裂伸长率、邵氏 A 硬度等得到提高。同时也可提高硫化胶中镀银铜粉与硅橡胶的结合力。使表层镀银铜粉颗粒不易脱离，相应地提高了硅橡胶的导电稳定性，从而制得体积电阻率小于 0.01Ω · m 的镀银铜粉填充型导电硅橡胶。

王一龙[14]采用了一种自制的银包玻璃微珠核壳复合粒子作为导电填料，以丁腈橡胶为基胶，过氧化二异丙苯为硫化剂以及相应的配合剂，制备出一种复合导电橡胶材料。通过研究发现随着银包玻璃微珠核壳复合粒子的体积分数的增加，该导电橡胶材料的性能和屏蔽效能均增加；力学性能呈现下降趋势，而且该复合导电橡胶具有轻质的特点和优异的环境适应性。当导电填料的体积分数为40%时，该材料的体积电阻率为$7.41\times10^{-3}\Omega\cdot m$，其抗拉强度、撕裂强度、断裂伸长率和邵氏A硬度分别为1.07 MPa、14.56 kN/m、140.51%和63，并且其屏蔽性能优良。研究表明这种轻质复合导电橡胶在电磁兼容方面将具有较好的应用前景。

前苏联主要利用金属粉末填料制备导电涂料和导电橡胶，它是作为宇航电子材料中导电塑料和导电弹性体密封件的一个组分。该材料的导电性一般也与密封体系中法兰之间的压力有关[15]。

目前，国内外高性能电磁屏蔽橡胶所用的导电填料大都与银等金属有关，价格相对较高，因此性价比较好的复合填料成为了研究重点。为了提高填充复合填料的导电及电磁屏蔽性能，今后的发展方向及研究重点是对非金属填料进行金属镀层的研究。

5.2.3 在导电塑料中的应用

近年来，随着电子领域对导电塑料材料需求的增长，导电塑料的开发及应用也日益扩大，已成为国际上一个十分活跃的研究领域。目前导电塑料材料在美、日、德等国家的使用量已经达到较高的程度，需求量正在逐年成倍地增加[16,17]。在中国，导电塑料材料各方面的开发研究目前正在积极展开，特别是在电子领域，导电塑料的开发与应用已从初期的纯实验室研究发展到了工业应用研究阶段[18,19]。

导电塑料是一种理想的抗静电、电磁屏蔽材料。静电荷的积累与释放，电磁干扰及无线电波干扰是电子行业面临的两大难题。静电荷的积累与释放会使各种精密仪器、精密电子元件被击穿而报废。电磁干扰及无线电干扰会直接或间接引发电子元器件误动作或系统失灵。因此，在电子设备、集成电路等精密元器件的设计、生产、储运、运行过程中必须考虑抗静电和电磁屏蔽问题。金属具有优良的导电性，是传统的抗静电、电磁屏蔽材料，但金属材料存在密度大、价格贵、难加工、易腐蚀、抗静电和屏蔽性能难以调解等缺点。一般工程塑料虽然具有重量轻、价格低、耐腐蚀、易成形的特点，但是一般为绝缘体，易积累静电荷，且对电磁场几乎无任何屏蔽作用，尤其是对1GHz以下和低频电磁波几乎是完全“透过”，因此无法应用于抗静电、电磁屏蔽领域。导电塑料具有普通塑料的优点，同时拥有类金属的导电特性，是一种理想的抗静电、电磁屏蔽材料，可广泛用作集成电路、晶片、传感器护套等精密电子元件生产过程使用的防静电周转箱、托盘、晶片载体、薄膜袋等。

在微芯片的开发上塑料芯片有可能取代硅芯片。塑料芯片的价格仅为硅芯片的1%～10%，极具市场竞争力。目前国际上已研制出集成了几百个电子元器件的塑料芯片，采用这种导电塑料制造的新款芯片可以大大缩小计算机的体积，提高计算机的运算速度。塑料芯片成为未来极具发展潜力的新一代芯片。

在便携电源开发上，导电塑料用途广阔。传统的镍和铅等重金属电池逐渐无法满足轻薄小巧的移动电话市场要求。美、德、日等国家已先后推出了小巧轻薄的导电塑料电池。同时，与易造成环境污染的重金属电池相比，使用导电塑料电池更有利于环境保护。因此，未来塑料电池可应用在电动汽车上使汽车真正实现“零污染”。

在太阳能电池领域，导电塑料同样优势明显。传统的硅太阳能电池不仅价格昂贵，而且生产过程中会消耗大量能源，因此成本较高，无法成为矿物燃料的替代能源。而塑料电池生产成本低、耗能少，是一种优秀的候选能源。总之，导电塑料在电子行业的各个领域有着广泛的应用，是一种优异的电子原材料。

5.3 有色金属特种功能粉体材料在其他行业中的应用

传统的含油轴承原料的制造采用混合铁铜粉，此种生产方法会产生成分及金相组织偏析，从而造成硬质相及性能的不均匀性，进而导致轴承运行噪声升高和使用寿命缩短，使得在大规模自动化生产过程中，不利于保证产品性能的一致性和稳定性。鉴于此，以铁粉为原料，研发成功制造 Cu/Fe 复合粉的新技术，这样既克服了传统的机械混合铜铁粉的缺点，又有效地解决了含油轴承产品的化学成分及组织偏析问题。目前国内外报道的铜包铁粉的主要制备方法就是利用铁对铜的置换法来制备。换言之，此种方法就是在不加还原剂的情况下直接利用铁对铜的置换作用进行化学镀铜。

玻璃纤维作为一种性能优异的无机非金属材料，具有不易燃、耐高温、耐腐蚀、吸湿小、伸长率小等优良性能，镀金属导电玻璃纤维具有导电性好、强度高、易成形、密度低、成本低、易于与树脂结合等优点，成为一种优良的导电填料，可以应用于电磁屏蔽材料[20]。金属纤维的填充量对导电性能的影响规律与炭黑填充的情形相类似，但由于纤维填料形成链状导电通道的几率更大，因此在填充量很少的情况下便可获得较高的电导率。金属纤维的长径比对复合材料的导电性能影响较大，长径比越大，导电性和屏蔽效果就越好[21]。

超细镍粉可与其他金属或材料制成具有特殊性能的合金或复合材料。镍粉的抗氧化性、导磁性比铜好，导电性又比碳好，因而成为导电性复合材料的一种主要的填料。用低密度聚乙烯（LDPE）和镍粉混合再压成片状，制成 Ni. LDPE 复合材料，制得的材料具有良好的导电性及力学强度[22]。镍是铁基粉末冶金结构材料中常用的合金元素，将镍以金属粉末的形式加入铁粉中（一般为 2% ~5%），不仅可提高烧结材料的强度、韧性、抗冲击性和硬淬性，而且对含铜的合金铁粉，可缓和烧结时铜的膨胀作用而有助于烧结零件达到准确的尺寸[23]。瑞典 Hoganas 公司生产的含镍1.75% ~4.0%的Fe-Ni-Mo-Mn-Cu系热扩散黏结型的部分预合金铁粉，其中的镍就是采用羰基镍粉添加进去的，其压缩性基本与基体纯铁粉相同，已广泛用于汽车中的高温强度结构零件；用2.0% Ni粉、1.0% Mo粉、0.7% Mn粉、0.37%或0.42%碳和其余平衡量的雾化铁粉制成的新型合金钢即使不进行热处理也能得到优异的力学性能，可用于制造精密的凸轮、齿轮以及其他大部分精密制件[24]。含4.0% Ni、2.5% Cu和0.6% C的电子控制膨胀合金，体膨胀率为零，且强度非常高，可用于制备各种精密结构件[25]。

以单质钛粉和镍粉为原料用熔铸法、粉末冶金法或高温合成法等可制备出TiNi形状记忆合金（SMA）[26]。镍钛记忆合金自从1963年开发以来，由于其力学性能和形状记忆效应良好而获得了广泛重视和推广应用，被广泛地应用于管接头和电触头，家用电器和汽车制造业、飞机制造、机器人等行业[27]。另外，镍钛记忆合金由于具有优良的耐腐蚀性能和良好的细胞附着生长性能，被广泛地应用于医学领域，可应用于人造骨骼、牙科等[28]。将超细镍粉粒子高度弥散于基液（分散媒剂）中构成稳定的胶体溶液，即使在重力、电、磁等力作用下亦能长期稳定地存在，不产生沉淀与分离，因此它具有固体的磁性、液体的流动性。磁性液体具有一定的黏滞性，但又是强磁性介质，可以作为能量交换器的组成部分，如扬声器；可作阻尼器件，如作为旋转与线性阻尼器；还可用于磁印刷、磁性液体润滑剂与轴承；也可用于电声转换材料等[29]。

5.4　应用实例

5.4.1　水性银包铜粉电磁屏蔽漆

5.4.1.1　概况

A　电磁屏蔽的重要性

电磁屏蔽是治理电磁环境污染的重要手段。众所周知，人们在生产和生活中由于电磁场所造成的电磁污染越来越严重。除已知的微波源如广播电台所发射的高频电磁波外，人们周围还存在更多、更为强烈的低频电磁环境污染。从日常生活中的家用电器到高压输电线上的工频场、强低频谐波场、低频脉冲场，电磁环境污染已经充斥着我们的整个生活空间。电磁屏蔽技术的广泛应用已迫在眉睫。

电磁屏蔽是防止电磁信息泄漏的有力工具。Tempest 技术，这一尖端技术发挥着越来越重要的作用。到 2020 年，地面战争的关键是在“收集和保护信息方面占优势”。在这一较量中，计算机的电磁波防泄漏研究具有决定性的作用。而我国一直对电磁信息泄漏的严重性认识不足，直到“八五”期间才注意到军用计算机的信息泄漏问题，但仍未提出防泄漏的指标。对民用计算机的电磁泄漏就更未提到议事日程上来。由于国外对此项技术的保密，很难借鉴其技术，给我国开展防电磁波信息泄漏带来一定的困难。为了保证国家政治、经济及军事等部门的安全，保护国家利益，并使我国电子产品、设备与国际市场的接轨，大力开展电磁波的屏蔽技术势在必行。

电磁屏蔽是提高我国电子产品质量，开辟国际市场的需要。2000 年初对家用环绕声功率放大器进行抽查，不合格率达 47.8%，其原因除了产品标识虚假外，主要是电磁兼容（电磁辐射）性能不合格。ERC 指令规定，从 1996 年 1 月 1 日起，所有投入欧共体的电器、电子产品，均需符合 EMC 的指令要求，否则不准进入欧共体市场流通。

电磁辐射对社会正常运行已构成很大危害，各国政府已经和正在采取的技术措施和方法主要有两个方面：一方面通过立法和制定标准规范电磁辐射剂量，如颁布系列的法规和技术标准[30]。这些规范和标准明确规定了电磁辐射的最大安全剂量，并将 EMI 源分为工商业用（A 类）和家庭住宅区用（B 类），后者更为严格。另外，美国的“FCC”还规定，频率大于 1000Hz 的电子装置必须要求屏蔽保护，并要求通过 EMI/RFI 检验合格，才能投放市场，我国电信部门针对通讯和民用电子设备从 1996 年开始也制定了类似的强制性规定。

作为情报部门，1964 年，美国国家安全局（NSA）制定了 NSA65-6“关于通信设备 RF 屏蔽室的指标”，1972 年制定 NSA73-2A“关于金属箔 RF 屏蔽室的指标”。两个文件收入 1979 年制定的 NACSEM5204 中（NACSEM 为美国国家通信安全/电磁信息安全备忘录），是对电磁屏蔽室的技术规定，总的要求是屏蔽性能为 50dB 左右。1984 年，NSA 又制定了在美国国内使用的电子设备 NACS15004 标准和在美国境外使用的电子设备 NACSI5005 标准（NACSI 为美国国家通信安全准则）。1988 年，NSA 制定了 NSA89-02 标准，统一了电磁屏蔽的技术要求。

对于军方，早期美军各军种从各自的需要出发，制定了一些不同甚至是相互矛盾的电磁屏蔽技术要求。但从 1968 年起，美军相继制定了统一的 MIL-STD-461、462、463 军用设备电磁屏蔽标准，把对高频端电磁屏蔽性能要求提高到 110dB。1988 年，美国空军出版 HEMP/TEMPEST 屏蔽设备的设计和结构手册，要求在美国国内空军基地采用 NSA89-02 标准，把在其国内使用的电子设备电磁屏蔽定在 40 ~ 50dB 衰减水平，国外仍为 110dB。

另外，大力进行电磁波屏蔽材料的研究和开发。在国外，已形成屏蔽材料产业，其产品种类齐全。设在美国 MASSACHUSETTS 州 WOBURN 市的 CHOMERICS 公司是世界从事电磁屏蔽材料研究、应用的著名公司，其生产的电磁屏蔽涂料在 30MHz ~ 1GHz 频段达到 60 ~ 100dB，对环境适应能力强，广泛应用在美国情报系统和美军各军兵种的电子设备和计算机系统。1995 年，该公司全球电磁屏蔽涂料销售达 28000t。

B　水性电磁屏蔽导电涂料的国内外研究现状

电磁屏蔽材料按应用形式可分为结构型屏蔽材料和屏蔽涂料。屏蔽涂料，以其生产工艺简单、无需特殊设备、不占空间、与基材一体化等众多优势，成为电磁屏蔽材料中的佼佼者，被广泛应用于各种电子装置和系统的电磁辐射防护。目前常用的屏蔽涂料主要是用复合法制得的。水性涂料的成分包括：水性成膜树脂（基料）、水（分散介质）、一定量的颜料和填料、各种助剂。目前水性电磁屏蔽涂料的研究已取得一定进展。如日本发明的可剥水性电磁屏蔽涂料[31]，其原料为丙烯酸聚合物乳液（由甲基丙烯酸甲酯（5%）、甲基丙烯酸丁酯（35%）、甲基丙烯酸环已酯（10%）、丙烯酸（20%）、乙基已酯（10%）和甲基丙烯酸（20%）制得）和链型镍粉，所制得的涂料黏度（25 ℃）为 7.7 Pa · s，体积电阻率为 $1.9 \times 10^{-2}\Omega \cdot m$（于 50℃和 95%相对湿度下放置 30 天后），具有优异的稳定性，适用于建筑物、电器和计算机的电磁屏蔽；神东涂料公司也成功研制出电磁干扰屏蔽用水溶性导电涂料，这种涂料以能附着于各种塑料的丙烯酸水性树脂为基体，主要用于涂布塑料壳体内表面[32]。

a 水性涂料用树脂

最近几年，随着环保呼声越来越高，对 VOC 向大气的排放量的限制越来越严格，加之对地球有限资源、有限能源的重视，使得水性涂料在全球涂料市场成为持续热点。其中乳胶漆的表现最为耀眼。据 J. Howard 预计，到 2010 年水性涂料将占据工业涂料的 40%，较 2000 年增加 42.8%[33]，长期被传统的溶剂型涂料占领的市场正逐渐被新开发出的水性涂料所取代。

邓爱华等[34]以丙烯酸、丙烯酸酯、甲基丙烯酸、甲基丙烯酸酯等为基料，添加引发剂，用水或醇作溶剂进行聚合，并加入苯乙烯、醋酸乙烯等改性剂，合成了三种不同的水溶性丙烯酸改性树脂，并对其性能进行了测定。结果表明：这三种树脂的黏度、水溶解性、干燥后膜的吸胀性、抗酸碱性、光亮度等性能，均达到了溶剂型丙烯酸酯类涂料的性能。

单纯的树脂已不能满足涂料的性能要求，因此人们对树脂的改性进行了很多研究。唐林生等[35]研究了水性涂料用树脂的混合技术，特别是硬乳液和软乳液的混合、乳液和水溶性树脂的混合、不同化学成分树脂的混合等。他们认为树脂的混合可以达到取长补短的效果，是改善水性涂料性能的一种简单而有效的方法。目前，很多研究人员致力于树脂的改性研究。刘晓红、高文艺[36]以锌粉为催化剂使环氧树脂与丙烯酸发生酯化反应而交联生成三维网状高聚物，经测定其耐盐雾性可达 106 h 以上，抗腐蚀性能和表面光洁性都得到了显著提高。

在采用复合化技术提高水性涂料的耐水性、耐候性方面，有采用硅、氟树脂复合的，也有采用无机/有机复合的。这方面已有不少文献、专利报道[37]，如在丙烯酸树脂中引入能够自缩聚的硅烷醇基单体的丙烯酸硅涂料，主要用于建筑领域，具有较好的耐候性和密着性。水性含氟树脂涂料也是最近的一个热门课题，并有不少报道，如日本专利特公平 3-51749、特公平 5-271359。氟树脂的耐热性、耐候性、耐化学药品性较好，特别是其突出的超耐久性已经受到人们的重视。

b　电磁屏蔽涂料用填料

填料的电磁性能直接影响涂料的屏蔽性能。根据填料种类不同，可将电磁屏蔽涂料分为银系、铜系、镍系、碳系等涂料系列。银系涂料的稳定性和导电性较好，但价格偏高，目前只应用于要求较高的航空航天等高科技领域。国内电磁屏蔽用导电涂料的研究起步较晚，在镍系、铜系、碳系屏蔽涂料的研究方面已取得了一定成果。

c　涂料助剂

作为涂料的原材料之一，助剂的用量通常很少，但是其作用却不可忽视。助剂的加入可以消除原漆的许多弊端及漆膜缺陷，同时又可以使涂料的生产和施工过程易于控制。在溶剂型涂料中易出现的缺陷和弊病，在水性涂料中也同样会发生，然而，由于水性涂料中所用树脂和水的特殊性，使得用于水性工业涂料的助剂有别于一般的添加剂。常见的水性涂料的助剂有：中和剂、增稠剂、湿润分散剂、消泡剂、抗菌防霉剂、固化剂、催干剂等。

为了不破坏涂料的稳定性和耐水性，必须控制助剂的用量，以达到性能平衡和低 VOC 含量。李正莉等[38]研究了有机膨润土防沉剂对铜系导电涂料的沉降率、黏度、触变性、涂层导电性及显微形态的影响，研究结果表明，有机膨润土可解决铜-环氧涂料的填料沉降问题，极大地提高涂层表面的导电性，涂层表面厘米电阻最小可达$6.0\times10^{-3}\ \Omega$，涂料中有机膨润土的最佳用量为1%～2.5%；施冬梅等[39]探讨了几种硅烷类和钛酸酯类偶联剂对铜-环氧电磁屏蔽涂料导电性能的影响，以及铜粉在环氧树脂中的分散性对提高铜粉抗氧化性所起的作用，并根据实验结果得出结论：在铜-环氧体系中加入2%～3%复合单烷氧型钛酸酯偶联剂CT-136，不仅可以制备出各相分散均匀的导电性能良好的涂料，而且还可以提高其在常温条件下的导电稳定性，在一定程度上解决了导电涂料使用过程中铜粉的防氧化问题；高晓敏等[40]在丙烯酸基复合型电磁屏蔽导电涂料中引入几种分散助剂，并且采用相应的分散工艺，使填料的分散性、电磁屏蔽效能和导电性能有较大改善。

总之，水性涂料所用助剂较多，配方比较复杂，不断探索实际配方中各组分之间的相互作用，发挥其协同作用和稳定效果，是配方师的努力方向。

C 电磁屏蔽涂料现存在的问题及发展方向

水性导电涂料的关键技术问题是防止涂料中的水使金属填料氧化，避免导电性下降。此外，水性导电涂料的附着力、防沉降等问题也是很棘手的。在溶剂性涂料中使用的球状金属填料在水溶性涂料中容易沉降，故填料需制成表观密度较低、不易沉降的片状，并加入特殊分散剂，这样，即使填料发生沉降，也容易再分散。

电磁屏蔽涂料具有重要的实用价值，尤其是在电子工业、建筑工业、航空和军用工业等领域的应用越来越广泛。目前电磁屏蔽涂料的研究和发展趋势有以下几个方面：

（1）虽然采用单组分填料制备屏蔽涂料具有工艺简单、生产成本低、涂层对中高频电磁波的屏蔽效果较好等优点，但其屏蔽效能和使用范围有一定局限性，难以满足高屏蔽效能、宽频屏蔽的要求。因此，复合涂料成为重点研究方向。国内有关科研工作者也已经意识到传统屏蔽涂料的局限性，开始对新型高性能复合涂料进行研究。吴行等人[41]将铁磁材料、非晶磁性合金粉、SiC半导体材料与镍粉进行组分复合，并制备出宽频电磁屏蔽涂料。其研究结果表明，采用不同形状、不同材质的复合填料，或对常用填料进行包覆处理增加其抗氧化性和导电性，可以在不大幅度增加成本的基础上提高涂料的屏蔽性能。

（2）亚微米、纳米材料的体积效应和表面效应使其具有特殊的物理、化学特性，在电磁场的辐射下，原子、电子运动加速，促使磁化，使电磁能转化为热能，从而增加了对电磁波的吸收性能，而且由于比表面积高，易于形成导电网络，因此采用纳米材料是屏蔽涂料的发展趋势之一。

（3）可回收性电磁屏蔽涂料是屏蔽涂料的另一发展趋势，我国应开展这一方面的研究。

（4）导电性高的聚合物，如聚苯胺、聚噻吩、聚吡咯等，具有接近金属的导电性能，且其电导率可以通过改变分子间共轭双键的数目来调节，如能解决其工业化生产问题，在电磁屏蔽领域的应用前景不容忽视，但目前关于高分子电磁屏蔽涂料的研究报道还很少。本征型导电高分子材料与金属系复合材料相比，不仅具有质轻、易合成、电导率可调、环境稳定性好等优点，而且它们的主要屏蔽特征为吸收损耗，不同于金属材料的反射损耗特征。但由于聚苯胺的电导率低，单纯采用本征型导电高分子材料很难获得优异的电磁干扰屏蔽效能。将结构型导电高分子材料与金属材料相复合，可极大地提高其电磁干扰屏蔽效能，尤其是将纳米复合技术与导电高分子材料结合起来，可以控制屏蔽材料的吸收/反射损耗比。日本制出了用于4MB软盘的透明聚苯胺电磁屏蔽涂层，效果非常好。美国、德国、日本等国都开展了以聚苯胺为基的电磁屏蔽材料的研究，且有了突破性进展。

D 水性化的必要性

随着现代科学技术及现代工业的发展，环境污染给人们赖以生存的地球以及人类本身造成了极大的威胁。传统涂料在制造过程和施工应用过程中均有大量的有毒有害废气、废水的排放，对环境、大气以及水资源造成污染，特别是溶剂型涂料，施工中有50%以上的有机挥发物（VOC）排放到大气中，造成二次污染。

一些发达国家的研究人员发现，建筑涂料作为建筑物的装饰和保护材料，其中所含的芳香族、卤化物族、甲醛和各种有毒的有机挥发性物质 VOC 对人体的健康影响很大。长期处在这种空气环境下工作和生活，轻者造成紧张、疲劳、头晕、头痛，刺激眼、耳、鼻、喉等器官；重者会导致神经系统性疾病和癌症等。VOC 在太阳紫外线的辐射下会分解成高活性分子并容易与工业气体排放物中的 NO_x、SO_x 等分子反应，生成对人体有害的光化学氧化剂，产生烟雾和酸雨，使大气环境恶化。随着社会的发展，人们的环保意识越来越强，许多工业国家十分重视这一问题。全面保护环境正进一步为世人所关注，因而在所有领域中尽可能地以无污染、低污染的材料代替有污染的材料是人类生存的需要。进入 21 世纪，环境保护愈来愈受到世人的关注。国外对减少大气污染十分重视，公布了一系列的环保法规，以法规的形式限制了 VOC 的排放，对涂料主要限制其 VOC 和重金属的排放量。1966 年美国洛杉矶地区颁布了世界上第一个限制 VOC 排放的法规——66 法规[42]，西欧、日本等工业化国家相继出台限制涂料中 VOC 和其他有害物质的规定。在当时这些法规对 VOC 的限制是很严的，如“66 法规”规定涂料中有机溶剂不超过 17%（体积分数），该法规对美国涂料行业产生了极大的影响和冲击。

减少 VOC，不仅节约了溶剂，也节省了资源、能源。制造涂料的原料 75% 来自石油化工，由于西方工业国家的经济危机和第三世界国家石油价格的调整，因而在世界范围内，普遍要求节约能源和资源。基于上述原因，环保性的水性涂料，特别是乳胶漆，作为代油产品越来越引起人们的重视。环保性涂料在德国占涂料总产量的 40% 以上[43]，美国占 35%。近十多年来，作为环保型的乳胶漆年消费量仍以 8% ~9% 的速度增长。

我国低污染涂料发展较快。其中，水分散体涂料制备工艺多样、品种齐全、施工方法选择余地大、可根据使用目的选择制备工艺、品种和施工方法，加上性价比方面的优势，使水性涂料具有很大的发展潜力。

电磁屏蔽涂料的水性化是导电涂料发展的一种必然趋势，现在一些大型建筑物或重要的场所已经要求采用水性涂料，然而现有的绝大多数涂料却难以适应满足其要求。水性导电涂料既具有良好的电磁屏蔽效能，又具有一定的环保性能，而且其成本相对于溶剂型涂料而言已大为降低，因此，水性导电涂料的开发研究势在必行。

5.4.1.2　实验方案及技术路线

A　技术路线

水性电磁屏蔽漆研究的技术路线如图 5-2 所示。

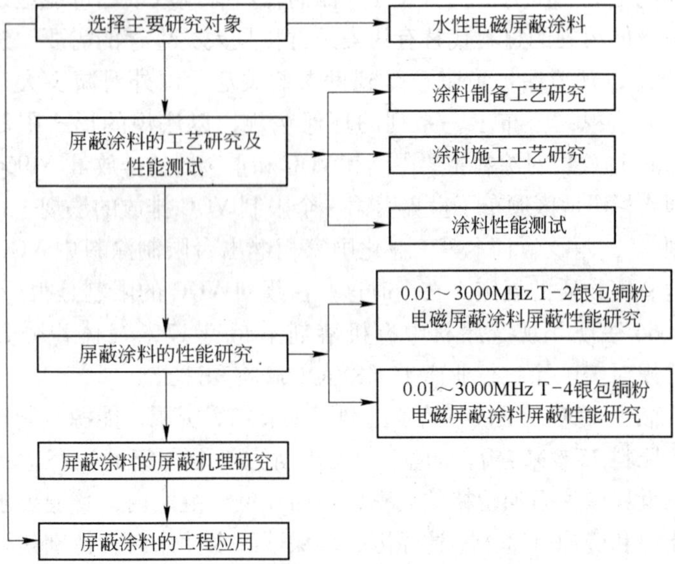

图 5-2　水性电磁屏蔽漆研究的技术路线

B　电磁屏蔽漆材料的选择

a　导电填料的选择

导电填料是导电涂料的重要组成部分。导电填料的选择，主要是根据需要选择合适的导电填料的种类、形状和用量。常用的导电填料包括金属系填料、碳系填料、金属氧化物系填料以及复合填料等。常用于导电涂料的主要填料见表5-1[44]。

表5-1 制造导电粉用导电填料的分类及其主要特点

体系	类别	品 种	主要特点
碳系	炭黑	乙炔炭黑，油炉法炭黑，槽法炭黑，热裂法炭黑	电阻率约为 $10^{-2}\Omega\cdot cm$，导电性良好。分散性差，吸油值高、色彩深，难着色
	碳纤维	聚丙烯腈（PAN）基 沥青基	导电性良好，生产成本高，加工困难 比PAN基碳纤维导电性差，生产成本低
	石墨	天然石墨，人造石墨	导电性随产地而异，难粉碎，导电性随生产方法而异
金属系	金属粉	金，铜，银，镍，铁，铝等	金和银不仅有良好的导电性，且化学性质和导电性稳定，但价格昂贵；铜、铝、铁、铝、锡价格较低，导电性也很好，但化学性质不稳定，易生成表面氧化层，降低甚至失去导电效果，而且耐腐蚀性差
	金属氧化物	ZnO，PbO，TiO_2，SnO，V_2O_3，Sb_2O，In_2O_3 等	导电性较差，耐热性优良，在几百摄氏度到1000℃温度范围内导电性稳定，不随时间和空气湿度而改变，具有永久导电性
	金属薄片	铝 箔	色彩鲜艳，导电性好
	金属纤维	镍，铜，铝，不锈钢纤维等	导电性好，价格昂贵，加工困难
其他	镀金属玻璃纤维、玻璃微珠、云母等加工时存在变质问题		

这里屏蔽的是空间电磁波，它属于平面波电磁场的屏蔽，应选用电导率高、磁导率低的材料。

这类材料中，银的电导率最高。但是用银作为导电填料主要有两个问题，其一是价格昂贵；其二是银的迁移现象带来的弊端。银迁移的原因是：首先银以 Ag^+ 溶在基质吸附的水中，接着 Ag^+ 与 OH^- 反应，生成 AgOH，AgOH 极不稳定，立即变为

Ag_2O。金价格太贵，铝也很容易被氧化。铜的导电性能优良，低频区屏蔽效果比镍系好，价格便宜，引人注目。主要问题是化学性质活泼，易氧化，氧化物是绝缘体，难以在长时间的使用过程中保持良好的导电性能。随着防氧化技术的进步，铜系导电涂料才逐步发展起来。

目前的防氧化技术主要有：

（1）表面镀金属；

（2）加入还原剂将铜粉表面的氧化铜还原为铜；

（3）有机磷化物处理；

（4）聚合物稀溶液处理。

经过表面处理后的铜粉稳定性显著增加，具有实用价值。

综上所述，本文选择片状银包铜粉 T-2（含银 5%）、T-4（含银 10%）作为导电涂料用填料，性能指标见表 5-2；表面形貌见图 5-3。

表 5-2 片状银包铜粉性能指标

牌号	形状	粒度分布/μm	松装密度/g · cm^{-3}	振实密度/g · cm^{-3}
		D_{50}		
HDAC-T-2	片状	25 ± 2.0	0.70 ~ 0.80	2.5 ~ 4.0
HDAC-T-4	片状	25 ± 2.0	0.60 ~ 0.70	2.6 ~ 4.2

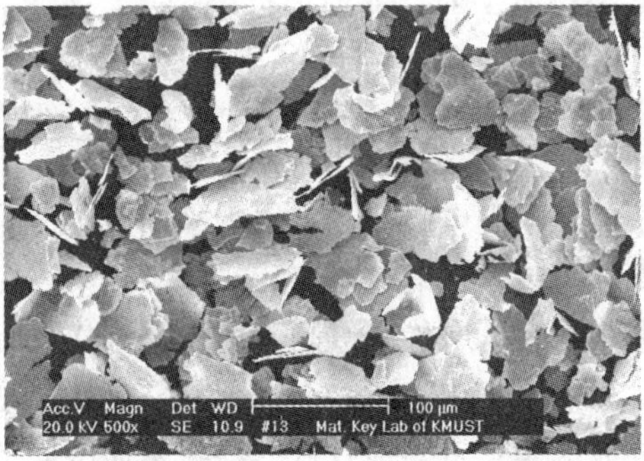

图 5-3 片状银包铜粉 SEM 图

b 成膜物质的选择研究

水性涂料所用树脂称为涂料的基料俗称黏合料或黏合剂，又称成膜物质。按成膜物质在水中的相对稳定状态可将其分为水稀释型、胶体分散型、水分散型或乳胶型这三种主要类型。有的作者将水稀释型涂料称为水溶性涂料。其中，以水溶性涂料及其乳胶涂料占据主导地位，在成膜物质的选择研究中重点讨论。

（1）成膜物质对水性导电涂料的影响。

1）成膜物质影响水性导电涂料的基本原则。成膜物质的选择，除了必须满足一般涂料的性能要求外（如黏度、成膜性、附着力、干燥性和耐久性），还必须考虑成膜物质与电磁屏蔽涂料的用途、使用环境与被加工基材的密切关系。作为这种功能性涂料用成膜树脂，其相对分子质量的大小、树脂所含固体成分的高低、树脂固化温度的高低、与填料的亲和性（湿润性）、对填料的吸附性和黏结情况等都将影响填料粒子间的接触状态，因而对屏蔽涂料的性能均有重要的影响。成膜物质在涂层中起骨架作用，使孤立的导电粒子紧密接触而导通，与基材黏合，对导电粒子起保护作用，提高涂层的导电稳定性。

成膜树脂的相对分子质量过小，树脂成膜后涂层中骨架强度将下降，涂层的其他物理性能也受到影响；相对分子质量过大，涂层的韧性降低，脆性增大。此外，相对分子质量的增加很容易造成金属微粒之间树脂隔膜层厚度增加。根据理论分析[45,46]，当这层膜厚度大于 10nm 时，金属微粒间的电桥效应遭到破坏，涂层的导电性能将下降。合成树脂的相对分子质量分布越窄，水溶性越差，但漆膜的性能好，尤其对于电沉积法施工的漆料来说，相对分子质量分布越窄越好，因为不同大小的分子在电场的作用下，表现出不同的电沉积效果。相对分子质量分布宽时，因为分子间的互溶效应常有利于水溶性的改善，但往往不容易得到性能良好的漆膜和稳定性。

成膜树脂的固体分过高时，金属微粒的添加量很大，金属微粒容易脱落；固体分低时，金属微粒的添加量可相应增大，但固体分过低时，涂层的物理性能（如耐磨性、耐冲击性等）又会受到影响。

成膜树脂的优劣与填料之间的亲和力关系到涂层导电性能的优劣。亲和力过强，树脂将金属微粒完全包裹，从而影响了涂层中导电网络的构成。亲和力过弱，涂层固化后金属微粒间的结合力过弱，稍有外力作用，金属微粒便会脱落，因此，成膜树脂与金属微粒的亲和力要适度。

2）成膜物质的选择。这里是以 ABS、PC 等塑料板为底材，适合的树脂有丙烯酸树脂、聚氨酯、环氧类。乳胶漆具有遮盖力强、流平性佳、附着力强、防霉等性能优势，热塑性聚氨酯乳液是聚氨酯分散体 PUD，其中的 NCO 已完全反应。它具有耐磨性好、颗粒微细（10～100nm）、容易成膜、耐低温、弹性好的特点，一般伸长率达 550%～800%，但成本较高，常与丙烯酸乳液拼用，这样既改善了性能，又降低了成本。根据不同的组合，可用于不同的基面，如木材、塑料、玻璃、混凝土、金属等。不同的生产厂家由于生产工艺的不同，质量检测控制的标准和手段差异以及自动化程度的高低，所生产出来的原材料性能可能不完全相同，有时甚至会有很大的差异，本研究尝试了不同厂家的水溶性丙烯酸树脂、聚氨酯和丙烯酸乳液以及聚氨酯和丙烯酸乳液的共混，将其与 20% 的 T-2 银包铜粉混合，涂层测试结果如表 5-3 所示。

表 5-3　不同基体树脂对涂料导电性能和附着力的影响

树脂类型	1 号	2 号	3 号	4 号	5 号	6 号	7 号
固含量/%	40 ± 2	55 ± 2	63 ± 2	33 ± 2	47 ± 2	32 ± 2	48
厘米电阻/Ω	0.33	0.20	0.36	0.45	0.30	0.17	0.19
附着力	差	好	差	差	好	好	好

注：7 种树脂配制的涂料中，树脂固含均占涂料总固含的 5.1%，前 5 种为水溶性树脂，第 6、7 种分别为聚氨酯乳液和丙烯酸乳液。

研究结果表明乳液无论是漆膜的表观、还是导电性能都强于水溶性树脂，这里选择乳液作为基体树脂。而乳液的混合可以改善漆膜的性能，又降低成本，聚氨酯乳液和丙烯酸乳液的混合比例对漆膜的影响如表5-4所示。

表5-4 乳液比对漆膜表面及其导电性的影响

聚氨酯、丙烯酸乳液质量比	24:1	20:1	15:1	10:1	7:1	1:1
厘米电阻/Ω	0.27	0.28	0.18	0.2	0.25	0.3
表面质量	发花	发花	不光滑	光滑	光滑	光滑
附着力	掉粉	掉粉	好	好	好	好

由表5-4可以看出，当乳液比为15:1左右时，涂层的表面和导电性良好，表面无发花现象，喷涂时黏度适中，流平性好，同时导电性能良好。所以本研究选择乳液比为15:1。

c 助剂的选择

本实验主要对偶联剂和增稠剂进行了研究、选择。

(1) 偶联剂的选择。

1) 填料偶联处理的原理[47,48~52]。表面处理剂又称为偶联剂，是一种增加无机填料与有机聚合物之间亲和力的有机物质。偶联剂在涂料中起很重要的作用，大多数无机填料属亲水性，与高分子聚合物难以相容，如果不经过偶联处理，它们会造成相间分离；经过偶联处理后，偶联剂在填料和聚合物之间通过物理和化学的作用使分子的一个键与聚合物连接，另一个键与填料连接，使它们紧密相连，从而达到良好的力学性能。偶联剂性能的优越取决于其具有的偶联官能团和偶联点的多少，如二（亚磷酸二辛酯）络四异丙氧基钛与单烷氧型钛酸酯偶联剂相比多三个偶联点，因而也具有更好的表面处理效果，对填料在涂层中分散性及涂层力学性能都有明显的提高[78~81]。

偶联处理能有效地改变金属填料和高分子聚合物之间的界面状态，提高填料在有机体系中的分散性和利用率，还能使体系黏度大幅度下降，增加熔融流动性，改善加工工艺性，减少溶剂用量，增加固体填充量，提高漆膜的力学性能和色泽鲜艳度等。

2) 偶联剂的选择。目前应用较为广泛的偶联剂按结构可分为硅烷偶联剂、钛酸酯偶联剂、铝磷酸酯偶联剂等。硅烷偶联剂主要用于处理短玻璃纤维、二氧化硅、碳化硅等纵横比大和含水量大的填料；铝磷酸酯偶联剂主要用于处理碳酸钙填料；钛酸酯偶联剂既是偶联剂，又兼有分散剂和润湿剂等多种功能。不仅可以制备出各相分散均匀的初始导电性好的导电涂料，而且还可以提高其在常温条件下的导电稳定性，一定程度上解决了导电涂料在使用过程中铜粉的防氧化问题。而相应使用 KH550 硅烷偶联剂，对铜粉在环氧体系中的防氧化作用很差，偶联剂不同用量的涂层经过常温储存实验后，年电阻增长率都很高，最低为 187%[53]。所以本文选择了钛酸酯系偶联剂来进行填料的表面处理，通过涂层附着力和导电性来优化选择偶联剂的种类及含量。钛酸酯系偶联剂种类与涂层附着力和导电性关系见表 5-5。

表 5-5　偶联剂种类与涂层附着力和导电性关系

偶联剂种类	外　观	附着力	厘米电阻 R/Ω
钛酸酯偶联剂 A	红棕色黏稠液体	好	0.16
钛酸酯偶联剂 B	透明黏稠液体	轻微掉粉	0.17
钛酸酯偶联剂 C	透明黏稠液体	掉粉	0.20

由表 5-5 可以看出，偶联剂 A 最适合本体系，加入偶联剂 A 后，涂层的附着力和导电性都得到较大的提升，同时此偶联剂的加入极大地降低小尺寸粉料的团聚，较好地改善其分散性，和树脂和溶剂共混后易于分散，从而使成品涂料的不稳定性和不均匀性得到改善。

（2）增稠剂的选择。

1）增稠剂的种类及特点。增稠剂是使体系黏度增加的助剂，在低剪切速率下的体系黏度增加，而在高剪切速率时对体系的黏度影响很小。乳胶漆在生产、贮存、施工和成膜过程中，都要求有一合适的流变性，而增稠剂对乳胶漆的增稠、稳定及流变性能起着多方面的改进调节作用。因此，在生产时，要加增稠剂调节流变性，以满足各种需求。以下简单介绍增稠剂的种类及其增稠机理。

① 纤维素醚及其衍生物。纤维素醚及其衍生物类增稠剂主要有羟乙基纤维素（HEC）、甲基羟乙基纤维素（MHPC）、乙基羟乙基纤维素（EHEC）、甲基羟丙基纤维素（MHPC）、甲基纤维素（MC）、多糖类和黄原胶等，这些都是非离子增稠剂，同时属于非缔合型水相增稠剂。相对分子质量一般为 $(0.5\sim8)\times10^5$。在乳胶漆中最常用的是 HEC。这类增稠剂增稠机理是由于氢键使其有很高的水合作用及其分子链之间的缠绕。

② 碱溶胀型增稠剂（ASE 和 HASE）。碱溶胀增稠剂分为两类：缔合型的（HASE）和非缔合型的（ASE），它们都是阴离子增稠剂。相对分子质量约为 $(2\sim5)\times10^5$。

非缔合型的 ASE 是聚丙烯酸盐碱溶胀型乳液，其增稠机理是在碱性体系中发生中和反应，树脂被溶解，羧基在静电排斥的作用下使聚合物的链伸展开，从而使体系黏度提高，达到增稠效果的。缔合型 HASE 是疏水改性的聚丙烯酸盐碱溶胀型乳液，增稠机理是在 ASE 的增稠基础上，加上缔合作用，从而使乳胶漆体系的黏度升高。

③ 聚氨酯增稠剂（HEUR）。HEUR 是一种疏水基团改性的乙氧基聚氨酯水溶性聚合物，属于非离子型缔合增稠剂，相对分子质量约为 $(3\sim5)\times10^4$。增稠机理是 HEUR 在乳胶漆水相中，像表面活性剂形成胶束，疏水端与乳胶粒子、表面活性剂等的疏水结构吸附在一起，形成立体网状结构，达到增稠效果。

④ 疏水改性非聚氨酯增稠剂（NENN）。这是一种疏水基因改性的乙氧基非聚氨酯水溶性聚合物，也属于非离子型缔合增稠剂，性能与 HEUR 相似。

⑤ 无机增稠剂。目前用于乳胶漆的无机类增稠剂主要有：膨润土、凹凸棒土、气相二氧化硅，这三种无机增稠剂的共同特点是生物降解性好，低剪切增稠效果好，但辊涂抗飞溅性差。

⑥ 配合型有机金属化合物类增稠剂。这是近年来开发的一

类新型增稠剂，作为乳胶漆的结构性增稠剂，其增稠机理也是通过氢键作用。

2）增稠剂的选择

从以上各类增稠剂的介绍中，可以看出它们都各有其特点，在涂料的增稠体系中，如果只用一类增稠剂，很难达到长久的贮存稳定性、良好的施工效果和理想的涂膜外观。通常，在涂料增稠体系中，需使用两类增稠剂才能达到较理想的效果[54]。

气相二氧化硅在体系含醇的情况下，增稠效果较好，具有良好的触变性能，防沉效果好。本研究试验了德固萨公司的疏水型和亲水型一系列产品，结果表明，疏水型较亲水型增稠效果更佳，疏水型中 R974 较 R972 比表面更大，改善流变效果更显著，更适合本体系。但放置一段时间后，涂料有返粗现象，故不采用。

纤维素类增稠剂的普遍缺点是易被微生物降解和发霉，并且乳胶涂料施工时容易飞溅，不采用。

丙烯酸类增稠剂有不易发生微生物降解的优点，并且与乳液相容性好，容易成膜，涂膜平整而有光泽，比羟乙基纤维素增稠效果好。试验表明，加入此增稠剂，增稠效果好，流平性好，但放置一段时间后，体系稳定性较差，有结块现象。

缔合型聚氨酯类增稠剂虽配方复杂，但其优点最多，具有良好的刷涂性、流平性、抗飞溅性、耐水性、贮存稳定性、耐霉变性。本研究实验结果表明，加入此增稠剂，涂料的贮存稳定性好，但防流挂性稍差，喷涂时有轻微流挂现象。所以本体系增稠剂选择 HASE 搭配 HEUR 来使用。

按确定好的配方和工艺制的涂料，加入不同含量的增稠剂，沉降率和导电性结果如下：

沉降率测定：将配制好的涂料倒入垂直放置的试管中，密封 24h 后测上层清液高度和涂料总高度，按下式计算沉降率。

沉降率 = 上层清液的高度/涂料总高度 × 100%

仅添加聚氨酯增稠剂（HEUR）对沉降率的影响如表 5-6 所示。

表 5-6　聚氨酯增稠剂含量对沉降率的影响

增稠剂含量/%	0	0.5	1	1.5	2
沉降率/%	65	25	20	19	18

注：银包铜粉含量20%；加入增稠剂放置24h后测量。

由表5-6可以看出，未加增稠剂的涂料放置24 h后，填料所占体积几乎接近涂料中填料的实际体积，而在加入增稠剂的涂料中，银包铜粉沉降被有效抑制，而且增稠剂用量不大于2%时，涂料沉降率随增稠剂用量增大而下降。

HASE占HEUR的含量对沉降率的影响如表5-7所示。

表 5-7　HASE 占 HEUR 的含量对沉降率的影响

HASE 占 HEUR 的含量/%	2	5	8	10
沉降率/%	17	15	16	18

由表5-7可以看出HASE占HEUR的含量为5%左右时，沉降率达到最小，所以本实验增稠剂选择HEUR含量为1%～2%，HASE占HEUR的含量为5%，由图5-4也能得到同样的结论，增稠剂在1.5%左右时，涂层表面电阻最小。此配比制得的涂料放入恒温干燥箱内，在（50±2）℃加速条件下贮存30天，沉降程度到达8级。

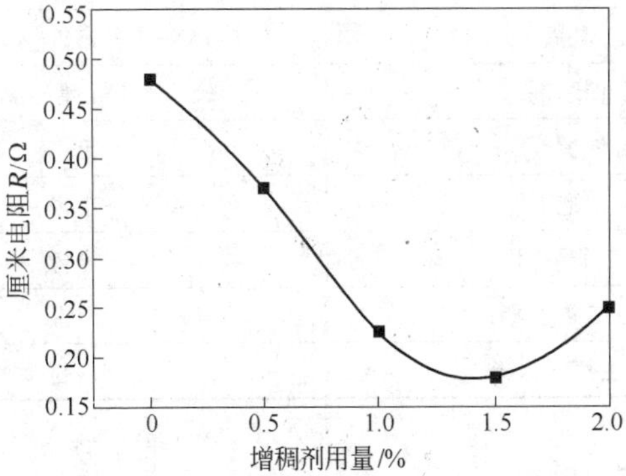

图5-4　增稠剂用量与涂层厘米电阻的关系

增稠剂的选择不能仅考虑增稠剂，还要结合乳胶漆体系来选择。尤其是采用缔合型增稠剂时，要考虑乳液、表面活性剂、成膜助剂等的综合影响。它们之间的不相容性是导致涂料不稳定的一个可能因素。本体系涂料常温贮存6个月或在（50±2）℃加速条件下贮存30天，稳定性良好，不存在不相容的问题。

C　小结

导电涂料的基本组成选择为：填料选择为T-2银包铜粉、T-4银包铜粉；树脂选择为聚氨酯乳液和丙烯酸乳液的混合物，比例为15∶1；偶联剂选择钛酸酯偶联剂A，加入偶联剂A后，涂层的附着力和导电性都得到较大的提升。增稠剂选择HASE搭配HEUR来使用，HEUR含量为1%～2%，HASE占HEUR的含量为5%，配制的涂料喷涂时黏度适宜，无流挂现象，且贮存性能稳定。

5.4.1.3　水性电磁屏蔽漆的研究

A　实验用材料及设备

a　实验用材料

实验用材料见表5-8。

表5-8　实验用材料

实验材料	备　注
银包铜粉	见表5-2
乳液	市售
偶联剂	市售
增稠剂	市售
消泡剂	市售
工业酒精	市售
乙二醇丁醚	市售
去离子水	自制

b　实验用设备

实验用设备见表5-9。

表 5-9 实验用主要设备

名 称	用 途
磁力搅拌器	搅拌分散
砂磨分散搅拌多用机	高速搅拌分散
数显鼓风干燥箱	涂层固化成膜
麦可罗划痕测厚仪 PIG-10	测漆膜厚度
数字欧姆表	测表面电阻
漆膜划格器 QFH	测漆膜附着力
便携式铅笔划痕试验仪	测漆膜硬度
喷枪 W-101	喷涂

B 水性电磁屏蔽涂料的基本组成和工艺条件

将银包铜粉、蒸馏水和偶联剂、pH 值调节剂、消泡剂在容器中混合，得组分一，搅拌 30min。同时将乳液、乙二醇丁醚、乙醇和消泡剂充分混合，用高速搅拌器让树脂在水中得到充分均匀的分散，得组分二。再将混合好的填料、助剂加入，低速搅拌 30min，加入已配置好的增稠剂溶液，调整黏度，即可制得水性电磁屏蔽涂料。再喷涂，固化成膜。

C 水性电磁屏蔽涂料的工艺条件研究

a 填料的预处理工艺研究

偶联剂的应用方法有两种：一种方法是，直接将偶联剂加入到混合体系中，该方法在涂料工业上是普遍使用的工艺。研究发现该方法偶联剂用量多，在粒子表面的偶联作用不完全，容易发生偶联剂和聚合物的反应导致副作用产生。另一种方法是，首先用偶联剂的稀溶液处理填料粒子，然后再将溶剂挥发，目的是在粒子的表面上获得均匀的偶联剂单分子膜。研究发现该方法溶剂耗量大，处理环境恶劣。本实验选用第一种方法。

b 涂料的制备工艺研究

具体如下：

(1) 混料处理工艺研究。在水性涂料中，由于水的表面张力比较大而填料的表面张力比较小，因此水对填料的湿润比较困难，造成填料在涂料中不易分散均匀；其次，填料的密度比水的密度大，填料在涂料中容易产生沉淀。因此，充分搅拌在涂料的制备过程中是非常关键的一步。充分搅拌不仅能够解聚填料的二次粒子，而且对涂料的均匀性以及树脂对填料体系的包裹、渗透均有较大的改善。搅拌时间不足，填料不易分散均匀，对涂料的导电性能造成影响。

（2）涂料黏度调节工艺研究。施工中涂料黏度必须合适，黏度高，喷涂困难，涂料消耗用量大，虽然对涂层的导电性有一定的好处，但成本增加。黏度太低，涂料在树脂中的分散性降低，密度大的填料沉降加剧，喷涂时在涂层上形成不均匀的下层填料多，上层树脂多的结构，影响喷涂的表面质量和导电性能。控制喷涂黏度，不仅有较好的施工性能，而且涂层的导电性能和物理性能也比较好。

在水性涂料中由于树脂微粒被水充分地分割，在储存过程中易产生分水和颜料沉底现象，在施工过程中往往会产生流挂，难以形成厚度均匀的涂膜，因此必须加入增稠剂以提高涂料的黏度，便于施工和储存。

增稠剂能明显提高涂料的表观黏度并赋予涂料触变性等，因而可以改变涂料的流动性。增稠剂使用得当可防止涂料在储存中的颜料和填料沉淀，防止涂装时产生流挂，改进施工作业性，提高丰满度等。如增稠剂选择不当或用量不当，则会适得其反，产生凝胶或引起减黏。

c 涂料的施工工艺研究

具体如下：

（1）工件表面处理工艺。塑料的种类很多，其表面性能各不相同，有的塑料如 ABS、PS、PMMA 等结晶化程度不大，容易被一些有机溶剂所溶解，对于涂膜的附着不很困难。因此在涂饰前对塑料工件作简单去油污和除静电即可。对于聚乙烯、聚丙烯、聚缩醛等结晶高的，内聚力较强的塑料，不溶于任何溶剂，使涂膜难以溶解以增进附着。因此对塑料表面进行处理，从而使塑料表面改性，把低能变成高能表面，提高塑料临界表面张力或是在光敏剂存在下经紫外线照射来增加临界表面张力，都有利于涂料对塑料表面附着。不同塑料处理条件和相应的涂料见表5-10[55]。

表 5-10 不同塑料处理条件和相应的涂料

塑料种类	在涂饰前的表面处理								适应的涂料
		溶剂擦拭							
	打磨	乙醇	烃类溶剂	洗涤剂	铬酸混液	火焰	加热溶剂处理	特殊处理	
ABS									丙烯酸树脂漆、聚氨酯、醇酸氨基漆、硝基漆
聚苯乙烯									丙烯酸树脂漆、胺固化环氧树脂漆
丙烯酸树脂									丙烯酸树脂漆、聚氨酯丙烯酸漆
聚碳酸酯									丙烯酸树脂漆、环氧醇酸、硝基漆
纤维素树脂									醋酸纤维素漆、丙烯酸树脂漆
聚乙烯								特殊低漆	经表面处理后可使用一般涂料，底漆最好用环氧树脂漆
聚丙烯								特殊低漆	经表面处理后可使用一般涂料，底漆最好用环氧或聚氨酯漆

续表 5-10

塑料种类	在涂饰前的表面处理								适应的涂料
	打磨	溶剂擦拭		洗涤剂	铬酸混液	火焰	加热溶剂处理	特殊处理	
		乙醇	烃类溶剂						
聚氯乙烯									聚氨酯漆、丙烯酸漆
聚酰胺（尼龙）								磷酸浸渍底材	丙烯酸树脂漆、氨基醇酸烘漆
聚酯								5% NaOH 浸洗	丙烯酸树脂漆，表面处理后可用一般涂料
酚醛树脂									酚醛环氧底漆、氨基醇酸烘漆
脲醛树脂									热固丙烯酸氨基漆、聚氨酯涂料
三聚氢胺树脂									热固丙烯酸氨基漆、丙烯酸聚氨酯漆

本实验的基材为 ABS、PC 等工程塑料，在喷涂前用酒精擦拭即可清除工件表面的油污、灰尘、残余脱模剂等异物，保证涂层的附着力。

（2）涂料的施工工艺。涂料的施工工艺主要有喷涂、刷涂、浸涂、刮涂等，不同的施工方法所要求的设备、工艺条件等不同，对材料的最终性能也有不同程度的影响。喷涂时环境较恶劣，但可以节约材料，而且可以提高工件表面的质量。刷涂、浸涂、刮涂时，环境较好，但消耗材料较大，而且工件表面质量不高。

本实验采用喷涂方式，在喷涂时，将工件固定，把搅拌均匀的涂料倒入喷枪的盛料杯中。在一定的压力下，调节喷枪的气流量和喷出液面的宽度，保持适当的喷枪与工件的距离，将涂料均匀地涂于工件上。喷涂时空气压力可控制在0.4～0.6MPa，喷枪嘴与工件的距离为20～40cm。

涂料施工中控制涂层的厚度较重要。随着涂层的增加，不仅涂层的附着力等物理性能下降，而且涂料的耗用量增大。涂料的厚度必须在满足导电性的同时，满足低成本的要求。

（3）涂料的固化工艺。从导电涂料的导电机理分析可知，电导率的好坏关键在于导电填料形成导电网络。而这种网络接触是靠黏合剂干燥固化时的凝聚力形成的。由涂料形成过程可知，固化工艺（温度、时间）对填料接触状态的形成是很重要的。固化温度过高，固化时间可缩短，但水急剧挥发，涂层上部水挥发后黏度迅速上升，下层水不易挥发出去，而留在下部，一旦温度再升高，便可发生突发性的气化形成气泡冒出，并在表面被稳定和截留，即使气泡冲出表面，由于不能流平，也会留下缺陷，导致了表面多气孔甚至涂层表面出现龟裂现象，而且剧烈的内部反应使涂层中金属微粒之间的接触受阻，导电性能下降，同时还会带来金属微粒表面被腐蚀、塑料基材边沿软化变形等问题。固化温度过低，固化时间延长，造成涂层中金属填料颗粒的沉降，容易产生树脂浮于涂层表面的现象，使得涂层表面电阻率增加。本实验分别试验了涂料在固化温度30℃、60℃、70℃下干燥10min、20min、30min、60min，涂层的厘米电阻与固化温度及时间的关系，如图5-5所示。

从图5-5可以看出，涂料的固化温度最好在60℃左右。在固化温度为60℃的条件下，固化时间小于10min时，涂层厘米电阻偏高，这是因为在高温时的固化不充分，势必延长室温（25℃）时的固化时间，从而造成涂层中的金属微粒沉降所致。当固化时

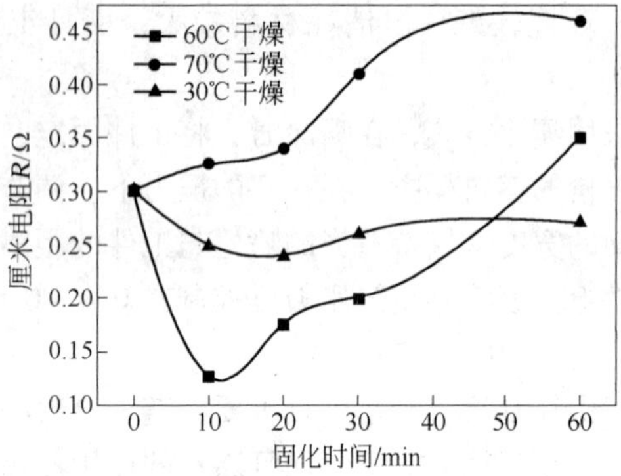

图 5-5　固化温度及时间对涂层导电性能的影响

间大于 20min 时，固化时间过长，溶剂大量急剧挥发，涂层内针孔增多，导致电阻偏高。从实验结果可知，最佳固化工艺为：60℃时间为 10min 左右。

由于水的蒸发潜热较大，因此水性涂料的干燥比较困难。如果需要加速干燥可适当升高温度，由于水性涂料的干燥是从表面进行的，所以水必须在低于沸点的温度下充分挥发。为防止干燥过快，常加入成膜助剂以便在水的挥发过程中，保证成膜的正常进行。试验表明水性导电涂料无论是室温还是加热干燥，在涂层表面达到干燥时，它的导电性能、物理性能及环境性能还不能充分体现出来，还需要放置一天，再进行电性能和物理性能的测试。

D　电磁屏蔽涂料的组成对涂料屏蔽性能的影响研究

a　导电填料的加入量对涂层导电性能的影响研究

银粉的化学稳定性好，导电性高，但价格昂贵，使用受到限制。铜粉的导电性也好，价格低廉，但铜粉的抗氧化性较差，对其进行防氧化处理即可获得其使用价值。采用 T-2 片状银包铜粉为导电填料，填料含量选取了 5%、10%、20%、25%、30%、40%、55% 的聚氨酯和丙烯酸乳液混合物为基料，制得水性导电涂料，喷涂于 PC 板上，平均厚度 10μm，对不同含量的填料对涂层导电性影响进行了研究，涂层的厘米电阻与银包铜粉添加量的关系见图5-6。

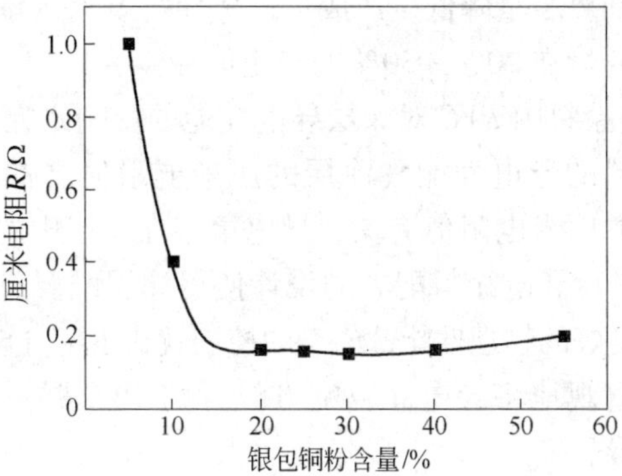

图5-6 银包铜粉添加量与涂层导电性能的关系

由图5-6可知，随着银包铜粉添加量的增加，涂层的表面厘米电阻呈下降趋势。当银包铜粉含量小于5%时，表面厘米电阻大于1Ω，表示涂层未导通；当银包铜粉含量在10%～20%之间，表面厘米电阻明显下降，银包铜粉含量超过20%后，涂层的厘米电阻下降缓慢，填料含量大于40%后，涂层的厘米电阻反而有所回升。

本实验的研究结果符合添加性导电高聚物无限网链理论，F. Bueche提出的添加性导电高聚物无限网络理论指出，在含有金属微粒的高聚物体系中，金属微粒会形成一种导电无限网，载流子可以在其中做自由移动，从而使绝缘体变成半导体或导体。导电网链越多，填料粒子分布越均匀，导电性就越高。当银包铜粉含量小于20%时，粒子大都被树脂包围，无贯穿整个涂层的主干通路。而在20%～25%，涂料中的固含量增大，导电填料彼此接触形成无限网链和连续的电子传递，形成的导电通道迅速增加，涂层的表面厘米电阻随填料用量的增大而降低。在银包铜粉含量大于30%时，由于粒子在基料中已构成导电通路的网络，再增加银包铜粉并不能使导电通路明显增加，因此涂层的表面厘米电阻下降趋缓。之后，再增加银包铜粉量，基料相对于填料用量太少，此时基料已不能完全润湿导电填料，会出现涂层性能下降和电阻上升的趋势。因此，兼顾涂料的导电性和较好的涂层性能，并考虑到要尽量降低生产成本，使导电填料用量最低，我们选取银包铜粉量在20%～30%的稳定区域。

b　导电涂料中 *PVC* 对涂层导电性能的影响研究

导电涂料的导电性能（涂层的厘米电阻值高低）不仅和导电填料本身的厘米电阻值有关，导电填料在涂层中的浓度也同样重要。如何进行导电涂料配方的设计使得涂层既要有良好的导电性能，又有良好的物理性能，*PVC* 的控制就成了配方设计的关键。

为了更直观地将导电涂料配方设计与 *PVC* 联系起来，在此做简单的推导：

$$
\begin{aligned}
PVC &= V_a/(V_a + V_b) \\
&= (m_a/\rho_a)/[(m_a/\rho_a) + (m_b/\rho_b)] \\
&= m_a/[m_a + m_b \times (\rho_a/\rho_b)] \\
&= 1/[1 + (m_b/m_a) \times (\rho_a/\rho_b)]
\end{aligned}
$$

式中 V_a——配方中颜料的体积；

V_b——配方中基料树脂的体积；

m_a——配方中颜料的质量；

m_b——配方中基料树脂的质量；

ρ_a——配方中颜料的密度；

ρ_b——配方中基料树脂的密度。

当选用的树脂和导电填料确定后，ρ_a 和 ρ_b 为常数。

令 $k = \rho_a/\rho_b$，$x = m_b/m_a$，其中，k 是常数；x 是变量。

于是 *PVC* 的表达式可简化为：

$$PVC = 1/(1 + kx) = (1 + kx)^{-1}$$

由指数函数的知识可知，*PVC* 与 x 值在坐标轴第一象限有一一对应关系，所以可以用配方中的 m_b/m_a 来反映 *PVC* 的变化。

对于导电涂料，$m_{颜}$ 即是导电填料的质量。*PVC* 对电导率的影响可以转换为配方中 $m_{基}/m_{颜}$ 对电导率的影响。当树脂基料为一种以上时，V_b、m_b 和 ρ_b 分别代表混合树脂基料的体积、质量和密度。本实验采用的树脂为聚氨酯乳液和丙烯酸乳液的混合物，填料采用T-2银包铜粉。制得导电涂料喷涂于PC板上，平均厚度10μm，烘干后的涂层厘米电阻与$m_{基}/m_{颜}$关系如表5-11、图5-7所示。

表5-11 $m_{基}/m_{颜}$与涂层电阻值的实验数据记录

性 能	1	2	3	4	5	6	7	8	9	10
$m_{基}/m_{颜}$	0.52	0.55	0.65	0.70	0.73	0.8	0.91	1.18	1.5	2
厘米电阻/Ω	0.14	0.13	0.14	0.15	0.16	0.2	0.28	0.56	1	2
平均膜厚/μm	10	12	10	10	10	10	12	8	12	12

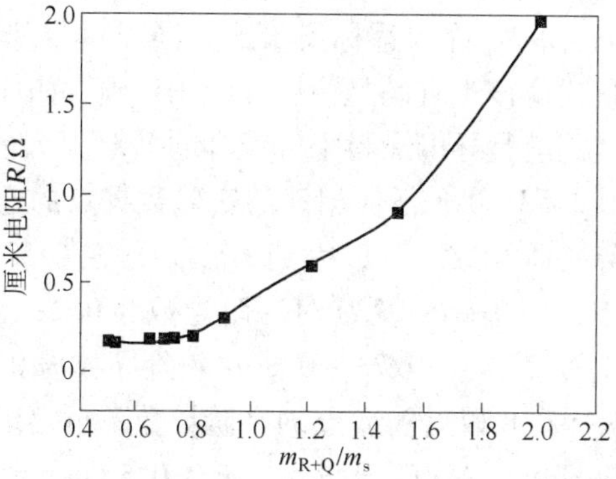

图5-7 m_{R+Q}/m_s与涂层导电性能的关系

图5-7可间接反映当涂层厚度在8~12μm时实验选定的树脂R+Q和银包铜粉搭配的*PVC*对电阻值大小的影响，并由图中可以得到满足导电涂料各方面要求的*PVC*对应m_{R+Q}/m_s的范围。

当$m_{R+Q}/m_s<0.52$时，基体树脂过少，实际实验中不足以润湿导电涂料的表面。随着m_{R+Q}/m_s逐渐变大，*PVC*逐渐接近*CPVC*；当$m_{R+Q}/m_s>0.8$时，m_{R+Q}/m_s升高，*PVC*明显地小于*CPVC*，导电填料的表面大部分甚至完全被基料树脂包裹覆盖，颗粒之间的电接触减少，电导率迅速下降，涂层的厘米电阻逐渐增大。实验中测量并记录了当$m_{R+Q}/m_s>0.8$时一些涂层表面厘米电阻值，发现当$m_{R+Q}/m_s>0.8$时涂层表面厘米电阻值的增长是指数级的。

国外一些具体的实验研究中有相关的报道：当用 *PVC* 接近 *CPVC* 的涂料来制备涂膜时，干膜中颜料分布是不均匀的，因此部分涂膜中局部 *PVC* 高于 *CPVC*，而另一部分低于 *CPVC*。另外，当 *PVC* 增加到涂膜中出现空气间隙的程度时，一些特征就开始变化，而当 *PVC* 超过 *CPVC* 达到一定程度，涂膜开始出现孔洞时，其他性能开始变化[56]。所以对导电涂料配方的设计可以认为：能体现比较全面的导电涂料涂层性能的 *PVC*，应该落在 *CPVC* 到涂膜中即将出现空洞前的 *PVC* 这个比较狭窄的范围内。由上面的推导可知 *PVC* 与 m_{R+Q}/m_s 为一一对应的关系，那么 *PVC* 对应的 m_{R+Q}/m_s 称为达标质量比。同样对应理想的 *PVC* 范围，达标质量比应该也有满足涂层性能的范围。如何找到达标质量比所在的范围就是导电涂料配方设计的关键。

图 5-7 中 0.52 ~ 0.8 任何相邻的实验数据点的连线所在的直线的方程计算一阶导数。可以得到 m_{R+Q}/m_s 在 0.52 ~ 0.65 时的一阶导数为零；在 0.65 ~ 0.70 时一阶导数为 0.2；在 0.7 ~ 0.73 时一阶导数为 0.33；在 0.73 ~ 0.8 时一阶导数为 0.57。由计算得到 $m_{R+Q}/m_s > 0.8$ 以后实验点的一阶导数不再出现大小为零的值。由实验数据可以看到，当 $m_{R+Q}/m_s > 0.55$ 时的电阻值明显上升，且增长步长越来越大。最小的增长步长出现在 0.65 ~ 0.7 和 0.7 ~ 0.73 两段。可见，在 0.65 ~ 0.7，配方对应的 *PVC* 发生了明显的变化：由大于 *CPVC* 过渡到小于 *CPVC*。

结合测量仪器的精度和实验结果得出：在图 5-7 中电阻值增长步长最小，且对应的一阶导数第一个出现不为零的值的两个数据点之间的范围，认为是最接近能全面体现涂层性能的 PVC 所对应的范围，也就是达标质量比所在的范围。通过比较实验数据和计算结果得到图 5-8 所求的达标质量比 m_{R+Q}/m_s 范围是 0.65 ~ 0.7。当 $m_{R+Q}/m_s > 0.7$ 时，*PVC* < *CPVC*，银包铜颗粒的表面完全被树脂基料覆盖，颗粒之间几乎没有良好的电接触，涂层不能体现良好的导电性能；对导电涂料而言，由于有电导率的要求，

涂层中的 $PVC > CPVC$，但当 $PVC > CPVC$（过大），m_{R+Q}/m_s 在 0.52～0.65 时，乳液聚合物就不能将填料粒子间的空隙完全填满，这些未被填充的空隙就留在涂膜中，由空气来填充，表面粗糙度过大，易残留各种污物，涂膜的性能就急剧下降，有掉粉现象，且附着力差；只有当 m_{R+Q}/m_s 在 0.65～0.7，PVC 在接近 $CPVC$ 的时候（$PVC > CPVC$），才可以体现良好的涂层性能和导电性能。所以对选择的银包铜粉和树脂 R+Q 来说，将配方中的 m_{R+Q}/m_s 定在 0.65～0.7 的范围内，涂层会有比较好的导电性能和物理性能。

不同的银包铜粉对应的配方设计中 m_{R+Q}/m_s 范围不同，当它们密度相接近时，平均粒径就是主要的影响因素。平均粒径越大，达标质量比所在的范围越低；平均粒径越小，达标质量比所在的范围越高。当密度不同时，不同的银包铜品种达标质量比所在的范围也各不相同，而它们相互之间没有什么规律性。本实验试验过几批银包铜粉，其 m_{R+Q}/m_s 范围也各不相同。本实验用到的 T-4 的银包铜粉选择 m_{R+Q}/m_s 范围为 0.8～0.85。

c　水的添加量对涂料膜导电性能的影响研究

在含 T-2 银包铜粉 20% 的导电涂料中分别加入不同含量的水，将其均匀涂覆于 PC 塑料板表面，待其烘干后，测量其表面厘米电阻，得出的实验结果如图 5-8 所示。

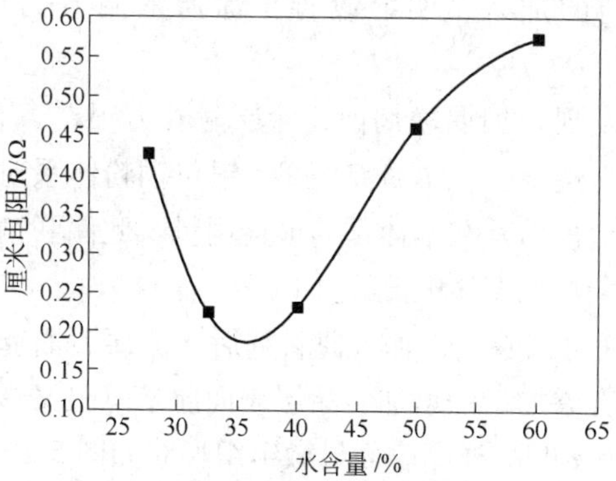

图 5-8　水含量对涂层导电性能的影响

从图 5-8 可以看出，水含量在 30% ~40% 时，涂料导电性较佳。高于或低于都不利于涂料的导电性能。这是因为水含量过少时，树脂溶解不充分，导电填料在涂料中不够分散和润湿，妨碍了粒子间的直接接触和干燥时涂膜的收缩；溶剂水过多时，涂料涂装烘干后单位面积涂膜金属粉减少，粒子间距大，影响导电填料的导电网链，所以导电性降低。

水含量增加，涂料对基体的附着力减小。水的表面张力较大，对底板的润湿很困难，因而降低附着力。涂层要具有良好的附着力，涂料就必须渗透和吸附到基体表面中去。如果涂层不能自发地扩散到整个底板表面，那么在底板表面与涂层之间没有分子内接触，就不能相互作用，附着力就差。同时水含量过大，涂料黏度小，喷涂时流挂严重，干燥速度慢。本实验所用的银包铜粉中掺有铝粉，涂料过稀或干燥过慢都会导致铝粉上浮，涂膜发花。

d 偶联剂用量及其加入方式对涂料导电性能的影响研究

填料粒子粒径很小，因而其比表面积很大，表面物理化学缺陷多，表面原子也相当多，活性高，它们易形成松散的团聚体和颗粒群以达到稳定状态[57]。在涂料制备过程中，如何避免粒子的团聚是制备电磁屏蔽性能良好的涂料的关键。本研究表明,偶联剂的加入，明显改善了涂层的附着力以及其导电性能。

本研究发现未加偶联剂前，涂层附着力很差，有掉粉现象。加入后附着力达 1 级。本研究用 T-2 银包铜粉体系对此偶联剂做了条件实验，得出其在本体系的最佳用量。此偶联剂对涂层表面厘米电阻的影响如图 5-9 所示。

由图 5-9 可以看出，加入偶联剂后，涂层表面厘米电阻迅速下降，但随着添加量的增加，涂层表面厘米电阻又慢慢回升。当含量小于 1.6% 时，样品表面显微组织形貌如图 5-10 所示，偶联剂含量较小，填料微粒的分散性较差，呈团粒状，团与团之间被

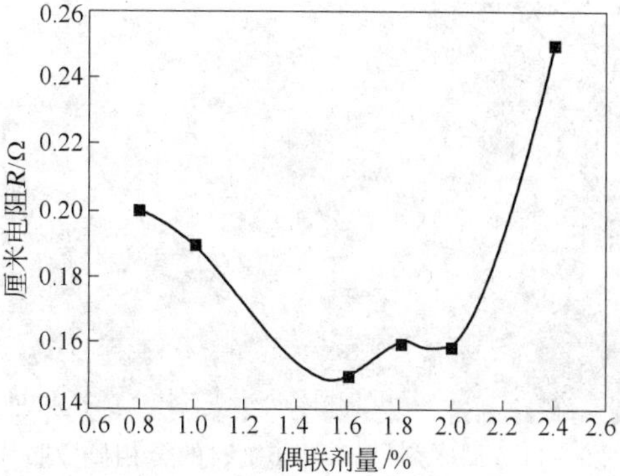

图 5-9 偶联剂加入量对涂层导电性能的影响

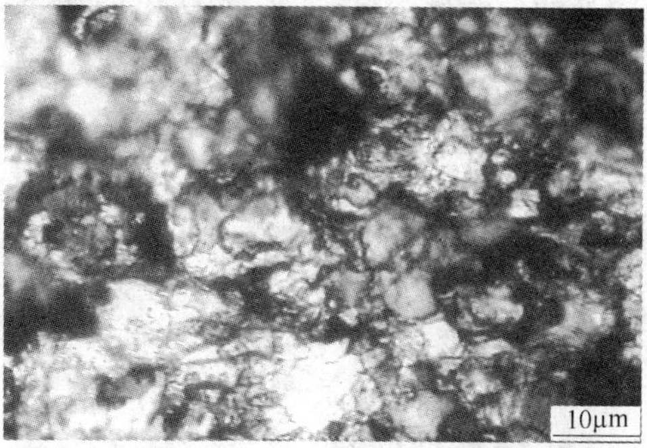

图 5－10 偶联剂量 $w=1\%$ 时的金相显微照片

树脂包覆，不能形成完善的导电网络，涂层的表面电阻值较大。当偶联剂含量为 1.6% 及 2% 时，表面显微组织形貌如图 5-11 和图 5-12 所示，导电填料的分散性好，颗粒之间的间隙很小，电子易通过形成的导电网络和隧道效应进行自由的移动。当偶联剂含量增加大于 2% 时，表面显微组织形貌如图 5-13 所示，过量偶联剂覆盖在导电填料的表面，由于这层覆盖膜太厚，导电离子的间距超过了电子发射和隧道效应的临界值，影响粒子的导通，因而电导率降低。在研究 T-4 银包铜粉体系时得出最佳偶联剂范围与 T-2 银包铜粉体系相近。

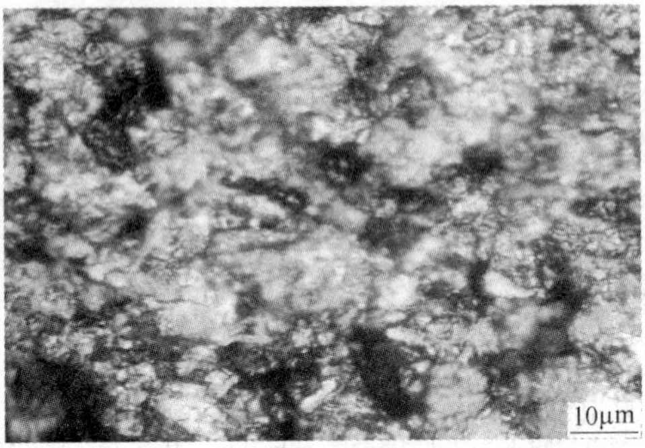

图 5-11　偶联剂量 $w=1.6\%$ 时的金相显微照片

图 5-12　偶联剂量 $w=2\%$ 时的金相显微照片

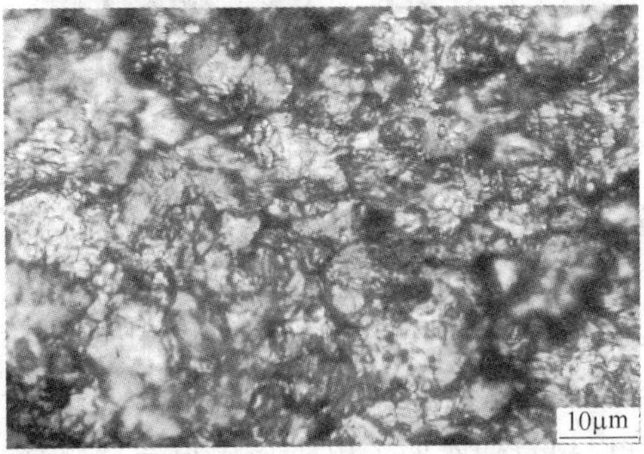

图 5-13　偶联剂量 $w=2.5\%$ 时金相显微照片

该偶联剂可以在金属粉分散前加入，也可以在分散后加入，两种方式均可对金属粉起到润湿分散的作用。本实验对两种分散方式进行了对比，T-2 银包铜粉体系分散后加入涂层膜表面电阻 0.20Ω，分散前加入涂层膜表面电阻能达到 0.16Ω。结果表明，此偶联剂分散前加入效果更好。分散前加入，助剂能充分润湿金属粉，使金属粉分散得更均匀，所以电阻更低。

e　涂膜厚度对涂层导电性能的影响研究

将以 T-2 银包铜粉为导电填料制得的导电涂料，喷涂于 PC 板上，烘干，测量涂层膜表面电阻，结果如图 5-14 所示，随着涂覆厚度的增加，涂层表面导电性能增强。分析其原因是涂层厚度太薄时，其导电网链还没有完全形成或网链还不完整，因而导电性能比较低。随着涂层厚度的增加，形成导电网络的几率增大，导电性能增强。当涂层厚度达到一个临界值时，粒子平均接触数在厚度方向得到增加，在整个涂层的立体空间形成一个完整交叉的立体导电网络，涂层表面厘米电阻迅速下降。如果再增加涂层厚度，导电网络已形成，涂层表面厘米电阻降低缓慢。随厚度增加涂层表面厘米电阻下降的同时，涂料的附着力会降低，所以应根据实际需要选择要涂覆的厚度。

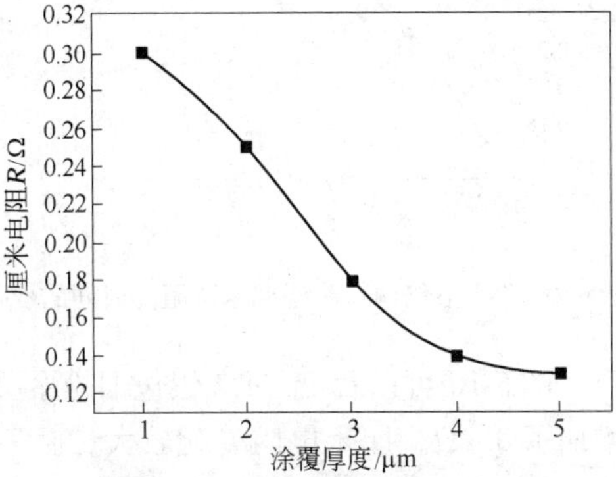

图 5-14　涂覆厚度对涂层膜导电性能的影响

从试验结果可以看出：涂层试样的厚度能够在一定程度上提高涂层的导电性和电磁场波屏蔽效能。这种增强作用来源于：(1) 新的涂层对原来涂层孔洞或缝隙等瑕疵的修复，减弱了涂层缺陷对电磁场波的泄漏作用；（2）增加涂层厚度，可以使涂层的导电导磁网络更加致密和完整；（3）从电磁波屏蔽理论的分析可以看出，增加涂层厚度能够提高涂层对磁场波的损耗作用，在实际施工中，由于成本和基体重量不能增加过多，这限制了屏蔽涂层的厚度范围，一般屏蔽涂层的厚度在微米量级，在此量级上对涂层厚度的有限增加对电磁波屏蔽效能的增强作用十分有限。

经过以上分析，从导电性、附着力及成本方面考虑，在喷涂时，涂层厚度控制在 16 ~ 20μm。

f　涂层导电性能的稳定性研究

分别以 T-2、T-4 银包铜粉为导电填料，按图 5-2 工艺制得水性电磁屏蔽涂料，放置。涂层厘米电阻随放置时间的变化关系如图 5-15、图 5-16 所示。

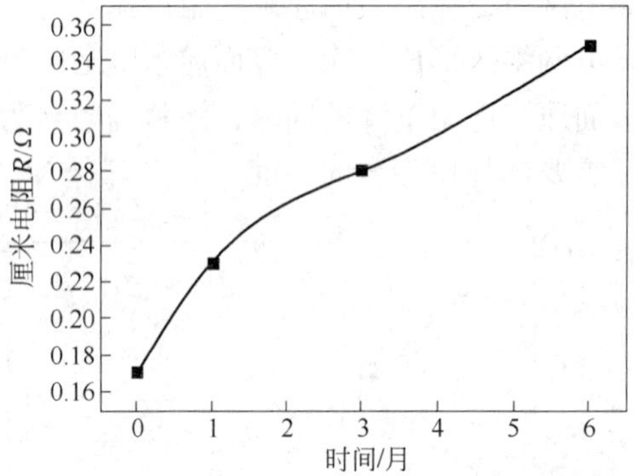

图 5-15　T-2 银包铜粉涂层厘米电阻随时间的变化

由图 5-15、图 5-16 可以看出，T-2 银包铜粉涂层 6 个月内涂层厘米电阻增加了 0. 2Ω，厘米电阻变化较大；而 T-4 银包铜粉涂层 6 个月内涂层表面厘米电阻增加了 0. 025Ω，厘米电阻变化不大，涂料的导电性能具有较好的稳定性。从放置的溶液的颜色变化也可以得出同样的结论，T-2 银包铜粉制得的涂料，放置一两个月，溶液变蓝，再放置，铜被氧化增多，溶液变为绿色；而 T-4 银包铜粉制得的涂料，放置 6 个月左右，溶液呈现淡蓝色，

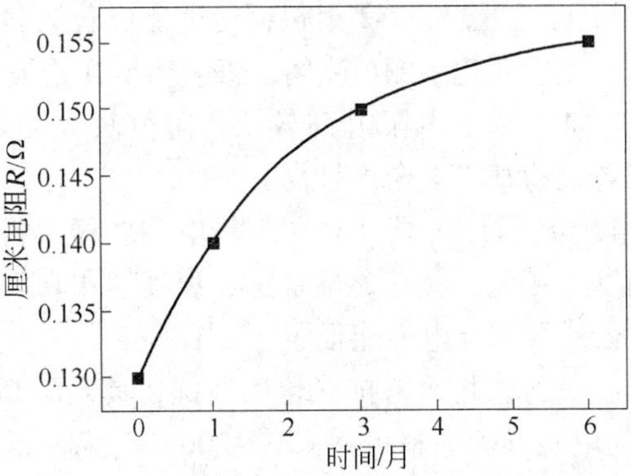

图 5-16 T-4 银包铜粉涂层电阻随时间的变化

说明铜被氧化得很少。

由此可以得出，T-4 银包铜粉比 T-2 在水性体系中导电性能更稳定，高银含量的银包铜粉更适合做水性导电涂料的导电填料。

g 电磁屏蔽涂料的抗氧化性研究

将配制好的 T-2、T-4 银包铜粉导电涂料分别喷涂于陶瓷板上，放置马弗炉内烘烤，从 70℃开始，烘烤 30min，测其涂层表面厘米电阻值，继续升温到 100℃，烘烤 30min，一直重复下去，看其表面颜色和厘米电阻的变化。试验结果见表 5-12 和表 5-13。

表 5-12 T-2 银包铜粉电磁屏蔽涂料厘米电阻和颜色随温度的变化

温度/℃	70	100	120	150	200	250	300
厘米电阻/Ω	0.2	0.22	0.3	1.5	6	70	280
颜　色	红色	红色	红色	暗红色	黑色	黑色	黑色

表 5-13 T-4 银包铜粉电磁屏蔽涂料厘米电阻和颜色随温度的变化

温度/℃	70	100	150	200	250	300	350	400	450	600
厘米电阻/Ω	0.17	0.18	0.2	0.4	0.45	0.54	1.35	6	300	9.5×10^3
颜　色	黄色	黄色	黄色	黄褐色	褐色	褐色	褐色	黑色	黑色	黑色

由表 5-12 可以看出，T-2 银包铜粉电磁屏蔽涂料在 150℃ 时厘米电阻开始发生变化，颜色变暗，银包铜粉开始被氧化；当温度大于 300℃ 时，厘米电阻升高较快，阻值较大，导电性能很弱，说明银包铜粉基本上全被氧化了。

由表 5-13 可以看出，T-4 银包铜粉电磁屏蔽涂料在 200℃ 厘米电阻开始发生变化，颜色逐渐加深，温度达 450℃ 时，厘米电阻增加几个数量级，导电性能很弱。

由此可以得出，此涂料抗氧化性能好，具有耐高温的优点，T-2 银包铜粉电磁屏蔽涂料可耐 150～200℃ 高温，T-4 银包铜粉电磁屏蔽涂料可耐 200～250℃ 高温。

E　小结

本试验从填料的预处理工艺、涂料的制备工艺、施工工艺、*PVC* 的选择、导电填料、偶联剂、水、涂层厚度等方面研究了涂层导电性能的影响因素，得出了如下结论：

（1）填料的预处理技术采用直接将偶联剂加入到混合体系中，偶联剂用量不足或过量都不利于导电通路的构成，本研究得出偶联剂最佳用量范围为 1.6%～2%，涂层的导电性能良好，附着力达到 1 级。

（2）固化工艺（温度、时间）对填料接触状态的形成是很重要的，实验得出最佳固化工艺为：60℃ 时间为 10min 左右，此时涂层表面和导电性能均较好。

（3）银包铜粉含量对涂层的电导率有重要的影响。银包铜粉含量在 20% 左右时达到所说的渗滤阀值，涂层表面厘米电阻下降很多。在银包铜粉含量高于 30% 以后，增加银包铜粉料的相对含量，涂层的表面厘米电阻变化不是很大，同时涂层的硬度和附着力变得越来越差。

（4）当 *PVC* 在接近 *CPVC* 的时候，涂料表现出良好的涂层性能和导电性能。T-2 银包铜粉涂料中的 $m_{基}/m_{颜}$ 设定在 0.65～0.7 的范围内，T-4 银包铜粉涂料中 $m_{基}/m_{颜}$ 范围为 0.8～0.85，此时涂层的导电性能和物理性能两个指标均达到最优。

（5）水的用量会对涂层的导电性能、附着力、干燥速度、涂层的表面质量产生影响。水的用量最好控制在30%～45%之间。

（6）随着涂覆厚度的增加，导电性能增强，但增加到一定厚度后，导电网络已形成，涂层表面厘米电阻降低缓慢，涂料的附着力会降低，所以从导电性、附着力及成本方面考虑，在喷涂时，涂层厚度控制在16～20μm。

（7）T-2银包铜粉涂层6个月内厘米电阻增加了0.2Ω，电阻变化较大；而T-4银包铜粉涂层6个月内厘米电阻增加了0.025Ω，电阻变化不大，涂料的导电性能具有较好的稳定性。

（8）此电磁屏蔽涂料抗氧化性能好，T-2银包铜粉电磁屏蔽涂料可耐150～200℃高温，T-4银包铜粉电磁屏蔽涂料可耐200～250℃。

（9）综上所述，本实验最佳的电磁屏蔽涂料的配方组成和工艺条件为：银包铜粉含量选择在20%～30%之间；偶联剂最佳用量为1.6%～2%；T-2银包铜粉涂料中的$m_{基}/m_{颜}$设定在0.65～0.7的范围内，T-4银包铜粉涂料中$m_{基}/m_{颜}$范围为0.8～0.85；涂层厚度控制在16～20μm；水的量最好控制在30%～45%之间；最佳固化工艺为：60℃时间为10min左右。

5.4.1.4　水性环保型电磁屏蔽涂料的性能测试及应用

A　涂料的性能测试

a　涂料的屏蔽性能测试（SE）

具体如下：

（1）测试单位：中国上海测试中心。

（2）涂层试样的制备工艺。将配制好的涂料喷涂于PC板上，厚度30μm，在60℃条件下干燥10min，放置室温下固化，送样到上海浦东张衡路1500号。样片物理尺寸：A4纸大小。

（3）试验依据标准为：SJ20524—1995　材料屏蔽效能的测量方法。

（4）检测使用的主要测量仪器如下：

信号发生器；

频谱分析仪 8563E/3821A09148；

信号发生器 83732B/US37101119。

(5) 检验数据和结果为：T-2 银包铜粉导电涂料的电磁屏蔽性能见表 5-14，制备的涂料在 0.01 ~ 100MHz 低频和中频段，电磁屏蔽效能从 62.3dB 连续上升到 70.5dB。这是因为电磁屏蔽是利用电磁感应的作用而进行屏蔽，它主要用于为防止在高频下的电磁感应。电磁屏蔽在频率低的情况下，其效果并不太大[86]。分析其原因是电磁屏蔽是利用屏蔽导体上所流过的电流而起着屏蔽作用。在低频下，电流与频率成比例，频率越低则电流越小，所以电磁屏蔽效果在低频下并不大。低频磁场波 (f = 14 ~ 100kHz) 作为一种特殊的电磁波，磁场的反射损耗很小，吸收损耗成为主要成分，对磁场主要选择高磁导率的材料（如铁、镍铁合金、坡莫合金），这些铁磁性物质的磁导率高、磁阻小，具有对磁场有分路作用的特性，可实现低频磁场的屏蔽。所以银包铜粉在低频时的电磁屏蔽效能相对高频时就较弱些。

在 100 ~ 3000MHz 频段，随频率的增加，屏蔽效能降低。这是因为添加型的涂料微观结构中存在大量非导电性的高分子树脂区域，它们对电磁波是“透明”的，在导电的网络中形成大小不一的“孔洞”。电磁波与“孔洞”和银包铜粉导电网络的交互作用结果[87]的是，频率的增加，电磁波通过“孔洞”发生泄漏的程度也相应增加，电磁效能发生变化。由于银包铜粉在高分子树脂中的分散处理效果好，减小了电磁屏蔽效能变化的范围。制备的水性导电涂料在 0.01 ~ 3000MHz 的频段中，稳定地达到了 62.2 ~ 70.5dB 的屏蔽效能。

表 5-14　T-2 银包铜粉电磁屏蔽涂料屏蔽效能数据

频率/MHz	P_1/dBm	P_2/dBm	SE_{dB}/dB	$SE_{\%}$/%
0.01	0.0	-62.3	62.3	99.999941
0.03	0.0	-62.7	62.7	99.999946

续表 5-14

频率/MHz	P_1/dBm	P_2/dBm	SE_{dB}/dB	$SE_{\%}$/%
0.1	0.0	-63.4	63.4	99.999954
0.3	0.0	-64.5	64.5	99.999965
1	0.0	-65.2	65.2	99.999970
3	0.0	-65.9	65.9	99.999974
10	0.0	-66.2	66.2	99.999976
30	0.0	-70.2	70.2	99.999990
100	0.0	-70.5	70.5	99.999991
300	-0.1	-69.8	69.7	99.999989
1000	-0.3	-68.4	68.1	99.999985
3000	-0.4	-68.1	67.7	99.999983

屏蔽效能 $SE_{dB}=P_1-P_2$，$SE_{\%}=(1-10^{-SE_{dB}/10})\times100\%$

式中 SE_{dB}——屏蔽效能的对数表示方式，dB；

$SE_{\%}$——屏蔽效能的线性表示方式，%；

P_1——测试夹具中不放置屏蔽材料时频谱分析仪读数，dBm；

P_2——测试夹具中放置屏蔽材料时频谱分析仪读数，dBm。

T-4 银包铜粉导电涂料的电磁屏蔽性能见表 5-15，因为含银量高于 T-2 银包铜粉，导电性能优于 T-2 银包铜粉，所以屏蔽效能明显高于 T-2 银包铜粉导电涂料，大体变化趋势同 T-2 银包铜粉导电涂料，制得的涂料在 0.01 ~ 30MHz 低频和中频段，随着频率的增大，导体内流过的电流越大，电磁屏蔽效能在 63.2 ~ 78.1dB 之间连续上升。在 30 ~ 3000 MHz，随着频率的升高，泄漏增加，电磁屏蔽效能降低，到 3000MHz，屏蔽效能迅速下降至 68.3dB。制备的 T-4 银包铜粉水性导电涂料由于分散效果较好，在 0.01 ~ 3000MHz 的频段中稳定地达到了 63.2 ~ 78.1dB 的屏蔽效能。

表 5-15　T-4 银包铜粉电磁屏蔽涂料屏蔽效能数据

频率/MHz	P_1/dBm	P_2/dBm	SE_{dB}/dB	$SE_{\%}$/%
0.01	0.0	-63.2	63.2	99.999952
0.03	0.0	-63.4	63.4	99.999954
0.1	0.0	-63.2	64.2	99.999962
0.3	0.0	-66.5	66.5	99.999978
1	0.0	-68.7	68.7	99.999987
3	0.0	-71.1	71.1	99.999992
10	0.0	-74.3	74.3	99.999996
30	0.0	-78.1	78.1	99.999998
100	0.0	-75.2	75.2	99.999997
300	-0.1	-75.4	75.3	99.999997
1000	-0.3	-74.5	74.2	99.999996
3000	-0.4	-68.7	68.3	99.999985

b　水性电磁屏蔽涂料的物理性能

将配置好的导电涂料按相应国标测试方法测试涂膜外观、附着力、铅笔硬度、固含量等物理性能，测试结果见表 5-16。

表 5-16　水性涂料的物理性能检测结果

测试项目	测试结果数据	测试标准
涂膜外观	平整光滑	GB 1727—79
附着力（百格法）	1 级	GB 9286—98
铅笔硬度	1H	GB 6739—96
固含量/%	24.8	GB 1725—79
抗冲击强度/MPa	>5	GB 1732—93

c　水性电磁屏蔽涂料的环境性能

具体如下：

（1）测试标准及方法（表 5-17）。

表 5-17　环境性能测试标准

JC/T 423—1991	水溶性内墙涂料耐水性的检测
GJB 150.4—1986	军用设备环境试验方法低温实验
GJB 150.3—1986	军用设备环境试验方法低温实验
GB/T 6739—1988	建筑涂料涂层耐碱性的测定

测试方法如下：

1）耐水性的测定。用质量比为 1∶1 的石蜡和松香熔融物封闭其四边和背面，然后将试板的2/3 面积浸入温度为23℃的蒸馏水中，浸泡24h 后取出，用滤纸吸取试板表面的水，目测和记录每块试板表面有无脱落、起泡和皱皮现象。

2）低温测试。试验条件：试验温度为 -30℃，试验时间为试验样品达到温度稳定后，再保持24h。

检验范围：

① 考察涂层在 -30℃下保持24h 后其附着力的情况；

② 表面是否有龟裂、起泡、剥落等现象。

3）高温测试。试验温度为50℃，时间为48h，相对湿度不大于15%。将样品放置在试验箱内，然后升温到试验样品的工作温度50℃，并保持不变，直至温度达到稳定，最后保持此温度至48h。

检验范围：

① 考察涂层温度在50℃下保持48h 后其附着力的情况。

② 观察表面是否有龟裂、起泡、剥落等现象。

4）耐碱性的测定。碱溶液（饱和氢氧化钙）的配置：在23℃条件下，以100mL 蒸馏水中加入0.12g 氢氧化钙的比例配制碱溶液并进行充分的搅拌，该溶液的 pH 值达到 12～13。

取三块试板，用石蜡和松香混合物（质量比为 1∶1）将试板四周边缘和背面封闭。然后将试板面积的2/3 浸入温度为23℃的氢氧化钙饱和溶液中，直至规定的时间。

（2）测试结果（表 5-18）。

表 5-18　环境性能测试结果

检验项目	检验结果	检验标准
耐水性	无脱落、起泡和皱皮现象	JC/T 423—1991
低温试验	表面无龟裂、起泡、剥落现象，附着力为95%	GJB 150. 4—1986
高温试验	表面无龟裂、起泡、脱落现象，附着力为95%	GJB 150. 3—1986
耐碱性	未出现起泡、裂痕、剥落、粉化、软化和溶出现象	GB/T 6739—1988

d　电磁屏蔽涂料贮存稳定性测试[58]

打开贮存涂料的瓶盖，勿使存放的样品振动或搅动，使刮刀(重（45 ±1） g，平头铲刀，长121mm，宽20. 6mm）保持垂直，并在涂料的中心处插入，直到刮刀的下缘触及瓶底为止。如果部分填料沉降，在瓶底形成硬饼，则将上层的液体部分倒在一干净容器内。手持刮刀搅动沉淀物，同时少量地回加分出液体，直到填料重新分散而形成均匀涂料，或者直到肯定沉淀物无法用手工搅开。测试级别划分如下：

10 级—完全悬浮，与涂料的原始状况无差别；

8 级—有一定的沉淀感觉，有少量沉淀粘在刮刀上，刮刀左右移动时没有阻力；

6 级—有一定的沉淀填料块，刮刀能靠自身重量通过沉淀层直插瓶底。刮刀左右移动时有一定阻力；

4 级—刮刀靠自身重量不能插到瓶底，刮刀在沉淀中难于搅动，并在刀刃处略有阻力，涂料易于重新搅成均匀状态；

2 级—当刮刀用力插入沉淀层时极难左右移动，刮刀移动时有一定刀刃阻力，涂料能搅成均匀状态；

0 级—沉淀极硬，用手工搅拌不能重新搅成均匀的涂料。

按本试验得到的最佳工艺和配方配制的水性电磁屏蔽涂料在(50 ±2)℃加速条件下贮存30 天或常温放置6 个月后，达到8 级。

B　水性环保型电磁屏蔽涂料与国内外几种电磁屏蔽涂料的对比

对比见表 5-19。

表 5-19 几种电磁屏蔽涂料对比

厂家单位	频率范围 /MHz	屏蔽效能/dB	填料类型	涂料类型	是否环保	价格/元·kg^{-1}
本项目	0.01 ~3000	62.3 ~70.5	银包铜粉（含银5%）	水性	是	110
本项目	0.01 ~3000	63.2 ~78.1	银包铜粉（含银10%）	水性	是	175
昆明恒达科技有限公司	10 ~3000	75.0 ~76.9	银包铜粉（含银20%）	醇溶性	是	250
JONES 公司（美国）	0.500 ~1000	30 ~55	磁性导电	溶剂型	否	450
SPRAYLAT	30 ~1000	60 ~80	纯导电/银	溶剂型	否	

本涂料与其他涂料相比具有以下优势：

（1）高性能：T-2 银包铜粉导电涂料屏蔽效能为 62.3 ~70.5dB，T-4 银包铜粉导电涂料 63.3 ~78.1dB；

（2）宽频率（0.01 ~3000 MHz）；

（3）水性环保；

（4）成本低，T-2 银包铜粉导电涂料 1kg 成本仅为 110 元，T-4 银包铜粉导电涂料为 175 元；

（5）因高性能宽频带，应用范围广泛。

C 水性环保型电磁屏蔽涂料的优点及其应用前景

为了防止信号泄漏和抗电磁辐射干扰，只需采用金属材料制作电子仪器设备机壳即可解决问题。但是，工程塑料密度小、绝缘性好、耐腐蚀性优良，尤其是其具有能够使形状复杂的制作件一次成形、低成本、高产量的优点，使其在信息技术设备等电子仪器设备机壳的批量性大生产中受到了人们的青睐。电磁屏蔽涂料的开发与应用为工程塑料机壳的实际应用解决了关键性技术难题，使大量的电子仪器设备的机壳可由原来金属材料的车、钳、刨、铣、冲、焊、电镀、涂装等加工工艺简化为一次性注塑成形和喷涂电磁屏蔽涂料两道工序，生产周期大大缩短，功效大大提高，经济效益显著增加。一般的电磁波屏蔽涂料都是溶剂型的，它们在使用过程中会挥发出大量的有害物质（如 VOC 等），人体长期吸入会导致疲劳，丧失记忆和协调功能及引起神经系统疾病，对环境和人们的身心健康造成影响。

为了解决这些问题，在试验过程中对材料成分、生产工艺和施工工艺进行研究和优化，以水作为分散介质，降低了有害物质的挥发含量，研究出一种环保的特种功能涂料。经过特殊处理的涂料具有优良的抗氧化性、抗腐蚀性等。T-2 银包铜粉水性导电涂料在 0.01 ~ 3000MHz 的频段中，稳定地达到了 62.2 ~ 70.5dB 的屏蔽效能。T-4 银包铜粉水性导电涂料在 0.01 ~ 3000MHz 的频段中，稳定地达到了 63.2 ~ 78.1dB 的屏蔽效能。同时，涂料附着力、耐水性、耐碱性、耐干擦性、高温性能、低温性能等均达到我国《军用电磁屏蔽涂料通用规范》（军标），满足军用和民用电磁屏蔽的需要。本涂料具有生产工艺简单，成本低，性价比优的特点，既可消除电磁环境污染，保障人身安全，又可防止电磁信息泄漏，保证产品的安全，是实现各种电子、电气设备电磁兼容（EMC）的有效手段之一。水性电磁屏蔽涂料的研制与开发，符合国家对电子信息产品及电器进行 EMC/EMI 管制，加强环境工程、生态工程建设和实行可持续发展战略的需要。它的出现将极大地推动电磁屏蔽涂料向着水性化、环保化方面的进展。

该水性电磁屏蔽涂料可抑制电磁干扰；有利于改善整机性能，实现 EMC 认证，提高电子电气产品的市场竞争力；可对房屋等建筑物实行电磁屏蔽，有利于实现电磁环境污染（EMEP）的综合治理；可用于防止电磁信息泄密，实现电磁信息的安全防护。所以该涂料具体可应用于政府、军事及各企、事单位重要部门的办公室、机房、保密室等建筑及建筑内的电子电器设备，进行抗电磁干扰、防信息泄密以及抗电磁污染的电磁屏蔽处理，也可解决民用建筑抗周围空间电磁辐射污染问题，如各种基站附近的民用建筑等，图 5-17、图 5-18 是在 DVD 壳和手机壳上的应用。此导电涂料具有耐高温、防腐蚀性能，还可以用于油罐防静电、高温静电除尘、电解海水防污等严酷环境中。21 世纪是电子信息的时代，水性电磁屏蔽涂料作为一种环保、高效、低廉、应用方便的技术手段必将具有广泛的应用前景。

图 5-17 电磁屏蔽用导电涂料在 DVD 壳上的应用

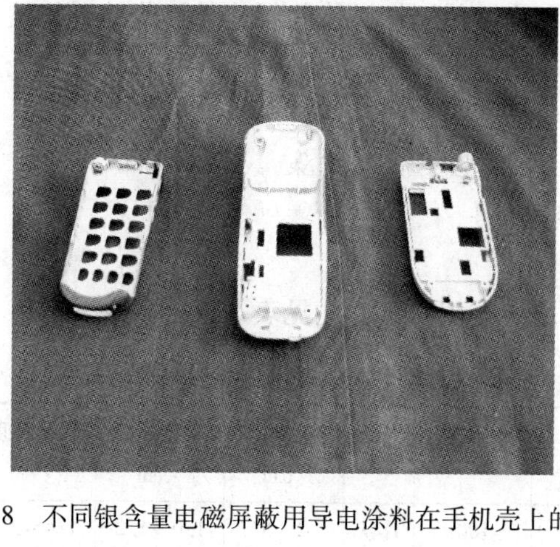

图 5-18 不同银含量电磁屏蔽用导电涂料在手机壳上的应用

D 小结

（1）经中国上海测试中心检测，T-2 银包铜粉水性导电涂料在 0.01 ~ 3000MHz 的频段中，稳定地达到了 62.2 ~ 70.5dB 的屏蔽效能。T-4 银包铜粉水性导电涂料在 0.01 ~ 3000MHz 的频段中，稳定地达到了 63.2 ~ 78.1dB 的屏蔽效能。

(2) 涂料的物理性能测试结果表明，该涂料涂膜平整光滑，附着力达到 1 级，铅笔硬度达 1H，固含量为 24.8%，抗冲击强度大于 5MPa。

(3) 该涂料的环境性能测试结果表明，耐水性、低温试验、高温试验、耐碱性性能良好。

(4) 该水性电磁屏蔽涂料常温放置 6 个月后，达到 8 级。

(5) 与国内外其他几种电磁屏蔽涂料相比，本文研究出的电磁屏蔽涂料具有环保性、高性能宽频率、成本低、应用更广泛等优点。

5.4.2 低温聚合物浆料

本试验以片状银包铜粉为导电相，制备聚合物银包铜粉导体浆料。研究银包铜粉聚合物导体浆料性能，并与聚合物银浆对比，探讨聚合物银包铜粉导体浆料代替银浆的可行性。银包铜粉部分取代银粉制备聚合物银包铜粉导体浆料，对降低成本、节约贵金属将产生显著的经济效益。

5.4.2.1 实验材料及方案

A 实验材料

a 导电相

实验所用导电相粉体性能见表 5-20。

表 5-20 导电相粉体性能

序号	粉末牌号	银含量/%	形状	粒度范围 /μm	松装密度 /g · cm^{-3}	振实密度 /g · cm^{-3}	电阻/mΩ
1	PA	100	片状	2 ~ 5	1.0 ~ 1.2	1.4 ~ 2.0	0.02
2	PAC-1	30	片状	3 ~ 7	0.4 ~ 0.8	1.2 ~ 1.8	1.4
3	PAC-2	40	片状	3 ~ 7	0.4 ~ 0.8	1.2 ~ 2.0	1.4

b 聚合物

实验所用聚合物见表5-21。

表5-21 聚合物种类及性能

序号	名 称	分子式	相对分子质量
1	聚酯 polyester		27000
2	聚醋酸乙烯酯 polyvinyl acetate	$(C_4H_6O_2)_n$	100000
3	聚甲基丙烯酸酯 methyl methacrylate		
4	聚丙烯酸酯 polyacrylates		

c 溶剂

乙二醇乙醚醋酸酯 分子式：$CH_3COOCH_2CH_2OC_2H_5$

d 基体材料

基材为PET薄膜，厚度为75~150μm，浸润表面张力不小于40mN/m，相对介电常数为2.5~3.4，结构规整，具有高结晶度，溶解度系数9.7~10.7。

B 仪器设备

实验所用设备见表5-22。

表5-22 实验所用设备

序号	设备名称	型 号	设备生产厂家
1	数显鼓风干燥箱	GZX-9146MBE	上海博迅实业有限公司医疗设备厂
2	数字欧姆表	SD2000	上海乾峰电子仪器有限公司
3	整流器	SR-10B	XIAN SCIENTIFIC INSTRUMENT
4	电子天平	FA1004	上海良平仪器仪表有限公司
5	三辊研磨机	SG-65	秦皇岛金佳机械有限公司
6	数显外径千分尺	0~25mm	桂林量具刃具厂
7	丝网印刷设备	0.074mm（200目）	自 制

C 实验方法及工艺流程

将聚合物用乙二醇乙醚醋酸酯溶解为所需固体含量的载体，称此有机聚合物溶液为有机载体。

根据已确定的配方，称取导电相、有机载体。将有机载体与导电相混合均匀，用三辊轧机轧制，轧制数次后用刮板细度计检测，细度达要求即可，轧制好浆料备用。

将制备好浆料采用手动印刷、250 目（0.061mm）丝网，按图 5-20 ~ 图 5-22 所示图案，印刷在 PET 薄膜基片上，经过烘干、固化，得到具有导电性的膜层。将导电膜进行性能测试，研究导电相、有机载体、工艺条件对导电膜层性能的影响。

低温聚合物导体浆料及导电膜制备的工艺流程见图 5-19。

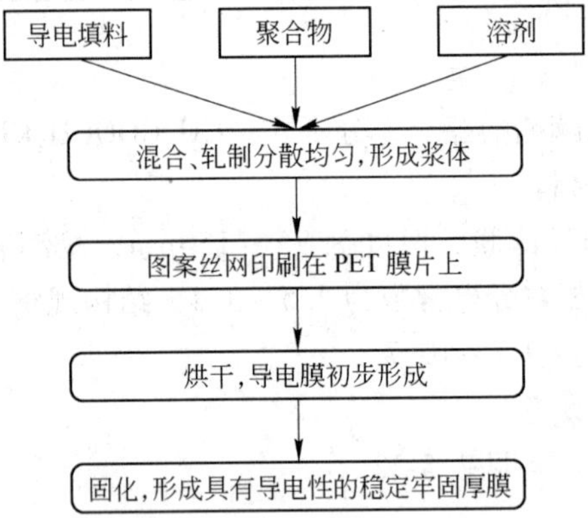

图 5-19　聚合物导体浆料及导电膜的制备工艺流程

5.4.2.2　分析及检测方法

A　浆料细度

浆料细度的测定用刮板细度计，按 GB/T 17473—1998《贵金属浆料细度检测方法》检测。本文采用天津市伟达实验机厂生产的刮板细度计测定浆料细度，浆料细度范围为 5 ~ 10μm。

B　浆料黏度

黏度采用美国 BROOKFIELD VT I + 型黏度计，在 25℃，4 号转子，20r/min。一般印刷黏度应在 15 ~ 20Pa · s。

C　导电相吸油量

称取 5g 导电相粉体，滴加有机载体，不断搅拌，至样品恰成团状，记录此时有机载体用量，换算出100g导电相粉体吸收有机载体的量，单位为mL/(100g)。

D 导电相表面改性效果表征

将改性前后的银包铜粉样品烘干，采用Tensor27红外光谱仪（德国布鲁克公司），对表面改性前后导电相进行分析，根据红外光谱图，比较导电相表面改性前后官能团的变化。

沉降实验用25mL的量筒配制固相含量为6%（体积分数），不同分散剂用量的有机载体V5中悬浮体20mL，超声波分散20min，然后静置，测量沉降高度。

E 方阻的测量

方阻指$1m^2$、$1cm^2$或$1mm^2$在25μm厚度下每条线的阻值，印刷1mm×100mm长的三条线，示意图见图5-20。

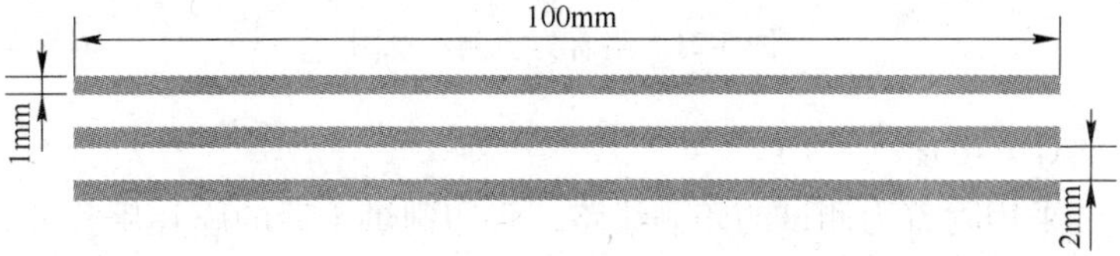

图5-20 方阻检测示意图

用SD2002数字欧姆表测出常温（20~25℃）电阻值，再由测厚仪测烘干膜层厚度。每一条线由100个$1mm^2$的方格组成，相当于100方格，假设测定阻值为R，那么方阻=（$R \times H$）/(100×25)，其中H为测定的厚度（每条线取5点平均值）。

F 附着力

采用胶带牵拉实验，它是一种简单可行的用于测量涂料对薄膜附着强度的方法。将待测浆料搅拌均匀后，采用标准线条网版，按丝网印刷工艺印刷在PET基材上，按工艺要求经干燥及固化后制得实样。实样示例如图5-21所示，将膜片固定在玻璃板上，用3M 600号胶粘带粘着在已固化好的实样线条上，按平行及垂直线条方向各粘一条，长度10cm，用高级绘图橡皮反复施压擦平，使其与印刷好的线路紧密粘贴好，放置 2min 后，用力垂直迅速拉脱胶带，观察胶带及试样线条是否有粘银及膜层拉脱。胶粘带上无粘银，试样线条膜层无拉脱、断线即判定为合格，否则判为不合格。

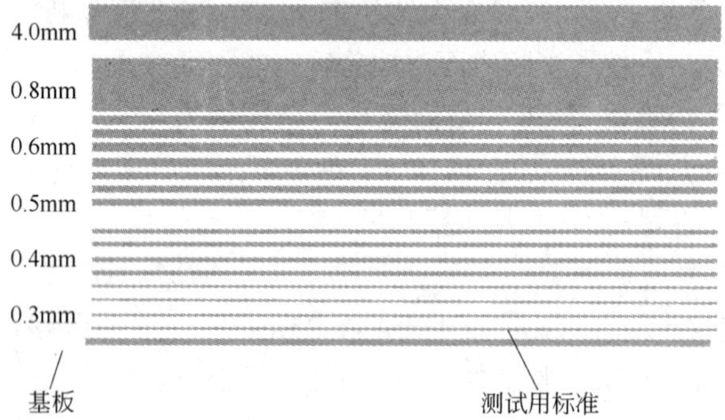

图 5-21　附着力检测示意图

G　硬度

采用附着力测试的印刷线路，将印刷烘干后的膜片用胶带固定于玻璃板上，用 H 型铅笔硬度计根据 GB/T 6739—1996 标准测定。以中华铅笔为测试用笔，以铅笔的硬度标号来测定膜层硬度。一般情况下大于 H 为合格。

H　抗折强度

对于挠性膜片线路来说，印刷线路的抗折强度是十分重要的，用下述方法来表征聚合物印刷线路的抗折强度。

将待测浆料搅拌均匀后，按丝网印刷工艺将图 5-22 图案印刷在清洁的 PET 薄膜基片上，按工艺要求经干燥及固化后制得试样。

用数字欧姆表测量标准线条两端电阻，得到初始电阻值 R_0；把测好初始电阻值的试样沿线条垂直轴线（按图 5-22 中虚线）向外弯折 180°，并用 2kg 重砝码压于折线处，保持 1min，打开膜片压平，反复进行 10 次弯折后，静置 1min，用数字欧姆表测量标准线条两端电阻值，得到弯折后电阻值 R_c，按下式计算得出弯折前后的电阻变化值：

$$\Delta R = R_c - R_0$$

式中 ΔR——弯折前后的电阻变化值，Ω；

R_c——弯折后的电阻值，Ω；

R_0——弯折前的电阻值，Ω。

测量结果以测量三次以上的算术平均值表示。

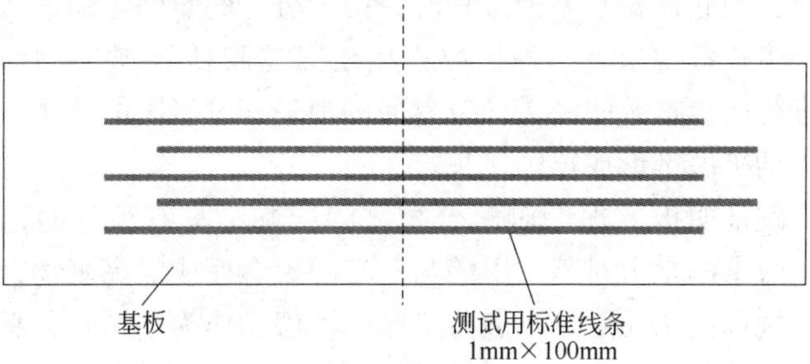

图 5-22 抗折示意图

I 膜层表面形貌

采用飞利浦 XL30 ESEM-TMP 扫描电子显微镜观察导电膜的表面及截面形貌特征。

5.4.2.3 聚合物体系的选择

A 聚合物体系的选择

聚合物主要作用是将导电相粉体牢固地黏附在基体上，并对烘干膜层的硬度、柔韧性、导电性影响较大。聚合物作为黏结相，首先必须保证对基体的附着强度，基体的性质是聚合物选择的最主要依据。本文基体为 PET 薄膜，是由对苯二甲酸（PTA）和乙二醇（EG）经过缩聚产生的聚对苯二甲酸乙二醇酯（PET），属于结晶极性高聚物，表面自由能大，浸润表面张力不小于 40mN/m，相对介电常数为 2.5～3.4，结构规整，具有高结晶度，溶解度系数 9.7～10.7。一般的黏结剂在结晶度高，表面张力大，弱极性的基材上没有附着力（如环氧、酚醛等）。同时由于烘干膜层柔韧性和硬度的要求以及常温下的稳定性，低温干燥等特点，只能选择热塑性有机聚合物作为黏结相的主体。

黏结理论目前主要存在三种[59]：(1) 吸附作用和吸附理论；(2) 静电作用和静电理论；(3) 扩散作用和扩散理论。三种理论均不能完全解释相关黏结的所有问题，对 PET 的黏结属于扩散作用理论。该理论的基本点就是当两种聚合物在具有相容性的前提下，当它们相互紧密接触时，由于分子的布朗运动或链段的摆动产生扩散现象。这种扩散作用是穿越胶粘剂-被粘物的界面交织进行的。扩散的结果导致界面的消失和过渡区的产生。黏结体系借助扩散键形成牢固接头。

实践证明扩散理论对聚合物之间的黏结具有很好的指导意义，一般聚酯是由对苯二甲酸与乙二醇聚合而成的高聚物，由于其对称性和高结晶度，一般溶剂难于溶解，作为黏结剂，有机聚合物的聚酯是在聚合过程中一部分对苯二甲酸被间苯二甲酸取替，引进了支链，减少了对称性和结晶度，从而可溶解于多种溶剂。

B 溶剂和助剂的选择

前述聚合物导体浆料以热塑性有机聚合物为黏结相，该类聚合物一般为固体（高聚合度相关的高相对分子质量）。溶剂的作用是溶解热塑性有机聚合物，同时还必须对基材有良好浸润性，合适的挥发速率和使溶解物有良好的流变特性（适应烘干和印刷工艺），对环境的安全性。

选择溶剂的原则如下：

(1) 溶剂不能与溶解物发生化学作用，确保溶解物（载体）的安定性；

(2) 溶剂要对溶解物有良好的溶解性，不能产生类似溶胀等情况，或者在低温下溶剂析出等现象；

(3) 必须有合适的挥发速率，以适应生产工艺（印刷、烘干）的要求；

(4) 环保低毒，无刺激性气味。

助剂是指在导体浆料中加入少量辅助材料，目的在于对导电浆料或烘干膜层性能的微调，此类材料包括流变助剂（流平剂、触变剂）、增稠剂、增韧剂、偶联剂等，选择的原则除了特定功能要求，符合溶剂选择的基本原则，目前溶剂主要采用乙二醇醚类及衍生物。

C 聚合物体系的组成

扩散理论认为，高分子化合物之间的胶接作用与它们的互溶特性相关。当它们极性相似时，有利于互溶扩散。因此，极性与极性和非极性与非极性聚合物之间都具有较高的黏附力。根据基片材料的特性选择聚合物是制备聚合物导体浆料的关键技术难点。聚合物必须选择溶解度参数与聚对苯二甲酸乙二醇酯相近并且各组分之间有良好的相容性，这样才能使树脂高分子链和PET高分子链在布朗运动的作用下发生互相扩散的可能。互相扩散实质上就是在界面中发生互溶，这样树脂和聚酯膜之间的界面消失，变成一个过渡区域，这对于提高聚合物导电浆料固化后的导电膜对聚酯（PET）薄膜的附着强度是十分有利的[236,237]。

聚合物的化学结构是影响材料的重要因素。这里选定聚酯（Polyester）、聚醋酸乙烯酯（polyvinyl acetate）聚甲基丙烯酸酯（methyl methacrylate）作为黏结相的主体聚合物，它们基本结构如下：

将上述三种固体有机聚合物（粉状）用乙二醇乙醚酸酯溶解，制备成固体含量为20%的有机载体，其性能见表5-23。

表5-23 有机载体的性能

载体编号	溶质类别	固体含量/%	外观	黏度/Pa·s	25℃、30天黏度变化/%
有机载体V1	聚酯27000	20	无色透明	0.92	<0.5
有机载体V2	聚醋酸乙烯酯10000	20	无色透明	0.07	<0.5
有机载体V3	聚甲基丙烯酸	20	无色透明	0.83	<0.5

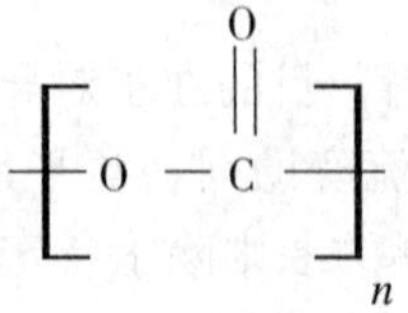

聚酯（polyester）

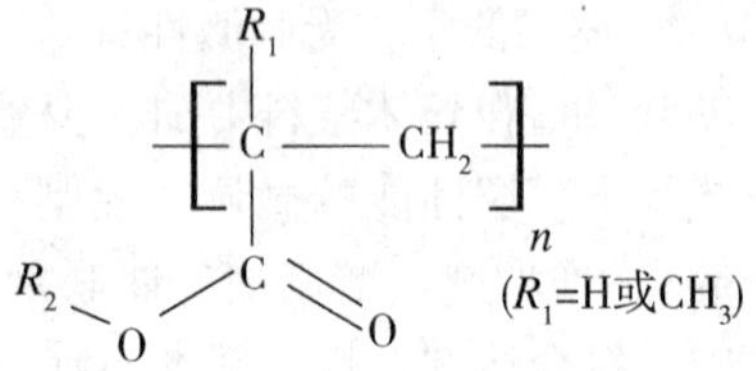

聚甲基丙烯酸酯（methyl methacrylate）

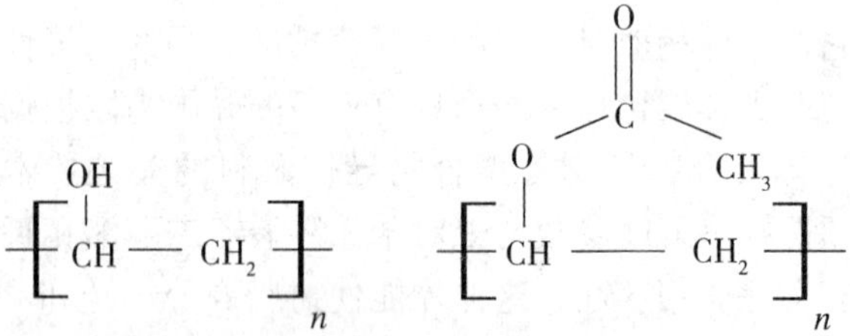

聚醋酸乙烯酯 polyvinyl acetate

从表 5-23 可知，溶剂对树脂溶解完全，溶剂不与树脂反应，得到无色透明聚合物溶液。分别将三种有机载体滴放在 PET 薄膜上，观察到液滴平铺在基体表面，润湿性良好，基体无变形。

以上三种载体和 PA-1 银粉组合配制成导电相含量为 50% 的银导电浆料，用 0.061mm（250 目）不锈钢丝网印刷标准线路于 PET 膜片上，烘干条件为 130℃/30min，浆料以及烘干膜层性能见表 5-24。

表 5-24　试样膜层的性能

浆料编号	银含量 /%	对应载体	黏度 /Pa·s	膜层方阻 /mΩ·□$^{-1}$	附着力	硬度 /H	对折电阻变化① $(\Delta R/R_0)$/%	环境实验① $(\Delta R/R_0)$/%
浆 1 号	50	V1	16～18	35.4	无脱落	<1	3.2	<0.5
浆 2 号	50	V2	5～6	67.2	无脱落	>2	15	<1
浆 3 号	50	V3	14～16	8.13	部分脱落	>2	45	<2

①对折电阻变化：2kg/180℃，10 次；环境实验：80℃，95% RH，72h。

从表 5-24 可以看出，用片状银粉 PA-1 和三种有机载体配合制成的导电浆料试样，聚酯体系附着力好，对折电阻变化小，湿热稳定好，但硬度低，电阻较高；聚醋酸乙烯酯体系附着力好，硬度好，湿热稳定性好，但电阻高，对折电阻变化比较大；聚甲基丙烯酸酯体系电阻低，但附着力低，对折电阻高。从某种意义上说，上述三种载体均可制作不同用途的浆料，如聚丙烯酸酯可用于硬性基板。

D 聚合物体系的优化

聚合物导体浆料除了附着力的首要条件之外，浆料的印刷烘干膜层必须有一定的硬度和韧性，抗溶剂溶解性以及环境安全性，因此单一有机聚合物很难适应上述多方面的要求，需对多种有机聚合物进行组合。优化的聚合物体系必须满足膜层在 PET 基片上对附着力、硬度和抗折电阻变化要求。根据表 5-24 结果，我们选择聚酯体系和聚丙烯酸酯体系的组合来获得优化聚合物体系。

在聚合物体系中聚丙烯酸酯为硬单体，赋予膜层硬度和拉伸强度；聚酯为软单体，使聚合物易于流动及附着力高等性能。通过改变两者的配比来调整树脂的玻璃化温度，从而获得硬度及柔顺性良好的膜层。聚酯和聚丙烯酸酯按质量比为：4∶6，5∶5，6∶4，以乙二醇乙醚醋酸酯为溶剂配制 10% 的有机载体 V4、V5、V6。用玻璃棒分别将 V4、V5、V6 均匀涂覆在 PET 基片上，并在 130℃ 的烘箱中固化 30min，得到聚合物膜。检测聚合物膜附着力，观察膜层外观和对折后膜层外观，结果见表 5-25。

表 5-25 不同比例的有机载体膜层对比

有机载体编号	附着力	膜层外观	对折后膜层外观
V4	少量脱落	浅黄、透明、膜硬	折痕明显
V5	无脱落	微黄、透明、略软	折痕不明显
V6	无脱落	乳白、透明、略软	折痕不明显

相似相溶原理认为基体与有机载体的溶解度参数越接近，则它们之间的黏附力也越大。聚丙烯酸酯体系主要是（甲基）丙烯酸甲酯、丙烯酸乙酯、（甲基）丙烯酸丁酯以及（甲基）丙烯

酸类单体的共聚体，在这类高聚物大分子中存在着大量的酯基（—COOR）结构单元，而对于 PET 基片来说，在分子上也是存在着大量的酯基基团，根据相似相容的原理，聚酯体系和聚丙烯酸酯体系对 PET 基片是有很好的黏附性，并且由于酯基的存在，减少了亲水性基团，从而可以降低载体的黏度和吸湿再黏性。从表 5-25 可知，聚酯用量少时，膜层较硬并出现细微裂纹，导致附着力下降；随着聚酯用量增加，聚合物膜层由硬变软，韧性变好。

用 PA-1 银粉作为导电填料配制 50% 的浆料试样各 100g，印刷，固化后，其膜层的基本性能见表 5-26。

表 5-26　试样膜层的性能

浆料编号	银含量/%	对应载体	黏度 /Pa·s	膜层方阻 /mΩ·□$^{-1}$	附着强	硬度 /H	对折电阻变化① $(\Delta R/R_0)$/%	环境实验① $(\Delta R/R_0)$/%
浆 4 号	50	V4	8.0～9.0	15.2	少点脱落	<2	<12	<1
浆 5 号	50	V5	9.0～10	23.4	无脱落	>2	<8	<1
浆 6 号	50	V6	10～11	28.5	无脱落	>1	<6	<1

①对折电阻变化：2kg/180℃，10 次；环境实验：80℃，95% RH，72h。

5 号浆料试样的表面形貌图见图 5-23。

图 5-23　浆料试样 5 号表面形貌

从表 5-26 可以看出，随着聚酯树脂比例增加，膜层的附着力、韧性增加，阻值上升，因此合理的混合比例应该是聚酯在混合树脂中的比例为 50%。从图 5-23 中看到，银粉在 V5 中分散均匀，形成了良好的网状结构。

5.4.2.4 导电相的分散

导电相最终的使用是与有机载体混合形成具有印刷性能的浆料，导电相在有机载体中的润湿、分散和稳定直接影响浆料的性能。

A 导电相的分散原理

一般而言，颗粒在空气中具有强烈的团聚倾向，颗粒团聚的基本原因是颗粒间存在着表面力。粉末的团聚分为硬团聚和软团聚。软团聚主要是由于颗粒之间范德华力和库仑力所致，该团聚可以通过施加机械能消除；粉末的硬团聚体内除了颗粒之间的范德华力和库仑力之外，还存在化学键作用。

对于液相法还原的银粉，经过清洗过滤后，表面电荷不均匀。水在颗粒表面吸附并部分被极化而形成表面羟基，自由水分子与自由羟基（即非架桥羟基）形成氢键。当颗粒彼此紧密接近时，这种水分子和相邻颗粒表面上羟基也形成氢键，颗粒之间存在的较大氢键导致颗粒聚集形成硬团聚。在烘干过程中，非架桥羟基脱水，则形成化学键，从而形成难以分散的硬团聚（图 5-24）。

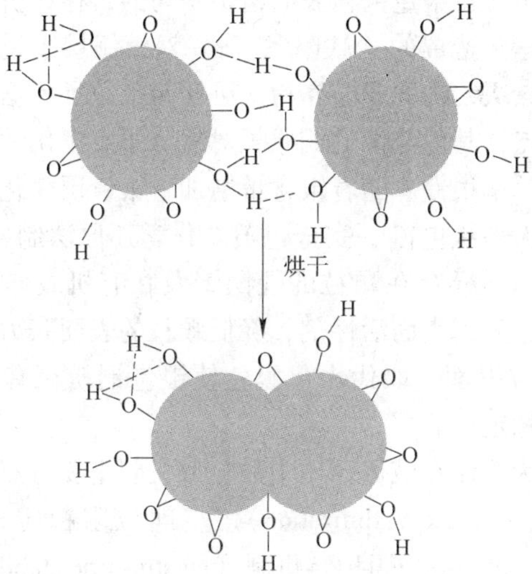

图 5-24 粉末在烘干过程中硬团聚形成示意图

在浆料制备中，三滚轧机轧制过程实质上是一个分散过程，通过对分散体系施加机械力来破坏团聚，但该法只能消除颗粒之间范德华力和库仑力的软团聚，不能消除颗粒之间由化学键形成的硬团聚。导电相的分散必须通过表面改性方法改善粉体的润湿性，增强颗粒与介质的相容性，提高分散性。

韦群燕[60]在高银含量的精密印刷银浆优化设计和实施中，采用 C10 ~ C18 的脂肪酸酯类作为亲油基，对超细银粉进行了表面改性。实验表明，不加表面活性剂的银粉呈絮状，表面较粗糙，颗粒之间无明显界面，形成颗粒团聚体。经过油酸不饱和基、羧酸基团等表面活性剂处理的银粉，表面活性剂的极性官能团与银粉表面质子形成化学键，形成界面区，粉体表面基本处于带一定链长度的有机基团的吸附。在烘干过程中，粉体已不易进行二次生长，粉体粒度控制在一定范围内。干燥得到的银粉，外观疏松，具有很好的流动性。就固液体系而言，已经发现经硬脂酸表面处理过的固体颗粒，其在液体介质中的浸润、分散、悬浮等特性明显改善。

从微观角度看银包铜粉表面是不均匀的，存在折位以及晶体位错在表面露头造成的“缺陷”，等。对镀银层来说，银含量低时，镀层为点缀结构的双金属粉，可认为银原子占据了铜粉表面全部的活性点，其他部位的铜原子对氧分子发生化学吸附的活化能高，吸附效率很慢。随着银含量增加，银镀层变化过程为：点缀 - 岛状 - 大岛状包覆 - 完全包覆。化学还原法制备银包铜粉，与银粉相似，同样存在颗粒的硬团聚及在有机载体中的分散问题。必须通过采用表面活性剂，降低颗粒的表面张力，有机极性键吸附在颗粒表面，取代水化膜，使银包铜粉在有机载体中润湿、分散和稳定。

通常认为粉体在液体介质中的分散机制主要有三种：静电稳定机制（electrostatic stabilization）、空间位阻稳定机制（steric stabilization）和静电位阻稳定机制（electrosteric stabilization）。静电稳定机制和静电位阻稳定机制主要适用于以水为介质的悬浮液中，空间位阻稳定机制可用于以高聚物作分散剂的以水或以有机液体为介质的悬浮液中。根据相似相容原理，极性物质易分散于极性溶剂中，非极性物质易分散于非极性溶剂中。

本研究采用聚丙烯酸甲酯型超分散剂对银包铜粉进行改性。超分散剂的分子结构主要分为锚固基团和溶剂化链两个部分。锚固基团为—COO—，溶剂化链为聚丙烯酸甲酯。

B 导电相改性包覆表征

通过红外光谱可以得到银包铜粉表面官能团的信息，从而分析出银包铜粉的结构及其表面性质。图 5-25 是经超分散剂改性前后的银包铜粉的红外光谱图。

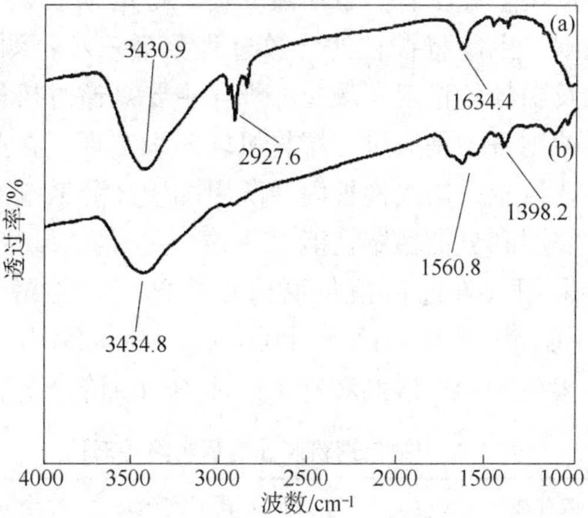

图 5-25 改性前（a）后（b）银包铜粉的 FT-IR 谱图

比较两个样品的红外光谱图可知：1560 cm^{-1}和 1398 cm^{-1}附近的吸收峰为 COO—Ag 的特征吸收峰，说明聚丙烯酸酯型超分散剂主要是通过与粒子表面的 Ag^+形成配位键而被吸附到粒子表面的。游离羧基（—COOH）的伸缩振动峰在 1700 ~ 1725 cm^{-1}吸收峰很小，这说明吸附基本为单分子层吸附。3430 cm^{-1}左右的吸收峰为银包铜粉表面羟基的特征峰，此峰在经过聚丙烯酸酯型超分散剂改性后并没有明显的偏移，表明超分散剂并没有与银包铜粉表面的—OH 形成氢键。这说明当锚固基团可以和颗粒表面同时形成离子对的键合形式和氢键时，优先选择能够形成相当牢固的离子对的键合形式。通过红外光谱得知：超分散剂已较好地包覆于银包铜粉的表面。

C　改性前后导电相在有机载体中分散

导体浆料属于固体含量较高的浓悬浮体，在不加外力和分散剂情况下很难形成稳定的悬浮体。悬浮液中固体颗粒的分散遵循两个基本原则：一是润湿原则，颗粒必须被液体介质润湿，从而能很好地浸没在液体介质中；二是表面力原则，颗粒间的总表面力必须是一个较大的正值，使颗粒间有足够的相互排斥作用以防止其互相直接接触并粘着。悬浮液的良好稳定分散必须同时满足上述两个原则。由此将颗粒的分散过程分为三步：颗粒的润湿，颗粒的细化及颗粒的稳定。颗粒的细化主要是通过机械力来实现的，在浆料的制备中是通过三辊轧机轧制来实现，在此不作较多的讨论，主要讨论采用改性聚丙烯酸甲酯型超分散剂对银包铜粉进行改性的润湿和分散稳定性能。

本试验采用改性前后银包铜粉在溶剂（乙二醇乙醚酸酯）和有机载体（V5）中的沉降性对比实验，考察其润湿分散性能。改性前后的银包铜粉在溶剂和有机载体中的沉降情况见表 5-27。

表 5-27　银包铜粉改性前后沉降性对比

改性前后	初始沉降时间/min	完全沉降时间/min
未改性银包铜粉（在溶剂中）	5	8
改性后银包铜粉（在溶剂中）	0	240
未改性银包铜粉（在 V5 中）	10	30
改性后银包铜粉（在 V5 中）	5	300

实验中可以观察到，银包铜粉在溶剂中的润湿性比在有机载体中好，开始沉降时间较早；改性后，银包铜粉的表面状态发生改变，颗粒间团聚程度大为减少，在溶剂和有机载体中可以在相当长的时间内保持很好的悬浮状态。对于固体悬浮液来说，添加

适量的分散剂，可使大的二次团聚颗粒分散成小的二次团聚或一次颗粒，而且悬浮液良好的分散性可显著降低黏度，提高产品质量。图 5-26 为沉降 7 天后，不同分散剂含量的银包铜粉在有机载体中沉降高度曲线。

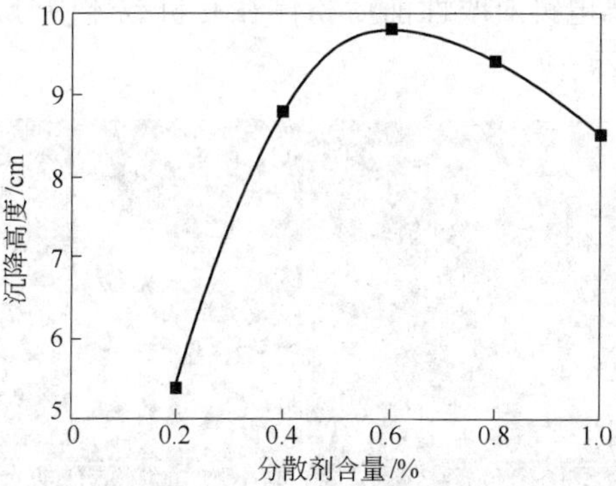

图 5-26 不同分散剂含量的银包铜粉在有机载体中沉降高度曲线

从图 5-26 中可以看出，在分散剂浓度较低时，分散的稳定性随分散剂浓度的增加而变好，当浓度达到一定值后，分散稳定性趋于一定而体系稳定，当浓度进一步增大时，其分散稳定性反而降低，悬浮液的分散性变差。由于超分散剂主要是一种阴离子型的高聚物分散剂，在溶剂中电离出 R—COO—离子，随着含量的增大，电离度也增大，超分散剂的锚固基团（—COO—）也就增多，锚固基团牢牢地吸附在颗粒表面，溶剂化链则溶解在溶剂里，从而在颗粒表面形成了一定厚度的保护层，当颗粒相互靠近时，溶剂化链的作用使彼此分开，从而达到在介质中稳定分散的目的。但锚固基团与有机载体中基体平衡时，它的分散效果最好。与此同时，分散剂增强了颗粒表面包覆层之间的位阻效应，使颗粒间产生很强的位阻排斥力；此外，它调控颗粒表面极性，增强分散介质对颗粒的润湿性，在满足润湿原则的同时，增强了表面溶剂化膜，提高了它的表面结构化程度，使结构化排斥力大为增强，所以悬浮液的稳定性增强。但随着分散剂含量的进一步增大，分散剂在颗粒表面的吸附达到饱和，在此基础上再添加分散剂，将增大溶液中的离子浓度，颗粒的分散性变差。因此，对于不同的分散剂，存在一个较佳的分散剂浓度。本实验中分散剂的较佳用量为6%。

通过扫描电镜对改性前后粉体在有机载体中分散进行观察，如图5-27所示。

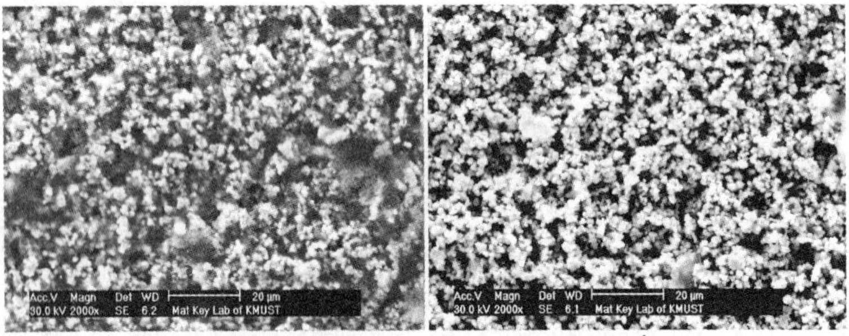

a　　　　　　　　b

图5-27　改性前后粉体在有机载体中分散SEM

a—未改性银包铜粉；b—改性后银包铜粉

由图5-27可知，未改性银包铜粉团聚程度严重，改性后，悬浮液中银包铜粉团聚明显减少，颗粒分散均匀。

5.4.2.5　导电相的优化

聚合物银浆除根据烘干膜层与基材需具有附着强度、膜层韧性等要求以外，在选定了黏结相有机聚合物的前提下，还必须针对在该有机聚合物中的导电相进行优化。本文选定聚酯和聚甲基丙烯酸（1∶1）混合物作为黏结相主有机聚合物，以有机载体V5作为实验基准，PA-1银粉和PAC-1银包铜粉（已改性）分别作为导电相配制浆料，通过性能测试优化导电相。

因为烘干的膜层中导电相与聚合物的质量比是决定膜层性质的关键因素之一，在固定有机载体中树脂质量比的情况下，只有改变导电相含量才能改变导电相与树脂在烘干膜层中的比例。在银包铜粉PAC-1含量分别为60%、55%、51%、47%时烘干膜层内固体树脂的比例为12%、14%、16%、18%，用上述比例配制银导电浆料各100g，基本性能见表5-28。

表5-28 银包铜粉浆料试样性能

烘干膜层中比例	银包铜粉含量/%	黏度/Pa·s	膜层方阻/mΩ·□$^{-1}$	附着强度	硬度/H	对折电阻变化①($\Delta R/R_0$)/%	环境实验①($\Delta R/R_0$)/%
银包铜/树脂88/12	60	23.0~25.0	18.3	少脱落	<2	≤20	<1
银包铜/树脂88/14	55	14.0~16.0	15.6	无脱落	>2	≤16	<1
银包铜/树脂88/16	51	10.0~12	21.4	无脱落	>2	≤8	<1
银包铜/树脂88/18	47	6.0~8.0	84.5	无脱落	>2	≤6	<1

①对折电阻变化：2kg/180℃，10次；环境实验：80℃，95%RH，72h。

从表5-28可看出，烘干膜层的导电性取决膜层内银包铜粉和固体树脂的比例（质量比或体积比），对特定固体树脂而言，存在一个较佳范围。对PAC-1银包铜粉和选定的聚酯和聚丙烯酸酯体系而言，烘干膜层内树脂为14%区域有最优的导电性以及综合性能，体系的导电相含量达到55%。

在相同条件及相同导电相含量下，用银包铜粉PAC-2配制导电浆料各100g，基本性能见表5-29。

表5-29 银包铜粉浆料试样性能

烘干膜层中比例	银包铜粉含量/%	黏度/Pa·s	膜层方阻/mΩ·□$^{-1}$	附着强度	硬度/H	对折电阻变化①($\Delta R/R_0$)/%	环境实验①($\Delta R/R_0$)/%
银包铜/树脂88/12	60	24.0~29.0	16.3	少点脱落	<2	≤22	<1
银包铜/树脂88/14	55	18.0~20.0	14.6	无脱落	>2	≤17	<1

续表 5-29

烘干膜层中比例	银包铜粉含量/%	黏度/Pa·s	膜层方阻/mΩ·□$^{-1}$	附着强度	硬度/H	对折电阻变化①($\Delta R/R_0$)/%	环境实验①($\Delta R/R_0$)/%
银包铜/树脂 88/16	51	11.0～14	25.4	无脱落	>2	≤9	<1
银包铜/树脂 88/18	47	10.0～12.0	26.5	无脱落	>2	≤6	<1

①对折电阻变化：2kg/180℃，10 次；环境实验：80℃，95%RH，72h。

从表 5-29 可知，PAC-2 的导电相最优范围是树脂为 14% 区域。

在相同条件及相同导电相含量下，用片状银粉 PA 配制导电浆料，其性能见表 5-30。

表 5-30　片状银浆料试样性能

烘干膜层中比例	银含量/%	黏度/Pa·s	膜层方阻/mΩ·□$^{-1}$	附着强度	硬度/H	对折电阻变化①($\Delta R/R_0$)/%	环境实验①($\Delta R/R_0$)/%
银/树脂 88/12	60	28～30	10.2	少点脱落	<2	≤12	<1
银/树脂 88/14	55	22～24	12.3	无脱落	>2	≤8	<1
银/树脂 88/16	51	14～16	13.6	无脱落	>2	≤6	<1
银/树脂 88/18	47	8～12	23.5	无脱落	>2	≤4	<1

①对折电阻变化：2kg/180℃，10 次；环境实验：80℃，95%RH，72h。

选择片状银粉 PA 作为导电填料，V5 有机载体 50%，配制导电浆料，按此比例烘干膜层内有机聚合物的含量 16% 区域有最优的导电性以及综合性能，体系的导电相含量达到 51%。

5.4.2.6　银包铜粉浆料与银浆料性能对比

材料的性能是由材料各组分的性能决定的，各组分的性能既独立影响，又相互作用，影响权重在不同的服役条件下不同。聚合物导体浆料由导电相、树脂和溶剂组成，其性能由各组分共同影响决定。聚合物导体浆料性能的评价是以其最终形成的导电膜层的性能评价为标准，影响膜层性能的因素较多，一般包含如图5-28所示的四个方面。本节银包铜粉浆料与银浆性能的对比只针对浆料部分，在给定配方和相同工艺条件下，通过对银粉和银包铜粉两种导电相在浆料中微观结构和行为的分析，结合其宏观性能的表现，对浆料的黏度、触变性、附着力、方阻、对折电阻、抗氧化性进行对比分析，讨论银包铜粉代替银粉制备聚合物浆料的可能性。

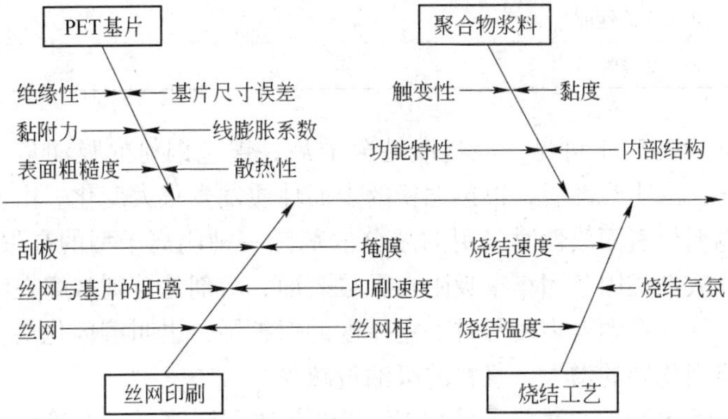

图5-28 影响浆料膜层性能的因素

A 印刷性能

聚合物导体浆料是通过丝网印刷工艺来制备导电图案。对丝网印刷的质量要求是：印刷膜厚度一致、尺寸精确、轮廓清晰、重现性好。影响丝网印刷质量的工艺参数来自浆料、印刷设备、基体等各个方面。浆料方面主要是黏度和触变性。

a 黏度

浆料的黏度也称内摩擦，是一层流体对另一层流体做相对移动时所产生的阻力，它是流体内部阻碍其流动的一种特性。黏度是浆料印刷性能的一个重要指标，同时也很难调整。因为影响浆料黏度的因素有很多，从浆料的组成来看，导电相、树脂、溶剂均对浆料黏度有所影响。在此我们是在已选定有机载体、导电相含量范围并且保证膜层综合性能的条件下，通过调整导电相的吸油量来调整浆料黏度，使浆料获得较好印刷性能。表 5-31 是 PA 和 PAC-1、PAC-2 改性前后的吸油量。

表 5-31 导电相的吸油量对比

导电相	吸油量/g·（100g）$^{-1}$	降低率/%
PA	40	
PAC-1 改性前	75	
PAC-1 改性后	45	40
PAC-2 改性前	76	
PAC-2 改性后	44	42

从表 5-31 可见，经过改性分散后，银包铜粉的吸油量降低 40%，说明改性后，银包铜粉的表面性质发生很大变化。由于在银包铜粉表面改性时采用的超分散剂是一种阴离子型的高聚物，超分散剂锚固基团牢牢吸附在颗粒表面，溶剂化链则溶解在溶剂里，从而在颗粒表面形成一定厚度的保护层，也叫溶剂化层。随着溶剂化层的增大，浆料的吸油量减少。

银包铜粉改性前，采用 V5 有机载体配制浆料，如果要使浆料的黏度达到 14～16Pa·s，PAC-1 的含量仅为 30%，膜层的导电性达不到要求；若增加导电相含量，浆料黏度太大并成团，无法印刷。采用改性分散后的银包铜粉，达到优化导电相含量 55% 的性能指标，即浆料黏度 18.6Pa·s；膜层方阻 15mμ□/25μm；附着力、硬度较好；对折电阻变化小于 1%，膜层综合性能指标较好。

b 触变性

触变性是指流体在外力搅动作用下流动性增大，停止搅动后流动性逐渐减小，恢复原状的性能。触变性是塑性流体所具有的一种流变特性。

电子行业所使用的浆料对触变性要求比较严格，主要是因为凡是导体浆料对电阻值均有严格要求（有的要求方阻）。由于电阻不仅同导体的长度有关，与厚度也有关，所以要求所印出的导线边缘整齐，线条宽度一致，且厚度误差小，这就需要网印的导体浆料具有良好的触变性。

关于影响浆料触变性因素，不同类型的浆料其结构有所不同，导电相粒子在浆料中的受力情况不同，受力的大小也不等，所以浆料触变性的大小各不相同。浆料触变性的大小与下列因素有关：

（1）导电相的性质。表面吸附性强的导电相制成浆料后触变性大。

（2）导电相颗粒的形状。导电相粒子呈针状或片状时比球状粒子制成的浆料触变性要大。

（3）导电相的用量。一般来说，浆料中导电相所占的比例越大，粒子间相互作用力越强，浆料的触变性则越大。

（4）导电相粒子与连结料的润湿能力。连结料的润湿能力低，导电相粒子被润湿的效果差时，制成的浆料触变性较大。

（5）树脂的相对分子质量。应用于浆料连结料中的树脂相对分子质量越大时，制成浆料后的触变性也随之增大。

对于浆料触变现象产生的原因和机理，看法还不一致，认识还是初步的，对一些现象还需要重新认识和寻找新的解释方法进行解释。

按表 5-32 的配方配制浆料，经丝网印刷后，观察湿膜表面及线条的清晰程度，检测湿膜厚度，结果见表 5-32。图 5-29 为 6 个浆料样品印刷的膜层照片。

表 5-32 银浆和银包铜粉浆料印刷性能的比较

序号	浆 料	导电相含量 /%	黏度 /Pa · s	膜层厚度 /μm	膜层表面	印刷线调是否清晰
1	PA/V5 50/50	50	14.2	24	流平性好	边缘清晰
2	PA/V5 55/45	55	15.6	27	流平性好	边缘清晰
3	PA/V5 60/40	60	17.0	28	有网印	边缘拉丝
4	PAC-1/V5 50/50	50	16.8	26	流平性好	边缘有浸渗
5	PAC-1/V5 55/45	55	18.8	27.5	流平性好	边缘清晰
6	PAC-1/V5 60/40	60	19.6	29	有网印	边缘清晰

图 5-29　6 个浆料样品印刷的膜层照片

从图 5-29 可以看出，1、2、5、6 流平性好，印刷线条清晰；3 边缘拉毛，说明浆料黏度大，触变性差；4 边缘有浸渗，浆料黏度小，触变性差。

综上所述，银浆中银含量为 50% ~55% 之间浆料的印刷性能较好，银包铜粉的含量在 55% ~60% 之间浆料的印刷性能较好。

B 导电性

导电膜层导电性形成过程如图 5-30 所示，对于掺合型聚合物导体来说，通常是在聚合物基体中加入某种导电填料来制备，通过导电填料实现导电，其导电机理可以用两种理论来解释：穿流理论和隧穿效应。

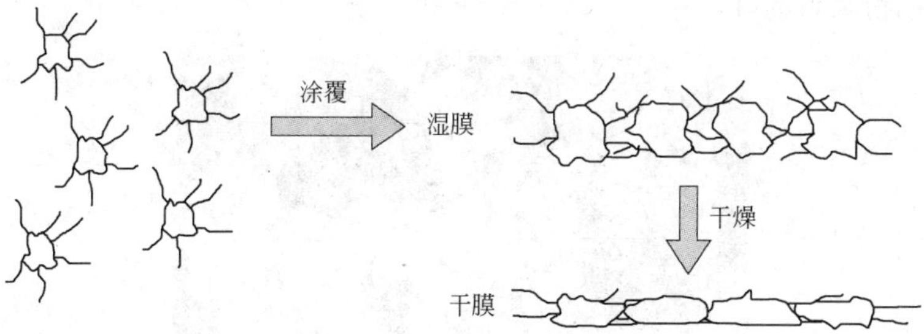

图 5-30 导电膜层导电性形成过程

穿流理论认为，当导电填料的填充量达到穿流阈值后，原本处于独立分散状态的金属粒子开始相互接触，形成连续的网络结构，使膜层具有导电性能。而隧穿效应则考虑到聚合物的绝缘性，认为金属粒子上一般覆盖了一层绝缘的有机薄膜，粒子与粒子之间很难有直接的接触，只有通过粒子之间的电子跳跃，电子才能穿过绝缘层，达到传导的效果（即隧穿效应）。

导电相在树脂体系中相互接触是导电的原因，上述两种理论能很好地解释从绝缘体向导体转变的现象，但没有考虑导电相粒径、接触面积和距离等细节问题。不同形貌的导电相导电性不同，球与球之间的接触是点接触，隧穿电阻和集中电阻都很大，故电阻率很高。片粉的接触面积大，面间距基本一致，集中电阻小，所以电性能好，电阻率低。树枝状粉可以看成其形貌类似在不规则球上长出片状物，片状物向空间伸展，各个方向都可以和其他颗粒接触；而片状粉是二维的，在空间有取向，只在固定的方向上搭接。同片状粉相比，在接触面积类似的情况下，树枝状粉多了在空间的接触机会，因此树枝状粉电阻率最小。

银包铜粉是由树枝状铜粉球磨后镀银的，其表面形貌见图5-31。从图上可见，银包铜粉的枝片较多，有利于多方向接触，导电性能较好，但由于镀银层的缺陷，致使银包铜粉在浆料制备和固化过程中部分氧化，其导电性没有银粉好。银浆和银包铜粉浆料导电性比较见表5-33。表5-33结果表明，银浆的导电性比银包铜粉浆料的好。

图5-31　片状铜粉SEM照片

表5-33　银浆和银包铜粉浆料导电性比较

浆料编号	导电相	导电相含量/%	黏度/Pa·s	方阻/mΩ·□$^{-1}$
浆7号	PA	50	14.6	12.8
浆8号	PAC-1	55	18.5	14.7
浆9号	PAC-2	55	18.9	14.0

C　附着力

导电膜的附着力指膜层与基片表面之间相互黏结的能力，从实用意义上讲，附着力应是膜层从基片上除掉所需的力，即膜层与底材相互结合的黏结力。膜层附着力是检验膜层性能优劣的重要指标之一[61]。

导电膜的附着机理有两种，即机械附着和化学附着。机械附着力取决于被印基片的性质（粗糙度、多孔性等）以及所形成膜的机械强度。化学附着力则指膜层与基片界面分子间的相互吸引力，取决于膜层和基片的物理化学性质。对于导电膜附着机理的解释，人们普遍认为化学附着的说法更切合实际。在化学附着的内聚力之中，包括静电力、范德华力、氢键和化学亲和力，这些力决定了浆料对基片的附着力。另外，以下几个因素也会影响附着力：

（1）液态成膜物质对物体的润湿程度。

（2）固体表面上定向吸附层的形成。

（3）膜层形成过程中在成膜物与固体表面的边界上引起电子层。

膜层从基片上的撕掉类型大致可以分为以下三种类型：

（1）黏型类型。膜层完全从表面脱落。

（2）内聚类型。膜层裂开或起层，附着力大于内聚力。

（3）混合类型。膜层从表面上部分脱落，即膜层本身部分开裂，附着力接近内聚力。用3m胶带测试浆料7号、8号、9号的附着力，检测结果是：在3m胶带上只有膜层印迹，没有膜层脱落现象，三个浆料的附着力都较好。

一般认为，膜层的附着力取决于成膜物中聚合物的极性基团。实验采用的有机载体V5中，聚酯和聚丙烯酸酯存在着大量的酯基（—COOR）结构单元，而对于PET基片来说，在分子上也是存在着大量的酯基基团，当两者之间的距离变得非常小时，极性基之间由于范德华力或氢键的作用产生附着平衡。膜层厚度和附着力的关系见表5-34。

表5-34 膜层厚度和附着力的关系

浆料编号	附着力		
	膜厚7μm	膜厚12μm	膜厚20μm
浆7号	无脱落	无脱落	少量脱落
浆8号	无脱落	无脱落	少量脱落
浆9号	无脱落	无脱落	少量脱落

从表5-34可以看出，随着涂膜厚度的增加，附着力降低。这是因为在膜层厚度增大以后，溶剂挥发造成的膜层在垂直基片方向上的收缩，使膜与基片间的作用力削弱；另外，测试时膜层内部的受力部位变大，竖直方向上任何一个部位因为应力被破坏，都会影响到该部位的完整程度，因此更容易产生外观上的不完整，使得附着力变差。所以，在保证膜层性能的前提下，膜层厚度尽量减薄对附着力有利。

D　抗折强度

对于柔性膜片线路来说，导电线路的抗折强度是十分重要的。当施加外力作用于膜层并发生明显形变时，一旦固有的膜层微观结构遭到破坏，就会导致电流通道受到影响，宏观上表现为膜层电阻的变化。微观结构的变化包括膜层自身断裂，膜层与衬底之间的剥离，甚至于膜层的脱落，这些变化都影响膜层的性能。

实验中的弯折可以分为：

(1) 膜层相对于基片处于弯曲径向的外侧，称之为外弯折，作用效果为膜层微元的间距增大；

(2) 膜层相对于衬底处于弯折径向的内侧，称之为内弯折，作用效果为膜层微元的间距减小。外弯折导致薄膜的断裂，内弯折则导致膜层的皱褶甚至脱落。本文的抗折实验属于外弯折。

膜层的抗折强度测试用对折电阻变化，即膜层弯折前后方阻的变化来表征，结果见表5-35。

表5-35　膜层弯折前后的方阻

浆料编号	弯折前方阻/$m\Omega \cdot \square^{-1}$	弯折后方阻/$m\Omega \cdot \square^{-1}$	方阻变化率/%
浆料7号	13.8	14.4	4
浆料8号	16.5	17.3	5
浆料9号	15.8	16.5	4.5

从表5-35可以看出，浆料7号弯折后电阻的变化率是4%；浆料8号、浆料9号弯折后电阻的平均变化率为4.75%。从结果

看银粉和银包铜粉做导电相膜层的弯折前后的变化两者相差不大。

何建立[62]对纳米多层膜的结构和硬度、韧性行为进行了研究，给出了 TiC 和 Fe、W、Al 三种不同的金属形成多层膜的韧性。结果表明：多层膜的韧性随金属相体积分数变化。当含量较低时，韧性基本上是随着金属的含量增加而上升，但这种趋势并没有一直持续下去。在上升到一定程度后而下降，多层膜的韧性在所研究的组分范围内呈现一个最大值。杨瑞成[63]研究了聚合物共混体脆韧转变逾渗模型；S. Wu[64]等通过实验得出橡胶分散在塑料中，粒径的多分散性使阈值增大，增韧效率下降；分散颗粒的形状影响为不对称粒子（如棒状粒子、板条状、片层状和网格状粒子）的增强效果较对称的球形颗粒要好得多，即片状粒子比球状粒子的增韧效果好。

本研究用球状银粉做导电相，其他条件不变（配方同浆料 7 号）制备浆料 10 号，与浆料 7 号作对比实验，结果见表 5-36。弯折前后的膜层截面扫描电镜照片见图 5-32、图 5-33。

表 5-36 不同形状导电相浆料弯折前后阻值对比

浆料编号	弯折前方阻/mΩ·□$^{-1}$	弯折后方阻/mΩ·□$^{-1}$	方阻变化率/%
浆料 7 号	13.8	14.4	4
浆料 10 号	14.2	15.1	6

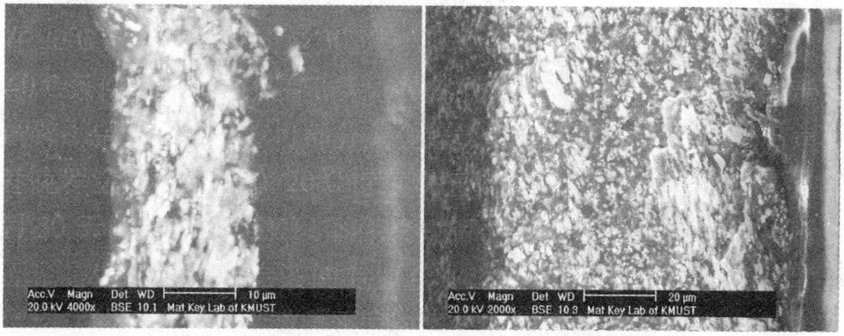

未折前膜层截面　　　折后膜层截面

图 5-32 浆料 7 号弯折前后膜层截面 SEM 图

未折前膜层截面　　　　折后膜层截面

图 5-33　浆料 10 号弯折前后膜层截面 SEM 图

从表 5-36 号看出，在相同条件下，球状银粉导电相浆料弯折前后阻值变化比片状银粉导电相浆料的大，说明球状银粉导电相浆料抗弯折性比片状银粉导电相浆料差。从膜层截面扫描电镜照片也可以看出，浆料 10 号的膜层截面平整，球状银粉的变形较小，说明膜层较脆，韧性较差；而浆料 7 号的膜层截面粗糙不平，可以看到片状银粉已发生塑性变形，向受力（外弯）方向弯曲，并有明显的片状银粉被拔出现象。

实验证明，膜层的抗弯折性与导电相的形状、含量有较大的关系。片状粉的抗弯折性比球状粉好；导电相含量越高，抗弯折性越差；如果采用形状相同和粒度相近的导电相，银浆和银包铜粉浆料的抗弯折性相似。

E　浆料的稳定性

膜层阻值的变化是衡量浆料稳定性的重要指标之一。在实验中，将浆料 7 号、8 号、9 号分别按图 5-20 图案印刷，烘干，130℃，30min 固化，得到导电膜。为了减少误差，每种浆料印刷 5 个样品。将同批样品放置在室温空气中，定期检测其电阻值的变化情况，来比较浆料的稳定性能。

表 5-37、表 5-38、表 5-39 分别是浆料 7 号、8 号、9 号在室温空气中放置 72 天阻值的变化情况。

表 5-37 浆料 7 号膜层放于空气中电阻变化情况

电阻变化情况		试样编号				
		1	2	3	4	5
阻值/mΩ · □$^{-1}$	原始值	12.63	12.82	12.76	18.90	19.34
	3 天后	12.85	13.08	13.02	19.28	19.69
	6 天后	12.90	13.16	13.06	19.40	19.79
6 天变化率/%		2.14	2.65	2.32	2.67	2.31
阻值/mΩ · □$^{-1}$	12 天后	13.01	13.20	13.12	19.56	19.96
	27 天后	13.07	13.28	13.16	19.63	20.06
27 天变化率/%		3.45	3.56	3.16	3.87	3.73
阻值/mΩ · □$^{-1}$	42 天后	13.12	13.33	13.27	19.75	20.11
	72 天后	12.68	13.37	13.30	19.85	20.22
72 天变化率/%		4.03	4.32	4.26	5.03	4.53
72 天平均变化率/%		4.56				

表 5-38 浆料 8 号膜层放于空气中电阻变化情况

电阻变化情况		试样编号				
		1	2	3	4	5
阻值/mΩ · □$^{-1}$	原始值	14.80	14.71	13.34	15.02	14.5
	3 天后	15.24	15.22	13.87	15.55	15.05
	6 天后	15.62	15.46	14.08	15.76	15.24
6 天变化率/%		5.54	5.12	5.34	4.96	5.23
阻值/mΩ · □$^{-1}$	12 天后	15.92	15.74	14.27	16.07	15.52
	27 天后	15.96	15.96	14.37	16.01	15.57
27 天变化率/%		8.01	7.86	7.54	7.23	7.37
阻值/mΩ · □$^{-1}$	42 天后	16.01	15.92	14.44	16.22	15.55
	72 天后	16.15	15.92	14.53	16.24	15.71
72 天变化率/%		9.0	8.45	8.92	8.14	8.34
72 天平均变化率%		8.56				

表 5-39　浆料 9 号膜层放于空气中电阻变化情况

电阻变化情况		试样编号				
		1	2	3	4	5
阻值/mΩ · □$^{-1}$	原始值	13.58	14.61	13.98	13.45	13.73
	3 天后	14.12	15.22	14.61	14.07	14.31
	6 天后	14.35	15.39	14.69	14.18	14.42
6 天变化率/%		5.65	5.32	5.07	5.44	5.12
阻值/mΩ · □$^{-1}$	12 天后	14.53	15.56	14.96	14.40	14.62
	27 天后	14.65	15.66	15.05	14.43	14.71
27 天变化率/%		7.88	7.16	7.62	7.27	7.16
阻值/mΩ · □$^{-1}$	42 天后	14.67	15.78	15.10	14.53	14.77
	72 天后	14.69	15.80	15.14	14.55	14.84
72 天变化率/%		8.09	8.12	8.23	8.18	8.11
72 天平均变化率/%		8.14				

从表 5-37 ~ 表 5-39 总体来看，银浆和银包铜粉浆料在 6 天前变化较大，阻值的变化率都占到总变化率的 50% 以上，随着时间的推移，阻值的变化相对变小。浆料 7 号在前 6 天的变化率为 2.3%，72 天的变化率为 4.52%；浆料 8 号和 9 号的变化趋势和 7 号的相同，前 6 天变化率较大，银包铜粉浆料 8 号（72 天）的变化率是 8.56%，银包铜粉浆料 9 号（72 天）的变化率是 8.14%。从实验结果可知，银包铜粉的银含量达到 40%，制备的银包铜粉浆料阻值的变化率小于 10%，达到实用化的目标。

路庆华[65]采用球磨处理后的银包铜粉制备导电胶并对其进行耐湿性测试，结果为只要镀银量超过 15%，就能实现 1000h 内电阻变化率小于 10% 的实用化的目标。

F　性能综合对比

根据上述性能的对比，将比较结果综合于表 5-40。

表 5-40 银浆与银包铜粉浆料性能比较

性 能	银浆料	银包铜浆料	
导电相种类	片状银粉	片状银包铜粉银含量 30%	片状银包铜粉银含量 40%
导电相含量/%	50	55	55
银含量/%	50	16.5	22
黏度/Pa·s	14.6	18.5	18.9
触变性	好，印刷线条清晰	好，印刷线条清晰	好，印刷线条清晰
阻值/mΩ·□$^{-1}$	12.8	14.7	14.0
对折电阻变化率/%	4	5	4.5
附着力	合格	合格	合格
稳定性/%	4.56	8.56	8.14
实用目标	达到	达到	达到

通过对银粉和银包铜粉两种导电相浆料的黏度、触变性、附着力、方阻、抗折强度、抗氧化性进行对比分析可知，银浆中导电相银含量为50%～55%之间，浆料的印刷性能较好，银包铜粉浆料中导电相的含量在55%～60%之间，浆料的印刷性能较好；在各自最佳配方下制备浆料，银浆方阻是12.8mΩ/□，对折电阻变化率为4%，附着力合格，稳定性良好；银包铜粉浆料方阻是14～14.7mΩ/□，对折电阻变化率为4.5%～5%，附着力合格，稳定性好；浆料性能在达到实用目标的前提下，银包铜粉浆料中纯银含量仅为银浆的一半。

综上所述，采用规定粒度、银含量的银包铜粉可以代替银粉制备聚合物导体浆料，其性能达到实用目标，银包铜粉浆料中纯银含量仅为银浆的一半，具有较大的市场竞争力和推广应用前景。

5.4.2.7　结论

通过研究聚合物与基体的黏结理论、相容性；导电相分散及改性，得到如下结论：

（1）在PET基体上的黏结理论是扩散作用，聚合物与PET两者的溶解度参数δ值相差越小，越有利于扩散作用的产生，其黏结体系的黏结力越高。

（2）聚酯体系附着力好，对折电阻变化小，湿热稳定好，但硬度低，电阻较高；聚醋酸乙烯酯体系附着力好，硬度高，湿热稳定性好，但电阻高，对折电阻变化比较大；聚甲基丙烯酸酯体系电阻低，但附着力低，对折电阻高。

（3）采用聚丙烯酸甲酯型超分散剂对银包铜粉进行改性，银包铜粉在V5有机载体中分散好，同时吸油量降低一半，改性剂用量为6%银包铜粉。

综合以上研究，优化出了有机载体及聚合物复合导体浆料最佳配方，具体如下：

（1）有机载体优化体系是V5，即聚合物组成是聚酯和聚丙烯酸酯的质量比为1∶1；溶剂为乙二醇乙醚酯，聚合物含量为10%配制的有机载体。

（2）聚合物银包铜粉导体浆料最佳配方是：银包铜粉导电相含量为55%，有机载体V5含量为45%。

通过对银粉和银包铜粉两种导电相在浆料中微观结构分析，结合其宏观性能的表现，对浆料的黏度、触变性、附着力、方阻、抗折强度、抗氧化性进行对比分析，得到如下结论：

（1）银浆中导电相含量为50%～55%之间浆料的印刷性能较好，银包铜粉浆料中导电相的含量在55%～60%之间浆料的印刷性能较好。

（2）在各自较佳配方下制备浆料，银浆方阻是12.8mΩ/□，对折电阻变化率为4%，附着力合格，稳定性良好；银包铜粉浆料方阻是14～14.7mΩ/□，对折电阻变化率为4.5%～5%，附着力合格，稳定性好。

（3）采用规定粒度、银含量的银包铜粉可以代替银粉制备聚合物导体浆料，其性能达到实用目标，银包铜粉浆料中纯银含量大大减少，节约贵金属，降低成本。

5.4.3 非金属导电漆

5.4.3.1 前言

在非金属（如塑料、陶瓷、玻璃、玻璃钢等）电镀中，传统的前处理工序必须经过除油、粗化、敏化、活化、还原、化学镀铜等工序，工艺流程长，废水量大，导致生产成本高。因此，有必要找到更加先进的方式来取代这种传统工艺，在非金属表面涂覆导电漆是一种方便快捷的方法。导电漆通常由导电填料、基体树脂、助剂和溶剂组成，经机械混合后将其涂覆于高分子材料表面，形成一层固化膜，从而产生导电效果。用于导电漆的导电粉必须具有良好的导电性和耐环境性，就目前而言，屏蔽电磁波用的导电漆的种类有银系、铜系、镀银铜系几种。其中银是所有金属中最早用作导电填料的，虽然其具有导电性好、抗氧化能力强、性能稳定等优点，但银离子在湿热条件下容易发生迁移而导致涂层电阻升高，性能下降，而且银的价格较为昂贵，资源紧缺，只适用于某些特殊场合，从而限制了它的推广应用。铜粉由于其价格上的优势和良好的耐金属迁移性被认为是银粉的一种良好的替代产品，但在研究铜粉导电涂料的同时发现超细铜粉的化学性质比铜粉要活泼得多，在树脂加热固化的过程中极容易被氧化，形成 Cu_2O 和 Cu 的氧化薄膜，致使导电性降低，表现为导电涂料的初期电阻高；其次铜粉导电涂料在潮湿环境中电阻变化率大，结果使导电涂料的使用寿命大大缩短[66]。故要将铜粉作为导电介质，必须对其进行防氧化处理。

在非金属产品表面喷涂一层导电层，使得非金属材料表面金属化，然后就可以直接对其电镀其他金属。这种将非金属表面金属化的工艺，一方面可以节约成本；另一方面还可以降低环境污染，同时达到对非金属表面进行电镀的目的。为此，本文选用镀银铜粉为填料，以丙烯酸树脂为基体树脂，并且配以其他一些助剂，合成了适合于电镀行业应用的导电漆，并对其导电性能和影响因素作初步的探讨。

5.4.3.2 实验方法

A 实验材料

选用银含量为10%的银包铜粉、乙酸乙酯、钛酸酯偶联剂、油酸、丙烯酸树脂等。

B 导电漆制备工艺

导电漆生产工艺流程如下：

称取一定质量的镀银铜粉—加入溶剂和偶联剂（浸泡2h）—加入丙烯酸树脂、溶剂—加入其他助剂—球磨（1 h）—搅拌（1 h）—出料（加入稀释剂调节黏度即可用）。

C 性能试测

表面形貌用日本产 JEM-2000EX 扫描电镜观测；

松装密度按国家标准 GB1479—79 规定的方法进行测定；

密度用美国产 Accupyc-1330 密度仪测定；

电阻采用万用欧姆表进行测量；

干燥时间按照 GB/T 1728—89 检测标准进行检测；

黏度按照 GB/T 1723—93 检测标准进行检测；

冲击强度按照 GB/T 1732—93 检测标准规定进行检测；

柔韧性按照 GB/T 1732—89 检测标准规定进行检测；

附着力按照 GB/T 9286—89 检测标准规定进行检测。

5.4.3.3 结果与讨论

根据导电涂料对基材表面的附着力要求，需选用不同的高分子成膜树脂，如丙烯酸树脂、醇酸树脂、聚氨酯树脂、纤维素树脂作为导电涂料的基体树脂。成膜树脂的软硬度、相对分子质量大小、分子内部极性及相应溶剂的选择都应视被施工表面的具体情况而调节。由于本研究主要目的是在 ABS 塑料板上进行喷涂导电漆，因此选用丙烯酸树脂为黏合剂。考虑到施工黏度和涂料稳定性的要求，在涂料体系中加入适当的流平剂、防沉剂、增稠剂、分散剂等助剂来改善涂料涂装时的涂膜性能。但这些助剂的加入在不同程度上都会对涂料的导电性能产生影响。以下为导电漆中各种成分含量对导电性能的影响状况研究。

A 镀银铜粉导电填料含量对涂层性能的影响

以热塑性丙烯酸树脂为基料，镀银铜粉为导电填料的涂层的单位长度电阻与铜粉含量的关系见图5-34。由图可知，随着金属粉含量的增加，厘米电阻呈逐渐下降的趋势。厘米电阻的变化有三个区域：当铜粉的含量在33%～43%时，厘米电阻急剧下降；当铜粉含量在43%～57%之间时，涂层的厘米电阻继续下降直至最低点；而铜粉含量大于65%以后，厘米电阻反而有所回升。由此说明，导电填料含量在57%～65%之间可以获得最佳导电效果。

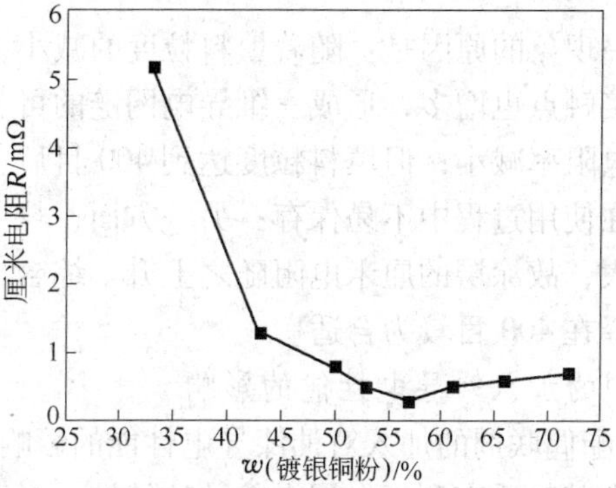

图5-34 镀银铜粉含量对漆膜厘米电阻的影响

B 镀银铜粉粒度对厘米电阻的影响

一般而言，涂料中的填料其粒度越细越好，一方面可以获得较为光滑和平整的外观；另一方面，其表面能越大，质量越轻，在涂料的贮存过程中就不易沉降。因此，作为导电涂料中的导电粒子，其粒度显著地影响涂层的导电性能。导电粒子的粒径对导电胶厘米电阻的影响见图5-35。由图5-35可见，随着粒度的减小，涂层的厘米电阻逐渐减小。到400目（0.038mm）左右厘米电阻达到最小值，此时，随着粒子粒度进一步减小，厘米电阻反而上升。

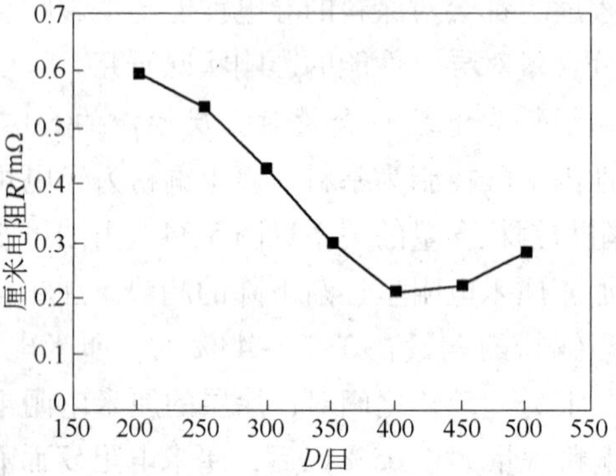

图5-35 镀银铜粉粒度对涂层厘米电阻的影响

产生这一现象的原因是：随着填料粒度的减小，其比表面积增大，相互接触点也增多，形成三维导电网链的可能性增多，故涂层的体积电阻率减小；但填料粒度达到400目后，一方面金属氧化加剧，在使用过程中不易保存；另一方面，粒子之间的接触电阻反而增大，故涂层的厘米电阻随之上升。综合上述因素，粒子的粒径选择在400目较为合适。

C 助剂的加入对导电性能的影响

a 钛酸酯偶联剂的加入对油漆导电性能的影响

添加含碳基物质有利于金属微粒的抗蚀性。对于铜镍系导电涂料，一般使用钛酸酯偶联剂来改善填料的湿润性。因为钛酸酯偶联剂可以在无机物和有机物界面之间形成活性有机单分子层，其中一端与无机物表面发生结合，另一端则与有机物发生化学作用或物理缠结，从而构成有机整体。因此，钛酸酯偶联剂作为导电涂料的助剂可以改善涂料的性能。该类偶联剂具有下列通式：$(RO)_x$-Ti-$(OR')_{4-x}$。其中R为C_2～C_4的碳链亲水基团，R′为C_8～C_{13}碳链的亲油基团，x为1～3之间的整数。一般分为：异丙基三（二辛基磷酰）钛酸酯、异丙基三（二辛基焦磷酰）钛酸酯、双（二辛基磷酰）亚乙基钛酸酯等；脂肪酸酯是 $C_8 \sim C_{18}$ 的高级脂肪酸酯，其中最佳为硬脂酸甘油酯和硬脂酸异丙酯。钛酸酯偶联剂的加入量不同亦会影响涂层的导电性能，如图 5-36 所示。

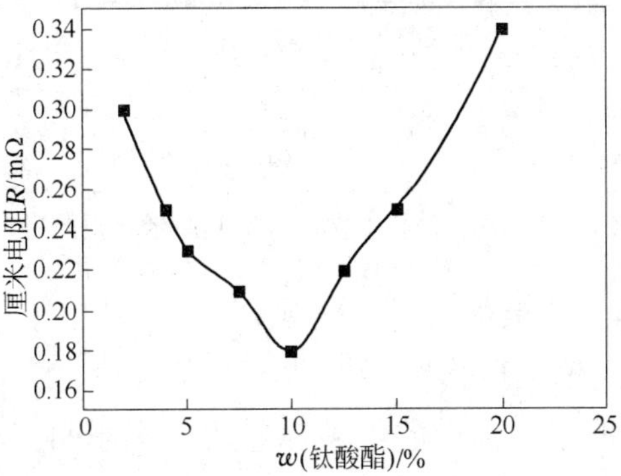

图 5-36　钛酸酯偶联剂的用量对涂层厘米电阻的影响

由图 5-36 可以看出，当钛酸酯含量达到 10% 时涂层具有最佳的导电效果，其用量小于 10% 时，钛酸酯分子不能充分地包覆镀银铜粉粒子，从而厘米电阻值并未达到最低，而当用量大于 10% 时，由于钛酸酯用量过大，多余的钛酸酯分子导致浆料产生凝胶现象，从而使得导电涂层的导电性能有所下降。因此，钛酸酯的最佳用量为 10% 。

b　油酸的加入对油漆导电性能的影响

碳原子为 18 的油酸具有弱的还原性，在涂料中可防止铜颗粒的表面氧化，从而稳定涂层的导电性。有机钛酸酯和油酸配合使用有助于铜粉的均匀分散和提高铜颗粒的抗氧化能力，从而在更长的时间内保持涂层的稳定性。添加油酸与未添加油酸的涂层的厘米电阻与时间的关系曲线如图 5-37 所示。从图 5-37 可以看出，有机钛酸酯和油酸的联合使用使涂层厘米电阻的数值可在很长的时间内保持稳定。

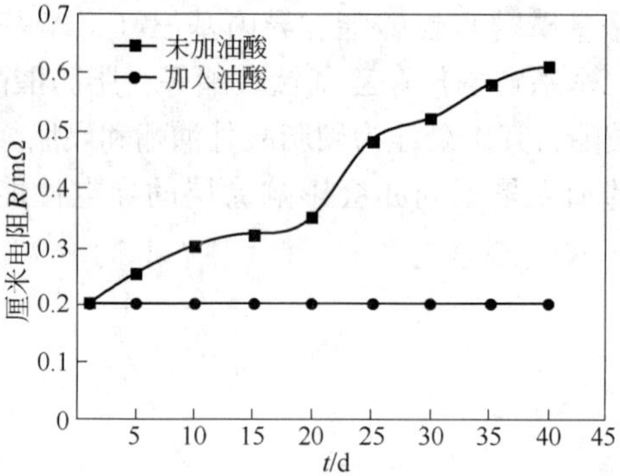

图 5-37　漆膜含与不含油酸对其厘米电阻的影响

5.4.3.4　导电涂料的性能测试

A　导电涂料的性能

应用含银量为 10% 的镀银铜粉为导电填料（质量分数为 57% ~65%，粒径为 400 目），加入质量分数为 10% 的钛酸酯，配合于含 18 个碳原子的油酸（适量）制成导电涂料涂敷于 ABS 塑料板，测得导电涂料的性能如下：

表观：	平整
颜色：	紫铜色、铜色
表面厘米电阻：	0.15Ω
表面分米电阻：	0.47Ω
附着力：	1 级
硬度：	1H
柔韧性：	1mm
抗冲击强度：	≥5MPa
浆料黏度（25℃）：	30 ~45s
干燥时间：	表干≤5 min；实干≤3h
漆膜厚度（喷涂）：	10 ~15μm

由于片状镀银铜粉填料喷涂于基体表面时，铜粉层铺排列的方向的不定性，故造成膜表面的厘米电阻与分米电阻的大小与长

度不成比例。

B 产品的技术特点

产品为银包铜粒子导电漆，因此不会损伤以 PC 、PS 、ABS、金属、木材及复合材料等为主要材料的基体，其快速干燥的特性，特别适用于大规模生产，干燥固化后的漆层具有很高的硬度和强度，经久耐磨。

产品具有优良的导电性，外观平整，容易施工喷涂；内聚力强，无疏松粒子；漆层与塑件表面附着力强，表面光滑，不易磨损；黏度适宜，有效控制粒子沉降；溶剂挥发性好，固化迅速；单组分、省工、省时、便捷。

C 传统非金属电镀工艺与现代工艺的比较

具体如下：

(1) 采用新工艺，省去了四道关键工艺，降低了原材料的消耗；

(2) 减少了废水处理量；

(3) 增加了一道喷涂或浸涂工艺；

(4) 1kg 导电漆可喷涂 15 ~ 18m^2 的工件；

(5) 采用新工艺，处理每平方米工件的成本是 20 ~ 30 元；

(6) 传统工艺，这四道工序的成本是 30 ~ 40 元/m^2（包括废水处理费用）。

5.4.3.5 导电漆的应用

在非金属制品表面电镀工艺中，用一种高性能的银包铜导电涂料产品代替常规工艺的粗化、敏化、活化以及化学镀等四道处理工艺。在非金属制品表面喷涂、干燥后可直接进行电镀 24K 黄金及其他金属镀层，可以达到非常理想的视觉效果，有效弥补了非金属制品表面电镀常规工艺的不足，彻底解决了非金属制品镀前不导电的技术难题，是广大工艺品生产厂商、装饰材料生产、电镀加工厂家扩大产品种类的最好选择（图 5-38）。本研究成果对推动导电涂料在非金属制品表面电镀中的应用也具有潜在的推广价值。

玻璃钢电镀前的产品

玻璃钢电镀后的产品

图 5-38　玻璃钢电镀前后产品比较

5.4.4　达克罗涂液

5.4.4.1　概况

A　达克罗技术

达克罗技术是一种全新的表面处理技术，又称达克乐、达克锈、锌铬膜、达克曼等。它不采用电沉积方法，而是把片状锌粉、铝粉、铬酸、还原剂、分散剂、pH 值控制剂、去离子水等配制成混合涂料。涂料经搅拌器搅拌均匀后，工件直接浸入涂料中，用机械甩干或刷涂方法使涂料黏附于工件表面，然后再经过烘干、烧结后形成富含锌的无机涂层的一种特殊表面防腐处理工艺，处理温度低于锌的熔点，膜层中没有有机物，既不同于电镀锌和热浸镀锌，又有别于富锌漆，故是一种全新的表面处理技术。

达克罗涂液技术的诞生，不仅防护了金属表面，更重要的是解决了当前环境污染这一重要问题。该工艺在整个生产过程中，不向外界排放任何有害周边环境的物质。达克罗涂液在生产过程中不断地被零件沾走，经过预热处理，把水分充分挥发掉，然后再经过烧结，在金属表面形成一层很薄的金属涂层，达到对金属表面的保护效果。这一生产过程完全是在封闭环境中进行的，只是把多余的水分通过烟道排向大气，对环境没有任何污染，因此称为“清洁生产技术”。1995 年，世界范围内经许可拥有该专利技术、商标并能提供服务的有 150 多家单位。该年全球经达克罗涂液处理的零件表面积达四千万平方米。达克罗涂液已广泛应用于汽车行业，并已扩展到农机、建筑、船舶、电力、桥梁、铁路、矿井、家电、军事等领域。

B 达克罗技术的特点

a 环保特性

达克罗处理工艺为一封闭过程，处理时排放的废气、废液、废渣均达到国家相关排放标准，几乎无污染危害，所以 1999 年国家环保总局将达克罗工艺定为清洁生产工艺；但严格意义上讲，达克罗涂液中含有一定量的六价铬、锌离子、有机物等污染物质，所以涂液使用过程中的废液需进行集中的管理与处理，否则会造成环境污染，同时由于涂层的防腐有一部分是靠六价铬对涂层的自我修复作用，所以涂层中含有约 5% 的六价铬，在遇到电解质溶液时，这种六价铬会溶出，从而污染环境。鉴于此，国内外达克罗技术工作者一直在致力于无铬达克罗涂液的研究推广，并取得了一定的成果，从而进一步提高了达克罗技术的环保特性。

b 无氢脆性

氢脆，是指金属在处理过程中，发生析氢工序，产生原生态的氢 [H]，进入到晶格内部，挤压晶体，产生压应力，影响到材料的强度与使用寿命。一般电镀处理过程都包括酸洗、阴极电解除油、电沉积等工序，均会导致工件氢脆性，严重影响了零件的质量和使用，虽然我们可以通过酸洗时添加缓蚀剂，除油时选用阳极电解除油，电镀后长时间高温烘烤等手段来减少氢脆，但实践证明效果仍不太理想，最根本的方法是采用达克罗技术，保证零件的无氢脆性。

c 高抗腐蚀性

达克罗涂层厚度一般为 2 ~ 10μm，它对钢铁部件的防护效果，同等厚度条件下是电镀锌的 6 ~ 10 倍，尤其在 250 ~ 300℃ 的高温条件下与电镀锌相比，表现出优异的耐热防锈性。

d 耐热性能高

经300℃左右烧结后，达克罗涂层以锌铝成分为主，锌铝的熔点都在400℃以上，所以经达克罗处理后，可耐热至300℃以上，一般有机涂层200℃以上就会发生软化、黄变、炭化影响其性能和使用，同时涂层经固化后不含结晶水，不像电镀锌层在70℃以上其钝化层就会脱水龟裂，影响防腐性能。

e 渗透性能好

达克罗处理是以浸涂、喷涂、刷涂等涂覆方式处理，不受工件复杂程度的限制，而电镀会因静电屏蔽，对管状件等形状复杂零件处理效果不好。

f 与封闭层的附着力好

电镀锌一般需进行磷化或钝化处理后，再进行有机或无机封闭层处理，而达克罗涂层可直接附加有机或无机封闭层。

g 优异的耐侵蚀性与耐化学药品性

达克罗涂层中以无机物质为主，所以涂层对各种有机溶剂清洗剂、溶剂、油脂化学稳定不发生变化、溶解；同时由于达克罗涂层以锌铝为主，而锌铝均属于两性金属，在酸性或碱性介质中都会发生腐蚀、溶解，所以涂层的耐酸碱性能较有机涂层差，但又比电镀锌层好。

C 达克罗技术的应用

达克罗的应用范围很广，它不但可以处理钢、铸铁、铝及其合金，还可以处理铁基粉末冶金件。它所涉及的产业、行业也相当多，并正在进一步开发过程中，现仅从已接触到的行业中作出简介。

a 汽车摩托车

这一产品由于是高速运行车辆，其零部件要求稳定性好、防热、防潮及防蚀性能高。过去，中国汽车的很多零部件都要从国外进口，现在上海大众、一汽大众、武汉神龙、上海通用、广州本田等汽车公司的很多零部件，都在国内进行达克罗涂覆处理。

b 电器电子

家用电器、电子产品、通讯器材等高档产品的零部件、元器件、配套件等质量要求高，过去使用电镀锌现在改用达克罗工艺技术后，质量、寿命提高了，市场竞争力也提高了，如科龙空调、LG、三星、小天鹅洗衣机等一些金属部件已指定采用达克罗处理。

c 地铁隧道、铁路及电气化铁路的金属件

地铁和隧道都处于地下，环境阴暗潮湿，通风较差，轨道、螺栓及金属件极易生锈，上海地铁、黄浦江的过江隧道、上海的城市明珠线路都已采用达克罗涂覆的产品，电气化铁路的接触网件等在国外都已广泛使用。

d 桥梁高架、高速公路的金属件

一座大桥、一条高架、一条高速公路都是永久性建筑，百年大计，质量第一。高速公路波形护栏杆、高架、桥梁的金属构件、紧固件等，由于长期处于室外日晒雨淋，很快就发生锈蚀现象。关键的结构件和紧固件如果采用达克罗技术涂覆处理，不但安全可靠，而且美观持久。

e 输配供电的金属和结构件

高压输配电、城市供电、线路的铁塔、电杆的金属件、变压器罩壳、高压开关连接系统等，如果都采用达克罗涂覆处理，美观耐用，一劳永逸，节约了大量的长年维修费用。

f 五金工具

小五金、小工具等市场消耗量相当大，但过去大都采用电镀的工艺技术处理，一两年就生锈了，影响美观和质量。如果采用达克罗的工艺技术处理，不仅美观耐用，而且不生锈，成本增加也不多。

g 农业工厂化温室屋架结构

由于温室的温度湿度较高，环境不好，结构件易生锈，现上海都市绿色工程公司引进吸收自行设计的全部自动化控制的暖房结构件已采用达克罗涂覆加工，青岛海滨温室花房的金属结构件已全部采用达克罗涂覆。

h 军事及兵器工业

由于军用产品的特殊性，其产品质量及防腐要求比较高，达克罗处理正好可以满足产品的高质量要求，现在一些海用坦克、弹药筒、枪壳等金属部件已经开始采用达克罗处理，效果良好。

i 其他应用

太阳能热水器和卫星天线以及煤气、液化气等金属件防腐处理也已开始采用达克罗技术。

5.4.4.2 达克罗涂液的基本组成及其作用[67]

不同厂家、不同类型的达克罗涂液其配方及原辅材料不尽相同，但纵观国内外常用的传统达克罗涂液，其基本组成及各组成部分作用见表5-41。

表5-41 传统达克罗涂液组成及作用表

原料名称	用量范围/%	主要作用	备注
锌片	15~30	牺牲性阳极，保证防腐性	关键原料，建议进口
铝片	0.2~10	提高涂层外观白亮度	
乙二醇类有机物	15~25	润湿锌铝片；还原六价铬；促进涂层流平	关键原料，建议进口
非离子表面活性剂	0.2~3	润湿分散锌铝片；润湿基体金属，提高涂覆性能	
消泡剂	0.01~0.1	消除泡沫，改善涂覆性能	
铬酸及铬酸盐	3~6	钝化锌铝片及铁基体，提高涂层防腐及附着性能	关键原料
碱性pH值调节剂	0.5~2	调节涂液的pH值，保证其使用周期	
缓冲缓蚀剂	0.5~2	稳定涂液的pH值	
纤维素类增黏剂	0.01~0.5	调整涂液的黏度达到施工黏度；改善涂液的储存稳定性	
去离子水	40~60	涂液的溶剂部分	

同样的配方，采用不同厂家、不同等级的原辅材料，其配制后涂液的性能包括使用后涂层的性能都会有很大的差异，所以我们对涂液的原辅材料必须慎重地选择，及时地监控其质量的稳定性，同时即使是同样的配方选用同样的原辅材料，但生产过程中的加料顺序、生产工艺、生产场地环境等条件不同也会造成涂液质量的不一致性，所以涂液的生产应尽量规范化、标准化，作为涂液使用厂家应选择产品稳定、质保能力强的涂液供应厂家。

5.4.4.3 达克罗涂液种类

达克罗技术经过三十多年的发展，已形成了一个完整的表面处理体系，达克罗涂液技术作为其主要的技术更是重中之重，其种类从最初的一两种发展到现在的几十种，全球有关达克罗涂液的技术专利已超过一百个。在进行工件达克罗涂覆时，需要从处理工件的材质、涂层的质量要求与使用环境、处理成本等方面综合分析考虑选择。达克罗涂液的主要种类如下。

A 传统有铬达克罗涂液

从有无达克罗封闭层来分，铬达克罗涂液可分为无封闭层的基础型达克罗和有封闭层的改进型达克罗。改进型由基础型加封闭层组成，一般底涂为含铬达克罗，面层为改性封闭层。

a 基础型达克罗涂液

基础型达克罗涂层包括：

(1) 美国 MCI 的 DACROMET 320®、二次涂覆型 DACROMET 320® HS 以及低铬达克罗 DACROMET320® LC、JH-380、JH-370 等；

(2) 在 DACROMET 320®基础上改进的具有低摩擦、高防腐的 DACROMET 500®、JH-510 等。

b 改进型达克罗涂液（带封闭层）

改进型达克罗大部分由达克罗底层和改性封闭层组成（如图 5-39 所示），根据改性涂液不同又可以分为：

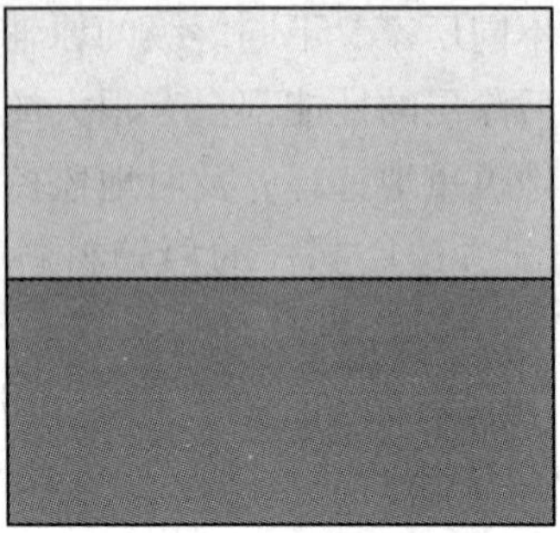

图 5-39　改进型达克罗示意图

（1）改性达克罗 DACROMET320® + PLUS，大多数颜色为银灰色，该型增强了达克罗的耐蚀性和耐高温性；

（2）黑色达克罗 DACROBLACK，由 DACROMET320® + DACROKOTE 组成，颜色为黑色，加入 DACROKOTE® 107 等降低了达克罗的摩擦系数和扭矩系数；

（3）彩色多功能达克罗 DACROLUB，由 DACROMET320® + DACROLUB 组成，封闭层 DACROLUB 颜色有透明、蓝色、绿色等。

B　无铬达克罗涂液

无铬达克罗的分类与有铬达克罗相同，分为基础型和改进型，选用的封闭层与有铬的完全相同。无铬达克罗是完全不含铬离子的达克罗产品，并且涂料内不含有害重金属，如镍、镉、铅等，涂液品种有 geomet321、JH-310 等。

5.4.4.4　达克罗涂液的配制

A　达克罗涂液的组分及包装

商品化的达克罗涂液考虑到其稳定性、实用性，一般分三组分进行包装销售，A 组分（又称 A 剂）是由鳞片状锌、铝片与乙二醇类有机物、表面活性剂构成的银灰色浆状物，一般用 20L 左右镀锌铁桶包装，包装桶配液时可作涂液搅拌分散容器用；B 组分（又称 B 剂）是由铬酸盐、pH 调节剂、助剂与去离子水构成的橙红色液体，一般用塑桶包装；C组分（又称C剂）是水溶性羟乙基纤维素类的增黏剂，外观是白色至微黄色粉末，一般用小铁桶包装。

B 达克罗涂液的配比

购买的达克罗涂液只要将A、B组分按要求配制再加入所需C组分即可，A、B组分的配比根据不同涂液种类一般在1∶1.4~1∶1.5，C组分的加入量在0.2%~0.3%。

C 达克罗涂液配制设备

达克罗涂液配制设备是专用的搅拌分散设备，它不同于一般涂料的搅拌设备，它需要一个尺寸与搅拌容器相匹配的高速分散叶轮，一个能调速的传动装置，一个带加热与制冷功能的专用控温设备，搅拌设备关键部件是锯齿状圆盘式叶轮，它由高速旋转的主轴带动，在搅拌容器中旋转时，形成一定的液流，带动涂液的搅动，叶轮搅拌容器内涂液呈环流滚动，并产生一个很大旋涡，在这个区域里，锌铝片受到较强的剪切和冲击作用，使其很快分散到溶剂中。依据以上原理，叶轮直径一般与搅拌容器直径关系为1∶（2.8~4），叶轮的圆周速度必须达到10m/s左右以上时，才能获得令人满意的分散效果。但是也不能转速过高，否则会造成涂液飞溅和叶轮暴露而导入大量空气，同时剪切力过大会将铝片打弯变形。叶轮安装位置合理，可在实际生产中，根据涂液的黏度与转速适当调整叶轮插入深度。

D 达克罗涂液配制工艺要求

a 温度的工艺要求

达克罗涂液配制不同于一般多组分涂液按比例混合分散就可以了，达克罗涂液配制过程是一个氧化-还原反应过程，所以在涂液混合分散过程中，需要有一个合适的温度条件，所以混合搅拌容器桶要求浸在有加热或制冷的水浴中进行加热或降温处理。反应温度过高，Cr^{6+}还原过多，pH值过高，加速涂液老化，反应温度过低，反应不充分，pH值低，涂液中Zn、Al片钝化保护不充分，反应时间要加长，且影响以后增黏剂的溶解。其化学反应方程式示意如下：

首先B剂中CrO_3在水中水解成氧化性CrO_4^{2-}与H^+，其反应方程式为：

$$CrO_3 + H_2O \longrightarrow CrO_4^{2-} + 2H^+$$

然后A、B剂按比例混合后，氧化剂CrO_4^{2-}与A剂中的乙二醇类有机还原剂及Zn、Al片发生氧化-还原反应：

$$3R-\underset{H}{\overset{H}{\underset{|}{\overset{|}{C}}}}-OH + 2CrO_4^{2-} + 10H^+ \rightleftharpoons 3R-\underset{O}{\underset{\|}{C}}-H + 2Cr^{3+} + 8H_2O$$

（醇类与CrO_4^{2-}反应，使溶液状态处于有利于钝化锌、铝片的状态）

$$3Zn + 2CrO_4^{2-} + 16H^+ \rightleftharpoons 3Zn^{2+} + 2Cr^{3+} + 8H_2O$$

（金属Zn片与$CrO_4{}^{2-}$反应，对金属锌片进行钝化保护）

$$Al + CrO_4^{2-} + 8H^+ \rightleftharpoons Al^{3+} + Cr^{3+} + 4H_2O$$

（金属Al片与CrO_4^{2-}反应，对金属铝片进行钝化保护）

以上三个反应均为放热反应，反应过程中均消耗涂液中的H^+，所以混合后pH值会上升，温度会上升，根据能斯特方程和实践经验表明，当混合后涂液的pH值达到4～4.5，化学反应达到一个平衡。反应温度在35～40℃，反应较为正常。反应温度过低，反应时间要延长，当温度在10℃以下时Cr^{6+}基本很少被还原；反应温度过高，pH值过高，锌铝片化学腐蚀过多，加速涂液老化，缩短涂液的使用周期，且影响涂层的质量。当温度超过40℃以上时，Cr^{6+}被还原的速度会直线上升，所以我们一般控制达克罗涂液的反应温度不超过38℃，也不能低于28℃，同时反应过程放热时会使涂液温度上升10℃左右，所以一般控制A、B组分的起始温度为25℃左右，这样当两组分混合反应放热时，就能在水浴槽中把达克罗涂液反应温度控制在理想的33～38℃

范围内，所以在夏季高温天气除了用冷水降温以外，还要预先用冷藏设备把涂液温度提前降到25℃左右；在北方冬季要注意不能把涂液放在室外，以免涂液结冰后影响使用，配制前要用加热设施把涂液温度升高到25℃左右。

b 搅拌速度的工艺要求

达克罗涂液配制需要控制搅拌速度，第一步：刚配制1～2h，通过调整搅拌速度来控制反应温度，反应温度高，降低搅拌速度，反应温度低，加快搅拌速度；第二步：配制的第3～8h，加速搅拌有利于锌铝的分散；第三步：9～16h，减慢搅拌有利于增黏剂溶解，同时可以消除配制过程中产生的泡沫。

E 达克罗涂液的配制步骤

具体如下：

（1）打开A组分，把桶底沉淀的锌、铝片凝聚块翻起来后，用搅拌机充分搅拌，使之软化成均匀浆体；

（2）打开B组分，按配制比例称取一定重量的B组分；

（3）将A、B组分的平均温度调节至25℃左右；

（4）再一次确认两组分重量和温度后，把B组分缓慢倒入A组分，一般分两到三次倒入，并且开动搅拌机，用搅拌速度控制反应温度；

（5）大约搅拌1h，根据要求加入称量好的C组分，C组分如有结块，应将其破碎后加入。

（6）按要求搅拌16h，检测涂液的黏度、pH值、密度、Cr^{6+}含量、分散效果等，检验合格后，用80～100目（0.147～0.175mm）不锈钢过滤网过滤后，方可投入使用。

5.4.4.5 达克罗涂液的检测项目及质量要求

达克罗涂液在使用过程中应经常检测其指标，判定结果是否在标准要求范围内，否则会直接影响到达克罗处理的产品质量和成本。根据实践经验，推荐对各组分检测及其方法要求见表5-42～表5-44。

表 5-42　达克罗涂液 A 剂的检测要求表

序号	检测项目	标准要求	检测方法	备　注
1	外观	银灰色至银白色金属浆体	目测法	
2	固体分含量	50% ~60%	高温挥发失重法	按需定期抽检
3	细度	<20μm	刮板细度计法	可用检测配制后涂液代替
4	分散效果	乳化分散良好，泡沫高度 2 ~3cm	乳化实验	涂液供应厂家出厂检验控制

表 5-43　B 组分的检测及要求表

序号	检测项目	标准要求	检测方法	备　注
1	外观	橙红色透明液体	目测法	
2	pH 值	0.3 ~1.2	pH 计检测法	重要检测项目
3	Cr^{6+} 含量	35 ~55g/L	氧化-还原滴定法	重要检测项目
4	密度	1.07 ~1.10g/cm³	密度计法	按需定期抽检

表 5-44　达克罗配制液的检测及要求表

序号	检测项目	标准要求	检测方法	备　注
1	外观	银灰色至灰黄色液体	目测法	
2	pH 值	3.8 ~5.2	pH 计检测法	按需定期检测
3	Cr^{6+} 含量	20 ~35g/L	氧化-还原滴定法	按需定期检测
4	密度	1.30 ~1.38g/cm³	密度计法	日常检测项目
5	黏度	20 ~100s	柴氏二号杯法	重要检测项目
6	细度	<20μm	刮板细度计法	按需定期检测

5.4.4.6　达克罗涂液使用过程中的注意事项

注意事项如下：

(1) 涂液使用过程中注意不要让阳光直接照射达克罗涂液，否则会引起涂液聚合、胶凝、老化，甚至报废。

(2) 达克罗涂液使用前应经 80 ~ 100 目 (0.147 ~ 0.175mm) 滤网过滤。

(3) 注意不让酸、碱、磷酸盐、氟硅酸盐、氯离子、硫酸盐或有机溶剂混入涂液内，以免破坏锌、铝层中的钝态保护，加速涂液老化，而使达克罗涂层附着力下降、防腐性达不到要求，造成涂液报废。

(4) 达克罗涂液使用一段时间后，按需进行翻槽、清槽，要进行过滤，并且用磁铁吸出抛丸后进入涂液中的钢丸和铁屑。

(5) 定期分析调整达克罗涂液的各种指标，以保证达克罗涂液在最好质量下使用。

(6) 使用过程中应经常清理涂覆篮、离心装置、网带上的液渣，以免黏附在工件上，影响产品质量。

5.4.4.7 达克罗涂液储存的注意事项

达克罗涂液的储存温度最好控制在 10℃以下，因为温度越高越易引起涂液的老化，同时在阳光照射下，涂液易聚合、变质，甚至报废，所以保存时最好在无光阴凉处。达克罗涂液的储存期也不易过长，特别是混合液和 A 剂，因为配制好的涂液时间越长，pH 值越易升高，六价铬含量降低，金属锌铝片氧化过多，造成涂液老化报废，A 剂因为金属片是分散在乙二醇类化合物中，而醇类有机物在空气中易吸湿，使 A 剂中含有一定量的水分，储存时间长后，涂液中的锌、铝片较易氧化变质，这一点在夏季高温潮湿天气较明显。曾有实验表明，达克罗配制后的成品液在 20℃条件下有效期是 30 天，30℃条件下有效期是 7 天，而在 40℃条件下有效期只有 3 天。虽然我们可以在涂液中加入一定量的锌、铝片缓蚀剂，可部分减缓锌、铝片的氧化速度，但仍建议达克罗涂液配制后在 20℃持续慢速搅拌状态下，储存期不宜超过 30 天，A 剂在 20℃以下存放，储存期最好不超过半年，所以无论是生产达克罗涂液的专业企业还是使用达克罗涂液的厂家，储存的达克罗涂液数量不宜过多，时间不宜过长，这对于产品质量的控制与生产成本的降低是有一定的实用价值的。

参考文献

[1] 吕超君，谈定生，刘书桢．片状金属粉末的制备及研究进展［J］．上海有色金属，2009（2）：89～93.

[2] Bagshaw N E. Lead alloys：past，present and future［J］．Journal of Power Sources 1995（53）：25～30.

[3] Xu Xinrui，Luo Xiaojun，Zhuang Hanrui，et al. Electroless silver coating on fine copper powder and its effects on oxidation resistance［J］．Materials Letters，2003，57（24-25）：3987～3991.

[4] 黄征．表面包银的核壳粒子的制备与表征［D］．武汉理工大学：硕士学位论文，2006：8～10.

[5] 叶齐红．片状金属粉体在颜料及电子浆料中的应用［J］．中国粉体技术，2004（1）：34～38.

[6] 柯昌美，王全全，汤宁，等．无铬锌铝涂层的研究进展［J］．上海涂料，2010，48（5）：29～34.

[7] 杨振波，杨忠林，郭万生．新型鳞片状金属颜料及其应用［J］．见：第三届国际防腐蚀涂料技术研讨会，2009：156～160.

[8] 朱晓云．银包铜粉及聚合物导体浆料制备与性能研究［D］．昆明理工大学：博士学位论文，2010：16～18.

[9] 张丰．导电橡胶的电阻-压力性能研究［D］．北京工业大学：硕士学位论文，2004：2～6.

[10] 王林．导电填料在导电硅橡胶中的应用进展［J］．科技资讯，2009（18）：6.

[11] 李言荣，恽正中．电子材料导论［M］．北京：清华大学出版社，2001.

[12] 雷海军，宫文锋，武晶，等．金属填料对高导电硅橡胶性能的影响［J］．橡胶工业，2005，52（11）：667～669.

[13] 李跟华，米志安，刘君，等．镀银铜粉填充型导电硅橡胶的研究［J］．有机硅材料，2003，17（3）：10～11.

[14] 王一龙，官建国，章桥新，等．复合导电橡胶的制备及性能［J］．武汉理工大学学报，2008，30（10）：1～4.

[15] 王文福．导电橡胶制品（一）［J］．世界橡胶工业，2002，29（6）：15～22.

[16] Jennifer Markarian. Increased demands in electronics drive additive developments in conductivity［J］．Plastics，Additives and Compounding，2005，7（1）：26～30.

[17] Kim Y H，Kwon S K. Synthesis of novel highly conjugated conducting polymers［J］. Polym. Sci. Part A，1998，36（6）：949～953.

[18] 陈永东，杨桂生．热塑性导电塑料在屏蔽电磁波干扰中的应用［J］．现代塑料

加工应用，2002，14（5）：28~30.

[19] 陆长征，等．导电聚氨酯泡沫塑料的研制［J］．塑料，2003，32（5）：50~53.

[20] 雷刚．化学镀玻璃纤维增强硅橡胶复合材料的研究［D］．西南科技大学：硕士学位论文，2009：12~17.

[21] 郭红霞，罗柏平，李永卿，等．柔性导电硅橡胶复合材料的制备及其压阻性能［J］．电子元件与材料，2010，29（2）：5~7.

[22] 张柏生，陈小风．Ni—LDPE复合材料的研究［J］．现代塑料加工应用，1994，6（4）：5~8.

[23] 吴晓莉，杨德统．含镍粉末冶金钢的组织与镍的分布［J］．南京理工大学学报，2001，25（4）：400~403.

[24] 章林，李志友，周科朝，等．元素粉末预合金化对烧结合金钢组织和性能的影响［J］．粉末冶金材料科学与工程，2005，10（4）：225~230.

[25] 韩凤麟．美国MPIF标准35“粉末冶金结构零件材料标准”简介［J］．粉末冶金工业，1998，8（2）：45~48.

[26] 陈存敬，郭志猛，贾成厂，等．自蔓延高温合成TiNi多孔体合金［J］．粉末冶金技术，2003，21（3）：135~139.

[27] 周海峰．形状记忆合金及其应用［J］．机电设备，2002（5）：38~41.

[28] 祝月．形状记忆合金的医疗应用范围［J］．中国医疗器械信息，1998，4（5）：37，38.

[29] 陈蓓京，陈利民，朱雪琴，等．纳米金属磁性材料的研制及其应用［J］．云南大学学报，2005，27（3A）：122~126.

[30] 宋文中．防信息泄露材料元件［J］．电子材料与电子技术，1994，3（1）：40~77.

[31] Aica Kogyo Co.，Ltd.（Ebihara，Kenji，等）．可剥水性电磁屏蔽涂料及其涂覆的具有优异长期稳定性的包装［P］．JP2005-68 201［日本专利公开］，2005-03-17.

[32] 陈立军．导电涂料的研究现状及发展趋势［J］．合成树脂及塑料，2004，21（6）：73.

[33] 陈兴娟，张正晗，王正平．环保型涂料生产工艺及应用［M］．北京：化学工业出版社，2004.

[34] 邓爱华．水溶性丙烯酸类树脂的研究［J］．华中师范大学学报（自然科学版），2000，31（4）：444~446.

[35] 唐林生，杨光军，张淑芬，等．用于水性涂料的树脂混合技术［J］．高分子材料科学与工程，2004，20（2）：1~5.

[36] 刘晓红，高文艺．水溶性丙烯酸涂料加锌的改性［J］．科技进展，2003，17（8）：27~29.

[37] 徐炽焕．水性涂料用树脂的开发动向［J］．现代涂料与涂装，2005（5）：

22，23.

[38] 李正莉，刘祥萱，张有智. 防沉剂对铜系导电涂料性能的影响 [J]. 现代涂料与涂装，2004 (1)：40~43.

[39] 施冬梅，鲁彦玲，杜仕国. 偶联剂对铜-环氧电磁屏蔽导电涂料的影响 [J]. 中国涂料，2005 (6)：16~18.

[40] 高晓敏，刘际伟，刘永华. 分散助剂对丙烯酸基电磁屏蔽导电涂料性能的影响 [J]. 材料科学与工程，2002，20 (3)：410~413.

[41] 吴行，饶大庆，谢宁，等. 多层复合型电磁屏蔽涂料的研究 [J]. 功能材料，2001，32 (4)：365~367.

[42] 耿耀宗. 现代水性涂料 [M]. 北京：中国石化出版社，2003.

[43] 陈兴娟，张正晗，王正平. 环保型涂料生产工艺及应用 [M]. 北京：化学工业出版社，2004.

[44] 刘艳，田胜军，李海娜，等. 导电粉的市场及研究开发现状 [J]. 湿法冶金，2004 (3)：1~5.

[45] Nagata M. Electrical conductivity of polymers modified with conductive powders. Inter. Polym. Sci. Technol，1986，13 (1)：14.

[46] Miyauchi S N，et al. Preparation of barium titanate-polypyrrole compositions and their electrical properties [J]. J. Appl. Polym. Sci.，1985，30 (7)：740.

[47] 吴行. 10kHz~1GHz 频段镍基电磁屏蔽涂料制备基础问题研究 [D]. 四川大学，2000.

[48] 毛键，陈家钊，涂铭旌，等. 偶联剂和固化条件对电磁屏蔽用镍涂料导电性能的影响 [J]. 功能材料，1997，28 (2)：137~139.

[49] 吴行. 导电纤维的研究开发——第 I 报 导电粒子的处理方法 [J]. 合成纤维，1996 (1)：1~8.

[50] 郭挈奎. 涂料流动与颜料分散 [M]. 王长卓译. 北京：化学工业出版社，1987.

[51] 吴行. 偶联剂在碘化亚铜/聚酯界面作用的红外光谱研究. [J] 合成纤维，1997 (4)：9~12.

[52] 穆合山，陈建新. 高固体分丙烯酸树脂的研制 [J]. 涂料工业，1998 (3)：6~8.

[53] 施冬梅，鲁彦玲，杜仕国. 偶联剂对铜-环氧电磁屏蔽导电涂料的影响 [J]. 中国涂料，2005 (6)：16~18.

[54] 林宣益. 乳胶漆 [M]. 北京：化学工业出版，2004.

[55] 涂料工艺编委会编. 涂料工艺. 3 版. 下册 [M]. 北京：化学工业出版社，2006.

[56] Fishman R S，Kurtze D A，Bierwagen G P. Pigment inhomogeneity and void formation in organic coatings. Prog. Org. Coat.，1993 (21)：387.

[57] 熊传溪，等. 超微细 Al_2O_3 增韧增强聚苯乙烯的研究 [J]. 高分子材料科学与

工程，1994（4）：69.

[58] 钱逢麟，竺玉书，涂料助剂——品种和性能手册［M］．北京：化学工业出版社，1990.

[59] 顾继友．胶接理论与胶接基础［M］．北京：科学出版社，2003.

[60] 韦群燕．高导电率精密印刷银浆料制备技术研究［D］．昆明理工大学：博士论文，2006：81.

[61] 刘振作．涂膜附着力试验方法与测试仪器［J］．化工科技市场，2003，26（5）：16～19.

[62] 何建立，刘长洪，李文治，等．微组装纳米多层材料的力学性能研究［J］．清华大学学报（自然科学版），1998，38（10）：16～19.

[63] 杨瑞成，羊海棠，彭采宇，等．逾渗理论及聚合物脆韧转变逾渗模型［J］．兰州理工大学学报，2005，31（1）：26～29.

[64] Alla M，Wu Souheng. Percolation model for brittle-tough transition in nylon/rubber blends［J］. Polymer，1998（29）：2170～2173.

[65] 路庆华，和田弘．新型导电胶的研究（Ⅰ）［J］．功能材料学报，1997，28（5）：546～549.

[66] 吕月仙．导电涂料的导电机理［J］．华北工学院学报，1998，19（4）：329～332.

[67] 张建国．达克罗涂液及工艺选择［技术报告］．常州：常州达克罗涂覆有限公司，2003.